ÉLÉMENS D'HISTOIRE NATURELLE

PRÉSENTANT DANS UNE SUITE

DE TABLEAUX SYNOPTIQUES,

accompagnés de figures,

UN PRÉCIS COMPLET DE CETTE SCIENCE;

Par E. Sutterville,

DEUXIÈME ÉDITION.

PARIS,

Jules DELALAIN et Comp., libraires,   ROBET, libraire,

LUNÉVILLE,

1830.

ÉLÉMENS

D'HISTOIRE NATURELLE.

NANCY, CHEZ A. PAULLET PASSAGE DU CASINO.

ÉLÉMENS
D'HISTOIRE NATURELLE

PRÉSENTANT DANS UNE SUITE

DE TABLEAUX SYNOPTIQUES,

Accompagnés de FIGURES,

UN PRÉCIS COMPLET DE CETTE SCIENCE;

OUVRAGE DESTINÉ AUX ÉLÈVES DES FACULTÉS, AUX COLLÉGES, AUX ÉCOLES NORMALES PRIMAIRES, AUX ÉCOLES PRIMAIRES SUPÉRIEURES, AUX INSTITUTIONS ET AUX PERSONNES QUI COMMENCENT L'ÉTUDE DE L'HISTOIRE NATURELLE;

Par C. Saucerotte,

Docteur en médecine de la Faculté de Paris, membre correspondant de l'ACADÉMIE ROYALE DE MÉDECINE et de plusieurs sociétés savantes, auteur de plusieurs ouvrages couronnés, professeur d'histoire naturelle, etc.

> « Les besoins les plus impérieux, la curiosité la plus vulgaire fixent
> l'attention des sauvages eux-mêmes sur les végétaux et les animaux
> qui les nourrissent, sur les productions de toute espèce dont les formes
> les émeuvent, dont les propriétés les intéressent » (ABEL RÉMUSAT.)

MINÉRALOGIE-GÉOLOGIE,

BOTANIQUE ET ZOOLOGIE.

DEUXIÈME ÉDITION.

PARIS,

Jules DELALAIN et Comp., libraire,　　　　　RORET, libraire,
rue des Mathurins-St.-Jacques, 5.　　　　　rue Hautefeuille, 40.

LUNÉVILLE,
CHEZ Mme GEORGE, LIBRAIRE-ÉDITEUR, GRANDE RUE, Nᵒ 23.
Et chez tous les libraires de France.

1839.

ÉLÉMENS
D'HISTOIRE NATURELLE.

MINÉRALOGIE.

PREMIÈRE PARTIE.
MINÉRALOGIE PROPREMENT DITE.

Trois *divisions* dans l'étude de la Minéralogie :

1.re DIVIS. CARACTÈRES des substances minérales, ou exposition générale des propriétés qu'elles manifestent, et qui servent à les distinguer.

2° DIVIS. CLASSIFICATION des substances minérales, ou distribution méthodique de leurs diverses espèces considérées dans leurs analogies entre elles.

3° DIVIS. HISTOIRE des substances minérales ou étude des propriétés et de l'emploi des principales espèces.

PREMIÈRE DIVISION.—ÉTUDE DES CARACTÈRES.

Deux *classes* de caractères.

I. CARACTÈRES PHYSIQUES; ce sont ceux qui tombent sous les sens; ils se distinguent en
1. *Caractères extérieurs* qui s'offrent au premier abord, et en quelque sorte d'eux-mêmes. EXEMPLE : la couleur.
2. *Caractères physiques proprement dits* qui se tirent de l'action des divers agens de la nature sur les corps, et demandent certaines expériences. EXEMPLE : les phénomènes électriques.

II. CARACTÈRES CHIMIQUES : Ils ont pour objet de nous révéler, à l'aide du contact de certains corps entre eux, et des décompositions qui en résultent, la nature des élémens dont se composent les minéraux. EXEMPLE : action des acides sur les sels.

CARACTÈRES PHYSIQUES.

I. Caractères extérieurs.

1. STRUCTURE : Mode d'arrangement des molécules, ou disposition intime des parties dans l'intérieur du minéral.
2. FORME : Configuration *extérieure* du minéral.
3. CASSURE : Aspect de la surface d'un minéral dont on a détaché un fragment par la percussion.
4. CARACTÈRES DES SENS : La couleur, la transparence, l'éclat, le son ; l'odeur, la saveur, le toucher.

5. GISEMENT : Disposition, ou manière d'être des minéraux dans le sein de
la terre.

A. STRUCTURE.

a. Régulière. . . . . . { Quand les molécules sont combinées entre elles de manière à former un solide régulier, c'est-à-dire, un corps présentant une symétrie complète dans ses différentes parties. (Structure cristalline.) EXEMPLE : le cristal de roche. (*Plan.* 1, *fig.* 1.)

b. Irrégulière. . . . . | Quand le minéral n'offre pas un solide régulier.

c. Composée ou simple. . { Selon que le minéral résulte de la réunion de plusieurs parties offrant une structure distincte, ou d'une seule partie n'offrant qu'une seule structure.

A. Tout minéral offrant une structure régulière et symétrique dans ses différentes parties est un *cristal.*—On distingue dans un cristal les *faces* ou plans, les *arêtes* ou bords, les *angles* ou le degré d'inclinaison des faces entre elles.

B. Un cristal peut être considéré comme formé de deux parties :

  1° Un *noyau* ou particule centrale (molécule intégrante des physiciens);

  2° Une *partie enveloppante* formée de lames ou couches de molécules appliquées successivement sur les diverses faces du noyau.

C. Le noyau semble être comme la forme fondamentale établie par la nature ; elle est commune à tous les minéraux de la même espèce, c'est le type dont on peut faire dériver toutes les modifications de figure qu'affecte le cristal.

Quand la cristallisation a pu s'opérer sans perturbation, les couches de molécules se déposent sur le noyau en lui conservant sa forme première, mais il est rare qu'il en soit ainsi. Presque toujours la partie enveloppante du cristal offre de nombreuses variations dépendantes des décroissemens réguliers qu'éprouvent soit sur leurs bords, soit sur leurs angles les lames ou couches de molécules qui se déposent au-dessus des différentes faces du noyau. (*Voyez les formes, plan.* 6, *fig.* 7.

D. Néanmoins, il y a toujours entre la forme primitive ou noyau, et la forme secondaire ou enveloppante, un rapport constant ; toujours l'une n'est qu'une modification de l'autre. (*Voyez les formes.*)

APPENDICE : *Des moyens à l'aide desquels on étudie la structure.*

1. On peut dans un certain nombre de cas reconnaître l'existence des *joints naturels* ou fissures planes qui séparent les différentes couches de molécules.

2. À l'aide d'une lame d'acier introduite avec précaution dans la direction de ces joints et sur laquelle on frappe légèrement, on parvient à séparer leurs faces contigües qui se présentent toujours avec un aspect lisse et brillant.

5. C'est l'opération bien connue des lapidaires sous le nom de *clivage*. En la répétant plusieurs fois et parallèlement sur toutes les faces, on arrive au noyau cristallin ou solide central. EXEMPLE : le clivage du fluate de chaux conduit toujours à un cristal octaèdre, quelle que soit sa forme extérieure.

4. Il suffit quelquefois d'un simple choc pour opérer la division des cristaux. EXEMPLE : en frappant sur la galène on en sépare de petits cubes.—Il est des substances qui ne se clivent que dans un sens. EXEMPLE : le gypse. D'autres se clivent dans tous les sens. EXEMPLE : le diamant.—Le célèbre Haüy a donné le moyen de reconnaître par le calcul le noyau de celles qui ne sont pas clivables.

b. STRUCTURE IRRÉGULIÈRE.

1. STRUCTURE COMPACTE : Celle des minéraux qui offrent à l'œil une pâte homogène dans laquelle on ne peut distinguer de parties cristallisées. EXEMPLE : le marbre.—Elle est *terreuse* quand la substance est friable.

2. STRUCTURE GRENUE : Celle qui résulte de l'agglomération d'un grand nombre de petits grains arrondis. EXEMPLE : les grès.—Quand ces grains sont plus gros et qu'ils sont réunis par un ciment apparent, ils forment les *poudingues*. (*Plan.* 2 , *fig.* 2.) Les *brèches* s'ils sont anguleux.

Saccharoïde quand ces grains par l'espèce de miroitement qu'ils produisent imitent l'aspect du sucre. EXEMPLE : le marbre statuaire.

Oolithique quand ils atteignent la grosseur d'œufs de poissons, ou de globules plus ou moins gros. EXEMPLE : le calcaire oolithique.

3. STRUCTURE LAMELLAIRE : Produite par l'agglomération d'un grand nombre de petits cristaux qui présentent leurs facettes en tous sens sous la forme de lamelles plus ou moins brillantes.

Laminaire quand ces lamelles dépassent 5 ou 6 lignes. EXEMPLE : le mica.

4. STUCTURE SCHISTEUSE : Résulte de la superposition de feuillets, ou plaques minces à faces parallèles, et que l'on peut séparer. Ex. : l'ardoise.

5. STRUCTURE CELLULAIRE : Caractérisée par des cavités ou cellules en plus ou moins grand nombre et à formes variées. Ex. : la pierre ponce.

6. STRUCTURE FIBREUSE : Présente une réunion de fibres déliées, ou de petits cristaux cylindriques, tantôt réunis parallèlement les uns aux autres, tantôt partant d'un centre commun. EXEMPLE : l'amianthe, les pyrites. (*Plan.* 1 , *fig.* 2.)

Aciculaire : Quand ces fibres sont fines comme des aiguilles.

Bacillaire : Quand elles ressemblent à de petites baguettes.

B. FORME.

a. ESSENTIELLE OU PROPRE : Elle ne s'observe que dans les cristaux réguliers, et se lie à la structure.—*Forme cristalline régulière.*

b. CRISTALLINE IRRÉGULIÈRE : Soit que les cristaux aient pris un mode d'arrangement particulier, soit qu'ils aient été altérés par des causes extérieures.

c. EMPRUNTÉE : Quand elle est étrangère à la forme et à la structure du minéral, et revêt une configuration propre à une autre substance.

d. ACCIDENTELLE : Quand elle dépend de circonstances extérieures, et n'a pas un rapport essentiel avec la structure.

A. FORME ESSENTIELLE OU CRISTALLINE.

1. La forme cristalline n'est pas constamment la même dans tous les minéraux de même espèce.

2. Cependant les formes d'une même espèce, toujours bornées dans leurs variétés, peuvent se rapporter toutes à un seul type, dont chacune de ces variétés n'est qu'une modification.

3. On donne le nom de *système cristallin* à l'ensemble des formes que l'on considère comme dérivées les unes des autres. Ainsi le même minéral n'offre pas toujours une forme identique, mais il appartient toujours au même système cristallin, et jamais on ne le verra se présenter sous quelqu'une des formes appartenant à un autre de ces systèmes.

1. Les modifications diverses d'où résulte le passage les unes dans les autres des formes d'un même système, peuvent s'expliquer par la présence de *facettes* que l'on suppose remplacer les bords et les angles de la forme primitive, facettes qui ne modifient d'abord que légèrement cette forme, mais finissent, en augmentant peu à peu d'étendue, par s'entre-couper, et par occuper entièrement la place des faces. (*Voyez les fig., plan.* 5 et .)

2. Ainsi pour trouver toutes les formes dont se compose un même système cristallin, il faut tronquer successivement l'une d'elles sur ses bords et sur ses angles, dans toutes les directions régulières que l'on peut imaginer, jusqu'à ce que les facettes nouvelles qui résultent de chaque troncature finissent en se rencontrant par se substituer aux faces du cristal fondamental.

Elle offre plusieurs considérations relatives :

1° Aux *modifications* dont elle est susceptible dans les cristaux de même espèce, et aux rapports de ces diverses formes entre elles.

2° A la manière dont s'opère le passage les unes dans les autres des diverses formes propres à une seule espèce minérale.

1. On a établi six systèmes cristallins. Chacun d'eux offre une forme *principale* ou type, et des formes *secondaires* ou dérivées.—Ces formes simples en se combinant l'une l'autre deux à deux, trois à trois, etc., produisent un nombre considérable de formes dites *composées*.

2. Les systèmes cristallins sont :

A. Le système du *cube*. (Form. princip. le cube, l'octaèdre, le tétraèdre.) EXEMPLE : le sel marin, le diamant.

3° à la classification des formes cristallines (cristallographie).

B. Le système du *rhombe*. EXEMPLE : le grès de Fontainebleau.

C. Le système du *prisme droit à base carrée*. EXEMPLE : l'oxide d'étain.

D. Le système *du prisme à base rectangle*. EXEMPLE : le gypseanhydre.

E. Le système du *prisme oblique à base rectangle*. Ex. : le gypse.

F. Le système du *prisme oblique à base de parallélogramme irrégulier*. (Pour le détail des formes cristallines, voy. la plan. 5 et 6.)

APPENDICE.—*Des moyens à l'aide desquels on mesure les cristaux.*

GONIOMÉTRIE. Les formes cristallines se rapportant à un petit nombre de types, se trouvent nécessairement les mêmes dans beaucoup d'espèces différentes : elles ne peuvent donc à elles seules servir de caractère *spécifique* à un minéral ; mais ce caractère se trouve dans la *mesure des angles*, dont le degré d'ouverture est non-seulement fixé dans chacun d'eux, mais encore lui est invariablement propre, de telle sorte qu'en passant d'une espèce à une autre, le même système cristallin n'offre plus le même degré d'inclinaison des faces les unes sur les autres. Cela est vrai des cristaux provenant des lieux les plus éloignés, et quelle que soit d'ailleurs l'étendue de leurs faces.

On a imaginé pour la mesure des angles divers instrumens appelés *Goniomètres*. Le plus simple consiste en un demi-cercle en cuivre, gradué, au centre duquel sont deux lames d'acier, dont l'une correspond au diamètre du demi-cercle, et l'autre est mobile sur un même pivot. Ces lames font l'office de compas, c'est-à-dire qu'appliquées sur les deux faces du cristal que l'on mesure, elles indiquent par leur écartement le degré d'ouverture des angles. (*Plan.* 6, *fig.* 9.)

b. FORME CRISTALLINE IRRÉGULIÈRE.

Elle est *accidentelle* (groupes de cristaux), ou *altérée*.

1°. FORMES CRISTALLINES ACCIDENTELLES. (*Groupes.*)

Les cristaux souvent agglomérés entre eux forment des groupes réguliers ou irréguliers.

RÉGULIERS : Les cristaux parfaitement réguliers forment en s'accolant par leur faces parallèles des groupes qui présentent une certaine régularité. On les connaît sous le nom général de *mâcles*; ils sont surtout très-communs parmi les formes prismatiques, et n'ont lieu qu'entre substances de même nature et de même figure.—Quand ils se réunissent par leurs sommets autour d'un point central, ils forment des *croix*, des *étoiles*, des *rosaces*, etc., selon qu'ils se réunissent par quatre, par cinq, ou par un plus grand nombre de cristaux. EXEMPLE : la staurotide, ou pierre de croix. (*Plan.* 4, *fig.* 5.) Quelquefois deux cristaux accolés sont l'un par rapport à l'autre dans une position renversée, comme s'ils avaient exécuté une demi-révolution sur eux-mêmes pour se rapprocher. Ces groupes sont dits *hémitropes.*—Ils imitent quelquefois des fortifications. EXEMPLE : l'oxide d'étain.

IRRÉGULIERS : Quand les cristaux se croisent dans toutes les directions, sans règle fixe.—Tantôt leur forme est indéterminée, tantôt un jeu de la nature leur donne une ressemblance plus ou moins grossière avec différens objets. EXEMPLE :

Les *dendrites* ou *arborisations*, dues à de petits cristaux qui s'accolent de manière à figurer les ramifications d'un végétal ; c'est un effet analogue à celui que produit la gelée sur nos vitres. Tantôt ces cristallisations sont superficielles, tantôt elles pénètrent profondément dans les diverses couches de la substance. EXEMPLE : certaines agathes et des calcaires. (*Plan.* 2, *Fig.* 3.)

Les *groupes coralloïdes* ou en buisson (ainsi nommées par leur ressemblance avec les formes naturelles du corail) résultent autour d'un axe d'aiguilles cristallines implantées dans tous les sens de la réunion commun, et représentant par leurs ramifications des espèces de touffes végétales, ce qui faisait croire aux anciens que certaines pierres végétaient. EXEMPLE : certains minérais d'argent. (*Plan.* 6, *fig.* 11.)—On a appelé groupes lenticulaires ou en *crête de coq* des agrégations de petites lames cristallines, formant à leur partie supérieure des zigzags imitant grossièrement des crêtes de coq.

2°. FORMES CRISTALLINES ALTÉRÉES.

L'altération des formes cristallines provient :

a. De l'accroissement disproportionné de certaines parties.

b. Des mélanges mécaniques de matières étrangères qu'une substance entraine avec elle dans la cristallisation.

c. De la décomposition par le contact d'agens chimiques.

d. De l'arrondissement des arêtes ou des angles (c'est ainsi que la sphère dérive du cube, le cylindre du prisme, etc.), ou de quelque autre modification opérée dans l'accroissement des cristaux. EXEMPLE : les formes *tabulaires*, qui proviennent de prismes courts. (*Voyez les planches.*)

C. FORMES EMPRUNTÉES.

1. PAR AGGLUTINATION : C'est lorsqu'une substance en suspension dans un liquide, s'infiltrant à travers une autre substance, ou bien entrainée par elle pendant que cette dernière cristallise est obligée de prendre cette cristallisation qui lui est étrangère. EXEMPLE : le grès de Fontainebleau, qui se forme par l'infiltration d'une eau chargée de calcaire à travers des sables fins. (*Plan.* 2, *fig.* 1.)

2. PAR INCRUSTATION. : Quand la substance en suspension dans un liquide se dépose par couches successives sur les corps qu'elle rencontre, en leur conservant grossièrement leurs formes, et en les préservant de toute altération. EXEMPLE : la fontaine de Sainte-Alyre, en Auvergne, où l'on plonge des fruits, des oiseaux, etc., qui se recouvrent promptement d'une enveloppe calcaire.— C'est improprement que l'on dit ces objets *pétrifiés*.

Quelquefois c'est un minéral qui en recouvre un autre, en se modelant exactement sur lui.

3. PAR MOULAGE : Quand un liquide chargé de matières étrangères remplit, en se moulant sur leurs parois, les cavités formées, soit par des coquilles enfouies dans le sol, soit par la place que ces coquilles ou des cristaux occupaient avant d'être détruits.

4. Par voie de SUBSTITUTION GRADUELLE OU DE PÉTRIFICATION : c'est lorsqu'un corps organique enfoui dans le sol a été remplacé molécule à molécule par une autre substance qui, en prenant la place de la substance primitive, conserve cependant sa forme et même sa structure. EXEMPLE : le bois fossile. Les parties dures sont seules susceptibles de cette lente métamorphose.

Les changemens de forme par substitution graduelle ont quelquefois lieu aussi dans le règne inorganique, en vertu de certaines combinaisons chimiques ; de sorte qu'un minéral peut présenter des formes qui lui sont réellement étrangères. C'est ce qu'on nomme *épigénie*.

Il ne faut pas confondre les pétrifications avec les FOSSILES, nom que l'on donne uniquement aux corps organisés enfouis dans la terre depuis un temps plus ou moins éloigné, et qui s'y sont conservés.

d. FORMES ACCIDENTELLES.

1. STALACTITES : Espèces de cônes alongés, creux ou pleins, semblables pour la forme aux aiguilles de glace suspendues pendant l'hiver aux gouttières. On les trouve attachés aux voûtes des grottes à travers les fentes desquelles suinte un liquide tenant en suspension des matières diverses (souvent calcaires), matières qui s'y déposent et s'y dessèchent au fur et à mesure que les gouttes d'eau tombent. (*Plan. 5.*)

Les *Stalagmites*, sont des espèces de mamelons que forme la *matière* des gouttes tombées sur le sol. Ces protubérances peuvent s'élever assez par la succession continuelle de ces dépôts pour rejoindre les stalactites de la voûte, et former ainsi de brillantes colonnades. On donne le nom de *tufs* à des espèces d'amas ou d'amoncellemens irréguliers formés de matières déposées par les eaux (EXEMPLE : le tuf calcaire) ou de débris volcanique agglomérés et durcis par le tassement. (EXEMPLE : le tuf volcanique.)

2. CORPS GLOBULEUX : Tantôt ils présentent à l'intérieur des zônes diversement colorées qui indiquent la superposition des couches. EXEMPLE : l'agathe-onyx. — Tantôt des aiguilles partant du centre en divergeant jusqu'à la surface. EXEMPLE : le sulfure de fer. (*Plan.* 1, *fig.* 2.)

Quelquefois ils imitent grossièrement la forme d'un rein. On les nomme *rognons*. EXEMPLE : la pierre à fusil.—D'autrefois leur surface est mamelonnée ce sont les *nodules*.

Dans quelques eaux tenant en suspension des matières calcaires, on voit des globules se former par le dépôt de couches concentriques autour de petits graviers ; c'est ce qu'on nomme *oolithes*, *pisolithes*, *dragées*. EXEMPLE : les eaux de Carlsbath en Bohême.

Les globules ne remplissent pas toujours les cavités des roches dans lesquelles ils se forment par dépôts successifs ; c'est ce qui explique pourquoi on entend résonner dans l'intérieur de certaines pierres un noyau mobile. EXEMPLE : la pierre d'aigle.

3. On donne en général le nom de *géodes* à des nodules creux dont l'intérieur est tapissé de cristaux. (*Plan.* 1, *fig.* 2.)

4. La *druse* est une couche cristalline revêtant la surface extérieure d'une substance de nature différente.

5. CAILLOUX, GALETS, corps plus ou moins globuleux, provenant de fragmens de roches détachés, chariés par les courans, et qui se sont arrondis par leur frottement mutuel et l'action des eaux. Quand ils sont réduits à un plus petit volume ce sont les *graviers*, les *sables*.

6. Quelques substances doivent leurs formes à des fissures qui les partagent en fragmens polyédriques plus ou moins réguliers, EXEMPLE : les basaltes, substances volcaniques, se divisent naturellement par leur retrait en colonnes prismatiques à 6 pans.

Quand ces fissures ont été remplies postérieurement par des matières diversement colorées, il en résulte une sorte de mosaïque naturelle que l'on appelle *ludus*.

C. LA CASSURE.

Considérée relativement

1° à LA STRUCTURE, elle est : *schisteuse* ou *feuilletée*, *fibreuse*, *laminaire*, *grenue*, *compacte*, etc. (Voyez la structure.)

2° à L'ASPECT EXTÉRIEUR OU A L'ÉCLAT, elle est : *vitreuse*, *résineuse*, *cireuse*, *terreuse*, etc.

3° à LA FORME, elle est : *conchoïdale* ou semblable à une coquille quand elle présente, dans l'un des fragmens, une cavité arrondie, dans l'autre un relief qui lui correspond, et des stries concentriques. EXEMPLE : la pierre à fusil. — *Écailleuse*, quand elle offre de petites écailles qui restent soulevées et peuvent même quelquefois se détacher. EXEMPLE : l'agathe. — *Plate*, *raboteuse*, *conique*, etc. Ces termes s'expliquent d'eux-mêmes.

D. CARACTÈRES DES SENS :

1° COULEUR : On dit qu'elle est *propre* quand elle est uniforme et constante dans un corps. EXEMPLE : le soufre. — *Accidentelle*, quand elle dépend du mélange mécanique ou chimique de substances étrangères. EXEMPLE : le sel-gemme rouge. — Elle se distingue de la couleur propre en ce qu'elle trouble presque toujours la transparence. — *Changeante* ou *irisée* (chatoiement.) La décomposition de la lumière produit quelquefois à la surface des minéraux des couleurs qui ne participent pas à leur nature, et tiennent à une disposition particulière des couches superficielles (fer de l'île d'Elbe), ou de la masse (l'opale.)

Il est des pierres dans l'intérieur desquelles on voit des reflets chatoyans qui semblent se mouvoir. EXEMPLE : l'opale girasol.

2° TRANSPARENCE : Les minéraux sont transparens, demi-transparens ou translucides, et opaques. Il est des corps opaques en grandes masses, et qui deviennent transparens quand on les réduit en lames minces.

3° ÉCLAT : La réflexion des rayons lumineux sur une surface polie produit dans l'œil une impression distincte de celle de couleur ; c'est l'*éclat* qui est : métallique, métalloïde (imitant l'éclat métallique); vitreux, résineux, nacré, soyeux, cireux, etc.

4° Saveur : Ce caractère, propre aux substances solubles, doit être étudié avec prudence, puisqu'il est des minéraux vénéneux à très-petites doses. En général il ne faut déguster que les substances formées naturellement dans le sein de la terre.

5° Happement de la langue : Propriété dont jouissent quelques substances d'absorber l'humidité de la langue, et d'y adhérer légèrement. Exemple : l'argile.

L'odeur ne se manifeste que dans un petit nombre de minéraux quand on les chauffe ou qu'on les frotte. Exemple : odeur terreuse, bitumineuse, sulfureuse, etc.

Les caractères tirés du son ne s'applique guère qu'aux métaux et à leurs alliages. Quelques substances font entendre un bruit particulier quand on les plie ou qu'on les froisse (l'étain, le soufre.)

8° Le toucher est, dans quelques cas rares, d'un secours utile. Il est des substances savonneuses au toucher (le talc), d'autres sèches, (le tripoli), rudes, etc.

DU GISEMENT :

ou des différentes manières d'être des minéraux dans le sein de la terre :

1° Roches : Toute substance pierreuse qui se trouve en grandes masses dans la nature, qu'elle soit formée d'une seule substance (*roches simples*), ou de plusieurs (*roches composées*).

2° Couches : Masses minérales, plus ou moins épaisses, dont les deux faces sont parallèles, et qui s'étendent plus ou moins en longueur et en largeur, affectant une direction horizontale, contournée, en zigzags et même verticale. Les couches prennent le nom de *bancs* quand l'épaisseur prédomine sur les autres dimensions—*lits* et *feuillets* quand elles sont très-minces.—Le mot de *stratification* désigne la disposition d'une masse minérale composée de couches ou *strates*. Les stratifications sont *concordantes* quand elles sont parallèles, *discordantes* quand elles forment des angles entre elles.—On distingue dans une couche son *inclinaison* ou l'angle qu'elle fait avec l'horizon, et sa *direction*, ou les points de l'horizon vers lesquels elle se dirige. Ainsi, on dit : telle couche est inclinée de tant de degrés, et elle se dirige vers l'est.

3° Amas : Masses minérales irrégulières, enveloppées de toutes parts par des couches d'une autre nature. (*Plan*. 4, *fig*. 1.) Les petits amas prennent, selon leur volume et leur configuration, le nom de *rognons*, ou de *noyaux*; celui de *nids*, quand ils sont formés de matières friables.

4° Filons : Masses minérales aplaties, et coupant transversalement les couches des différens terrains qui les renferment, pour se terminer en coins (*Plan*. 4, *fig*. 2.), comme si elles provenaient de matières fondues qui auraient rempli des fentes ou des espèces de lézardes formées dans ces terrains.

Les *veines* ne sont autre chose que des filons sous de plus petites dimensions.

On nomme *gangue* la partie pierreuse ou terreuse qui enveloppe les substances métalliques formant communément la matière des filons ou des veines.

Le *minérai* est la substance métallique entourée de sa gangue, et telle qu'on la retire des *mines*.

5° Dissémination : c'est l'état des substances qui ne se trouvent plus en roches, en filons, etc., mais seulement *disséminées* accidentellement et en quantité plus ou moins considérable dans les terrains.

6° TERRAINS : On entend par là une série plus ou moins considérable de couches, considérées comme formant des *groupes* ou associations naturelles de minéraux, qui, bien que n'étant pas identiques, existent constamment ensemble : de telle manière que la présence ou l'absence d'un de ces minéraux indique la présence ou l'absence de tous ceux appartenant au même groupe ou terrain.

Les terrains ont été classés, suivant leur ordre d'ancienneté, en 1° terrains *primitifs* ; 2° *intermédiaires* ; 3° *secondaires* ; 4° *tertiaires* ; 5° *diluviens* ; 6° *alluviens* ou modernes (Voyez pour les détails la Géologie.)

II. CARACTÈRES PHYSIQUES.

Ils sont :

1. MÉCANIQUES ou relatifs aux divers modes de cohésion des corps.

2. PHYSIQUES *proprement dits*, ou relatifs à l'action des agens de la nature sur les corps (lumière, électricité, attraction, etc.).

a. DURETÉ : Elle s'apprécie par la résistance qu'oppose un minéral à se laisser rayer par d'autres. Ainsi un corps est plus dur que celui qu'il raie, moins dur que celui par lequel il est rayé.—Le degré de dureté étant relatif, il faut indiquer de quelle manière on l'a éprouvé, ou quelle substance on a pris pour terme de comparaison. On distingue sous ce rapport : 1° les minéraux qui ne sont rayés que par le diamant ; 2° ceux qui le sont par le quarz ; 3° ceux qui le sont par l'acier ; 4° ceux dont on compare la dureté à celle du verre ; 5° à celle du marbre ; à celle du gypse (qui se laisse rayer par l'ongle).

La *friabilité* est la propriété que possèdent, à l'opposé de la dureté, certains corps de se laisser écraser sous la moindre pression.

b. TÉNACITÉ : C'est la résistance qu'offre un minéral au choc qui tend à le briser.—Il ne faut pas confondre cette propriété avec la précédente ; car il est des corps très durs qui cependant se cassent facilement (fragilité), et *vice versâ*.

La *ductilité* et la *malléabilité* ne sont que des modes différens de la ténacité. On appelle *ductiles* les métaux qui sont susceptibles de se laisser en fils sans se rompre (l'or, l'argent).—On appelle malléables les métaux qui se laissent étendre en feuilles sous le marteau (le plomb). Ces deux propriétés ne sont pas toujours réunies dans le même corps. EXEMPLE : l'étain est malléable et n'est pas ductile.

c. LA FLEXIBILITÉ est la propriété de fléchir sans se rompre. — On distingue : 1° la *flexibilité simple*. Elle existe d'une manière obscure dans certaines pierres qui fléchissent sous leur propre poids, ou oscillent par un ébranlement violent. EXEMPLE : certains grès et calcaires.

2° La *Flexibilité élastique*. Celle des substances qui reviennent d'elles-mêmes à leur première forme, quand elles ont été fléchies par une force étrangère. EXEMPLE : le mica en feuilles.

3° *Flexibilité molle*, celle qui laisse au corps la flexion qu'on lui donne. EXEMPLE : l'argile mouillée.

CARACTÈRES PHYSIQUES PROPREMENT DITS.

a. POIDS SPÉCIFIQUE. Comparaison du poids des corps avec l'un d'eux que l'on a pris pour unité ou terme de comparaison (l'eau distillée).—Pour connaître le poids spécifique d'un corps, on le pèse d'abord dans l'air, puis dans l'eau (en l'attachant à l'extrémité d'un fil suspendu au-dessous d'un des bassins d'une balance). La différence du second poids avec le premier indique le poids du volume de liquide déplacé par le corps qui y plonge ; ce qui fournit la pesanteur spécifique de ce corps. Il suffit pour la connaître de diviser le poids du corps dans l'air par le poids du volume d'eau déplacé; on a au quotient un chiffre qui exprime combien de fois le premier contient le second, c'est-à-dire le poids du corps comparé à un même volume d'eau. (Voir les ouvrages de Physique.)

b. RÉFRACTION. Inflexion qu'éprouvent les rayons lumineux quand ils tombent obliquement sur la surface d'un corps transparent. — Quand les rayons suivent tous la même direction en pénétrant dans ce corps, la réfraction est *simple;* quand ils se partagent comme en deux faisceaux, suivant des directions différentes, l'objet vu au travers du corps paraît double (double réfraction). EXEMPLE : le spath d'Islande.—Ce phénomène a lieu dans tous les systèmes cristallins, hors celui du cube ; néanmoins il n'est pas propre à toutes les faces, et il faut en outre que celles-ci offrent une certaine inclinaison entre elles.

c. PHOSPHORESCENCE. Propriété qu'ont quelques corps de devenir, dans certaines circonstances, lumineux par eux-mêmes.—Elle peut se développer, 1° par le frottement ou le choc ; EXEMPLE: les cailloux ; 2° par la chaleur; EXEMPLE : la chaux fluatée ; 3° par insolation; EXEMPLE : le diamant ; 4° par l'électricité.

d. ÉLECTRICITÉ : On développe l'électricité dans les minéraux, soit par le frottement, ou même par la simple pression (EXEMPLE : le spath d'Islande), soit par l'élévation de température (topaze). Il en est qui sont électrisables immédiatement, et retiennent le fluide électrique; EXEMPLE : les pierres ; d'autres demandent, pour ne pas perdre l'électricité qu'on leur communique, d'être isolés par des corps qui ne la laissent pas passer; EXEMPLE : les métaux. Les premiers sont les corps dits *isolans* ; les seconds, corps *conducteurs.*—Les minéraux, soit isolans, soit conducteurs, présentent l'électricité *vitreuse* ou l'électricité *résineuse.* Le même minéral présente quelquefois ces deux espèces d'électricité à ses points opposés ; EXEMPLE : la tourmaline, et en général tous les minéraux électrisables par chaleur.— Les minéraux varient beaucoup entre eux, relativement à la facilité avec laquelle ils prennent ou conservent l'état électrique.—On constate la nature de l'électricité d'un minéral, au moyen d'un électromètre (voir les ouvrages de Physique). Ce caractère est variable, plusieurs circonstances pouvant donner à la même substance une espèce différente d'électricité.

e. MAGNÉTISME : Les minerais de fer possèdent seuls la propriété d'agir sur l'aiguille aimantée. On appelle magnétisme *simple* celui des corps qui attirent les deux pôles de l'aiguille (le fer pur) ; magnétisme *polaire,* celui des corps qui attirent un pôle et repoussent l'autre (la pierre d'aimant).— On constate l'une et l'autre propriété au moyen d'une boussole ordinaire.

III. CARACTÈRES CHIMIQUES.

La chimie nous révèle la *composition* des corps.—Elle nous les montre formés d'un seul *élément* ou principe indécomposable (corps *simples*) ou de plusieurs (corps *composés*.)

On donne le nom d'*analyse chimique* aux moyens que l'on emploie pour connaître la *nature* des élémens qui composent un corps, et les *proportions* dans lesquelles ces élémens sont réunis dans les corps composés.—Cette étude ayant été faite sur les minéraux par les chimistes, il suffit au minéralogiste de l'*examen chimique*, c'est-à-dire de quelques essais propres à constater la nature des élémens dans un corps, sans s'occuper des proportions.

Il y a deux manières d'essayer chimiquement les minéraux : par la *voie humide* et par la *voie sèche*.

1° EXAMEN PAR LA VOIE HUMIDE.

Il y a plusieurs manières de l'opérer, selon la nature des corps ; mais il consiste en principe général à dissoudre le corps que l'on veut essayer dans l'eau, à chaud ou à froid : s'il y est insoluble, dans les acides ; puis à verser dans cette dissolution d'autres substances également à l'état liquide, et qui jouissent de la propriété de séparer les élémens de celle que l'on examine, tantôt en les dégageant sous forme de gaz ou de bulles qui traversent en bouillonnant la dissolution (*effervescence*) :—Tantôt en les précipitant au fond du verre, sous la — forme de poudre fine (*précipitation*), ou en troublant simplement la liqueur. La couleur de ce précipité, la couleur et l'odeur du gaz qui se dégage avec effervescence sont autant de caractères distinctifs.

Les corps que l'on emploie à cet usage sont appelés *réactifs*. Ce sont ordinairement les acides et les alcalis, (acides nitrique, sulfurique, potasse, etc.) (1)

2° EXAMEN PAR LA VOIE SÈCHE.

Le *chalumeau* du bijoutier est l'instrument dont on se sert ordinairement pour soumettre les minéraux à l'action du feu.—C'est un tube métallique se terminant par une extrémité recourbée et effilée, et dans lequel on souffle par la partie évasée, en dirigeant le courant horizontalement sur la flamme d'une lampe. —Pour essayer les minéraux, on les place sur un morceau de charbon de bois blanc, taillé convenablement, et creusé sur une des faces d'une petite cavité destinée à recevoir la matière fondue.

L'essai par le chalumeau peut fournir les caractères suivans :

1° La fusibilité ou l'infusibilité de la substance.

---

(1) L'*acide nitrique*, (ainsi nommé parce qu'il entre dans la composition du *nitre* ; c'est vulgairement *l'eau forte*), liquide blanc très-corrosif.—L'acide *sulfurique*, (ainsi nommé parce qu'il contient du soufre ; vulgairement *l'huile de vitriol*), liquide blanc quand il est pur, pesant, de consistance oléagineuse.—L'*ammoniaque* combinaison d'azote et d'hydrogène ; gaz incolore, d'odeur très-piquante, se dissolvant facilement dans l'eau et formant alors l'ammoniaque liquide.—La *potasse*, corps solide, grisâtre, caustique, se dissolvant facilement dans l'eau et servant à la fabrication des savons ; etc.

2° L'*oxidation* de la substance (quand elle est susceptible de se combiner avec l'oxigène), en la plaçant à l'extrémité de la pointe que forme le jet de flamme, (ce qu'on nomme *feu d'oxidation.*)

3° Sa *réduction* ou sa désoxidation (quand elle était combinée avec l'oxigène), en la plaçant dans le centre du jet que forme la flamme, (ce qu'on nomme *feu de réduction.*)

4° L'aspect de la matière fondue (tantôt en *émail*, tantôt en verre diversement coloré, ou en *scories.*)

5° Le dégagement de certaines odeurs, ou de vapeurs diversement colorées.—Souvent on mêle à la substance que l'on traite au chalumeau des *réactifs* qui aident à sa décomposition, ou des *fondans* qui facilitent sa fusion, et font prendre au verre des couleurs caractéristiques. Les fondans les plus employés sont : le *borax*, le *carbonate de soude*, etc.

SECONDE DIVISION. — **CLASSIFICATION.**

Trois choses à considérer dans la classification des minéraux :

1° La spécification : C'est le choix des caractères qui servent de base aux *espèces*, ou au rapprochement des minéraux offrant entre eux de nombreuses analogies. —La méthode naturelle a prévalu pour la spécification, c'est-à-dire qu'on donne pour base a ces espèces tous les genres de caractères inhérens aux minéraux (cristallographiques, physiques, chimiques, etc.)

2° La distribution méthodique : C'est le classement en *groupes*, renfermant les espèces analogues, ou en d'autres termes, le choix des caractères qui doivent servir de base aux *genres*, aux *familles*, aux *classes*. L'opinion n'est pas encore fixée sur les caractères auxquels on doit donner la préférence.

3° Les dénominations, ou termes par lesquels on désigne les espèces minérales, sont généralement empruntées à la nomenclature chimique. En voici l'explication :

a. Le mot *oxide* désigne les combinaisons du gaz oxigène avec un corps simple, le plus souvent un métal.—Selon les proportions d'oxigène qu'ils contiennent, les oxides sont appelés *protoxides* (ceux qui en renferment le moins), *deutoxides, tritoxides* ou *péroxides* (ceux qui en renferment le plus), *oxides* simplement, quand ils ne se combinent qu'en une seule proportion.

Il est des oxides dont il est très-difficile de séparer le métal, qu'on ne trouve jamais à l'état natif, ce sont les *alcalis* et les *terres*. Les premiers ont une saveur caustique, et sont caractérisés par la propriété de ramener au bleu les couleurs rougies par un acide.—Les *terres* ne jouissent pas de cette propriété, elles sont insolubles dans l'eau, sans saveur, etc.

3

b. Le mot *acide* désigne un composé résultant de la combinaison d'un corps simple avec un autre corps qui est ordinairement l'oxigène.—Les acides sont caractérisés par une saveur aigre, et par la propriété de rougir les couleurs bleues végétales. On les désigne en ajoutant au nom du corps simple la terminaison *ique*. EXEMPLE : combinaison du phosphore et de l'oxigène, *acide phosphorique.*—Quand les acides s'unissent en deux proportions avec ce gaz, le moins oxigéné se termine en *eux*. Ex. *Acide phosphoreux.*

c. Le mot *sel* désigne la combinaison d'un acide avec un oxide. On les dénomme en changeant la terminaison *ique* de l'acide en *ate*, celle *eux* en *ite*, puis en retranchant les mots *acide* et *oxide.* EXEMPLE : Combinaison de l'acide sulfurique et de l'oxide de zinc : *sulfate de zinc.*—Selon que l'oxide est à l'état de protoxide, deutoxide, tritoxide, on dit : *sulfate de protoxide de zinc*, ou plus simplement : *proto sulfate*, etc.—Quand l'acide domine, on dit : *sulfate acide de*......, etc. , ou *sur-sulfate*. Quand c'est l'oxide, on dit : *sous-sulfate*. Quand l'acide et l'oxide se neutralisent mutuellement, le sel est dit : *neutre.* — On désigne quelque fois l'oxide sous le nom de *base salifiable.*

d. Pour désigner la combinaison d'un métal avec une substance simple non métallique, ou *corps inflammable*, on termine celui-ci en *ure*, en le faisant suivre du nom de métal. EXEMPLE : Combinaison de soufre et de cuivre : *sulfure de cuivre.*—Pour désigner un composé *gazeux* ou aériforme, on nomme le gaz le premier, et l'on termine l'autre substance en *é*. Ex. : gaz hydrogène et soufre : *gaz hydrogène sulfuré.*—Les combinaisons des métaux entre eux s'appellent *alliages.*—Les corps dans lesquels entre de l'eau sont dits : *hydratés*; le mot *hydro* placé devant un corps indique la présence de l'hydrogène, ou de l'eau.

Haüy distribue les minéraux en quatre classes. Dans la 1re il place les *acides libres* (acides sulfurique, carbonique , etc.) Dans la 2.e les *substances métalliques hétéropsides*, c'est-à-dire, privées naturellement de l'éclat métallique, (calcaire, gypse, etc). Dans la 3.e il place les *substances métalliques autopsides*, c'est-à-dire douées d'un éclat métallique visible. Dans la 4.e les *combustibles.*—Il donne dans la spécification la prééminence aux bases; ainsi il ne dit pas carbonate ou sulfate de chaux , mais chaux *carbonatée* chaux *sulfatée.* Si nous lui avons préféré la distribution que nous avons adoptée ici, c'est que nous la croyons non moins simple , et plus instructive , en ce qu'elle fait connaître dès l'abord la composition générale des substances minérales.

TABLEAU DE LA CLASSIFICATION
DES SUBSTANCES MINÉRALES [1].

Nous divisons les corps en deux grandes classes :

I. CORPS SIMPLES. Ils se subdivisent en :

1° CORPS SIMPLES NON MÉTALLIQUES (corps inflammables).

2° CORPS SIMPLES MÉTALLIQUES :
- A. Métalliques purs.
- B. Métalliques alliés.

II. CORPS COMPOSÉS. Ils se subdivisent en :

Composés BINAIRES :

1° *Oxides* ....
- A. Métalloïdes.
- B. Non-métalloïdes.

2° *Acides.*

3° *Combinaison des corps simples entre eux.*
- A. Des métaux avec un corps simple non métallique.
- B. Des métaux entre eux.

Composés TERNAIRES, ou *sels* (quelquefois *quaternaires*).

PREMIÈRE CLASSE. — CORPS SIMPLES.

PREMIÈRE SECTION. COMBUSTIBLES.

Soufre.
Carbone.—Diamant.
   Appendice.

Combustibles composés.
Houille (*Charbon de terre, de pierre*).
Anthracite (*charbon incombustible, houille sèche*).
Lignite (*bois bitumineux.*)—Jayet ou jais.
Tourbe.
Bitumes (*poix minérale*).—Napthe.—Pétrole.
Bitume asphalte ou de Judée.
Bitume élastique ou caoutchouc minéral.
Succin (*ambre jaune, karabé*).
Mellite (*pierre de miel*).

---

[1] Nous ne présentons dans ce tableau que les espèces principales.

DEUXIÈME SECTION. MÉTAUX.

Corps opaques, doués d'un éclat qui leur est propre (*éclat métallique*), susceptibles de prendre un beau poli, beaucoup plus pesans que l'eau, plus ou moins fusibles.

1° MÉTAUX QUI SE TROUVENT A L'ÉTAT NATIF, OU PURS.

A. *Durs.*
- Or.
- Argent.
- Cuivre.
- Fer.

B. *Cassans.*
- Antimoine.
- Bismuth (*étain de glace*).
- Arsenic (*chaux natif d'arsenic*).

C. *Liquide.*
- Mercure (*vif-argent.*)

2° MÉTAUX ALLIÉS.

Platine aurifère.—Platine, paladium, iridium et rhodium.—Platine ferrifère.
Argent antimonial.
Mercure argental (*hydrargure d'argent*).
Tellure aurifère (*or blanc*).

DEUXIÈME CLASSE.—CORPS COMPOSÉS.

PREMIÈRE SECTION. COMPOSÉS BINAIRES.

OXIDES.

A. OXIDES MÉTALLOÏDES (*métalloxides*).

Corps opaques, cassans, à éclat métalloïde quand ils sont en masse ou polis, ternes quand ils sont en poussière, diversement colorés, plus pesans que l'eau, passant à l'état de métal quand on les chauffe avec le charbon.

ESPÈCES :

Oxides de fer.
—protoxide (*fer rouge*).
—fer oligiste.
—fer magnétique.
—hydroxide de fer (*mine de fer terreuse*).
Oxides de cuivre.
—protoxide (*oxide rouge*).
—oxide noir.
Oxides de manganèse.
—peroxide.
—hydroxide.

Oxide d'étain (*étain vitreux*).
Oxide de cobalt.
Oxide de chrôme.
Oxides de titane.
—ruthile.
—anatase.
Oxides d'urane.
—oxide.
—hydroxide (*calcolithe*).
Oxide de plomb rouge (*minium*).

B. Oxides non métalloïdes.

ESPÈCES :

Oxides de silicium (*quarz*).
—quarz hyalin (*cristal de roche.*)
—quarz agate (*agates fines ou calcédoines, agates grossières, silex.*
—hydroxide (*opale.*)

Oxides d'aluminium.
(*alumine pure ou corindon.*)
—corindon hyalin (*rubis, topazes,
améthistes orientales.*)
—corindon spath adamantin.
—corindon compacte.
—corindon grenu ferrifère (*émeril.*)

ACIDES.

Acide borique (*boracique, sel sédatif, etc.*)

COMBINAISONS DES CORPS SIMPLES ENTRE EUX.

Premier genre. CHLORURES.

Si l'on mêle un chlorure avec du péroxide de manganèse, et que l'on verse sur ce mélange un acide fort, il se dégagera un gaz verdâtre, d'odeur suffocante et caractéristique
(*le chlore*).

ESPÈCES :

Chlorure d'oxide de sodium (*sel-gemme*).
Chlorure d'argent (*argent corné*).
Chlorure de mercure (*calomelas, mercure doux*).

Deuxième genre. SULFURES.

Chauffés au chalumeau avec du charbon, les sulfures donnent l'odeur de soufre qui brûle:
ils ont généralement l'éclat métalloïde, sont diversement colorés, pèsent entre 3 et 8.

ESPÈCES :

1. Sulfures simples.

Sulfure d'argent (*argent vitreux*).
Sulfure de cuivre.
Sulfure de fer.
—pyrite, cubique, prismatique, magnétique.
Sulfure de zinc (*blende*).
Sulfures de plomb (*galène*).
—antimonifère.
—argentifère.

Sulfure de nickel.
Sulfure d'antimoine.
Sulfure de bismuth.
Sulfures d'arsenic.
—rouge (*réalgar*).
—jaune (*orpiment*).
Sulfure de molybdène.
Sulfure de mercure (*cinabre*).

2. Sulfures multiples.

Sulfure de cuivre et de fer (*cuivre py-
riteux*).
Sulfures de cuivre gris (*arsénifère*).
—antimonifère.
—plombifère.
Sulfure de cuivre et argent.
Sulfure de cuivre et bismuth.
Sulfure de cuivre et étain.
Sulfure d'antimoine et argent (*argent
rouge*).
Sulfure d'antimoine et cuivre.

Oxi-sulfure d'antimoine (*antimoine
rouge*).
Sulfure d'argent et arsenic.
Sulfure de plomb et argent.
Sulfure de plomb, antimoine et cuivre
(*bournonite*).
Sulfure de bismuth et plomb.
Sulfo-arséniure de cobalt (*cobalt gris*).
Sulfo-arséniure de fer (*mispickel*).
Sulfo-arséniure de nickel.

Troisième genre. SÉLÉNIURES.

Les séléniures, formés d'un métal nommé *sélénium* et d'un autre corps simple, donnant par la combustion une odeur de raifort, ont l'éclat métallique.

ESPÈCES :

Séléniure de cuivre.
Séléniure de plomb.

Séléniure de cuivre et argent (*enkairite*).

Quatrième genre. ARSÉNIURES.

Les *arséniures* chauffés au chalumeau répandent une odeur d'ail. Ils possèdent l'éclat métallique.

Arséniure d'argent.
Arséniure d'antimoine.
Arséniure de cobalt.

Arséniure de nickel.
Arséniure double de cobalt et fer.

Cinquième genre. CARBURES.

Graphite ou plombagine (*carbure de fer*).

DEUXIÈME SECTION. COMPOSÉS TERNAIRES. (*Sels.*)

Premier genre. CARBONATES.

Corps solubles dans les acides, avec effervescence, et dégagement d'un gaz inodore, incolore (*acide carbonique*).

ESPÈCES :

Carbonate de chaux.
  —rhomboédrique ou pierre calcaire (*pierres à chaux, à bâtir, marbres, albâtres, craie, pierre lithographique*).
  —prismatique ou *arragonite*.
Carb. de chaux ferrifère.
Carb. de chaux et de magnésie (*dolomie*).
Carb. de soude hydraté (*natron*).
Carb. de magnésie (*magnésie native, écume de mer*).
Carb. de fer (*fer spathique*).

Carb. de manganèse.
Carb. de zinc.
Carb. de baryte (*withérite*).
Carb. de strontiane (*strontianite*).
Carb. de plomb.
  —prismatique.
  —rhomboédrique.
Carb. de bismuth.
Carb. de cuivre.
  —hydro-carbonate vert (*malachite*).
  —hydro-carbonate bleu (*azurite*).

Deuxième genre. HYDRO-CHLORATES.

Le gaz acide *hydro-chlorique* forme des sels qui ont les mêmes caractères que les chlorures. —En outre les hydrochlorates donnent de l'eau par la calcination.

ESPÈCES :

Hydro-chlorate d'ammoniac (*sel ammoniac*).
Hydro-chlorate de cuivre (*atakamite*).

Troisième genre. FLUATES.

Le *fluore* corps simple qui n'a pu encore être dégagé de ses combinaisons forme les *fluates* qui, fondus dans un tube avec l'acide phosphorique, dégagent une vapeur blanche corrodant fortement le verre (*acide fluorique*).

ESPÈCES :

Fluate de chaux (*spath fluor, phtorure de calcium*).
Fluate de soude et alumine (*cryolythe*).
Fluo-silicate d'alumine (*topaze, chrysopase, béril,* etc.)

Quatrième genre. SULFATES.

Quand on chauffe les sulfates avec un mélange de charbon et de carbonate de soude , et que l'on verse un peu d'acide sur le résidu , il s'en dégage un gaz reconnaissable par son odeur fétide d'œufs couvis (*l'hydrogène sulfuré*).

ESPÈCES :

Sulfate de plomb.

Sulf. de baryte (*barytine, spath pesant*).

Sulf. de strontiane (*célestine*).

Sulf. de chaux (*karsténite*).

—hydro-sulfate (*gypse sélénite*).

Sulf. de potasse (*sel de duobus*).

Sulf. de soude (*thénardite*).

—hydro-sulfate de soude et chaux (*sel de glauber*).

Hydro-sulf. de magnésie (*epsomite ou sel d'epsom*).

Hydro-sulf. de nickel.

Hydro-sulf. de zinc (*vitriol blanc*).

Hydro-sulf. de cobalt.

Hydro-sulfure de fer (*couperose verte*).

Sulf. d'ammoniaque (*mascagnite*).

Sulf. de cuivre (*couperose bleue, vitriol bleu*).

Alunite.

Sulf. d'alumine avec une base alcaline (*alun*).

Sulf. double d'alumine et fer (*alun de plumes*).

Sulf. double de soude et magnésie.

Sulf. double de soude et chaux (*glau-bérite*).

Cinquième genre. NITRATES.

Les nitrates sont solubles; si l'ou verse de l'acide sulfurique sur leur mélange avec la limaille de cuivre , ils font effervescence et dégagent des vapeurs d'un rouge-orangé (*gaz nitreux*).

ESPÈCES :

Nitrate de potasse (*nitre ou salpêtre*).

Nitrate de soude.

Nitrate de chaux.

Sixième genre. PHOSPHATES.

Les phosphates fondus au chalumeau avec l'acide borique donnent un globule vitreux , qui, chauffé de nouveau avec le charbon , donne du *phosphore*; corps simple , tendre, jaunâtre, lumineux dans l'obscurité.

ESPÈCES :

Phosphate de chaux (*apatite, chrysolite*).

Phosph. de magnésie (*wagnerite*).

Phosph. alumineux (*klaprothite*).

Turquoise.

Phosph. de plomb (*mine de plomb verte*).

Hydro-phosphate de fer (*vivianite, bleu de Prusse natif*).

Hydro-phos. de cuivre.

Phosp. d'urane (*uranite et chalcolithe*).

Septième genre. BORATES.

Les *borates* sont décomposés par l'acide nitrique et y laissent un résidu (*acide borique*) qui est soluble dans l'esprit de vin et lui communique la propriété de brûler avec une flamme verte.

ESPÈCES :

Borate de soude ou *borax*.

Borate de magnésie (*boracite*).

Boro-silicate de chaux (*datholithe*).

8ᵉ genre. ARSENIATES ET ARSENITES.

Caractères des *arséniures*.

ESPÈCES :

Arséniate de plomb (*massicot natif*).

Arséniate de chaux (*pharmacolithe*).

Arséniate de cobalt.

Arséniate de cuivre.

Arséniate de fer.

Neuvième genre, TANTALATES.

Les *tantalates* qui ont pour base un métal nommé *tantale*, fondus avec le carbonate de soude, donnent un sel soluble dans l'eau. Cette solution précipite, par l'addition d'un acide, une poudre *blanche* qui reste telle, si même on fait bouillir la liqueur.

ESPÈCES :

Tantalate d'yttria ou yttrio-tantalate.
Tantalate de fer et manganèse (*tantalite*).

Dixième genre. TITANATES.

Les *titanates*, qui ont pour base le métal nommé *titane*, fondus avec le carbonate de soude ne donnent pas un sel soluble, mais un résidu décomposable par l'acide hydrochlorique.—La liqueur, de jaune qu'elle est, devient violette quand on y plonge une lame de zinc.

ESPÈCES :

Titane de fer (*nigrine*, *chrichtonite*).
Silicio-titanate de chaux (*sphène*).

Onzième genre. TUNGSTATES OU SCHÉELATES.

Ont pour base le *tungstène*.—Mêmes caractères que les tantalates, excepté que la poudre blanche précipitée devient *jaune* quand on fait bouillir la liqueur.

ESPÈCES :

Tungstate de chaux (*schéelite*).
Tungstate de plomb.
Tungstate de fer et manganèse (*wolfram*).

Douzième genre. CHROMATES.

Ont pour base le *chrôme*, corps simple.—Fondus au chalumeau avec un peu de soude, les *chromates* donnent un verre d'une belle couleur verte.

ESPÈCES :

Chromate de plomb (*plomb rouge*).
Chromate de fer.
Chromate double de plomb et cuivre.

Treizième genre. MOLYBDATES.

Ont pour base le métal nommé *molybdène*. Les *molybdates* fondus avec le carbonate de soude, et traités par l'acide nitrique, précipitent une poudre blanche soluble dans l'eau. Cette solution devient bleue quand on y plonge une lame de zinc.

ESPÈCES :

Molybdate de plomb (*plomb jaune*).

Quatorzième genre. ALUMINATES.

Ont pour base l'*alumine*.—Fondus avec la potasse caustique, les *aluminates* deviennent solubles dans les acides. Cette solution précipite par l'ammoniaque une matière gélatineuse, ou une sorte de gelée soluble dans la potasse caustique.

ESPÈCES :

Aluminate de magnésie (*spinelle*).
Aluminate de zinc (*gahnite*).
Hydro-aluminate de plomb (*plomb-gomme*).

Quinzième genre. SILICATES.

Ont pour base la *silice*, substance pierreuse très-dure, qui fait la base des cailloux.—Les *silicates* fondus avec la potasse caustique forment une matière qui se dissout dans les acides. Cette solution évaporée laisse un résidu pâteux ou une espèce de gelée de silice que l'on sépare des corps étrangers auxquels elle est mêlée en la traitant par l'eau, dans laquelle elle est insoluble.

ESPÈCES :

§ I. *Silicates alumineux.*

La solution privée de la silice par le moyen indiqué précédemment forme dans la potasse caustique un précipité. La liqueur surnageant au-dessus de ce précipité précipite à son tour par l'hydro-chlorate d'ammoniaque une matière gélatineuse.

A. **Silicates d'alumine.**
—pinite d'Auvergne.
—disthène.
—staurotide.
—collyrite.

B. **Silicates d'alumine et de glucyne.**
—cymophane ou chrysobéril.
—émeraude.
—euclase.

C. **Silicates d'alumine et chaux** (ou *fer ou manganèse*).
—grenat.
—idocrase.
—pelvine.
—axinite.
—prehnite.
—épidote.
—mélanite.

D. **Silicates d'alumine et chaux** (ou *potasse, soude, lithine*).
—wernérite.
—lapis.
—hauyne.
—sodalite.

—néphéline.
—amphigène.
—analcime.
—sarcolite.
—mésotype.
—chabasie.
—triphane.
—stilbite.
—feldspath.
—pétalite.
—harmotome.
—humouite.
—dichroïte.
—andalousite ou macle.

E. **Silicates alumineux doubles à bases variables.**
—tourmaline.
—micas.
—fibrolithe.
—nacrite.
—pierre de savon.
—néphrite ou jade.
—pagodite.

§. II. *Silicates non alumineux.*

Ces silicates, traités comme les précédens, ne précipitent pas par l'hydro-chlorate d'ammoniaque.

A. **Silicates de zircone.**
—zircon (*hyacinthe*).

B. **Silicates d'yttria.**
—gadolinite.

C. **Silicates de manganèse.**

D. **Silicates de zinc.**
—calamine.

E. **Silicates de cuivre.**
—dioptase.
—chrysocolle.

F. **Silicates de magnésie.**
—péridot.
—chondrodite.
—talc.

—magnésite.
—stéatite.

I. **Silicates de chaux.**
—wollastonite.

Silicates de cérium.
—cérite (*rouge*).
—allanite (*noir*).

J. **Silice à bases variables ou multiples.**
—apophyllite.
—diallage.
—hypersthène.
—pyroxène (*sahlite, augite*).
—amphibole (*actinote, trémolite, hornblende*).

3e DIVISION.—HISTOIRE DES PRINCIPALES ESPÈCES MINÉRALES.

SUBSTANCES COMBUSTIBLES.

SOUFRE.

CARACTÈRES..
Caractères physiques : Cristallisé en octaèdre—aciculaire, mamelonné, granulaire, terreux, compacte—jaune citrin, jaune verdâtre—translucide, opaque.—Cassant, faisant entendre un craquement quand on le presse entre les doigts, pes. spé., 2.—Développe l'électricité résineuse par frottement.

Caractères chimiques : Brûlant avec flamme bleue et odeur suffocante, caractéristique.

GISEMENS....
En nids, en amas, en veines, dans presque tous les terrains, notamment au voisinage des volcans en activité et à demi-éteints, dans les gypses, dans les quarz, les calcaires des terrains intermédiaires et secondaires, etc.

LOCALITÉS....
Les soufrières naturelles ou *solfatares* se trouvent à Pouzzole, près de Naples, en Islande, à la Guadeloupe, à Java, etc.

EXTRACTION..
Pour le soufre natif, il ne s'agit que de le recueillir dans les solfatares, et de le fondre pour le purifier. Quant au moyen de dégager le soufre de ses combinaisons, voyez les *sulfures*.—Pour avoir le soufre en *canons*, on le coule, quand il est encore liquide, dans des moules en bois. Pour l'avoir en *fleurs*, on le fait arriver à l'état de vapeur dans une salle voûtée où il se condense par le refroidissement.

EMPLOI......
Dans les arts : Pour un septième environ dans la fabrication de la poudre à canon. Pour un dixième dans celle de l'acide sulfurique (huile de vitriol).—On le verse liquide dans le creux des pierres pour y sceller la ferrure à laquelle il adhère fortement ; mais il a l'inconvénient de ronger le fer, et de faire éclater la pierre.—Le soufre sert de moule à prendre des empreintes.—La vapeur du soufre sert à blanchir la soie, la paille, etc.

Dans l'économie domestique : La vapeur du soufre sert à détacher le linge taché par des fruits.—Deux à trois poignées de fleurs de soufre jetées dans le foyer éteignent les feux de cheminée, si l'on a eu l'attention d'en fermer auparavant le devant avec un drap mouillé.—On fabrique des mèches que l'on trempe dans du soufre fondu et que l'on brûle ensuite dans les futailles avant d'y déposer le vin, opération qui empêche la liqueur d'y fermenter plus tard.—Le soufre est un remède très-utile dans les maladies de la peau.

Caractères et emploi du soufre à l'état de *combinaison*. (Voyez *sulfures*, *sulfates*.)

CARBONE PUR. — Diamant.

CARACTÈRES . .

Caractères physiques : Cristallisé en octaèdre, dodécaèdre, etc. — Souvent incolore ; cependant il peut présenter des nuances très-variées (roses, bleues, noires, vertes, jaunes), transparence et limpidité parfaites ; éclat des plus vifs. — Le plus dur de tous les corps. — Fragile. — Pes. spé., 3,52. — S'électrise vitreusement par frottement. — Phosphorescent dans l'obscurité, après avoir été exposé au soleil.

Caractères chimiques : Brûle difficilement et à une température élevée, sans fumée, sans résidu et en ne donnant que de l'acide carbonique.

Composition : Carbone pur.

GISEMENS . . . . Disséminé à peu de profondeur dans un terrain de transport formé d'un sable à ciment ferrugineux et argileux, ou mêlé à l'or en paillettes, parmi les sables qui forment le lit de certaines rivières.

LOCALITÉS . . . . Dans l'Inde, dans l'Amérique méridionale, en Sibérie.

EXTRACTION . . On brise la roche sablonneuse qui le contient, on enlève ensuite la partie terreuse au moyen d'un filet d'eau, et on fait à la main le triage des graviers qui recèlent la pierre précieuse.

Quelquefois on détourne le lit d'une rivière pour l'y chercher.

EMPLOI . . . . . . On met à profit pour la taille la facilité qu'il offre à se laisser cliver. On le polit à l'aide de sa propre poussière. Avant 1456, cet art n'était pas connu, et on le portait brut. — Un diamant d'un karat (4 grains) vaut 200 fr. (valeur brute.) Le prix en augmente ensuite comme les carrés de leurs poids respectifs (tout étant égal d'ailleurs). — Les diamans de 10 à 20 karats sont rares : fort peu dépassent 100 karats. Le diamant dit le *régent*, qui appartient à la France, pèse 136 karats, et est évalué plus de cinq millions. — On connaît les usages du diamant pour graver sur les corps durs, couper le verre, etc.

SUBSTANCES CARBONIFÈRES.

HOUILLE. (*Charbon de terre.*)

CARACTÈRES . .

Caractères physiques : Compacte, terreuse, granulaire, schisteuse, lamelleuse, fibreuse, mamelonnée, polyédrique, en rognons. — Noire, métalloïde, mate, irisée, opaque. — Friable, cassure écailleuse, lamelleuse. — Pesanteur spécifique de 1,3 jusqu'à 1,9.

Caractères chimiques : Très-inflammable, et brûlant avec flamme et fumée noire, d'odeur bitumineuse, se boursouflant quand elle brûle, et donnant pour résidu un charbon léger qu'on nomme *coake*.

Composition : Carbone avec 30 à 40 pour cent de bitume (moins de ce dernier dans les houilles de qualité inférieure), et 4 à 5 parties de matières terreuses mélangées. (Ces matières sont en plus forte proportion dans les mauvaises houilles.)

GISEMENS.... Dans les terrains intermédiaires et secondaires, principalement dans les grés dits *houillers* avec lesquels elle alterne, offrant des couches dont l'épaisseur varie depuis quelques pouces jusqu'au delà de 50 mètres. On la trouve fréquemment aussi dans les schistes bitumineux, micacés, dans les gneiss, etc.

LOCALITÉS.... Les mines de houille sont abondamment répandues sur le globe; c'est une des principales richesses de l'Angleterre et de la Belgique. On compte en France plus de 250 exploitations : les principales sont celles d'Anzin (nord), de Raismes, de St.-Étienne.

EXTRACTION. On exploite la houille par galeries. Un premier puits est destiné à l'extraction ; un second, ouvert au point opposé, est destiné à faire circuler l'air librement dans les galeries ; un troisième renferme un mécanisme, à l'aide duquel on vide les galeries des eaux souterraines. On monte le combustible dans des espèces de paniers. Comme la houille ne se trouve souvent qu'à 200, 400 mètres, l'exploitation en est coûteuse.

EMPLOI...... On emploie deux sortes de houille, 1° *la houille grasse*, qui contient plus de bitume, brûle avec fumée épaisse, d'odeur bitumineuse, donne beaucoup de chaleur, est très-collante ; c'est celle qu'on préfère pour les travaux des forges ; 2° *la houille sèche* ou *maigre*, qui contient moins de bitume, est moins collante, plus pesante, plus dure, à cause des matières étrangères qu'elle contient, brûle difficilement, souvent avec odeur sulfureuse, quand elle contient des pyrites ; ce qui donne quelquefois lieu à son inflammation spontanée. On la brûle dans les fours à chaux, les verreries, etc.

On brûle la houille à l'état de houille *crue* et à l'état de *coake*. Celui-ci donne sous le même volume plus de chaleur que le bois.—Pour avoir le *noir de fumée* on brûle la houille dans les fourneaux dont la cheminée aboutit à une chambre tendue de toiles, sur lesquelles se dépose le charbon à l'état de ténuité qui constitue cette substance.—C'est de la distillation de la houille que l'on retire le *gaz hydrogène carboné*, qui sert à l'éclairage. Ce gaz est d'abord soumis à diverses opérations chimiques, qui ont pour but de le purifier et de le dégager des substances étrangères qui lui communiquent une odeur fétide. Il se rend ensuite dans un immense réservoir nommé gazomètre, d'où il est distribué par des tuyaux souterrains en fonte dans les divers quartiers. Un kilogramme de houille produit en France (terme moyen) 160 litres de gaz, qui peuvent alimenter un bec pendant une heure.

ANTHRACITE. (*Charbon de pierre.*)

CARACTÈRES. *Caractères physiques* : Terreuse, compacte, feuilletée, globuleuse.—Noire, opaque, luisante.—Tendre.—Ca sure écailleuse.—Pes. spé., 1,5 à 1,8.

Caractères chimiques : Brûle difficilement, sans flamme ni fumée, et laisse des cendres blanches.

Composition : Carbone et matières terreuses.

GISEMENS . . . { Dans tous les terrains intermédiaires d'une grande étendue, en couches, en amas, en rognons.

LOCALITÉS . . . { On la trouve particulièrement en Angleterre, aux États-Unis, en France, etc.

EMPLOI . . . . { Dans les États-Unis elle supplée à la houille. Elle donne beaucoup de chaleur, mais comme elle brûle difficilement, il lui faut des fourneaux construits d'une manière particulière.

LIGNITE.

CARACTÈRES . . {

Caractères physiques : Compacte, schisteuse, fibreuse et montrant encore la structure des végétaux ligneux dont elle provient. — Brune, noire.

Caractères chimiques : Brûle avec flamme, fumée bitumineuse, laisse pour résidu un charbon semblable à la braise, et des cendres semblables à celles du bois.

Composition : Carbone, matières bitumineuses et terreuses.

GISEMENS . . . { Dans les terrains secondaires, tertiaires ; souvent elle repose sur l'argile et n'est séparée du sol que par des amas de sables, ce qui rend son exploitation plus facile que celle de la houille. Tantôt elle est en couches, tantôt en fragmens disséminés.

LOCALITÉS . . . { Cette substance se retrouve presque partout à la surface du globe. Les exploitations les plus importantes en France ont lieu dans départemens de l'Aude, de l'Oise et de l'Aisne.

EMPLOI . . . . { Certaines lignites qui contiennent des pyrites fournissent par leur décomposition spontanée à l'air du *sulfate de fer* que l'on obtient par des lessives. Après avoir été lessivées, elles sont vendues sous le nom de *cendres végétatives*, comme un engrais fort utile à l'agriculture. Celles que l'on n'a pas lessivées sont beaucoup plus actives et demandent d'être employées avec réserve. La lignite est un combustible économique, qui peut jusqu'à un certain point suppléer la houille. — La *terre de Cologne*, qu'on emploie en peinture, est une lignite terreuse que l'on brûle dans le pays. — Le *jayet* ou *jais* dont on fait des ornemens de deuil, est une lignite d'un noir brillant, cassante, et qui prend le tour.

TOURBE.

CARACTÈRES . . {

Caractères physiques : Compacte ou grossièrement fibreuse, et montrant encore les débris des végétaux herbacés dont elle provient. — Brune, noirâtre.

Caractères chimiques : Brûle avec ou sans flamme, odeur d'herbes sèches, et donne une braise légère pour résidu.

GISEMENS . . . { La tourbe est de formation récente, elle se produit journellement dans les terrains marécageux des diverses contrées du globe, dans les bassins, etc.

EXTRACTION. La tourbe existe à la surface du sol ; il suffit de la détacher avec la bêche et de la couper en morceaux que l'on fait ensuite sécher.

EMPLOI. Combustible très-économique, d'un usage général dans la Hollande. La tourbe compacte est la meilleure. — Les cendres constituent un bon amendement.

BITUMES. (*Poix minérales.*)

Substances qui se présentent sous différens états :

CARACTÈRES. *Caractères physiques :* Le NAPHTE est liquide à la température ordinaire, jaunâtre quand il est pur.

L'ASPHALTE est solide, cassant, noir ou brun, se ramollissant à la chaleur de l'eau bouillante.

Le BITUME ÉLASTIQUE est solide, surnage l'eau, brun-noirâtre, efface les traces du crayon en salissant le papier.

Caractères chimiques : LE NAPHTE, l'ASPHALTE, le BITUME ÉLASTIQUE, s'enflamment, brûlent avec flamme et fumée d'odeur bitumineuse, sans résidu, ou en ne laissant qu'un léger résidu. — *Composition* NAPHTE : le carbone en fait la base : il est uni à l'hydrogène, à un peu d'oxigène et de soufre. — ASPHALTE : résine, sables. — BITUME ÉLASTIQUE : carbone pour plus de moitié, hydrogène, oxigène, azote.

GISEMENS. LOCALITÉS. Le NAPHTE se trouve abondamment sur les bords de la mer Caspienne : en Italie, en Auvergne, etc. il filtre à travers les fissures des terrains, et se rassemble dans des cavités où on le puise. On le voit aussi surnager les eaux de certaines sources.

L'ASPHALTE se recueille à l'état liquide sur la surface de la mer morte. On le trouve aussi enfoui dans différens terrains, imprégnant des schistes, des calcaires, des quarz, des grès, en Amérique, en France. (On l'exploite dans le Bas-Rhin.)

Le BITUME ÉLASTIQUE se trouve en masses dans les mines de houille, dans les calcaires, etc.

EMPLOI. Le BITUME pur sert dans la peinture à l'huile. — Le NAPHTE peut être employé comme huile de lampe. Cet usage existe en Perse. La ville de Parme est, dit-on, éclairée au moyen d'une source de naphte située à peu de distance. Quelquefois on le recueille en creusant des puits. On s'en sert aussi pour goudronner les vaisseaux, leurs agrès, graisser les rouages ; on le fait entrer dans la composition des cimens pour les terrasses, etc.

Mêlé à un dixième de poix noire, l'ASPHALTE forme une matière impénétrable à l'eau, et dont on se sert pour luter les jointures de pierres dans les bassins, pour recouvrir les terrasses, goudronner les bateaux. Uni à des matières grasses, il sert à graisser les rouages. Les Égyptiens l'employaient à l'embaumement des corps. Il entre dans la composition de certains vernis noirs.

Le naphte tenant en dissolution de l'asphalte est noir, et se nomme *pétrole, pissasphalte.*

SUCCIN. (*Ambre jaune.*)

CARACTÈRES. .
Caractères physiques : Compacte, mamelonnée, en rognons. — Jaune-paille, jaune-orangé. — Transparent, translucide, opaque. — Développe l'électricité résineuse par frottement. — Fragile. — Pesanteur spécifique, 1,07.

Caractères chimiques : Brûle avec flamme, et se liquéfie en se boursouflant et en répandant une odeur résineuse.

Composition : Acide succinique, uni à une matière grasse. — Le succin paraît avoir été liquide dans l'origine, et provenir de principes résineux.

GISEMENS. . . .
Dans des lignites, dans des dépôts d'argile et de sable (terrains d'alluvion).

LOCALITÉS. . .
Sur les côtes de la Baltique et de Sicile, en Allemagne, en France, etc.

EMPLOI. . . . .
On fabrique avec le succin, qui prend le tour, des bijoux et des petits objets de luxe. Il entre dans la composition de quelques vernis fins. Les anciens l'appelaient *électron*, parce que c'était dans cette substance qu'ils avaient aperçu pour la première fois les effets du fluide électrique.

On appelle *mellite*, une substance résincide, rougeâtre, qui se laisse entamer avec le couteau.

SUBSTANCES MÉTALLIQUES ET LEURS COMPOSÉS.

I. MÉTAUX DURS.

FER. 1° *Fer à l'état natif.*

CARACTÈRES. .
Caractères physiques : Forme cristalline primitive : le cube. — En globules, en grains, compacte, en masses caverneuses, dendroïde. — Gris bleuâtre, éclat vif quand il est poli. — Très-dur, le plus tenace et le plus ductile de tous les métaux après l'or. — Pes. spé., 7,50. — Susceptible d'acquérir et de retenir les propriétés magnétiques.

Caractères chimiques : Se ramollit au feu de forges, fond à une température élevée. — Soluble dans l'acide nitrique, qu'il colore en brun-rougeâtre. — Passe, au contact de l'air, à l'état d'oxide, puis de carbonate (rouille).

GISEMENS, LOCALITÉS . . .
Le fer à l'état natif est rare ; on le trouve en Saxe, en Amérique, en France (Dauphiné), etc.

1° Dans quelques minérais de fer ; 2° dans des terrains volcaniques ; 3° dans des houillères embrasées ; 4° dans des masses isolées des terrains environnans, et que l'on s'accorde à regarder comme tombées du ciel (*aréolithes*. Voyez la Géologie.)

2° *Fer oxidulé* (fer magnétique.)

CARACTÈRES.
Caractères physiques : Forme cristalline primitive : l'octaèdre. — Lamelleux granulaire, terreux. — Gris-noirâtre, éclat métalloïde. — Fragile, à poussière noire. — Pes. spé., 4,50. — Action vive sur l'aiguille aimantée. Plusieurs minérais jouissent de la propriété *polaire*.

Caractères chimiques : Réductible au chalumeau. — Insoluble dans l'acide nitrique.

Composition : Fer 76, oxigène 24.

GISEMENS.
Quoique peu commun, il forme des masses, des couches, des filons d'une grande puissance. Il appartient particulièrement aux terrains primitifs ; on le trouve dans le gneiss ; le micaschiste, les roches serpentineuses et amphiboliques, les siénites, les porphyres, etc.

LOCALITÉS.
En Laponie, en Sibérie, en Norwège, en Suède, en Saxe, en Bohême, en Corse, en Piémont, en Espagne, en Angleterre, en Amérique, etc.

EXTRACTION.
On emploie le même procédé d'extraction que pour le minérai de fer oligiste. (Voyez plus loin.)

5° *Fer oligiste.*

CARACTÈRES.
Caractères physiques : Forme cristalline primitive : le rhomboïde. — Lenticulaire, lamelleux, granulaire, concrétionné, compacte, terreux. — Gris-bleuâtre, l'éclat de l'acier, quelquefois irisé. — Pesanteur spécifique, 5. — Action très-faible sur l'aiguille aimantée. — Fragile, à poussière rougeâtre ou brunâtre.

Caractères chimiques : Fusible au chalumeau. — *Composition* : Fer 69, oxigène 31.

GISEMENS.
Dans les terrains primitifs et intermédiaires, stratifié avec les roches granitoïdes, porphyriques, les schistes micacés, etc. ; constituant dans certains pays des montagnes considérables.

LOCALITÉS.
L'île d'Elbe, la Norwège, la Suède, la Bohême, la Prusse, l'Italie, l'Espagne, l'Angleterre, l'Amérique, la France (Vosges.)

EXTRACTION.
Le minérai pilé sous l'eau et lavé, est fondu avec du charbon et un fondant calcaire ou argileux, qui entraine à la surface du creuset toutes les matières hétérogènes, tandis que le métal, à l'état de fonte, s'écoule par une ouverture que l'on débouche à la partie inférieure. — Le minérai de fer oligiste est très-riche, et ne le cède en qualité qu'au fer oxidulé.

4° *Hydroxide de fer.*

CARACTÈRES . { *Caractères physiques :* Forme cristalline primitive : le cube. — Globuleux , cylindrique , mamelonné , géodique (pierre-d'aigle), stalactitique, compacte, pulvérulent, terreux.—Jaunâtre, non métalloïde, opaque.—Fragile, à poussière jaune. — Pes. spé. , 3,50.—Quelquefois magnétique après calcination.

Caractères chimiques.—Composition : Tritoxide de fer, eau 20.

(On trouve une sous-variété de *fer hydraté* noir , à cassure luisante , vitreux, et une autre jaunâtre , à aspect résineux.

GISEMENS. . . { Dans les terrains secondaires, et même postérieurs à cette formation , sous forme de couches reposant sur le calcaire, l'argile , le sable, ou en dépôts plus ou moins considérables , en petites masses remplissant quelquefois des cavités , et comme formées par sédiment:

EXTRACTION . { Un des minérais les plus répandus. Étant voisin de la surface du sol , l'exploitation s'en fait généralement à ciel ouvert , et par le même procédé que pour le fer oligiste.

5° *Carbonate de fer.*

CARACTÈRES . { *Caractères physiques :* Forme cristalline primitive, le rhomboïde. —Laminaire , granulaire , lenticulaire , oolitique , en rognons , xiloïde ou imitant le bois , compacte , terreux.—Jaunâtre , brunâtre, translucide , opaque.—Magnétique par la chaleur.

Caractères chimiques : Soluble à chaud avec effervescence dans l'acide nitrique.

Composition : Oxide 61 , acide carbonique 39.

GISEMENS. . . { Abonde dans certains terrains primitifs , où il forme des couches d'une grande puissance.

LOCALITÉS . . { En Suède , en Bohême , en Hongrie , en Saxe , en Amérique , en Angleterre , en France , etc.

EXTRACTION . Ce minérai se traite comme le fer hydroxidé.

6° *Sulfure de fer.*

CARACTÈRES . { *Caractères physique :* Forme cristalline primitive : le cube.—Compacte, mamelonné , stalactique , globuleux , radié , dendritique, aciculaire.—Jaune , à poussière verdâtre.—Étincelant sous le briquet , avec odeur sulfureuse. — Pes. spé. , 4,50.—Attirable à l'aimant.

Caractères chimiques : Altérable à la flamme d'une bougie en une matière brune.

Composition : Fer 54 , soufre 46.

GISEMENS. . . } Une des substances les plus répandues dans le globe; disséminée dans toutes les formations, où elle se présente en rognons, ou même en veines, en couches abondantes, surtout dans la période intermédiaire (dans les houilles, les schistes), souvent associée aux autres minérais de fer.

EXTRACTION. } On néglige l'exploitation du fer pyriteux, qui est de qualité médiocre et plus difficile à extraire que celui des autres minérais. Néanmoins il a une autre utilité : c'est de fournir le *sulfate de fer*. Dans ce but, les pyrites, sont bocardées, mises en tas, et arrosées sur un sol incliné qui aboutit à un réservoir. L'eau cède son oxigène au fer qu'elle oxide et au soufre qu'elle acidifie, ces deux principes s'unissent, et le sulfate de fer qui en résulte est entraîné par l'eau, dans laquelle il est soluble, jusqu'au réservoir, où il ne s'agit plus que de le faire évaporer pour avoir le sel cristallisé.

7° *Carbure de fer* (plombagine).

CARACTÈRES. } *Caractères physiques* : Forme cristalline primitive : le prisme hexaèdre régulier.—Lamelleux, granullaire, schisteux. — Gris-noirâtre, à éclat métallique.—Doux au toucher.—Laissant une trace sur le papier.—Fragile, facile à râcler avec un couteau.—Pesanteur spécifique, 2,44.

Caractères chimiques.—*Composition* : Carbone 92, fer 8.

GISEMENS. . . Dans les terrains primitifs; en amas ou en petites veines.

LOCALITÉS. . } Espagne, Piémont, Bohême, Norwège, Angleterre, France, etc. L'*acier* est un carbure artificiel. (Voyez plus loin.)

Sulfo-arséniure de fer.

CARACTÈRES. } *Caractères physiques* : Forme cristalline primitive : le prisme droit romboïdal.—Bacillaire, aciculaire, compacte.—Blanc-livide, éclat métallique.—Étincelle par le choc du briquet, cassure granuleuse.—Pesanteur spécifique, 6,32.

Caractères chimiques : A la flamme d'une bougie dégage une fumée blanche, d'odeur alliacée.—*Composition* : Fer 34, arsenic 46, soufre 20.

GISEMENS. . . } Dans les terrains primitifs, en lits, ou couches peu étendus, associé au sulfure de fer, de plomb, de zinc, etc.

LOCALITÉS. . . } En Bohême, en Saxe, en Sibérie, en Angleterre, en Amérique, en France, etc.

EXTRACTION. . } Le fer qu'il donne est de qualité inférieure, cassant; aussi on n'exploite ce minerai que pour en extraire, au moyen du grillage, le *deutoxide d'arsenic*, (arsenic blanc du commerce), qui provient presque en totalité de l'arséniure de fer de Bohême.

Des différents états sous lesquels on emploie le fer.

1° La **fonte** est le premier produit du minérai : c'est du fer qui a été fondu, et qui retient du charbon et un peu d'oxigène. Elle est très-cassante. On distingue la fonte *blanche* et la fonte *grise*; celle-ci est susceptible de se laisser limer.—On emploie la fonte à la fabrication des boulets, canons de remparts, marmites, etc., et depuis quelques années aux grandes constructions. (Chemins de fer, ponts, charpentes, etc.)

2° Le **fer forgé** se fait avec de la fonte qu'on épure en la fondant, et qu'on soumet ensuite à l'action de forts marteaux qui la forgent en barres, et, en resserrant ses molécules, lui communiquent la ductilité et la ténacité propres au fer. Le fer *doux* et *liant* (fer du Berry), est préféré pour la clouterie, la tôle, etc. Le fer *dur* et *cassant* (fer anglais), est réservé pour la fabrication des instrumens de culture, etc. Les fers mals affinés, et qui retiennent encore des matières fusibles, cassent à chaud; le fer à éclat aciéreux, à cassure brillante, casse à froid.

3° L'**acier**, qui se fabrique avec le fer, dont il ne diffère que parce qu'il contient une petite quantité de charbon. (Les meilleurs en offrent 7 à 8 millièmes seulement). On distingue plusieurs espèces d'acier : l'*acier de cémentation*, qui se fabrique avec des barres de fer enfermées entre deux lits de charbon pulvérisé, dans des caisses en brique que l'on chauffe jusqu'au rouge pendant plusieurs jours. L'*acier naturel*, qui résulte simplement de la fusion de certains minérais, ou de l'affinage de la fonte grise ; c'est à peu près la même chose que le fer *aciéreux*.—L'*acier fondu*, qu'on obtient par la fusion de l'acier naturel ou de cémentation. C'est avec lui qu'on fabrique les objets délicats et soignés.—L'acier est susceptible d'acquérir un grand degré de dureté et d'élasticité par la *trempe*, opération qui consiste à refroidir subitement l'acier qui sort de la forge, en le plongeant rapidement dans l'eau, ou quelque autre liquide froid. L'acier trempé est *détrempé* si on le laisse refroidir lentement après l'avoir fait rougir.— Pour s'assurer si une pièce est de fer ou d'acier, il suffit de verser une goutte d'acide nitrique à sa surface : l'acide laissera une tache noire sur l'acier et n'en laissera pas sur le fer.

On fabrique aujourd'hui des *aimans artifiels* sans le secours de l'aimant naturel.

Le **fer oligiste rouge** sert à la peinture grossière, à la fabrication des crayons rouges (sanguine).

C'est avec la variété métalloïde que l'on prépare les *brunissoirs*, instrumens destinés à donner le poli aux métaux.

Le nom de **pyrite** vient de ce qu'on employait autrefois le sulfure de fer en guise de pierre à fusil. Le *sulfate de fer* (vitriol) qu'on en retire est d'un usage très-important dans les arts chimiques, dans la teinture ; c'est la base de l'encre à écrire.

La **plombagine** (carbure de fer) fournit les crayons dits de *mine de plomb*. A cet effet, on la scie en petites baguettes qu'on enchasse dans des cylindres de bois à rainures. On la fabrique aussi de toutes pièces en France. — La plombagine sert encore à adoucir les frottemens des machines. On la mêle à l'argile pour faire des creusets (vases destinés aux expériences chimiques).

PLATINE.

CARACTÈRES . .
Caractères physiques: En grains aplatis, dont les plus gros pèsent deux onces. On les nomme *pépites*, quand leur volume surpasse celui d'un pois ; il y en a de plusieurs livres.—Gris d'argent.—Dur, ductile, malléable.—Pesanteur spéc., 22.

Caractères chimiques : N'est fusible qu'au feu le plus fort.—Insoluble dans l'acide nitrique, soluble dans l'eau régale (acide nitrique et hydro-chlorique.

GISEMENS. . . .
LOCALITÉS. . . .
Dans les mines d'or et de diamant de l'Amérique méridionale, dans les sables aurifères. On en a découvert depuis plusieurs années en Sibérie.

EXTRACTION . .
Le platine se trouvant ordinairement allié avec d'autres métaux, particulièrement avec le palladium, l'iridium, le rhodium, l'or, le fer, son extraction est longue et difficile ; elle exige l'emploi de différens moyens chimiques.

EMPLOI . . . . . .
Son infusibilité et son inaltérabilité le rendent extrêmement utile dans la fabrication des vases et des instrumens de chimie, de physique (miroirs de télescope, pendules astronomiques, étalon des mesures). On en garnit les lumières des canons de fusil, et l'on en double l'intérieur des bassinets. On a mis à profit la propriété dont il jouit d'enflammer le gaz hydrogène pour construire des briquets au gaz.—Comme objet de bijouterie, le platine n'est employé qu'en Amérique ; on le monnaye maintenant en Russie.—Moins cher que l'argent quand il est brut, il se vend purifié jusqu'à 20 fr. l'once.—Sa découverte ne remonte qu'à 1735.

CUIVRE. — 1° *Cuivre à l'état pur.*

CARACTÈRES . .
Caractères physiques : Forme cristalline primitive : le cube.—Laminaire, filamenteux, ramuleux ou coralloïde, granuleux, mamelonné, concrétionné, compacte, rouge-jaunâtre.—Éclat vif.—Très-sonore.—Dur, ductile, tenace.—Pes. spée., 8,58.

Caractères chimiques : Soluble dans l'acide nitrique auquel il communique une couleur verte, solution précipitant du cuivre sur une lame de fer qu'on y plonge.

GISEMENS . . . .
LOCALITÉS . . .
Dans les terrains primitifs et intermédiaires, en filons et en veines.

Sibérie, Suède, Saxe, Hongrie, Bavière, Angleterre, Amérique, Afrique, Asie, France.

EXTRACTION. . .
Le traitement du minérai consiste à le piler sous l'eau pour séparer la gangue et procéder à la fusion, puis à l'*affinage* s'il y a lieu (seconde fusion).

2° *Cuivre pyriteux*.

CARACTÈRES. .

Caractères physiques : Forme cristalline primitive : le tétraèdre. —Mamelonné, stalactitique, compacte.—Jaune métallique ou verdâtre, irisé.—Éclat vif.—Dur, non malléable.—Pesanteur spécifique, 4,31.

Caractères chimiques : Fusible au chalumeau en un bouton noir. —Soluble dans l'acide nitrique qu'il colore en vert. Cette solution précipite du cuivre sur une lame de fer qu'on y plonge.—*Composition :* Cuivre 35, fer 30, soufre 35. (Le cuivre sulfureux, sans mélange de fer, est beaucoup plus rare que le précédent qu'il accompagne ordinairement.)

GISEMENS. . . .

En veines, en filons, en couches dans les terrains primitifs, sur des schistes, dans le gneiss, associé au cuivre natif, etc.

LOCALITÉS. . .

Bohême, Suède, Saxe, Norwège, Hongrie, Sibérie, Angleterre, France, etc.

EXTRACTION. .

Son traitement difficile exige l'emploi de divers moyens chimiques dont l'emploi varie. Il est d'abord pilé dans l'eau ou bocardé, puis grillé, puis fondu. On répète ensuite le grillage dix à douze fois, en ajoutant du quarz concassé, qui a la propriété d'entraîner par la vitrification l'oxide de fer, tandis que le cuivre reste au fond du creuset. Le produit du dernier grillage est du cuivre noir que l'on affine, et dont on en tire ensuite des plaques de cuivre rouge (rosette), quand la fonte est suffisamment pure.—Ce minérai fournit presque tout le cuivre du commerce.

5° *Carbonate de cuivre*.

CARACTÈRES. .

Caractères physiques : Forme cristalline primitive : l'octaèdre.— Mamelonné, concrétionné, fibreux, lamellaire, aciculaire, terreux.—Vert ou bleu, translucide, opaque.—Facile à râcler avec le couteau.—Pes. spé. 3,50.

Caractères chimiques : Réductible par le chalumeau.—Colore l'acide nitrique en vert quelle que soit sa propre couleur.— *Composition :* Oxide de cuivre 70, acide carbonique 26, eau 4.

GISEMENS. . . .

Mêmes gisemens que le précédent auquel il est ordinairement associé.

LOCALITÉS. . . .

Le carbonate vert est abondant surtout en Sibérie.

EXTRACTION. .

Quoique n'offrant pas des filons d'une grande puissance, c'est un des minérais les plus répandus. Comme il est intimement uni pour l'ordinaire au cuivre pyriteux, il exige un traitement semblable. S'il était seul, il suffirait d'une fusion à travers les charbons pour le purifier.

APPENDICE
aux
ESPÈCES.

Le CUIVRE GRIS, qui offre la même composition que le cuivre pyriteux, mais dans des proportions différentes, est d'un gris métallique, s'associe dans la nature au cuivre pyriteux, et se traite de même.

Le *cuivre gris arsénifère* dégage des vapeurs d'odeur d'ail, à la flamme d'une bougie.

Le CUIVRE OXIDULÉ (cuivre, oxigène) est rouge, opaque, offre les mêmes caractères aux réactifs que les précédens, s'associe à eux dans le sein de la terre, et se traite par une simple fusion.

Le PHOSPHATE DE CUIVRE vert est fusible à la flamme d'une bougie en un culot métallique, il a toujours pour gangue le cristal de roche.

Le SULFATE DE CUIVRE est le résultat de la décomposition des pyrites exposées au contact de l'air et de l'eau. Il est bleu-azuré, de saveur styptique, fragile ; quand on le frotte sur le fer humide, il y laisse des traces de cuivre.

EMPLOI
DU CUIVRE
et de
ses composés.

Les nombreux usages du cuivre dans l'industrie, dans les arts, dans l'économie domestique, sont trop connus pour qu'il soit nécessaire d'en faire ici l'énumération.—Les mines de cuivre ne fournissent guère en France, que pour 5 à 600,000 fr., tandis que nous en tirons pour 7 à 8 millions de l'étranger.

Alliages : Allié avec l'*étain* en diverses proportions, il forme le *bronze*, le métal des cloches, des canons, etc. ; uni au *zinc* il forme le *cuivre jaune* dont on fait le laiton, le similor, les rouages d'horlogerie, les instrumens de physique, de musique, etc. (Cuivre 75 p., zinc 25 p.)

Le *cuivre blanc* est un mélange de cuivre et d'arsenic. Il ne sert guère qu'à faire des miroirs de télescope.

Le *potin* est un bronze impur dans lequel entre du fer, du plomb, etc. ; on en fait des robinets, des boites de roue, etc.

La combinaison du cuivre avec plusieurs acides forme des sels très-utiles dans les arts, les manufactures, etc.—Quand on laisse refroidir des graisses ou des acides dans un vase de cuivre, il s'y forme du vert-de-gris artificiel (acétate de cuivre). On obvie à cet inconvénient par le *plaqué* et par l'*étamage*. (Voyez plus loin).—On emploie le carbonate vert, sous le nom de *malachite*, à la confection des bijoux, de boites, de meubles d'un haut prix ; il est susceptible d'un beau poli et offre de belles zônes nuancées et satinées d'un beau vert-pré.

ARGENT.—1° *Argent à l'état pur.*

CARACTÈRES..

Caractères physiques : Forme cristalline primitive : le cube.—Lamellaire, granuleux, compacte, capillaire, dentritique, ramuleux, ou sous forme de filamens contournés en tous sens.—D'un blanc brillant, éclat vif.—Sonore.—Dureté inférieure à celle du cuivre, supérieure à celle de l'or ; tenace, ductile.—Pes. spé. 10,40.

Caractères chimiques : Ne fond qu'à une haute température.—Est soluble dans l'acide nitrique.

GISEMENS.... { L'argent natif ou allié se trouve en filons, en masses dans les terrains primitifs, ayant pour gangue différentes espèces de roches, souvent associé au sulfure d'argent, à l'antimoine, au cuivre pyriteux, au fer, à l'arsenic, à la galène (en Europe et en France particulièrement).

LOCALITÉS... { En général les mines d'Europe sont beaucoup moins importantes que celles du Mexique et du Pérou. Le Mexique seul renferme plus de 3,000 exploitations, établies sur 3,000 filons. La France tire à peine 4,000 marcs d'argent de ses minérais.

EXTRACTION.. { On traite les minérais d'argent natif par le lavage et la trituration; puis la poussière est fondue avec du plomb qui se change en une espèce de verre (oxide). Ce verre entraine toutes les matières hétérogènes; on en sépare l'argent qui reste dans le creuset et qu'on appelle *argent de coupelle*.

2° *Sulfure d'argent* (argent vitreux).

CARACTÈRES.. { *Caractères physiques:* Forme cristalline primitive: le cube.—Lamelleux, mamelonné, dendritique, filiforme, gris de plomb, éclat métalloïde.—Malléable, se laissant couper facilement au couteau.—Pes. spé., 7.

Caractères chimiques: Fusible au chalumeau en un bouton métallique.—Soluble dans l'acide nitrique, et y précipitant de l'argent sur une lame de cuivre ou de fer.—*Composition:* Argent 85, soufre 15.

GISEMENS.... { Dans des roches de plusieurs formations, et notamment dans le gneiss, dans le micaschiste, où il forme des filons considérables, associé à la galène, à l'argent natif, antimonié, au cuivre pyriteux, etc.

LOCALITÉS... { Mexique, Saxe, Bohême, Hongrie, Suède, Norwège, Sibérie, Espagne, France, etc.—C'est le minérai le plus abondant: il fournit presque tout l'argent du commerce.

EXTRACTION.. { On grille le minérai: le soufre se volatilise.—On débarasse ensuite l'argent des matières hétérogènes qu'il retient encore, au moyen de sa fusion avec le plomb.

3° *Chlorure d'argent* (argent corné).

CARACTÈRES.. { *Caractères physiques:* Forme cristalline primitive: le cube.—Lamellaire, mamelonné, compacte.—Gris verdâtre.—Translucide s'il est pur.—Mou, et se laissant couper comme la cire.—Pes. spé., 4,74.

Caractères chimiques: Action du feu: Fusible à la flamme d'une bougie, avec odeur de chlore. Déposant l'argent métallique quand on le frotte sur une lame de cuivre ou de fer humectée.—*Composition:* Argent 75, chlore 25.

GISEMENS.... { En filons dans les gneiss, les grès-psammites, etc., ayant pour gangue le carbonate de chaux et le sulfate de baryte.

LOCALITÉS. . . { Bohême, Sibérie, Saxe, Hongrie, Angleterre, mais surtout les mines du nouveau continent (Mexique, Pérou).

EXTRACTION. . | Même procédé que pour le minérai précédent.

4° *Sulfure d'antimoine et argent* (argent rouge).

CARACTÈRES. . { *Caractères physiques :* Forme cristalline primitive : le rhomboïde obtus.—Compacte, granulaire, botryoïde ou en grappe de raisin.—D'un rouge cramoisi, translucide quand il n'est pas revêtu d'une pellicule qui le rend opaque.—Fragile, facile à râcler.—Pes. spé., 5,55.

Caractères chimiques : Se réduit à la flamme d'une bougie, fond en décrépitant au chalumeau, et donne un bouton d'argent blanc.—*Composition :* Argent 59, antimoine 25, soufre 18.

GISEMENS ET LOCALITÉS. { Accompagne toujours le sulfure d'argent. (Voyez précédemment.)

EXTRACTION. . | Se traite comme le sulfure d'argent.

5° *Argent antimonial.*

CARACTÈRES. . { *Caractères physiques :* Cristallisé en prismes hexaèdres.—Compacte, granulaire, cylindroïde, structure lamelleuse.—Blanc éclatant.—Cassant sous le marteau. Pes. spé., 9,44.

Caractères chimiques : L'acide nitrique le recouvre d'une couche blanchâtre (oxide d'antimoine).—*Composition :* Argent 76 à 84, antimoine 24 à 16.

GISEMENS. . . . { En petits filons dans le grès-psammite, dans le granit, associé à la galène, à l'argent rouge, etc.

LOCALITÉS. . . Saxe, Norwège, Espagne, etc.

EXTRACTION. . { Même procédé que pour les autres minérais d'argent : l'antimoine se volatilise par la fusion.

EMPLOI DE L'ARGENT. { On allie l'argent au cuivre dans la monnaie pour lui donner plus de dureté. Il y entre un dixième d'alliage et neuf dixièmes d'argent pur. L'argenterie pour vaisselle, etc., contient moitié moins de cuivre.—Le plaqué renferme ordinairement un vingtième en poids. Ainsi un vase plaqué, qui peserait 20 kilogr., contiendrait un kilog. d'argent. Une couche de nitrate d'argent dissous, sert de soudure aux deux métaux.—C'est un fil d'argent qui revêt la soie dans les *galons d'or.* Un décigr. peut être tiré en un fil de 150 mètres de longueur.—Quand on fait évaporer la dissolution d'argent dans l'acide nitrique, il en résulte du *nitrate d'argent*, sel très caustique, qu'on emploie sous le nom de *pierre infernale* pour brûler les chairs, etc.—Pour reconnaitre s'il y a du cuivre mêlé à l'argent, il faut mettre le métal en contact avec l'alcali volatil (ammoniaque), qui, dans ce cas prendra une *couleur bleue*, d'incolore qu'il était.—L'once d'argent vaut 6 fr. 80 c. il entre annuellement pour 186 millions d'argent dans le commerce.

ZINC.

1° *Sulfure de zinc* (blende).

CARACTÈRES.
Caractères physiques : Cristaux dérivés de l'octaèdre et du tétraèdre.—Globuleux, concrétionné, laminaire, fibreux, radié, grenu.—Jaunâtre, brun, noirâtre.—Aspect métalloïde, résineux.—Éclat vif.—Transparent, translucide, opaque.—Tendre, facile à rayer avec une pointe d'acier, cassure lamellaire.—Pesanteur spécifique, 4,16.—Phosphorescent dans l'obscurité par le frottement.

Caractères chimiques : Infusible au chalumeau.—Sa solution dans l'acide nitrique ne donne pas de précipité sur une lame métallique, mais précipite par les alcalis.

Composition : Zinc 67, soufre 33.

GISEMENS.
Paraît appartenir à la plupart des terrains, où il est associé à divers dépôts métallifères (sulfure d'argent, de plomb, de fer, de cuivre pyriteux, etc.) Il constitue à lui seul des couches dans les terrains intermédiaires et secondaires.

LOCALITÉS.
Il est très-répandu dans le globe : on le trouve en France dans les départemens de l'Isère, du Pas-de-Calais, du Finistère, etc.; accompagne ordinairement la galène.

EXTRACTION.
Les procédés employés sont le bocardage, le lavage, puis le grillage.

2° *Silicate de zinc* (calamine).

CARACTÈRES.
Caractères chimiques : Cristaux octaédriques.—Lamelleux, aciculaire, terreux, compacte, caverneux, mamelonné, concrétionné, stalactitique.—Blanc, jaunâtre, brunâtre.—Transparent, translucide, opaque.—Fragile, cassure inégale.—Pes. spé., 3,42.—Dans un état habituel d'électricité, sensible surtout par la chaleur.

Caractères physiques : Soluble en gelée dans les acides.—*Composition* : Oxide de zinc 66,57, silice 26,23, eau 7,40.

GISEMENS.
Appartient à la plupart des terrains. Très-commun en Europe dans les terrains secondaires, et se retrouvant même dans ceux de transition, il appartient principalement, en Amérique, aux terrains primitifs. Il forme des couches d'une grande puissance, alternant avec le calcaire, les grès, les schistes, l'argile, etc.

LOCALITÉS.
Sibérie, Pologne, Hongrie, Tyrol, Limbourg, Brisgraw, Angleterre, Amérique, France, etc.

EXTRACTION.
Quand on veut extraire le zinc à l'état métallique, on bocarde, puis on grille le minérai, qui, après calcination, est chauffé avec du charbon en poussière jusqu'à la fusion. Quand on veut fabriquer immédiatement le *laiton* avec la calamine, on la mêle après calcination, avec 40 parties pour 100 de cuivre en grenaille. On chauffe jusqu'à fusion : on fait subir à cette fonte un affinage, d'où elle sort à l'état de *laiton*.

APPENDICE AUX ESPÈCES.

Le ZINC OXIDÉ FERRIFÈRE rouge ou brun n'a été trouvé jusqu'alors qu'aux États-Unis.

Le CARBONATE DE ZINC partage les gisemens de la calamine, et est exploité avec elle. On ne l'en distinguait même pas autrefois.

Le SULFATE DE ZINC est le produit de la décomposition naturelle du sulfure.

EMPLOI DE ZINC

Le zinc *à l'état métallique* n'existe pas dans la nature ; on le trouve dans le commerce avec les propriétés suivantes : métal blanc-bleuâtre, de structure lamelleuse, pes. spé., 7,1 ; s'oxidant légèrement à l'air humide, développant du fluide électrique, quand on le met en contact avec le cuivre. Ductile, fusible et volatil à une haute température.

On est parvenu à laminer le zinc, de manière à pouvoir le faire servir à doubler les réservoirs, les baignoires, etc. ; on l'emploie aussi aux couvertures d'édifices. — Le *vitriol blanc*, ou sulfate de zinc, qu'on fabrique avec le soufre, sert en teinture, en médecine, etc. — Le zinc, brûlant avec une flamme très-vive, est employé dans les feux d'artifice.

OR. — *Or à l'état natif.*

CARACTÈRES.

Caractères physiques : Cristallisé dans le système du cube. — — Lamellaire, dendroïde, granuleux, compacte, en masses appelées *pépites*. — D'un jaune plus ou moins vif, éclat brillant. — Le plus ductile et le plus malléable de tous les métaux, placé par sa dureté à la suite des métaux durs, et immédiatement avant les métaux mous. (Il se laisse entamer facilement par une pointe d'acier). — Pes. spé., 19,30.

Caractères chimiques : Moins fusible que l'argent, plus que le cuivre. — Inattaquable par l'acide nitrique, mais se dissolvant dans l'eau régale (acide nitro-hydrochlorique). C'est sur cette propriété qu'est fondé l'essai sur la pierre de touche.

GISEMENS.

Ses principaux minérais sont dans les roches primitives. C'est à la destruction de ces roches qu'il faut attribuer les sables et les terrains d'alluvion qui contiennent l'or en paillettes. L'or en filons se trouve particulièrement dans le quarz hyalin, les roches schisteuses granitiques.

LOCALITÉS.

Le Mexique, le Pérou sont les contrées les plus riches en mines d'or. L'Asie, l'Afrique en contiennent aussi : l'Europe peu.

EXTRACTION.

Il suffit de soumettre au lavage les sables qui contiennent l'or natif pur. — Pour le séparer des substances métalliques ou autres auxquelles il est mélangé, on triture le minérai avec une certaine quantité de mercure, entre deux meules glissant l'une sur l'autre. L'or, qui a une très-grande affinité pour le mercure, s'amalgame avec lui. On l'en débarrasse ensuite, après des lavages, par la chaleur, qui vaporise le mercure. Enfin, au moyen des acides qui n'attaquent pas l'or, on achève de le purifier.

On évalue à 74 millions la quantité d'or qui entre annuellement dans le commerce. L'once d'or vaut 105 fr. 38 cent. (quinze fois et demi la valeur de l'argent).

EMPLOI......

On mêle l'or à une certaine quantité de cuivre dans la monnaie et dans les bijoux pour accroître sa dureté. La monnaie d'or contient en France un dixième d'alliage. C'est ce qu'on appelle le *titre légal*. On détermine la quantité d'alliage par la pesanteur spécifique, en supposant une masse d'or pur que l'on divise, en idée, en 24 parties nommées *karats*. Le plus pur serait donc à 24 karats; mais il n'y en a pas. Celui des bijoutiers est à 20 karats.—Un grain d'or peut s'étendre, sous le marteau du batteur, en une feuille de 50 pouces carrés. Une once suffit pour dorer onze kilogr. d'argent, susceptibles de s'étendre à la filière en un fil de 97 lieues de longueur.—La *dorure* se fait tantôt au moyen de feuilles qu'on applique sur les objets, tantôt au moyen d'un amalgame avec le mercure, qu'on étend sur la pièce qu'on veut dorer et qu'on présente ensuite au feu pour vaporiser le mercure; c'est ce qu'on appelle dorure en *or moulu* sur le cuivre, *vermeil*, sur l'argent. On fait de l'or vert, rouge, etc., en l'alliant en diverses proportions. Voici des caractères propres à distinguer l'or des substances qui ont avec lui quelque analogie : 1° Placé au-dessus de la vapeur de mercure, l'or blanchira; 2° le plus petit grain se changera, sous le marteau, en paillette; 3° l'eau-forte ne l'attaquera pas; 4° on pourra tracer sur sa surface des lignes avec la pointe des ciseaux.

MÉTAUX MOUS.

PLOMB.

Sulfure de plomb (galène).

CARACTÈRES...

Caractères physiques : Cristallisé dans le système du cube.—Lamellaire, granulaire, compacte, terreux, globuleux, stalactitique, incrustant.—Gris de plomb, éclat vif.—Fragile, se sépare, par la pression, en petites parcelles de forme cubique.—Pesanteur spécifique, 7,58.

Caractères chimiques : Fond et se réduit au chalumeau. Sa solution, dans l'acide nitrique, donne immédiatement un précipité par l'action même de cet acide qui décompose le sulfure en sulfate.—*Composition :* Plomb 84, soufre 16 ; presque toujours de l'argent en quantité variable.

GISEMENS...

Abondamment répandu dans la nature. Il se retrouve dans tous les terrains, en rognons, en grains, en couches et en filons d'une grande puissance, au milieu des granites, du gneiss, des schistes micacés, des grès, des porphyres argileux, des calcaires, etc.

LOCALITÉS . . . { Espagne, Écosse, Pérou, Chili, Mexique, Indes, mais principalement en Angleterre et en Allemagne (Suède, Saxe, Hongrie, etc.); en France (Lozère, Bretagne).

EXTRACTION . { Le minérai bocardé, lavé, est soumis au grillage, puis à la fonte. Le résultat de la fonte est le *plomb d'œuvre*; c'est ainsi qu'on désigne particulièrement celui qui contient de l'argent, qu'on en retire au moyen de l'affinage, c'est à dire d'une seconde fusion qui a pour effet de réduire le plomb à l'état d'oxide demi-vitreux (*litharge*), tandis que l'argent se rassemble au fond de la coupelle. — Pour retirer ensuite le plomb à l'état métallique, de la litharge qu'on ne veut pas livrer au commerce, on le chauffe avec le charbon. — C'est le seul minérai de plomb exploité. — Une variété de plomb sulfuré contient de l'antimoine.

APPENDICE aux ESPÈCES. {

Le CARBONATE DE PLOMB, blanchâtre, fragile, accompagne ordinairement la galène, et dans ce cas est soumis au même traitement. Il contient quelquefois du cuivre.

Le CHROMATE DE PLOMB, d'un rouge vif, facile à râcler, n'a encore été trouvé qu'en Sibérie, en petite quantité.

L'ARSÉNIATE DE PLOMB d'un gris jaunâtre, d'aspect cireux, est moins rare.

Le PHOSPHATE DE PLOMB, vert ou grisâtre, jaunâtre, fragile, se trouve dans les gisemens de la galène.

Le PLOMB OXIDÉ ROUGE (*minium natif*) se trouve en trop petite quantité pour être exploité.

Le PLOMB purifié à l'état métallique est d'un blanc-gris, brillant, se ternissant à l'air, assez mou pour se laisser rayer par l'ongle, malléable, peu tenace. — Pes. spé., 11,4. — Fondant à 260 degrés, et se volatilisant à une plus haute température, en passant à l'état d'oxide blanc.

EMPLOI du plomb et de ses composés. {

Tout le monde connait ses usages à l'état métallique, la propriété qu'il a de s'étendre en feuilles minces, employées à recouvrir différens objets. — Le plomb sert à sceller dans la pierre la pièce de fer qu'on veut y fixer, à faire les balles, etc. — Le plomb de chasse est mêlé d'un peu d'arsenic.

Ses composés donnent à la peinture plusieurs couleurs. (*Le blanc de plomb* ou céruse, carbonate de plomb artificiel; le *minium*, oxide rouge et artificiel; le *massicot*, ou jaune de Naples, protoxide de plomb; la *litharge*, deutoxide, qui sert à plusieurs usages). Ils fournissent aussi des *mordans* à la teinture.

Les oxides entrent comme matériaux dans la fabrication du verre et particulièrement des glaces, auxquelles ils donnent leur pesanteur et leur belle transparence. — La galène pulvérisée et dissoute à l'état de bouillie claire, dans une eau alcaline, est employée, sous le nom d'*alquifoux*, à vernir les poteries.

Il serait dangereux de boire de l'eau qui aurait séjourné dans des conduits ou des vases en plomb.

ÉTAIN.

Oxide d'étain. (*Étain de bois, de pierre, etc.*)

CARACTÈRES . . { *Caractères physiques :* Cristallisé en prismes carrés à sommets octaèdres, ou tétraèdres.—Compacte, granuleux, laminaire, concrétionné.—Le plus souvent brun, quelquefois blanchâtre, étincelant sous le briquet. — Cassure raboteuse. — Pesanteur spécifique, 6,7.—S'électrise vitreusement par frottement. *Caractères chimiques :* Se réduit avec peine au chalumeau en un bouton d'étain. *Composition :* Étain 79, oxigène 21.

LOCALITÉS . . . . { En filons dans les terrains primitifs (gneiss, granits, roches quarzeuses, micacées) ; dans des terrains intermédiaires (porphyres, schistes, etc.) ; en amas dans des terrains d'alluvion, où il a été transporté par la destruction des roches anciennes.

LOCALITÉS . . . { Espagne, Bohême, Saxe, Amérique, Inde, Angleterre (particulièrement le comté de Cornouailles). Rare en France.

EXTRACTION . . { Le traitement de ce minérai consiste à le laver, puis à le fondre. Quelquefois, à raison de substances auxquelles il est associé (cuivre, fer, etc.), il faut le soumettre à plusieurs grillages.

Le SULFURE DE CUIVRE ET ÉTAIN, d'un gris jaunâtre, fragile, à éclat métallique, n'a encore été trouvé que dans le comté de Cornouailles, dans du cuivre pyriteux.

L'ÉTAIN, à l'état métallique, n'existe pas dans la nature, et se présente dans le commerce avec les propriétés suivantes : blanc d'argent, éclat vif, mais se ternissant à l'air, moins mou que le plomb, pliant en faisant entendre un bruit particulier (cri de l'étain) ; susceptible de se réduire en lames minces. —Pesanteur spécifique, 7.—Fusible à une température peu élevée.

On connaît les nombreux usages auxquels ce métal est employé. Le *fer-blanc* n'est autre chose que du fer en tôle que l'on plonge dans un bain d'étain ; au bout de quelque temps, ces deux métaux se combinent, l'alliage s'attache fer et le recouvre d'une couche brillante qui le préserve de l'action de l'air. —Le fer-blanc sur lequel on passe légèrement un acide, perd une couche des molécules de la superficie, et présente une espèce de cristallisation, assez semblable pour l'aspect à la nacre de perle (*moiré métallique*) ; il ne s'agit plus que de le recouvrir d'un vernis blanc ou coloré.—L'étain fondu a la propriété de s'attacher à la surface du cuivre, et le préserve ainsi de l'action de l'air (*étamage*) et des acides. —L'alliage de plomb et d'étain (un tiers de celui-ci), forme la *soudure* du ferblantier, etc. —Amalgamé avec le mercure, il se colle intimement au verre et lui communique la propriété de réfléchir les objets (*tain des glaces*).—Les préparations d'étain sont employées, dans la teinture pour aviver les couleurs, etc.—La substance que l'on nomme *potée d'étain* (oxide d'étain fondu avec du verre, qui devient très-dur par ce mélange), est employée pour donner le poli aux métaux, aux pierres précieuses ; elle entre dans la composition des émaux blancs, et en particulier de l'émail de la faïence.—Bronze (voyez cuivre).

L'étain pouvant s'allier avec plusieurs métaux de moindre valeur que lui, on exige des potiers d'étain, pour prévenir toute fraude, que leurs ouvrages soient marqués d'un poinçon. L'étain de potier doit contenir : étain pur 100 p., cuivre 6 p., avec un peu de bismuth. Dans l'étain commun il y a du plomb et de l'antimoine.—Ce que les fondeurs nomme la *crasse* de l'étain n'est autre chose qu'une couche d'oxide formée par l'action de l'air, ainsi que cela arrive pour plusieurs métaux (le vert-de-gris, la rouille, etc.)

III. MÉTAUX CASSANS.

BISMUTH.

Bismuth à l'état natif.

CARACTÈRES.

Caractères physiques : Cristallisé dans le système du cube. — Lame leux, aciculaire, dendritique.—Blanc-jaunâtre, éclat vif. — Très-fragile, s'égrenant par un simple choc. Cassure lamelleuse.—Pesanteur spécifique, 9,80. Développe l'électricité vitreuse par le frottement.

Caractères chimiques : Fusible à la flamme d'une bougie. — Soluble dans l'acide nitrique, avec effervescence due au dégagement du gaz nitreux.

GISEMENS.

Il se trouve toujours associé au cobalt, à l'arsenic, au plomb et au zinc sulfurés, etc., et ne constitue point à lui seul des filons.

LOCALITÉS.

L'Angleterre, la France, l'Autriche, la Suède, la Saxe principalement. (Ce pays fournit presque à lui seul tout le bismuth du commerce).

EXTRACTION.

Le traitement consiste simplement à fondre le bismuth en chauffant le minérai.

EMPLOI.

LE SULFURE DE BISMUTH, d'un gris livide, fragile et facile à râcler accompagne ordinairement le bismuth natif. Le bismuth entre dans la composition de plusieurs alliages, auxquels il donne de la dureté sans leur faire perdre leur fusibilité. Il entre pour moitié dans l'alliage *de Darcet*, qui fond à une chaleur inférieure à celle de l'eau bouillante, et dont on fait des soupapes de sûreté aux machines à vapeur, des empreintes de médailles, etc. (Bismuth 8 parties plomb 5 parties, étain 5 parties). — L'oxide blanc de bismuth entre dans la composition des émaux blancs, de la porcelaine. —Le *blanc de fard* est un sous-nitrate de bismuth.

ARSENIC.—*Sulfure d'arsenic.*

CARACTÈRES.

Caractères physiques : Cristallisé en prismes rhomboïdaux obliques. — Lamellaire, bacillaire, aciculaire, granulaire, oolitique, compacte, concrétionné.—Rouge-orangé (réalgar), ou jaune (orpiment), non métalloïde, transparent, translucide, opaque. — Fragile, facile à râcler. — Pesanteur spécifique, 3,35. — —Développe l'électricité résineuse par frottement.

Caractères chimiques : Se volatilise au chalumeau en vapeur blanche, d'odeur d'ail.

Composition : Arsenic 57, soufre 43.

GISEMENS.

Appartient à la plupart des terrains, et se trouve particulièrement dans les produits volcaniques, dans le gneiss, le granit, le schiste argileux, etc. Ordinairement associé à d'autres métaux.

LOCALITÉS. . . Sibérie, Bohême, Hongrie, Saxe, France, Espagne, Angleterre, Mexique, Chine, etc.

EXTRACTION. . Le grillage est le procédé généralement employé pour les minérais d'arsenic.

APPENDICE. . . L'ARSENIC, à l'état métallique, est d'un gris d'acier, possède un éclat vif, mais se ternit à l'air, est très-fragile. On le trouve en filons de peu d'étendue dans les terrains primitifs et intermédiaires, associé à d'autres métaux.

L'OXIDE D'ARSENIC (*arsenic blanc natif*), ne se trouve que rarement associé à d'autres métaux.

EMPLOI. . . . . Le *sulfure d'arsenic* fournit une couleur à la peinture, un mordant à la teinture.—*L'arsenic métallique* est employé sous le nom de *poudre à tuer les mouches*. Il entre dans la composition de quelques alliages (miroirs de télescopes, etc.). — L'*oxide blanc natif* et le *deutoxide*, produit artificiel résultant du grillage du minérai d'arsenic, qui se fait en Saxe particulièrement, entrent dans la vitrification. Le deutoxide, poison violent, se vend sous le nom de *mort aux ruts*.

ANTIMOINE.—1° *Antimoine à l'état pur*;

CARACTÈRES. . *Caractères physiques* : Cristallisé en octaèdre.—Lamellaire, compacte.—Blanc-bleuâtre, éclat vif.—Fragile, cassure lamelleuse. —Pesanteur spécifique 6,70.

Caractères chimiques : Fusible au chalumeau et se volatilisant en vapeur blanche.—Soluble dans l'acide nitrique et y laissant un dépôt blanc.

GISEMENS. . . En petites masses peu abondantes, ordinairement associées à l'argent, au cobalt, etc.

LOCALITÉS. . . En Suède, en Saxe, en Amérique, en France, etc.

LOCALITÉS. . . . L'*antimoine natif* n'est qu'un produit accessoire du minérai d'argent et de cobalt, dont on le sépare facilement à cause de sa grande fusibilité.

2° *Sulfure d'antimoine*.

CARACTÈRES. . *Caractères physiques* : Cristallisé en prismes rhomboïdes.—Aciculaire, capillaire, bacillaire, radié, cylindroïde, lamellaire, compacte.—Gris-bleuâtre, éclat vif, reflet irisé.—Très-fragile, cassure granuleuse.—Pesanteur spécifique, 4,5.

Caractères chimiques : Fusible à la flamme d'une bougie.

GISEMENS. . . Ce minérai fournit tout l'antimoine du commerce. Il appartient à la plupart des terrains et particulièrement aux terrains primitifs (le gneiss, le granit, les schistes).

LOCALITÉS. . . Suède, Saxe, Hongrie, Auvergne, Corse, Sardaigne, Espagne, Angleterre, Mexique, etc.

EXTRACTION . . { Le traitement du minérai consiste à le laver , à le bocarder , puis à le fondre pour le purifier.

Certains *sulfures d'antimoine* contiennent de l'argent , du plomb , du cuivre , de l'oxigène (oxide sulfuré).

EMPLOI . . . . . . { Les préparations d'antimoine , fort usitées en médecine , sont la base de l'*émétique* , du *kermès* , etc.—L'antimoine entre dans la composition des caractères d'imprimerie (plomb 5 , antimoine 1).—Le sulfure est employé dans la coloration de quelques vernis de poterie , d'émaux , etc.

IV. MÉTAUX COLORANS.

COBALT.—*Cobalt arsenical* (arséniure de cobalt.)

CARACTÈRES . . { *Caractères physiques :* Cristallisé en cubes.—Aciculaire , dendritique , mamelonné , compacte.—Blanc-gris , éclat métalloïde , se ternissant à l'air.— Fragile , cassure raboteuse , à grains fins. —Pes. spé., 6,56—Magnétique par la chaleur.

Caractères chimiques : Odeur d'ail au chalumeau , et communiquant au borax fondu une belle couleur bleue.—*Composition :* Cobalt 28 , arsenic 72.

GISEMENS . . . { Appartient à la plupart des terrains , et se trouve particulièrement dans le granit , le gneiss , les schistes argileux , etc. , associé à d'autres minérais (argent , cuivre , antimoine , fer sulfuré).

LOCALITÉS. . . . Angleterre , France , Bohême , Saxe et Suède principalement.

EXTRACTION . . { On en retire l'arsenic par le grillage. Ce qui reste dans le creuset est un oxide impur de cobalt , nommé *saffre* , qu'on purifie pour les besoins des arts.

Le COBALT GRIS (sulfo-arséniure) , le COBALT OXIDÉ *noir* accompagnent les autres minérais de cobalt qui ne se trouvent pas dans la nature à l'état métallique.

EMPLOI . . . . { L'oxide de cobalt , qu'on obtient par la fusion de ces minérais , donne , par sa fusion avec la silice et la potasse , un verre bleu qu'on pile , et qui sert sous le nom de *smalt* , *bleu d'azur* , à la peinture sur émail. Le *bleu de Thénard* , qui rivalise avec l'outre-mer , est aussi une préparation de cobalt.—Dissous dans l'acide hydro-chlorique , le bleu de cobalt forme l'*encre de sympathie* , invisible quand elle n'est pas chauffée , et qui , par la chaleur , laisse paraître les caractères en vert. — C'est avec le bleu de cobalt que l'on colore l'empois.

MANGANÈSE.—*Oxide de Manganèse.* (peroxide).

CARACTÈRES . . { *Caractères physiques :* Cristallisé en prismes rhomboïdes droits.— Fibreux , aciculaire , mamelonné , terreux , compacte. — Gris-noir , éclat métalloïde , se ternissant à l'air.—Fragile , poussière noire , tachant les doigts.—Pes. spé. , 5,70.

Caractères chimiques : Fusible à la flamme d'une bougie.—Soluble dans l'acide nitrique , avec effervescence due au dégagement du gaz nitreux.

MANGANÈSE.—*Oxide de manganèse* (peroxide).

CARACTÈRES .

Caractères physiques : Cristallisé en prismes rhomboïdes droits. —Fibreux, aciculaire, mamelonné, terreux, compacte.— Gris-noir, éclat métalloïde, se ternissant à l'air.—Fragile, à poussière noire, tachant les doigts. Pes. spé., 5,70.

Caractères chimiques : Au chalumeau, il colore le borax.— *Composition :* Manganèse 64, oxigène 36.

GISEMENS. . . .

En masses ou rognons, dans les terrains primitifs, intermédiaires et même secondaires.

LOCALITÉS. . .

Assez abondant en Sibérie, en Suède, en Norwège, en Saxe, en Hongrie, en France, en Angleterre, etc.

EMPLOI. . . .

Le manganèse existe encore, mais peu abondamment, à l'état de *sulfure*, de *carbonate*, de *phosphate*. Très-avide d'oxigène, il ne peut rester à l'état métallique.

Les minérais de manganèse (fournis par l'oxide), servent à purifier le verre blanc et à lui rendre sa transparence, en lui enlevant les parties charbonneuses qui y sont mêlées. On s'en sert aussi pour colorer en violet le verre, l'émail, la faïence. —L'usage le plus important est de servir à la fabrication du chlore, si utile pour blanchir les toiles, la pâte de papier, la cire jaune, etc., et pour purifier l'air en détruisant les miasmes pestilentiels.—Les chimistes s'en servent pour recueillir le gaz oxigène.

Le CHRÔME existe dans la nature à l'état d'oxide vert-pomme, sablonneux, plus abondant à l'état de CHROMATE DE PLOMB (plomb rouge), et surtout de CHROMATE DE FER, gris-bleuâtre, rayant le verre, colorant au chalumeau le borax en vert. C'est de ce dernier que l'on obtient les préparations de *chrôme*, usitées dans les arts, pour colorer en vert la porcelaine, etc.

MERCURE. —1° *Mercure à l'état pur.*

CARACTÈRES. .

Caractères physiques : Globuleux.—Blanc éclatant, d'aspect métallique.—A l'état liquide.—Pes. (spé., 13,56.

Caractères chimiques : Se volatilise au chalumeau, se solidifie à 32° Réaumur au-dessous de 0.

GISEMENS . . . .

Dans les terrains secondaires (schistes, argiles, grès houillers, etc.) Souvent associé au sulfure.

LOCALITÉS . .

Espagne, Frioul, Palatinat, Pérou.—France (à Allemont), etc.

EXTRACTION . .

La facilité d'obtenir le mercure du *sulfure*, fait négliger l'exploitation de celui-ci beaucoup moins abondant.

7

2° *Sulfure de mercure* (cinnabre).

CARACTÈRES. — *Caractères physiques :* Cristallisé en rhomboïde.—Laminaire, granulaire, mamelonné, pulvérulent, compacte.—Rouge-brun, poussière d'un rouge vif. Opaque, quelquefois translucide sur les bords.—Facile à râcler.—Pesanteur spécifique, 7.—Possédant l'électricité résineuse par frottement.

Caractères chimiques : Se volatilise au chalumeau avec une fumée blanche, blanchissant une lame de cuivre.—*Composition :* Mercure 86, soufre 14.

GISEMENS. — En filons d'une grande puissance dans les terrains secondaires (schistes bitumineux, grès, calcaires).

LOCALITÉS. — Espagne, Frioul, Palatinat, Hongrie, Mexique, Pérou, Chine. —Midi de la France en petite quantité.

EXTRACTION. — Le minérai trituré est chauffé avec de la chaux vive, qui s'empare du soufre, et laisse le mercure à nu.

L'*hydro-chlorate de mercure* (mercure doux natif), blanchâtre, fragile, en petits cristaux ou en concrétions, accompagne les autres minérais de mercure.—Rare.

EMPLOI. — La dilatabilité du mercure le rend propre à indiquer, par son plus ou moins d'expansion, tous les degrés de chaleur, depuis le point de congélation de l'eau, jusqu'à celui de l'eau bouillante; tel est le principe de l'instrument nommé *thermomètre*. —Le *baromètre*, destiné à indiquer le degré de pesanteur atmosphérique, consiste en une colonne de mercure, enfermée dans un tube de verre, et faisant équilibre, à une hauteur de 76 centimètres, à la pression habituelle de l'air.—Le mercure est employé dans l'étamage des glaces, dans la dorure (voyez précédemment), dans les opérations des chimistes, en médecine.—Le cinnabre, préparé artificiellement, sert en peinture; réduit en poudre impalpable, il porte le nom de *vermillon*. —Les vapeurs du mercure sont dangereuses à respirer.

APPENDICE AUX MÉTAUX. — Il est quelques métaux dont nous ne donnons pas l'histoire, parce qu'ils sont de peu ou point d'utilité; tels sont le *nickel*, d'un blanc-gris, que l'on trouve dans la nature associé au soufre, à l'arsenic, etc. C'est de ce dernier minérai que l'on trouve dans les terrains primitifs, ordinairement associé au cobalt, que l'on retire le peu de nickel que réclament les besoins des arts (quelques alliages).—Le *molybdène*, métal gris, en grains agglomérés, n'existant qu'à l'état de sulfure, souvent confondu avec la plombagine.—Le *tungstène* ou *schéélin*, qu'on ne trouve que sous la forme de sel (*tungstate* ou *schéélate de chaux, de fer*).—Le *tellure*, métal d'un bleu-gris, allié à l'argent, au bismuth, etc., et quelques autres à peine connus, ou qui ne peuvent rester à l'état métallique, parce qu'ils s'emparent avidement de l'oxigène, *calcium, potassium, osmium, palladium, columbium*, etc.

SUBSTANCES ACIDIFÈRES. — (*Pierres et sels.*)

§ I. PIERRES FINES.

ÉMERAUDE.

CARACTÈRES. . *Caractères physiques :* Cristallisé en prismes hexaèdres réguliers. —Cylindroïde, compacte, fibreuse.—D'un vert foncé (émeraude proprement dite), jaune (béryl), vert-d'eau, ou bleue de diverses teintes (aigue-marine), incolore.—Transparente, translucide, opaque.—Rayant le verre et faiblement le quarz. —Cassure brillante.—Pes. spé. , 2,70,—Jouit de la double réfraction.

Caractères chimiques.—Composition : Silice 68, alumine 18, glucyne 14.

GISEMENS. . . Dans les roches primitives, au milieu des granites, des schistes micacés, etc.

LOCALITÉS. . . Les plus belles sont originaires du Pérou. La Sibérie, la Bavière, la France même en fournissent aussi. Ces dernières sont peu estimées.

EMPLOI. . . . . Les émeraudes d'un vert pur sont très-recherchées dans la bijouterie. Leur coloration est due à l'oxide de chrôme. Une des plus belles que l'on connaisse orne la tiare du pape. Elle a 2 pouces de long sur 15 lignes de diamètre.

TOPAZE.

CARACTÈRES. . *Caractères physiques :* Cristallisée en prismes rhomboïdes.— Prismatique, cylindroïde, laminaire, grenue.—Jaune, rose, bleue, verdâtre, incolore.—Transparente, translucide, opaque.—Raie le quarz, rayée par le rubis.—Pes. spé. , 5,53. —Electrique par la chaleur ou la pression.—A réfraction double.

Caractères chimiques.—Composition : Alumine, silice, acide fluorique. Elle passe du jaune-orangé au rouge ponceau quand on la chauffe.—En proportions variables.

GISEMENS. . . Dans les terrains primitifs, intermédiaires et d'alluvion (roches quarzeuses, granitiques, etc.

LOCALITÉS. . . Brésil, Sibérie, Saxe, Angleterre, Suède, Bohême, etc.

EMPLOI. . . . . On connaît son emploi dans la joaillerie. Les plus recherchées viennent du Brésil.

CORINDON.

CARACTÈRES. *Caractères physiques :* Cristallisé en rhombe. — Granulaire, laminaire.—Offrant des nuances très-variées.—Transparent, translucide, opaque.—Raie les autres pierres fines, hors la *cymophane* et le *diamant.*—Pesanteur spécifique, 5,97.— Electrique par frottement.

Caractères chimiques : Infusible au chalumeau. — *Composition :* Alumine pure ou mêlée d'un peu d'oxide de fer et de chaux.

SOUS-ESPÈCES .

1. *Corindon hyalin*, cristaux offrant à l'œil différentes nuances vives et pures, rouges (rubis), bleues d'azur (saphir), violettes (améthiste), jaune (topaze).—Saphirs blancs, verts, noirs, chatoyans, dichroïtes (c'est-à-dire donnant une couleur par réflexion et une autre par réfraction), à reflets figurant une espèce d'étoile (astérie).

2. *Corindon ferrifère* ou *émeril*, gris-bleuâtre ou rougeâtre, opaque, à cassure grenue, rayant la topaze.

3. *Corindon spath adamantin*, à structure lamelleuse, couleur brunâtre, éclat nacré, translucide ou opaque.

GISEMENS . . . .

Le *corindon hyalin* se trouve dans les terrains d'alluvion, formés de débris de roches primitives et volcaniques.—Le *spath adamantin* a des gisemens analogues.—L'*émeril* se trouve en masse dans les terrains primitifs (micaschiste, etc.)

LOCALITÉS . . .

Le *Corindon hyalin* se trouve particulièrement dans l'Inde. On en a découvert en France, mais de qualité inférieure.—Le *spath adamantin* se trouve dans l'Inde, en Chine, en Europe. —L'*émeril*, en Saxe, en Espagne, en Italie, en Grèce particulièrement, etc.

EMPLOI. . . .

Le *corindon hyalin* fournit à la bijouterie les pierres fines dites *orientales*, presque aussi recherchées que le diamant.—L'émeril, broyé avec de l'eau, et réduit en poudre entre deux meules d'acier, sert à polir les pierres fines, les glaces, les marbres, les métaux, à graver sur cristaux. C'est avec lui qu'on donne le fil aux instrumens tranchans et à pointe.—Le corindon lamellaire sert à la polissure des pierres.

ZIRCON.

CARACTÈRES. .

Caractères physiques : En cristaux octaédriques ou roulés, granuleux.—Blanc, jaune, vert (*jargon*), orangé, brun (hyacinthe).—Transparent ou translucide, éclat gras. Rayant difficilement le quarz.—Pes. spé., 4,4.

Caractères chimiques : Infusible au chalumeau.—*Composition :* Zircon 68, silice 32.

GISEMENS . . . . Dans les terrains primitifs, volcaniques, de transport.

LOCALITÉS . . . Amérique, Inde, Norwège, Bohême, Italie, France (Auvergne), etc.

EMPLOI. . . . Ses variétés sont employées dans la joaillerie. Il sert dans l'horlogerie pour les pivots de montres qui roulent sur pierres.

SPINELLE.

CARACTÈRES. .

Caractères physiques : En petits cristaux octaédriques, roulés, granuleux.—A éclat vitreux ; rouges quand ils sont colorés par l'acide chrômique, plus ou moins foncés, verts, noirs, quand ils sont colorés par l'oxide de fer.—Rayant le quarz, rayés par le corindon.

Caractères chimiques : Infusible.—*Composition :* Alumine, magnésie, en proportions variables.

GISEMENS. . . . | Dans les terrains volcaniques et d'alluvion principalement.

LOCALITÉS. . . | Ceylan ; en Italie, en Suède, en France, etc.

EMPLOI. . . . { La variété rouge est employée dans la bijouterie sous le nom de *rubis-balais*, la variété rose, sous le nom de *rubis-spinelle*.

TOURMALINE.

CARACTÈRES. { *Caractères physiques* : Forme cristalline primitive : le rhomboïde. —Lamellaire, bacillaire, cylindroïde, fibreuse, compacte.— Noire ou brune, verte, orangée, violette, bleue, rarement incolore.—Éclat vitreux.—Transparente, translucide, opaque. (Certains cristaux sont transparens dans le sens de l'épaisseur, opaques dans le sens de la longueur).—Raie le verre, cassure conchoïde.—Pesanteur spécifique, 5.—Variable dans les sous-espèces. —S'électrisant vitreusement par le frottement. Les deux extrémités du cristal s'électrisent en sens contraire par la chaleur.

Caractères chimiques.—Composition : Toutes les variétés contiennent, comme substances principales, la silice et l'alumine. L'autre base varie (soude, lithine, manganèse, oxide de fer).

GISEMENS. . . { Dans les roches des terrains primitifs et intermédiaires (granits, gneiss, micaschistes).

LOCALITÉS. . . { Alpes, Pyrénées, Tyrol, Bavière, Bohême, Saxe, Sibérie, Angleterre, États-Unis.

EMPLOI. . . . { Plusieurs variétés de tourmaline sont employées dans la joaillerie : la tourmaline rouge-violet (rubellite), bleu-indigo (indicolithe), vert foncé (émeraude du Brésil), noirâtre (schorl électrique). —On s'en sert en physique pour démontrer les propriétés électriques des minéraux.

GRENAT.

CARACTÈRES. . { *Caractères physiques* : Cristallisé en dodécaèdres rhomboïdes. —Sphéroïde, granuleux, fibreux, compacte.—Rouge de feu, rouge-violet, brun, noir, orangé, verdâtre. — Transparent, translucide, opaque.—Raie fortement le quarz.—Pesanteur spécifique, 5,5.—Magnétique.

Caractères chimiques.—Composition : La silice et l'alumine sont les substances principales ; les autres diffèrent selon les variétés (oxide de fer, de manganèse, chaux, etc.)

GISEMENS. . . . | Terrains primitifs et d'alluvion.

LOCALITÉS. . . | Sibérie, Suède, Italie, États-Unis, France, et surtout Bohême.

EMPLOI. . . . { Les grandes masses de grenat sont exploitées pour le fer qu'elles contiennent. Les cristaux de choix sont taillés pour objets de parure (grenat *grossulaire* et grenat *almandin*.

LAZULITE.

CARACTÈRES. — *Caractères physiques :* Rarement cristallisée en petits dodécaèdres rhomboïdes ; le plus souvent amorphe, ou sans forme déterminée, compacte, saccharoïde. — Bleue, opaque, ou translucide sur les bords. — Raie le verre.

Caractères chimiques. — *Composition :* Silice 44, alumine 35, soude 21.

GISEMENS. — Dans les roches des terrains primitifs.

LOCALITÉS. — En Sibérie, en Chine, en Perse, en Amérique, etc.

EMPLOI. — Le *lapis lazuli* fournit à la peinture la plus précieuse des couleurs (bleu d'outremer). Les échantillons les plus considérables servent à la fabrication d'objets de luxe.

La TURQUOISE, substance bleuâtre, ou bleu-verdâtre, opaque, se présente en masse dans les mines de cuivre, auxquelles elle emprunte sa coloration. C'est une matière animale dure, minéralisée et ayant acquis l'aspect pierreux (*turquoise orientale* ou *de vieille roche*, la plus recherchée comme bijou) ou offrant encore les indices d'une substance osseuse pétrifiée (*turquoise occidentale* ou *de nouvelle roche*).

§ II. ROCHES

OU SUBSTANCES EN GRANDES MASSES DANS LA NATURE.

QUARTZ.

Une des espèces minérales les plus répandues dans la nature, et formant de nombreuses variétés, qui ont toutes pour caractères communs : 1° leur infusibilité au feu du chalumeau, 2° leur insolubilité dans les acides, 3° leur dureté (elles raient le verre et l'acier, donnent des étincelles par le choc du briquet).

1. QUARTZ HYALIN.

CARACTÈRES. — *Caractères physiques :* Cristallisé en prismes hexaèdres terminés par des pyramides à 6 faces. — Laminaire, granulaire ou arénacé, fibreux, compacte, en incrustations, en géodes, etc. — Limpide, (*cristal de roche*) quand il est pur ; coloré par des combinaisons chimiques de matières étrangères il est brun, comme noirci par la fumée (*cristal enfumé*), violet (*quarz améthyste*), jaune (*fausse topaze*), rose (*rubis de Bohême*), noir (*diamant d'Alençon*), bleu (*saphir d'eau*). Mélangé mécaniquement à des argiles ferrugineuses il est *hématoïde* ou rouge de sang, *rubigineux* ou couleur de rouille ; *résinite* quand il a l'éclat de la cire, *chloriteux* quand il est coloré en vert par la chlorite. Certains effets de lumière lui donnent un aspect chatoyant. On le nomme *œil de chat* quand il représente des reflets nacrés, blanchâtres, qui semblent flotter dans l'intérieur de la pierre ; *girasol*, quand, exposé au soleil, il lance des reflets irisés sur un fond laiteux ; *aventurine*, s'il offre des points brillans sur un fond brun. — Transparent, translucide, opaque. — Il est une variété qui répand une odeur fétide par le frottement. — Pes. spé. 2,6. Phosphorescent dans l'obscurité par le frottement.

Caractères chimiques. — *Composition :* Silice 99 parties, quelques traces d'alumine, de fer et de manganèse oxidés.

GISEMENS. . . Le *quarz hyalin* appartient à tous les terrains : il se présente en roches, en couches, en filons, etc. Il sert de gangue à la plupart des minérais. À l'état de *quarz arénacé* ou grenu, il constitue les sables siliceux qui recouvrent les plaines de l'Afrique, le lit et les bords des mers, des fleuves, etc. (Voyez la *Géologie*.)

LOCALITÉS. . . Il est répandu sur toute la surface du globe.

EMPLOI. . . . Le sable quarzeux, fondu à l'aide d'un alcali, sert à la fabrication du verre, du cristal. Mêlé avec la chaux éteinte, il constitue les *mortiers* ou cimens. Les cristaux qui offrent de belles nuances et une limpidité parfaite, sont employés dans le commerce de la joaillerie, sous le nom de *pierres occidentales*.

II. QUARTZ AGATE.

CARACTÈRES. . *Caractères physiques:* Cristallisé en rhomboïde.—Mamelonné, géodique, stalactitique, en rognons, stratoïde.—Offrant des nuances innombrables, et les accidens les plus variés dans le mélange et la disposition des couleurs. Translucide (agates fines) ou opaque (agate grossière).—Étincèle plus difficilement que le quarz hyalin sous le briquet. Cassure offrant un éclat cireux dans les agates fines, un aspect terne dans les agates grossières. Pes. spé., 6 à 5,5.

GISEMENS. . . Occupe, comme le quarz hyalin, tous les terrains, et assez ordinairement les mêmes gîtes ; mais il est moins abondant que lui.

EMPLOI. . . . On fabrique avec les agates fines ou *calcédoines*, susceptibles d'un beau poli, de petits objets de luxe ou de parure. Les plus recherchées sont la calcédoine vert-pomme (*chrysoprase*), rouge (*cornaline*), jaune-orangé (*sardoine*), blanche et opaque (*cacholong*), bleuâtre (*calcédoine* proprement dite).

Les agates grossières, ou *silex*, offrent le *silex pyromaque* (pierre à fusils) qu'on trouve en rognons dans la craie ; le *silex molaire* (*pierre meulière*) à structure cellulaire, qu'on exploite pour en faire des meules ; le *silex corné* ou *pierre de corne*.

VARIÉTÉS. . . L'agate *jaspe* est une variété opaque, à cassure terne, nuancée de vives couleurs, et dont on fait aussi des objets d'ornement. —L'*opale* n'a pas la dureté des autres variétés de quarz ; elle est translucide ou opaque, tantôt d'un blanc-bleuâtre, irisée dans l'intérieur (*opale irisée*), tantôt jaunâtre avec des reflets rouges (*opale miellée*). Il en est d'un blanc-laiteux, et qui acquièrent de la transparence par l'immersion dans l'eau (*opale hydrophane*).

FELDSPATH.

CARACTÈRES. .

Caractères physiques : Forme cristalline primitive : le prisme oblique à base rectangle.—Laminaire, granulaire, terreux, compacte, structure lamelleuse.—Limpide, blanc, gris, jaunâtre, rosé, rouge, bleu, vert, noir.—Éclat vitreux, mat, résinoïde, nacré, opalin.—Raie le verre, étincèle sous le briquet.—Pes. spé., 2,40 à 2,70. Phosphorescent dans l'obscurité par le frottement de deux morceaux.

Caractères chimiques : Fusible difficilement au chalumeau en un émail blanc. — *Composition :* La silice et l'alumine en forment la base. Les autres principes sont, en proportions variables, la potasse (*feldspath adulaire* ou transparent), la soude (*feldspath albite* ou blanc), la chaux (*indianite*).

GISEMENS. . .

Quoique très-commun dans la nature, le feldspath forme rarement à lui seul des couches considérables ; il est le plus souvent associé à d'autres substances avec lesquelles il concourt à former les roches des terrains primitifs et intermédiaires. On le trouve aussi dans divers produits volcaniques (feldspath vitreux).

LOCALITÉS. . .

La France, la Suède, la Saxe, la Bohême, la Bavière, etc., présentent surtout les variétés les plus remarquables.

EMPLOI. . . .

Il est la base de la porcelaine, qu'on fabrique en faisant fondre un mélange de feldspath blanc et opaque, dit *pétunzé*, avec le feldspath décomposé, terreux et friable (*kaolin*). Ce mélange, qui ne fond qu'à une chaleur très-forte, donne par le refroidissement une pâte dure et translucide. Quant à l'émail qui recouvre sa surface extérieure, il se fabrique avec le pétunzé seul.—Les autres variétés de feldspath sont recherchées comme objets d'ornemens ou de curiosité, tels sont : le feldspath *nacré* (pierre de lune), offrant des reflets nacrés qui paraissent flotter dans l'intérieur de la pierre ; le feldspath *vert* (pierre des amazones) ; le feldspath *opalin* (*pierre du Labrador*) avec des reflets irisés ; le feldspath *aventuriné* (pierre du soleil) ; le feldspath *compacte*, à cassure écailleuse, semblable au silex (*pétro-silex*).

TALC.

CARACTÈRES. .

Caractères physiques : Forme cristalline primitive : le prisme rhomboïde.—Lamellaire, écailleux, schistoïde, compacte, terreux, pulvérulent.—Blanc, vert, gris, jaune, rouge violet, noirâtre. Onctueux au toucher. Translucide, opaque.—Facile à gratter avec un couteau.—Pes. spé., 2,77.—S'électrise résineusement par frottement.

Caractères chimiques.—Composition : La silice et la magnésie sont les substances principales. Il est des variétés qui contiennent en outre de l'oxide de fer et de l'alumine.

VARIÉTÉS. . . { *Talc laminaire* blanc ou verdâtre, divisible en lames minces.—*Talc écailleux* (craie de Briançon), blanchâtre, d'aspect luisant.—*Talc stéatite* (pierre de lard), se laissant couper comme du savon, blanc, vert, rouge.—*Talc ollaire*, compacte, infusible.—*Talc chlorite*, en grains verts, plus dur que les autres variétés.

GISEMENS. . . { En masses dans les terrains intermédiaires principalement, et dans quelques roches primitives.

LOCALITÉS. . . | Dans toutes les parties du monde.

EMPLOI. . . . { Le talc laminaire (talc de Venise) est employé comme cosmétique. —Le *talc écailleux* pulvérisé sert à diminuer le frottement des machines.—C'est avec le *talc stéatite* que sont faits les *magots* de la Chine.—Le *talc chlorite* fournit à la peinture une couleur verte (terre de Vérone). Le *talc ollaire* sert dans quelques pays à faire des marmites et autres ustensiles de ménage.

MICA.

CARACTÈRES. . { *Caractères physiques* : Forme cristalline primitive.—Le prisme droit, ou oblique rhomboïde.—Écailleux, en lamelles, en feuilles, fibreux, pulvérulent.—Blanc, jaune, rougeâtre, verdâtre, brun-noir.—Éclat métalloïde.—Transparent, translucide, opaque.—Élastique, se déchirant plutôt qu'il ne se brise ; facile à rayer. Pes. spé., 2,65 à 2,95.—S'électrise vitreusement par frottement.

Caractères chimiques.—*Composition* : Silice 48, alumine 21, potasse 15, oxide de fer 16.

GISEMENS. . . { Entre comme élément constituant dans la plupart des roches des terrains primitifs et intermédiaires. Il existe aussi dans le terrain secondaire, et même tertiaire, mais comme débris de roches plus anciennes.

LOCALITÉS. . . | Se trouve partout.

EMPLOI. . . . { Le mica blanc est transparent, forme des feuilles qui ont parfois plusieurs pieds de surface, et qu'on sépare facilement à l'aide d'une lame de couteau, pour en faire des vitres. Le mica blanc et jaune est employé sous le nom de *sable d'or* et *d'argent*.

DIALLAGE.

CARACTÈRES. . { *Caractères physiques :* Forme cristalline primitive, le prisme oblique rectangulaire. — Lamellaire, aciculaire, fibreux, compacte, décomposé et terreux.—Vert, noirâtre, gris, jaunâtre.—Éclat satiné, métalloïde, opaque.—Tendre, mais rayant le carbonate de chaux.—Poussière douce.

Caractères chimiques.—*Composition* : Silice, magnésie, oxide de fer en proportions différentes, selon les variétés.

GISEMENS. . . { Fait partie des terrains primitifs et intermédiaires; en masses lamelleuses, formant quelquefois des dépôts assez considérables, où uni à d'autres substances dans des roches composées. On le retrouve dans des terrains d'alluvion formés des débris de ces roches.

LOCALITÉS. . . . { Italie, Corse, Angleterre, Styrie, Suède, Saxe, Hongrie, France, etc.

EMPLOI. . . . { La variété satinée, d'un vert pomme, est employée, sous le nom de *vert de Corse*, à faire des plaques, des vases, etc. La variété dite *bronzite* fournit un beau marbre.

PYROXÈNE.

CARACTÈRES. { *Caractères physiques* : Forme cristalline primitive, prismes rhomboïdes obliques.—Bacillaire, lamellaire, cylindroïde, granuleux, fibreux.—Noir, vert, jaune, gris blanc.—Transparent, translucide, opaque.—Raie à peine le verre.—Pes. spé., 3,13 à 3,49.—Réfraction double.

Caractères chimiques.—*Composition* : La silice, la chaux, la magnésie et le fer oxidé y sont en proportions inégales, selon la variété.

VARIÉTÉS. . . { *Pyroxène sahlite*, en cristaux ou en masses laminaires, d'un vert plus ou moins foncé, à éclat vitreux.—*Pyroxène diopside*, en cristaux blancs, gris-verdâtres, transparens, ou en concrétions grenues.—*Pyroxène augite ou volcanique*, le plus commun, en prismes noirs très-courts, ou en grains.

GISEMENS. . . { Cette substance, commune dans les roches primitives, est surtout abondante dans les terrains volcaniques.

LOCALITÉS. . . { Suède, Norwège, Saxe, Espagne, États-Unis, Italie, Corse, île d'Elbe, etc.

AMPHIBOLE.

CARACTÈRES. . { *Caractères physiques* : Forme cristalline primitive : Prisme oblique à base rhomboïde.—Laminaire, granulaire, bacillaire, cylindroïde, maclée, schisteuse, fibreuse, terreuse, compacte. —Noir, gris, blanc, vert, jaunâtre, bleuâtre.—Éclat ordinairement vif.—Transparent, translucide, opaque.—Raie le verre, et donne des étincelles par le choc du briquet.—Pes. spé., 2,8 à 3,45.—Les cristaux noirs sont magnétiques.

Caractères chimiques.—*Composition* : La silice, la chaux, la magnésie y sont en proportions variables, selon les variétés. On trouve aussi dans quelques-unes d'entre elles l'oxide de fer.

VARIÉTÉS. . . .

Amphibole actinote, d'un vert foncé, laminaire, en baguettes, en aiguilles, translucide. Coloré par le chrôme.—*Amphibole hornblende*, vert-noir, ou brun-noir, translucide sur les bords. —En prismes ou en masses, à cassure schisteuse. Le plus commun.—*Amphibole trémolite*, ou *grammatite*, en cristaux prismatiques ou aciculaires, striés, blancs ou légèrement verdâtres ; éclat nacré, translucide.

Cette dernière variété est souvent *abestoïde* ou à l'état d'AMIANTE. Ce nom ne convient pas néanmoins à une espèce unique. Il est plusieurs substances (pyroxène, talc, diallage, etc.), qui se présentent à l'état d'*asbeste* ou d'*amiante*. En général on donne cette dénomination à toutes les matières qui offrent une structure filamenteuse, un éclat soyeux et une couleur blanchâtre, avec la flexibilité des tissus de lin ou de soie, mais qui s'en distinguent par leur incombustibilité.

GISEMENS. . .

Se trouve dans tous les terrains, en cristaux disséminés, en couches, ou comme élément des roches composées, dans les terrains primitifs particulièrement.

L'amphibole hornblende existe plus particulièrement dans les roches volcaniques.

L'amiante, qui paraît être une décomposition de certaines roches anciennes, tapisse l'intérieur de leurs fissures.

LOCALITÉS. . .

Se trouve partout.

EMPLOI. . . . . .

L'amiante, mêlé à une petite quantité de chanvre, est susceptible de se filer et de former un tissu qui résiste à l'action d'un feu ordinaire, ce qui le faisait servir de linceul chez les anciens, quand ils recueillaient les cendres de leurs morts.

SPATH-FLUOR (*fluate de chaux*).

CARACTÈRES. .

Caractères physiques : Cristallisé dans le système du cube. — Lamellaire, granulaire, testacé ou en forme de petits cristaux superposés comme des tuiles, compacte, terreux, concrétionné, stalactitique. — Incolore, limpide, violet, bleu, bleu-vert, jaune, rose, bigarré de diverses nuances, à éclat vitreux. — Transparent, translucide, opaque. — Raie le calcaire, se laisse entamer par une pointe d'acier.— Pes. spé., 3,1 à 3,2. — Phosphorescent par la chaleur, ou quand on frotte deux morceaux l'un contre l'autre.

Caractères chimiques : La poussière jetée sur des charbons ardens y répand une lueur verdâtre. — *Composition :* Acide fluorique 51,24, chaux 67,75.

GISEMENS . . .

Dans les roches de la plupart des terrains, en couches, en dépôts ou servant de gangue aux minérais.

LOCALITÉS. . . .

France, Allemagne, Sibérie, Angleterre principalement.

EMPLOI. . . . . {
Susceptible d'un beau poli , et prenant le tour ; on en fabrique en Angleterre des objets d'ornemens. — Son nom de *fluor* lui vient de ce qu'il sert de fondant, ou facilite la fusion des substances auxquelles il est uni. — Quand on verse un peu d'acide sulfurique sur la poussière du spath-fluor, l'acide fluorique se dégage à l'état de vapeur qui corrodent le verre : propriété qu'on a mise à profit pour graver sur cette substance.

GYPSE.

BA. {
Caractères physiques : Forme cristalline primitive : le prisme droit à base de parallélogramme obliqu'angle. — Lenticulaire , lamellaire , aciculaire , granulaire , fibreux , compacte ; stalactique , concrétionné , terreux. — Limpide , blanc , grisâtre ; aspect mat , vitreux , nacré ou soyeux. — Transparent , translucide , opaque. — Assez tendre pour se laisser rayer par l'ongle , facile à diviser en lames minces.
Caractères chimiques : Blanchissant au feu , et se réduisant en une poudre blanche (le plâtre). Soluble dans l'eau. — *Composition :* Chaux 55 , acide sulfurique 46 , eau 21.

GISEMENS. . . . {
Cette substance , extrêmement commune dans la nature , n'est en quelque sorte étrangère à aucun terrain ; mais c'est dans les terrains secondaires et tertiaires , qu'on la voit former des masses d'une grande puissance, et mêmes des montagnes élevées. La plupart des eaux la tiennent en dissolution , et quelquefois elles la déposent.

EXTRACTION. . {
L'Espagne , la Sicile , l'Egypte sont les pays qui en offrent le plus. Paris est bâti sur une immense plateau de gypse.

EMPLOI. . . . . . {
Le *gypse grossier* est naturellement chargé de calcaire (57 pour o/o) , ce n'est autre chose que la *pierre à plâtre.* Cette substance ayant perdu par la cuisson toute l'eau qu'elle contenait , absorbe avidement l'eau avec laquelle on la gâche , et forme une pâte qui se prend en une masse solide par la dessication , et sert à enduire l'intérieur des maisons, à sceller la ferrure dans la pierre, à faire des statues , etc. Le plâtre est employé à l'amendement des terres. Le *stuc*, espèce de marbre factice , est du plâtre mélangé avec de l'eau de colle-forte dans laquelle on a délayé les couleurs nécessaires aux teintes que l'on veut obtenir. Ce mélange est susceptible d'un beau poli. — La variété , compacte , translucide , ordinairement d'un blanc de neige , et sans mélange de calcaire , est employée , sous le nom d'*albâtre gypseux* (faux albâtre) , à faire des vases , des pendules , etc. Ces objets se fabriquent en Italie ; on en a introduit aussi la fabrication en France.
La sulfate de chaux qui ne contient pas d'eau (*gypse anhydre*) , est plus dur , plus pesant que le gypse hydraté. Dans le Wurtemberg , on l'exploite comme marbre.

DOLOMIE.

CARACTÈRES.

Caractères physiques : Ses formes, cristallines et régulières, se retrouvent toutes dans les variétés de forme de la chaux carbonatée. (Voyez plus loin). Les principales variétés sont la dolomie *lamellaire*, la dolomie *compacte*, la dolomie *grenue*. — Blanche, blanc-grisâtre, opaque. — Aspect terne, vitreux, nacré. — Raie le verre, donne des étincelles par le choc du briquet. — Pes. spé., 2,8 à 2,10.

Caractères chimiques : Ne fait que peu d'effervescence avec l'acide nitrique. — *Composition :* Chaux 51, magnésie 22, acide carbonique 47. — Proportions variables dans les sous-espèces.

GISEMENS . . .

En masses ou en couches puissantes formant des montagnes dans les terrains intermédiaires et même primitifs ; dans quelques portions des terrains secondaires et dans les terrains basal-

LOCALITÉS. . . Italie, Suisse, Allemagne, Sibérie, Angleterre, etc.

EMPLOI . . . .

La *chaux* qu'elle donne, de mauvaise qualité, ne peut remplacer la pierre à chaux ordinaire.

La MAGNÉSIE CARBONATÉE SILICIFÈRE (*écume de mer*), sert à la fabrication des pipes, etc.

CARBONATE DE CHAUX.

CARACTÈRES. .

Caractères physiques : Forme cristalline primitive : le rhomboïde obtus. — On porte d'ailleurs à plus de 600 les modifications dont sont susceptibles les cristaux. — Les formes irrégulières proviennent 1° de *cristaux altérés ou imparfaits* (lenticulaires, aciculaires, cylindroïdes, radiés, etc.) ; 2° elles sont *confuses*, ou *amorphes*, (lamellaires, granulaires, schistoïdes, compactes, globulaires ou *oolithiques*, cellulaires, pulvérulentes, mamelonnés, géodiques, incrustantes, stalactitiques, máclées, etc.) ; 3° elles sont *imitatives* ou *pseudo-morphiques* (figurant des coquilles, des bois, des arborisations), fistulaires ; veinées, tachetées. — Limpide, blanc, gris, noir, brun, jaune, rouge, bleuâtre, verdâtre, etc. — Transparent, translucide, opaque. — Éclat vitreux, gras, nacré. — Odeur fétide, dans la variété *bituminifère*. — Raie le gypse, est rayé par le fluate de chaux. — Pes. spé., 2,7. — Réfraction double. — Les cristaux sont électriques par pression.

Caractères chimiques : Soluble avec une vive effervescence dans les acides, et se réduisant en *chaux* par la calcination. — *Composition :* Chaux 56, acide carbonique 44.

GISEMENS. . .

Une des substances les plus répandues dans la nature, et se montrant en grandes masses dans tous les terrains ; base exclusive d'un certain nombre d'entre eux, partie constituante des autres ; formant d'immenses chaînes de montagnes ; en dissolution dans la plupart des eaux.

LOCALITÉS. . . { Se trouve partout, et particulièrement dans les terrains primitifs des Alpes, des Pyrénées, dans les terrains secondaires du Jura, dans les terrains tertiaires des environs de Paris, etc., etc.

1. Le MARBRE est un carbonate de chaux compacte, à grains fins, à cassure terne, coloré diversement par des mélanges de substances différentes, susceptible d'un beau poli. — On classe les marbres en : *marbres simples*, à fond uni ou veiné ; *marbres brèches*, formés de fragmens de diverses couleurs réunis par une pâte calcaire ; *brocatelles*, quand ces fragmens sont très-petits. *Marbres composés*, renfermant des substances étrangères ; *marbres lumachelles*, composés en partie de débris de coquilles. — Ils prennent encore une foule de noms différens, selon les nuances qu'ils présentent. Les plus connus sont : le *marbre Sainte-Anne* (fond gris veiné de blanc), que l'on tire des frontières de la Belgique ; les *marbres noirs* (de Dinan, Namur, etc.) ; les *marbres du Languedoc* (rouges et blancs) ; la *griotte* (brun foncé avec taches d'un rouge foncé) ; *marbre campan* (fond rouge veiné de vert) ; le *marbre statuaire*, à grains saccharoïdes (ou *marbre de Carrare*).

2. L'ALBATRE *proprement dit*, d'un blanc laiteux ou jaunâtre, légèrement veiné, translucide, assez dur pour rayer le marbre, susceptible d'un beau poli ; se présente ordinairement sous forme de stalactites. Il ne faut pas confondre l'albâtre *oriental*, avec l'albâtre *gypseux* ou faux albâtre.

3. CALCAIRE LITHOGRAPHIQUE : Compacte, à grains très-serrés, jaunâtre ou gris, à cassure lisse, susceptible de poli. Le meilleur vient de Bavière. On en exploite aussi en France, à Chateauroux, etc.

4. Le CALCAIRE COMMUN : À grains moins serrés, jaunâtre, grisâtre, terne, moins dur que le marbre, point susceptible de poli ; contenant presque toujours une grande quantité de coquilles fossiles, se présentant en grandes masses séparées par des fissures parallèles, horizontales. Très-abondant en France. Le sol de la Lorraine en est formé presqu'en totalité.

5. La CRAIE : C'est un calcaire abondant dans la nature : blanc, jaunâtre, grisâtre, à cassure terreuse ; très-facile ; happant à la langue, et tachant les doigts. Elle contient une petite quantité de silice et d'argile.

1. MARBRES : Ils se travaillent à la scie, au ciseau, au tour. On aplatit les aspérités avec des grès, puis avec la pierre ponce, l'émeril. On donne le dernier poli avec une composition minérale (potée d'étain, alun, limaille de fer). Les marbriers divisent les marbres en *modernes* et *antiques*, c'est-à-dire qui entrent dans la décoration des édifices anciens, etc., et ne sont plus exploités.

2. ALBATRE : Personne n'ignore qu'il est employé à faire des vases, des statues, etc. L'*albâtre oriental* est d'un grand prix.

3. CALCAIRE LITHOGRAPHIQUE : La découverte de la *lithographie* date des dernières années du 18ᵉ siècle ; elle est due à un Bavarois nommé *Senefelder*. D'abord appliquée à la musique, au dessin, au trait et au crayon, c'est en France, où elle a été importée en 1814, qu'elle a atteint le degré de perfection qu'on lui connaît. Le procédé consiste à dessiner sur la pierre polie, avec un crayon gras ou une encre grasse. Un lavage à l'eau acidulée décape la pierre et rend le crayon et l'encre insolubles à l'eau, sans attaquer le dessin ; on peut alors multiplier les épreuves sur le papier

jusqu'à 1,000 ou 2,000 fois. Pour avoir des exemplaires du dessin, on mouille la pierre et l'on passe aussitôt sur elle un rouleau enduit d'une encre particulière, qui ne s'attache qu'aux parties dessinées, l'eau la repoussant sur les autres points. On pose ensuite sur la pierre un papier, sur lequel on fixe le dessin au moyen d'une presse.

4. La CRAIE du commerce (blanc de Troyes, blanc d'Espagne), est la craie naturelle broyée dans l'eau et réduite en pâte très-fine, qu'on fait sécher après lui avoir donné la forme de pains.

5. CALCAIRE COMMUN : Ce sont nos *pierres de construction*, *pierres de taille*. Les blocs extraits des carrières ne perdent qu'après une longue exposition à l'air l'eau interposée entre leurs molécules, et il n'est pas rare de les voir fendre à l'air si elles sont exposées à la gelée. (Voyez dans la *Minéralogie populaire* de M. Brard, le procédé dont on peut se servir pour reconnaître les pierres *gelives*). On distingue quatre variétés de pierres de construction : le *liais* à grains fins, homogène ; la *roche*, renfermant des coquilles et des veines dures, du silex disséminé ; le *blanc vert*, tendre, se désagrégeant facilement ; la *lambourde* à grain grossier, contenant beaucoup de coquilles, la plus commune.

EMPLOI.

Pour convertir le *calcaire commun* en *chaux vive*, il suffit de le chauffer fortement dans des fours, afin de le dépouiller de son acide carbonique. Quand on verse un peu d'eau sur la pierre ainsi calcinée, elle s'échauffe, se gonfle, éclate en sifflant, et se réduit en une poudre blanche (*chaux éteinte*). — On distingue deux espèces de chaux : la *chaux grasse*, blanche, demandant beaucoup d'eau et de sable pour la confection du mortier, qui est moins solide que l'autre. La *chaux maigre*, rarement blanche, absorbant peu d'eau quand on l'éteint, et prenant peu de sable, par conséquent peu économique. La *chaux maigre* est dite *hydraulique* quand elle se durcit sous l'eau, propriété précieuse pour les fondations qui doivent être submergées. Il suffit, pour la reconnaître, de lui donner avec un peu d'eau la consistance d'un mastic, et de la laisser sous l'eau pendant trois jours. Si au bout de ce temps elle est assez dure pour ne plus fléchir sous le doigt, elle est *hydraulique*. — Le *badigeon* est de la chaux délayée dans l'eau, qui repasse à l'état de calcaire et reprend sa dureté primitive quand on l'applique sur les murs. — La chaux est un excellent *amendement*, mais qu'il faut employer avec précaution à cause de sa causticité. — La chaux vive répandue dans les étables s'oppose au développement des épizooties. — On blanchit à l'eau de chaux le tronc des arbres languissans. — La chaux a en outre beaucoup d'autres usages dans les arts industriels (l'Art du Savonnier, du Drapier, etc.).

L'ARRAGONITE (du royaume d'Arragon) est un carbonate de chaux sous forme de prismes hexaèdres, jaunâtre, verdâtre, blanc, etc. Il tapisse les cavités de plusieurs mines de fer sous la forme coralloïde, ce qui lui a fait donner le nom de *flos ferri*. — On connaît aussi des carbonates de chaux *ferrifère*, *quarzifère*, ou *grès de Fontainebleau*.

§ SELS PROPREMENT DITS.

ALUN.

CARACTÈRES.. *Caractères physiques* : Forme cristalline primitive : l'octaèdre. — Concrétionné, amorphe, fibreux. — Blanc, translucide. — Saveur astringente. — Assez dur ; cassure vitreuse. — Pes. spéc., 1,7.

Caractères chimiques : Se liquéfie d'abord, puis se calcine par la chaleur. — *Composition* : Acide sulfurique avec base double de potasse, alumine ou amoniaque.

GISEMENS... *L'alun véritable* n'existe qu'en efflorescences ou en filamens dans les terains intermédiaires, volcaniques.

L'alunite ou pierre d'alun (qui n'est pas l'alun de commerce) existe en dépôts considérables.

LOCALITÉS.... Italie, Archipel, Egypte, Hongrie, etc.

EMPLOI.... On fabrique aujourd'hui l'alun de toute pièce. *L'alunite*, ou alun de roche, est rendu propre aux arts, à l'aide de quelques procédés chimiques. L'alun fournit à la teinture un excellent mordant, et avive les couleurs. — Il sert en médecine. — Le bois enduit d'une lessive d'alun peut résister aux premières atteintes du feu.

SEL COMMUN.

CARACTÈRES.. *Caractères physiques* : Forme cristalline primitive : le cube. — Concrétionné, lamellaire, granulaire, fibreux, compacte. — Blanc, gris, jaunâtre, rouge, bleu, vert. — Transparent, translucide. — Saveur salée. Pes. spé., 2,12.

Caractères chimiques : Décrépite et fond au feu. — *Composition* : Soude 42, acide hydro-chlorique 52, eau 6. Des matières colorantes étrangères.

LOCALITÉS... En veines, en dépôts, en masses, en couches dans les terrains secondaires où il est associé au gypse, à l'argile, au grès, au calcaire ; dans les dépôts intermédiaires les moins anciens ; dans les déjections volcaniques, qui le vomissent sans le décomposer ; en dissolution dans les eaux des mers et des sources nombreuses.

LOCALITÉS... C'est le sel le plus répandu ; on le trouve en mines dans toutes les parties du globe. La plus célèbre est celle de VILLICZKA (Pologne), exploitée depuis plus de cinq siècles et occupant plus de 2,000 ouvriers. Les mines de *Dieuze* (Meurthe), paraissent s'étendre fort loin. L'Autriche, la Bavière, la Suisse, le Piémont, la Sicile, l'Espagne, l'Angleterre, l'Amérique, l'Afrique, l'Inde en possèdent aussi.

EXTRACTION. Les blocs de *sel gemme*, détachés au moyen de pics, sont transportés hors de la mine, à l'aide de différens moyens mécaniques, puis soumis à *l'affinage*, qui consiste à faire dissoudre le sel, puis à évaporer la dissolution et à recueillir les petits cristaux qui se déposent au fond des chaudières. Dans les pays où l'on retire le sel des *eaux de la mer*, les eaux sont conduites dans des fosses peu profondes que l'action du soleil met à sec. Les cristaux qui se sont déposés par l'évaporation sont ensuite soumis à l'affinage déjà indiqué. Dans les localités où l'on retire le sel des *sources salées*, on fait filtrer l'eau à plusieurs reprises à travers des fagots, qui hâtent son évaporation et sa concentration.

EMPLOI. Les usages domestiques du sel sont bien connus. Il est utile aux bestiaux malades. — Ce serait un excellent amendement si on pouvait l'avoir à vil prix. — Il sert par sa décomposition à fournir l'acide *hydro-chlorique*, et le *chlore*, gaz verdâtre qu'on dissout dans de l'eau pour le faire servir au blanchiment des tissus, du papier, etc. — On en retire aussi la soude du commerce. — Il entre dans la préparation des peaux, des vernis à poteries, etc.

NITRE (*nitrate de potasse*).

CARACTÈRES. *Caractères physiques* : Cristallisé en prismes hexaèdres. — Aciculaire, pulvérulent, amorphe. — Plus ou moins blanc, translucide ; saveur fraîche devenant amère. — Fragile.

Caractères chimiques : Fuse sur les charbons ardens dont il anime la combustion. — *Composition* : Potasse 39, acide nitrique 43, eau 18.

GISEMENS. LOCALITÉS Ce sel se forme tous les jours dans les platras, sur les murs ou à la surface du sol dans des lieux habités par des animaux, ou dans lesquels se trouvent les débris des végétaux. Il effleurit à la surface du sol dans quelques parties de l'Inde, de l'Amérique méridionale.

EXTRACTION. Il se forme assez rapidement pour pouvoir être enlevé tous les quatre ou cinq ans dans les écuries, etc. Il suffit de le faire dissoudre et cristalliser par évaporation. On établit aussi des *nitrières* artificielles, au moyen d'amas de matières organiques, qu'on fait pourrir sous des hangars en les mélangeant avec des couches de calcaire.

EMPLOI. Le *salpêtre* fait la base de la poudre à canon (nitre 76, charbon 15, soufre 9). C'est de lui que l'on tire l'acide nitrique pour les besoins des arts. — Les chimistes, les médecins en font aussi usage.

SEL AMMONIAC (*hydro-chlorate d'ammoniaque*).

CARACTÈRES.
Caractères physiques : Forme cristalline primitive : l'octaèdre. — Concrétionné, plumeux, ou en barbes de plume. — Blanc-grisâtre, transparent, translucide. — Saveur piquante, urineuse. — Pes. spé., 1,45.

Caractères chimiques : Se volatilise sur les charbons ardens. — Broyé avec de la chaux, il dégage une odeur piquante qui suffoque. — *Composition :* Ammoniaque 31, acide hydro-chlorique 69.

GISEMENS.
LOCALITÉS.
Se trouve parmi les produits volcaniques ; dans les houillères qui ont subi un embrasement ; à la surface du sol dans quelques parties de l'Egypte, etc.

EXTRACTION.
Autrefois on le faisait venir d'Egypte, où on le retirait de la distillation de la fiente du chameau que l'on brûlait dans des cheminées construites à cet effet. Aujourd'hui ce sel se fabrique de toute pièce par la calcination et la distillation des substances animales de non-valeur (os, cornes, crins, etc.)

EMPLOI.
Il sert dans l'art de la teinture, à aviver les couleurs. Il est appliqué à ce qu'on appelle le *décapement* des métaux, opération qui consiste à enlever, avant l'étamage, les oxides formés à la surface. — Il est utilisé en médecine et dans plusieurs arts.

BORAX (*borate de soude*).

CARACTÈRES.
Caractères physiques : Blanc ; plus ou moins transparent suivant son degré de pureté. — Saveur douçeâtre, savonneuse. — Fragile. — Cassure brillante.

Caractères chimiques : Se boursoufflant par l'action de la chaleur, puis se convertissant en verre. — *Composition :* soude 18, acide borique 36, eau 46.

GISEMENS.
LOCALITÉS.
En solution dans certains lacs de l'Asie, au fond desquels les cristaux se forment naturellement.

EXTRACTION.
On le retire dans l'Inde, dans la Chine, des lacs où ils se forment, et on l'expédie pour l'Europe où il est purifié.

EMPLOI.
On l'emploie pour favoriser la soudure des métaux. — Comme fondant. — Il facilite l'application de l'or et des couleurs sur la porcelaine.

FIN DE LA MINÉRALOGIE.

DEUXIÈME PARTIE.

GÉOLOGIE. [1]

Deux divisions dans la GÉOLOGIE.

1re DIVISION : **COMPOSITION GÉNÉRALE** de la partie solide du globe, ou étude des grandes masses qui constituent la croûte minérale (ROCHES), et des associations naturelles qu'elles forment entre elles (TERRAINS).

2e DIVISION : **MODIFICATIONS** que subit la croûte minérale par l'action des agens EXTERNES ou INTERNES. — HISTOIRE GÉOLOGIQUE du globe.

PREMIÈRE DIVISION.
CARACTÈRES ET CLASSIFICATION DES ROCHES.

L'étude des ROCHES offre plusieurs considérations relatives :

1° Au rôle qu'elles jouent dans la composition de la croûte minérale :

Les minéraux n'entrent pas *tous* comme matériaux essentiels dans la partie solide du globe. Sur plus de 200 espèces minérales, il n'en est guères qu'une douzaine qu'on puisse classer comme tels, savoir : *le quartz*, *le feldspath*, *la chaux carbonatée*, *la dolomie*, *la chaux sulfatée*, *le diallage*, *l'argile*, *le carbone*, *le mica*, *le talc*, *l'amphibole*, *le pyroxène*, *les fers hydratés*, *oxidulés*, *carbonatés*.

2° A leur origine :

On appelle ROCHES DE CRISTALLISATION celles dont les molécules tenues en dissolution, soit par une haute température, soit par les eaux, se sont rapprochées et *ont cristallisé*. — ROCHES DE SÉDIMENT celles qui se sont déposées par les lois de la pesanteur au fond des liquides qui les tenaient en suspension. (Cette distinction trouvera plus naturellement sa place quand il sera question des terrains.)

3° A l'état sous lequel elles se présentent :

Les substances à l'état de ROCHES se présentent sous trois états : *a substances uniques*, avec les caractères qui leur sont propres comme espèces minérales. *b Substances agrégées* ou formées de l'association constante de plusieurs espèces minérales, visibles et reconnaissables à leurs caractères. *c Substances composées* : constituées par le mélange *intime* de minéraux, dont les caractères distinctifs ne sont plus évidens. — Les roches sont dites *de passage*, quand elles offrent un état intermédiaire à ces trois manières d'être. Ces *passages* sont fréquens. — Elles sont aussi *solides* ou *moubles* selon leur degré de cohésion.

4° A leur composition minéralogique et à leur classification :

On peut étudier les roches : 1° sous leur rapport *géognostique*, c'est-à-dire relativement au gisement qu'elles affectent dans l'intérieur de la terre ; 2° sous leur rapport *minéralogique*, c'est-à-dire relativement à la *nature* des minéraux qui les composent, à *leur quantité* relative, à *leur disposition* entre eux. — Il faut distinguer dans une roche étudiée minéralogiquement ses *parties accidentelles* qui ne servent qu'à établir des variétés, de ses *parties constituantes* auxquelles elle doit sa dénomination, et sa place dans une classification. — *La prédominance* d'un des élémens des roches, est une des circonstances les plus importantes à noter : c'est elle qui sert généralement de base à leur distribution méthodique. (*Voy. à la pag. suiv.*)

---

(1) La *Géognosie* étudie simplement la structure et la subordination des terrains ; la *Géologie* y joint des recherches sur l'*origine* du globe, des théories sur les phénomènes géognostiques qui s'y sont passés, etc.

§ I. ROCHES MÉTALLIQUES.

ROCHES FERRIFÈRES.

Fer oxidulé ou magnétique.
Fer oligiste.
Fer hydroxidé.
Fer carbonaté.
Fer sulfuré.

Voyez la minéralogie proprement dite, où toutes ces substances sont décrites.

Il est des géognostes qui font entrer aussi dans cette section des roches *cuprifères*, *zincifères*, *manganifères*; néanmoins le fer seul constitue, à proprement parler, des roches.

§ II. ROCHES CARBONIFÈRES.

Houille.
Anthracite.
Lignite.
Tourbe.

Voyez *la minéralogie.*

§ III. ROCHES PIERREUSES.

I. ROCHES CALCARIFÈRES.

a. Calcaire compacte. *b.* Calcaire saccharoïde. *c.* Calcaire crayeux. *d.* Calcaire grossier. *e.* Calcaire concrétionné (*travertin*) affectant toutes les formes des concrétions, souvent ferrugineux, quelquefois siliceux. *f.* Calcaire oolitique formé de grains de la grosseur d'un grain de millet jusqu'à celle d'un pois. (*Voyez la minéralogie.*)

g. Calcaire marneux : (*marne calcaire*). Carbonate de chaux mêlé à une quantité plus ou moins considérable d'argile, tendre, friable, happant à la langue, facile à pénétrer par l'eau, s'émiettant à l'air, de couleur blanche ou jaunâtre. —Quelquefois la marne est tellement riche en argile qu'elle en emprunte toutes les propriétés; c'est alors une *marne argileuse*, presque toujours d'un gris verdâtre, et faisant avec l'eau une pâte assez tenace.—La marne calcaire est souvent aussi mélangée d'une forte dose de sable (*marne sablonneuse*).—La nécessité de marner les terres pour leur rendre les principes qu'elles ont perdu, et empêcher qu'elles ne s'épuisent, est aujourd'hui généralement reconnue. On emploie l'une ou l'autre variété de marne, selon que le sol manque d'argile, de calcaire, ou de sable.—Ces roches forment des couches très-considérables dans le terrain tertiaire.

h. Calcaire siliceux : calcaire pénétré par la *silice*, d'autant plus dur qu'il en contient davantage, compacte, souvent caverneux. Lorsque la silice vient à prédominer, elle communique ses propriétés à la roche, qui fait feu sous le briquet, et sert, sous le nom de *silex molaire* (*pierre meulière*), à faire des meules de moulins.—Cette roche forme des bancs ou des blocs dans le terrain tertiaire.

i. Dolomie (*carbonate de chaux et de magnésie*).

j. Gypse.—Gypse anhydre (*anhydrite*). } *Voy.* la minéralogie.

a. Quartz.

b. Silex (*cailloux*). } *Voyez la minéralogie.*

c. Jaspe.

g. Grès (ces roches seront décrites avec les roches d'*agrégation*).

e. Lydienne : substance siliceuse, compacte, d'un noir mat. Elle est susceptible de poli, et l'on s'en sert comme *pierre de touche*.

II. ROCHES FELDSPATHIQUES.

a. Feldspath lamelleux : en veines, ou en masses subordonnées dans les roches fedspathiques composées. (*Voy.* la minéralogie.)

b. Leptinite (*feldspath grenu* mélangé de *quarz sableux* et d'un peu de *mica*, qui manque quelquefois totalement).—Roche presque homogène par l'atténuation de ces substances; blanche ou rougeâtre. Structure massive ou fissile.—Dans les terrains dits *primitifs*.

c. Pétrosilex (*feldspath compacte, eurite*).—Roche homogène, compacte, à cassure écailleuse, rayant l'acier, diversement colorée.—Elle forme la base ou comme la pâte de l'eurite, roche fissile qui contient ordinairement d'autres minéraux disséminés, et passe ainsi insensiblement au *granite*, au *porphyre*, etc. Les diverses espèces décrites forment des massifs considérables dans les terrains dits *primitifs*.

d. Porphyre : pâte de pétrosilex diversement colorée, enveloppant des cristaux de feldspath lamelleux plus clairs que le fond. Cette roche est ordinairement dure et susceptible d'un beau poli. Parmi ses variétés on distingue : le *p. rouge antique* (fond rouge semé de petits cristaux feldspathiques blancs et de petits points noirs d'amphibole). Le *p. noir antique* (pâte noire, cristaux blancs de feldspath), le *brun*, etc.—Ces roches constituent de grandes formations dans le sol primitif. Elles renferment des minérais métalliques, et ont été employées dans les monumens et meubles antiques.

e. Granit : (*feldspath, quarz* et *mica*).—Structure grenue; couleur rosâtre, grisâtre, blanche, due au feldspath qui est le principe dominant : lamelleux quand ses grains sont d'une grosseur suffisante; le quartz est vitreux, blanchâtre; le mica feuilleté, noir ou blanc, brillant.—Quand le *mica* manque dans le granit on a la *pegmatite*; quand il est remplacé par l'amphibole on a la *syénite*; si c'est par le talc on a la *protogyne*, roche verte ou rougeâtre.—Les roches granitiques forment, dans le sol primitif, des formations d'une grande étendue. Elles contiennent beaucoup de sources, sont employées pour réparer les routes et dans les constructions, comme pierre de taille, etc. Le *granit* est susceptible d'un beau poli, mais qu'il est difficile de lui donner à cause de sa dureté. Il décore les plus beaux monumens de Saint-Pétersbourg. La colonne élevée dans cette capitale, à la mémoire de l'empereur Alexandre, est d'un seul morceau de granit. La *pegmatite* s'emploie dans la fabrication de la faïence. Les filons métalliques qui pénètrent ces roches sont moins riches que ceux de la formation précédente (*eurite et porphyres*).

f. GNEISS (*feldspath*, *quartz* et *mica*): identique avec le granit par sa composition, cette roche en diffère par sa structure qui est *stratifiée* ou *schistoïde*; elle est noire, grise ou blanche. Le mica est plus abondant que dans le granit, le feldspath l'est moins.—Le gneiss constitue, dans le sol primitif, une formation étendue. Il est le gîte de plusieurs minérais (*galène*, etc.). On l'emploie pour réparer les routes.

g. EUPHOTIDE (*feldspath* et *diallage*): cette dernière substance est en lamelles vertes ou grises, métalloïdes. Une variété commune en Corse, fournit la substance connue sous le nom de *vert de Corse*.

h. VARIOLITE: pâte de feldspath compacte, avec globules arrondis de feldspath d'une autre couleur.

i. TRACHYTE: pâte de feldspath terreux, blanchâtre, gris, etc., enveloppant souvent des cristaux de feldspath vitreux. La structure est souvent cellulaire. Cette roche constitue des massifs considérables dans les terrains volcaniques. Elle passe quelquefois à la roche poreuse, légère, grise, rude, connue sous le nom de *pierre ponce*, et dont on se sert pour polir différens corps.

î. PHONOLITHE (*pierre sonore*): pâte feldspathique, brune, grise, verdâtre, compacte, rarement cellulaire; divisible en plaques qui rendent un son quand on les frappe.

k. OBSIDIENNE: roches vitreuses, compactes ou scoriacées, homogènes, porphyroïdes ou globulaires, grises, noires, vertes, etc., dans les terrains volcaniques

III. ROCHES MICACÉES.

MICACHISTE (*schiste micacé*,—*mica* et *quartz*): les lamelles de mica forment des feuillets séparés par des couches minces de quartz.—Supérieur au gneiss.

IV. ROCHES TALQUEUSES.

a. STÉACHISTE (*schiste talqueux*): roche schisteuse, ne différant de la précédente que par la substitution du talc au mica. La couleur verte, celle qui lui est le plus ordinaire, est due à une terre nommée *chlorite* (1), le stéachiste renferme toujours plusieurs minéraux disséminés. Il appartient à la partie supérieure du sol primitif.

b. SERPENTINE (*silice*, *magnésie*, *talc*, et fréquemment *diallage*, *fer oxidulé*): roche compacte, tendre et douce au toucher, à cassure terne, écailleuse, le plus souvent d'un vert foncé, présentant d'ailleurs un assez grand nombre de variétés dues à des complications accidentelles.—La *s. noble* est d'un vert pistache; on en fait des vases, des tabatières, etc.—La *s. commune* à fond verdâtre, veiné ou comme tacheté de diverses nuances, ce qui l'a fait comparer à la peau d'un serpent. On a mis à profit la propriété dont jouit cette roche de résister à l'action du feu, pour en faire des marmites, des poteries de toutes sortes; son peu de dureté permettant d'ailleurs de la travailler au tour. La variété, particulièrement employée à ces usages économiques, est d'un gris azuré (*pierre ollaire*). La serpentine est exploitée dans les Vosges pour les marbreries d'Épinal, où l'on en fait de jolis vases, des plaques pour ornemens, etc.—Cette roche se trouve en masses subordonnées dans le leptynite.

---

(1) Substance friable, composée de petits grains verts, et formée d'alumine, silice, oxide de fer.—Elle colore souvent le quartz dans les roches anciennes.

V. ROCHES ARGILEUSES.

Roches argiloïdes.

a. Argilolite : roche tendre, terreuse, sèche au toucher, d'apparence homogène, presqu'infusible ; blanchâtre, jaunâtre. Dans les terrains volcaniques.

b. Tripoli (*silice presque pure*) : roche terreuse, fine, à poussière dure, presqu'infusible, rougeâtre, grisâtre.—Dans les mêmes terrains que les précédens.

c. Domite : pâte d'argilolite enveloppant des cristaux de feldspath vitreux ; poreuse, blanchâtre, grisâtre.—Mêmes terrains.

d. Argilophyre : pâte feldspathique à l'état terreux, enveloppant des cristaux de feldspath, compacte ou vitreux ; couleur grisâtre, rosâtre.—Mêmes terrains.

e. Téphrine (*laves modernes*), cellulaire, grenue, cristalline, grisâtre, dure. Quand les cellules s'agrandissent, elles passent aux *scories volcaniques*.

f. Seulite : pâte homogène, compacte ou terreuse, grenue, cellulaire ; rougeâtre, verdâtre, grisâtre, enveloppant fréquemment des noyaux de calcaire ou de quartz.—Appartient aux terrains primitifs.

g. Kaolin (voy. la minéralogie, à l'article *feldspath*).

Roches argileuses proprement dites.

a. Argile (*alumine* (1), *silice, eau*) : roche terreuse, tendre, douce au toucher, faisant pâte avec l'eau, non effervescente avec les acides, durcissant et prenant du retrait au feu ; rarement pure, elle se mélange de nombreuses substances qui donnent lieu à plusieurs variétés, savoir : argile plastique (*terre glaise*), structure serrée, homogène, faisant une pâte tenace avec l'eau ; infusible, grise, rougeâtre, etc. C'est la *terre à poterie*.—Argile smectique : se délaie facilement dans l'eau, toucher savonneux. Elle sert à enlever au drap l'huile qu'on y mêle dans sa fabrication : c'est la *terre à foulon*.—Argile ferrugineuse : colorée par l'oxide rouge de fer, ou l'hydroxide jaune ; c'est l'*ocre jaune* ou *rouge* employé en peinture.—Argile limoneuse (*terre à brique*), terre grasse acquérant beaucoup de dureté par la cuisson qui la fait passer au rouge vif. —Les argiles appartiennent aux terrains secondaires et tertiaires.

b. Schiste (*argile schisteuse*) : substance d'apparence homogène, diversement colorée, terne, à structure feuilletée, ordinairement indélayable dans l'eau, contenant fréquemment des paillettes de mica ; pénétrée quelquefois par les matières carbonifères, avec lesquelles elle se trouve dans les terrains de transition. Les différentes variétés de schistes fournissent des *ardoises*, des *pierres de touche*, des *pierres à rasoir* (phyllades), le *crayon noir* des charpentiers (ampélite).

VI. ROCHES PYROXÉNIQUES.

a. Basalte : *feldspath* et *pyroxène* intimement unis, et comme parties accessoires du *fer titané*, et de petits grains verts de péridot (*olivine*). Roche d'aspect homogène ; structure presque compacte ; couleur gris de fer mat ; très-dure, lourde, quelquefois cellulaire et variolitique. En masses divisées naturellement en prismes par des fissures régulières, planes.—Roche volcani-

---

(1) Terre blanche, douce au toucher, faisant pâte avec l'eau ; base de l'argile, et de plusieurs pierres fines orientales. (Voyez la minéralogie.)

que ancienne, très-répandue à la surface de la terre et conduisant par des passages successifs à la plupart des matières connues sous le nom de *laves*. Le basalte est une bonne pierre de construction.—Il n'est personne qui n'ait entendu parler de la *chaussée des géans* et de la *grotte de Fingal*, où le basalte, disposé en prismes verticaux de la plus grande régularité, forme d'immenses colonnades qui surpassent en grandeur les plus beaux monumens d'architecture.

b. Doléaire (*feldspath* et *pyroxène*) : diffère du basalte, parce que les principes composans sont distincts, à l'état granulaire, et donnent ainsi à la roche un aspect composé.

c. Vacke : basalte altéré, à cassure terreuse, presque toujours amygdaloïde.

VII. ROCHES AMPHIBOLIQUES.

a. Amphibole : se trouve assez souvent en roche, surtout à l'état d'*hornblende* (*Voyez la minéralogie*).

b. Diorite (*amphibole* et *feldspath*) : roche d'aspect homogène, noirâtre, quand ces deux principes sont unis intimement ; d'aspect granitoïde quand ils sont en grains.—L'ophite (*porphyre amphibolique*), est encore une roche composée des mêmes principes, mais dans laquelle on ne distingue que de l'amphibole cristallisé, disséminé dans une pâte d'amphibole grenu.—Toutes ces roches appartiennent aux terrains primitifs.

c. Trapp (mélange intime d'*amphibole* et de *feldspath*) : roches d'apparence homogène, compactes, noires, fissiles, et se divisant en fragmens rhomboédriques de toutes grosseurs.—Existent dans les formations primitives les plus inférieures.

Appendice :

ROCHES D'AGRÉGATION.

C'est-à-dire formées par les fragmens des roches précédentes, libres ou aglutinés par un ciment postérieur.

1. Sédimentaires : *C'est-à-dire formées dans les eaux.*

a. Sables : les sables et graviers sont les fragmens les plus petits des roches soumises à l'influence de divers agens destructeurs. La plupart ont pour base le quartz et le silex. Ils sont simples ou mélangés de mica, de fer hydroxidé, etc. Ils ne se trouvent pas seulement dans le lit des mers, des fleuves, sur les côtes, mais encore en vastes dépôts sous la terre végétale.—Les sables servent, suivant leur composition, à la fabrication du verre, du mortier, etc.

b. Grès : roche composée de grains de quartz empâtés dans un ciment siliceux, argileux ou calcaire. Elle renferme souvent en outre, comme parties accessoires, du mica, du feldspath, des oxides de fer.—Ses principales variétés sont : le *grès blanc* quartzeux, homogène, presque sans aucun ciment.— Le *grès ferrugineux*, couleur de rouille, et le *grès vert*, qui doivent tous deux leur coloration au fer.—Le *grès intermédiaire*, ou *schisteux* (*grauwacke*) : grains de quartz et de phyllade réunis par un ciment siliceux. — Le *grès quartzeux feldspathique* (*arkose*).—Le *grès rouge ancien* (pâte argileuse avec grains de quartz).—Le *grès bigarré*, moins dur que le précédent, présentant diverses nuances rouges, jaunes, etc.—Le *grès marneux* (*mollasse*) toujours micacé, tendre, verdâtre.—Le *grès houiller*: argilifère et micacé: gris, jaunâtre, noirâtre.—Les grès appartiennent aux terrains de transition. Ils servent la plupart de pierres de taille, meules, pavés, etc.

c. Les POUDINGUES, les BRÈCHES et autres conglomérats quartzeux, ne s'en distinguent que par le volume des fragmens.

2. Agrégats ignés. C'est-à-dire formés par le feu.

a. TUF: Cette expression appliquée aux terrains ignés, correspond à celle de grès, et désigne une roche composée de débris volcaniques empâtés dans un ciment argileux, ou agglomérés par le tassement et les infiltrations.— On applique aussi les dénominations de *sables*, *brèches volcaniques* aux fragmens de ces roches.—Elles s'emploient comme pierres de construction, mortiers, etc.

CARACTÈRES ET CLASSIFICATION DES TERRAINS.

L'étude des ROCHES prises *en masse* à considérer:

1° Leur distribution en GROUPES OU TERRAINS; 2° la SUPERPOSITION de ces terrains; 3° leur CLASSIFICATION.

1° *Distribution en terrains.*—Lorsqu'on étudie la disposition des grandes masses minérales dans le sein de la terre, on s'aperçoit qu'elles forment entre elles des associations naturelles, ou en d'autres termes, que certaines roches existent constamment ensemble, bien que n'étant pas identiques: de telle manière que la présence ou l'absence d'une d'elles indique la présence ou l'absence de toutes celles appartenant au même groupe. C'est à ces groupes naturels qu'on donne le nom de TERRAINS. Chaque terrain est divisé lui-même en un certain nombre de *formations* ou réunions de roches tellement analogues par leur composition et leur gisement, qu'on peut les regarder comme formées à la même époque.—Quand la stratification est discordante, ou qu'il n'y a aucune analogie de composition entre deux formations voisines, la limite de ces formations est facile à préciser; mais il n'en est pas de même, quand au point de contact, elles alternent entre elles, de manière à pénétrer jusqu'à une certaine distance l'une dans l'autre: circonstance qui existe très-fréquemment. Il faut alors fixer le point où les roches qui se succèdent, prennent un développement assez considérable pour qu'on ne puisse pas les considérer comme appartenant au groupe précédent. Il faut d'ailleurs distinguer avec soin dans toute formation les roches *dominantes* des roches *subordonnées*.

2° *Superposition des terrains.*—Si l'écorce minérale du globe offrait dans une suite de couches concentriques déposées successivement les unes au-dessus des autres, la série complète des terrains qui la composent, il suffirait, pour connaître l'ordre constant de cette série, d'observer dans une contrée quelconque, une coupe verticale du sol. Mais il n'en est pas ainsi; le même lieu n'offre jamais la réunion complète de tous les terrains connus. Néanmoins l'absence d'un ou de plusieurs des termes de la série ne change rien à leur disposition relative ou *superposition*, qui dans aucun cas n'est intervertie. Si, par exemple, deux formations éloignées l'une de l'autre peuvent, par l'absence

de plusieurs formations intermédiaires, se trouver en contact, jamais on
n'observera au-dessus dans un point, celle que dans un autre point on a
vu au-dessous. Ainsi, pour connaître la série complète de tous les terrains
connus dans l'ordre naturel suivant lequel ils se succèdent, il faut les étudier,
en quelque sorte, par fractions dans un grand nombre de lieux différens. On
en recomposera ensuite la série totale, au moyen des formations qui, com-
munes à plusieurs terrains, mais *inférieures* dans les unes, *supérieures* dans
les autres, indiquent *la transition* des premiers aux seconds.

5° *Classification des terrains.* — Les premières observations précises sur la croûte
solide du globe, firent reconnaître qu'elle pouvait se partager en deux grandes
séries : dans l'une étaient comprises ces roches d'apparence cristalline, à
structure composée, à formes généralement massives, et dans lesquelles on ne
trouve aucun débris organique. — Dans l'autre on rangeait celles qui, d'une
composition plus simple, se montraient communément en couches régulières,
renfermant des débris de roches et d'êtres organisés—. Les premières qu'on re-
gardait comme ayant préexisté aux autres, constituèrent les terrains dits PRI-
MITIFS ; les secondes furent les terrains SECONDAIRES. On admit ensuite un
terrain INTERMÉDIAIRE ou *de* TRANSITION, pour les roches à caractères mixtes
qui formaient le passage des premiers aux seconds. Plus tard on détacha du
sol secondaire les formations supérieures à la craie pour en faire une 4° classe,
sous la dénomination de TERRAINS TERTIAIRES. Enfin des observations récentes
ayant fait reconnaître que des roches regardées comme primitives sont de
formation récente, il semble convenable d'abandonner des dénominations
inexactes. Nous le ferons en conservant autant de simplicité que possible à
celles qui les remplacent.

On divise les **TERRAINS** en deux grandes séries :

1re Série. TERRAINS STRATIFIÉS ou SÉDIMENTAIRES.	C'est-à-dire qui se sont déposés par couches au fond des eaux qui les tenaient en suspension ou en disso-lution, soit par voie de précipita-tion chimique, soit par le simple effet de la pesanteur : quelquefois par l'une et l'autre forces combinées.— Ces dépôts sont toujours sensible-ment horizontaux, à moins qu'ils n'aient été dérangés de leur position première. — Leur composition est peu variée : la *silice*, le *calcaire*, en forment la plus grande partie. —*Leur superposition* indique leur âge : on ne peut, en effet, suppo-ser un dépôt quelconque antérieur à celui qu'il recouvre. *Les fossiles* offrent aussi des caractères précieux pour leur détermination. — Nous les diviserons en :	TERRAIN POST-DILUVIEN (*alluvi. mo-dern*).	
		TERRAIN DILUVIEN (*diluvium*).	
		TERRAIN SUPERCRÉTACÉ (*tertiaire*).	
		TERRAIN CRÉTACÉ (*second^{re} supér*).	
		TERRAIN OOLITIQUE	*second^{re} infér*.
		TERRAIN SALIFÈRE.	
		TERRAIN CARBONIFÈRE. .	*interméd.*
		TERRAIN SCHISTEUX. . .	
		TERRAIN SCHISTEUX CRISTALLIN (*pri-mitifs supérieurs*).	

2ᵉ Série. — TERRAINS NON STRATIFIÉS OU IGNÉS.

C'est-à-dire, qui ont été soulevés, ou qui se sont épanchés par l'action de la chaleur interne. — Ici la superposition ne peut être regardée comme caractéristique de l'âge, les formations les plus récentes perçant fréquemment les plus anciennes, et s'épanchant à leur surface. Cet âge ne peut être connu qu'en partant des terrains qui sont produits sous nos yeux, pour remonter de proche en proche jusqu'aux plus anciens dans cette série ; ou bien encore, en observant la manière dont leurs roches se coupent entre elles. — Les plus nouvelles devant couper les plus anciennes. — Le *feldspath*, le *pyroxène*, l'*amphibole*, le *quartz*, le *mica*, sont les principes constituans les plus ordinaires des roches ignées, généralement plus composées que les précédentes. — Leur forme, prise en masse, est *massive*. Elle diffère dans les détails, suivant que la roche est à jour, ou qu'elle est engagée en filons dans les terrains préexistans. — Nous les diviserons en deux sections.

Iʳᵉ SECTION. **TERRAINS CRISTALLINS.** (*Primitifs proprement dits.*)	A. Granites. B. Eurites, diorites et porphyres. C. Trapp.	
IIᵉ SECTION. **TERRAINS VOLCANIQUES.**	A. Trachytes. B. Basaltes. C. Laves modernes.	

Les roches des deux séries, *comparées l'une à l'autre*, offrent plusieurs considérations relatives :

1° *A leurs rapports de position :* elles sont souvent mélangées et en contact.

2° *A l'influence qu'elles exercent sur leur composition mutuelle :* le contact des roches ignées avec les roches sédimentaires, a produit sur celles-ci des altérations qui les ont modifiées jusqu'à des distances considérables : ce qui explique la liaison apparente qui existe entre les terrains primitifs et les premiers terrains sédimentaires, comment le *feldspath* se change en *kaolin*, etc.

3° *A leur âge comparé ;* on ne peut à cet égard rien établir de général, car si les terrains sédimentaires se sont déposés à des époques correspondantes sur les divers points du globe, les terrains ignés ont été soulevés à des époques très-différentes. Néanmoins, en principe général, les terrains ignés les plus anciens (*cristallins*) ont paru nécessairement avant la masse principale des terrains sédimentaires, puisque ce sont eux qui fournirent les matériaux des premiers dépôts sédimentaires, et qui leur servirent de base. Quant aux terrains *volcaniques*, ils paraissent de formation contemporaine aux dépôts *tertiaires* et *diluviens*.

1re *SÉRIE*.—TERRAINS SÉDIMENTAIRES ou STRATIFIÉS.
I. TERRAIN POST-DILUVIEN.

Caractères généraux : Dépôts meubles ou peu consistans, provenant des débris de formations antérieures, transportés dans les lieux où nous les voyons aujourd'hui, par l'action des causes *actuellement* agissantes. — Terrain particulièrement caractérisé par la présence des débris de l'espèce humaine ou des objets de son industrie, et par l'analogie des restes organiques qu'on y trouve avec les espèces vivant de nos jours. Ces débris ne sont jamais pétrifiés.—Les plus superficiels de tous les dépôts; leurs matériaux très-différens sont ordinairement mélangés sans ordre; on n'y observe pas de stratification régulière. Ils présentent quatre formations principales.

1re *formation.* TERRE VÉGÉTALE (Humus).	Couche mince, dont la composition très-compliquée est due aux débris des trois règnes, réduits à un état d'extrême ténuité, et particulièrement à ceux des roches sous-jacentes. La terre végétale couvre presque toute la surface du globe. C'est dans cette formation que croissent les plantes.
2e *formation.* SABLES ET CAILLOUX.	Dans les vallées étroites : dans le lit et sur le bord des cours d'eaux. Cette formation ne se montre jamais au-delà des limites que peuvent atteindre les eaux actuelles dans leurs plus grandes crues.
3e *formation.* ATTERRISSEMENS	Couches de terre et *limons* déposés mécaniquement par les eaux. — On les distingue en *atterrissemens d'eau douce* résultant de roches désagrégées, que les eaux entraînent en passant dessus, et en *atterrissemens marins* formés de même.—*Tourbières.* (*Voy.* la minéralogie)
4e *formation.* TUFS CALCAIRES. —MADRÉPORES.	Calcaire poreux que certaines eaux douces déposent autour d'elles en massifs plus ou moins considérables, ou dont elles incrustent les objets sur lesquels elles passent (*calcaire travertin*).—On trouve dans quelques mers des bancs de polypiers constituant des dépôts qui ont jusqu'à 5 ou 6 mètres d'épaisseur, et formant, à la surface des eaux, des espèces d'îles assez étendues (*îles madréporiques*).

II. TERRAIN DILUVIEN (*diluvium*).

Ce groupe comprend des dépôts engendrés par le travail d'érosion des eaux sur la surface du globe.

1° COUCHES CAILLOUTEUSES ET LIMONEUSES : elles se trouvent dans toutes les parties du globe, mais indistinctement dans les vallées, sur la pente et sur le sommet des montagnes ; ce qui prouve qu'elles sont dues à des causes qui ont cessé d'agir. Aussi leur masse loin d'augmenter comme les dépôts de l'époque précédente, tend à diminuer tous les jours. Elles sont le plus souvent en superposition discordante avec les couches supérieures.—C'est dans les graviers et les limons de cette formation que se trouvent des sables *aurifères*, *platinifères*, *gemmifères*. (*Voy.* la minéralogie.)

2° **Blocs erratiques** : ils forment des masses quelquefois très-considérables, sans aucun rapport avec la nature des roches environnantes, et appartenant aux terrains ignés ou sédimentaires les plus anciens. Leur transport, difficile à expliquer, a nécessairement pour cause des perturbations ou débâcles dont nous ne voyons plus l'équivalent à l'époque actuelle ; ils sont postérieurs aux terrains tertiaires.

5° **Débris organiques** : nombreux ossemens de mammifères, ayant souvent pour gisemens des cavernes ou des fentes (*brèches osseuses*) où ils sont engagés dans des limons, des cimens calcaires, etc. Ils appartiennent généralement à de grandes espèces d'*herbivores* ou de *carnassiers* qui n'existent plus aujourd'hui, et dont plusieurs genres même ne vivent que dans des contrées très-éloignées de celles où on les rencontre. On peut citer principalement : *les éléphans*, parmi lesquels le *mammouth*, grande espèce perdue, dont on retrouve des individus entiers avec leur chair dans les contrées glaciales, et qui fournissent l'*ivoire fossile*.—Des *mastodontes*, genre perdu, semblable à l'éléphant ; des *rhinocéros* ; des *hippopotames*. — Des *ours*, des *hyènes*, des *tigres*. — Des *daims*, des *cerfs*. (*Voy. la zoologie*).—Parmi les débris du règne végétal, on cite beaucoup de plantes des pays chauds (*palmiers*, etc.). — Des forêts entières d'arbres de nos forêts, dont plusieurs même peuvent encore servir à la charpente, dans des terrains tourbeux, argileux.

III. TERRAIN TERTIAIRE SUPERCRÉTACÉ. [*terrain tertiaire* (1).]

Caractères généraux. mélange de couches meubles et de couches solides, généralement calcaires, sableuses, marneuses; stratifiées horizontalement; répandues sur tout le globe, et occupant ordinairement les parties basses des continens. Ces couches renferment : 1° de nombreuses coquilles qui se rapprochent d'autant plus des espèces vivantes qu'elles appartiennent à une formation plus récente. 2° Des squelettes d'oiseaux et de mamifères, dont on ne trouve pas de débris antérieurement. 3° Des plantes dicotylédones (la plupart des plantes d'Europe ; les arbres de nos forêts), en nombre supérieur aux plantes monocotylédones (plantes des pays chauds ; les palmiers, etc.)

1ᵉʳ formation. D'EAU DOUCE SUPÉRIEURE.

A. *Calcaire siliceux* ou *à lymnées* (plan. 7, fig. 1 *b*.) supérieur au gypse, blanc, gris, jaunâtre ; friable ou solide, souvent percé de cavités cylindriques ; mélangé avec du *silex*, et des *marnes calcaires* remplies de coquilles fluviatiles ou terrestres. B. *Meulières poreuses*, presqu'entièrement siliceuses, sans fossiles, rosâtres, jaunâtres, rarement blanchâtres, alternant avec des sables et des marnes.—Les coquilles de cette formation sont des *lymnées*, des *planorbes*, des *hélix*, des *cyclostomes*, etc. —Le calcaire d'eau douce est exploité aux environs de Paris comme engrais. Les meulières sans coquilles, comme excellentes pierres à moulin, à la Ferté-sous-Jouarre.

---

(1) Ce terrain est célèbre par l'étude qu'en ont faite, dans le bassin de Paris qu'il forme tout entier, deux naturalistes d'un grand renom : MM. Cuvier et Brongniart.

2ᵉ formation.
GRÈS MARINS
SUPÉRIEURS.

A. *Grès* ou *sables* à coquilles *marines*, et variant en couleur, en solidité ; quelquefois recouvert par un calcaire sableux à coquilles. B. *Sables siliceux et grès en bancs*, généralement sans fossiles.—C. *Bancs d'huîtres et marnes vertes*—fossiles : *cérites, cythérées, huîtres*, etc. ; os de poissons—minéraux : lits de *fer sablonneux* à la partie supérieure du 2ᵉ étage.—Les grès et les sables sont très-employés.

3ᵉ formation.
GYPSE
A OSSEMENS.

Couches alternatives de *marnes* argileuses ou calcaires et de *gypse*, essentiellement caractérisées par la présence de nombreux ossemens de mammifères dont les genres sont perdus (*palæotherium*, *anaplotherium*, etc. de Cuvier ; animaux se rapprochant plus ou moins des tapirs, des rhinocéros, etc.). contenant en outre des débris d'oiseaux, de reptiles, et de poissons ; des pétrifications de palmiers ; des coquilles marines alternant avec des coquilles d'eau douce (*lymnées planorbes*, etc.) Cette formation fournit tout le gypse employé à Paris.

4ᵉ formation.
D'EAU DOUCE
INFÉRIEURE.

Calcaire siliceux ou à lymnées, inférieur au gypse, fréquemment caverneux ressemblant beaucoup aux meulières de la 1ᵉʳ formation.

5ᵉ formation.
CALCAIRE
GROSSIER.
OU
A CÉRITES.
(1ᵉʳ calcaire
marin.)
Pl. 4, fig. 1.

A. Marnes et sables calcaires reposant sur des couches de *grès* ou des masses de *silex*, remplis de coquilles marines (*cérites* particulièrement) et mêlées de couches *calcaires* (*grès marin inférieur*). B. Masse puissante composée de *calcaire grossier* (*pierre à bâtir* des Parisiens), et de lits de marne, renfermant plus de 1200 espèces de coquilles marines (*cérites, nummulites, miliolites, volutes, cérites* en grande abondance, etc.) Cette masse est séparée en deux par un banc de *lignite* contenant des coquilles fluviatiles. C. La partie inférieure au banc de lignite se charge de grains verts, et repose souvent sur une couche de sable. Elle contient une grande quantité de *nummulites*.— C'est en partie à cette formation qu'on rapporte *les faluns* de la Touraine, calcaires sableux contenant une immense quantité de coquilles.

6ᵉ formation.
ARGILE
PLASTIQUE.

A. *Argiles sableuses* souvent remplies de débris organiques. B. *Argile pure* formant un banc très-épais, quelquefois un lit mince, ne contenant pas de fossiles, faisant pâte avec l'eau, infusible aux fours ordinaires.— *Minéraux : pyrites, succin, lignite, jayet.*—*Fossiles :* végétaux *dicotylédones* et *monocotylédones* (palmiers). *Insectes* dans le succin. Coquilles marines et d'eau douce, tantôt séparées, tantôt mélangées (*planorbes, lymnées, cérites, huîtres*, etc.)—Les lignites donnent un bon combustible ; l'argile sert à la fabrication de la faïence, etc. Le succin et les pyrites sont aussi exploités.

IV. TERRAIN CRÉTACÉ *(terrain secondaire supérieur)*.

Caractères généraux: roches calcaires, siliceuses, et argileuses. — Les débris des mammifères ne s'y montrent plus, ou sont extrêmement rares ; mais on y trouve des ossemens de grand reptiles (*Crocodiles*, *tortues*, etc.), des dents de *squales* (requins) qui ont appartenu à des animaux énormes. Aucune espèce de coquille n'a d'analogues vivantes : plusieurs genres même perdus. Peu ou point de végétaux dicotylédones, et généralement peu de débris végétaux. (Plan. 4 fig. 1 a. b. c. d. fig. 4 a. b.)

Une seule formation. CRAIE ET SABLES VERTS.

A. *Craie blanche* ou *pure* généralement très-tendre , renfermant une quantité considérable de *silex pyromaques* disséminés ou disposés en lits; des *pyrites* rayonnées; des vertèbres et dents de poissons; des *térébratules*, etc. B. *Craie moyenne* ou *grise* (*tufau*) plus dure et ne marquant pas comme la craie blanche ; mieux stratifiée. Passant insensiblement à une masse argileuse, ou en une espèce de grès sablonneux. — Des *silex cornés* ; du *fer pyriteux* radié en cylindres ou en nodules ; des végétaux , des *lignites*; des coquilles abondantes dans les parties inférieures (*bélemnites*, *ammonites*, *nautiles*, etc. ; des *madrépores*, des *encrines*). C. *Craie inférieure* ou *verte* sablonneuse , et chargée de points verts, passant bientôt à un sable marneux vert, ou à un grès calcaire de même couleur. Fer pyriteux et fossiles très-abondans. D. *Sables ferrugineux et grès verts :* un banc d'argile sépare cet étage du précédent. La masse est composée de sables colorés en vert par le silicate de fer , et alternant avec des grès , des marnes, du calcaire. On y trouve des dépôts de lignite. — Coquilles fossiles : *ammonites* , *nautiles* , *bélemnites* , *dentales* , *plagiostomes* , *gryphées* , *huîtres* . *turrilites* , *baculites* , *trigonies*. Les *silex pyromaques* de la craie blanche servent comme pierres à fusil ; le *fer pyriteux* fournit du soufre. Certaines parties de la formation sont employées comme terre de pipe, et les *argiles* à faire des briques , de la poterie. On marne les champs avec les diverses roches de ce groupe; on en fait de la chaux , etc. — Cette formation est très-développée en France et en Angleterre ; c'est elle qui forme les côtes opposées des deux pays. C'est dans un bassin formé par la craie qui s'est déposé le terrain tertiaire sur lequel s'élève Paris.

V. TERRAIN OOLITIQUE (1) (partie du *secondaire inférieur*.)

Caractères généraux: calcaires, argiles , marnes , dépôts arénacés, siliceux , acquérant une grande puissance en France et surtout en Angle-

---

(1) Ou *jurassique*, parce qu'il constitue la chaîne du *Jura*.

terre où ce terrain forme des chaînes entières de montagnes. Les grains oolitiques sont de grosseur variable, tantôt comme des graines de millet, tantôt comme celles de chenevis, et au-delà. Leur degré de cohésion est très-variable. Les fossiles du règne animal, très-nombreux, sont : des zoophytes, des mollusques ; parmi les vertébrés, de nombreux ossemens de *reptiles sauriens* d'une taille gigantesque (*mégalosaures*, *plésiosaures*, *ichtyosaures*). Les débris végétaux appartiennent à des *fougères*, à des *conifères*, etc.— Le seul métal qui figure en quantité notable dans ce terrain : c'est le *fer hydroxidé globuliforme*.

Une grande formation constituant plusieurs étages bien distincts : (Pl. 4, fig. 5.)

A. Calcaires grossiers, grenus, mal agrégés, sableux, contenant des coquilles fossiles parmi lesquelles on distingue beaucoup de *gryphées virgules* et de *trigonies*, des *ammonites*. Au-dessous existent des sables calcaréo-siliceux, puis un dépôt considérable de marne argileuse, schisteuse, passant quelquefois à des schistes foncés, bitumineux, ou à de véritables lignites qu'on exploite en quelques pays. **B.** Dans l'étage suivant un calcaire marneux ou compacte, passant à une oolite jaune, solide (*oolite supérieure*) exploitée comme pierre de taille en Angleterre ; recouvrant un calcaire siliceux, abondant en *coraux* (polypiers), et qui repose lui-même sur une masse de sable siliceux, très-ferrugineux. Cet étage est terminé par une couche puissante d'une argile bleue, tenace, contenant des nodules et des strates calcaires subordonnés. Les coquilles qu'on y observe le plus sont : des *huitres*, des *gryphées*, des *nérinées*, etc. Le calcaire compacte qui forme les strates supérieurs donne de bonnes pierres lithographiques. **C.** L'étage suivant commence par un *calcaire grossier*, en partie marneux et schisteux, alternant quelquefois avec des *sables*, des *grès*, et reposant sur la *grande oolithe*. Celui-ci offre deux sortes de pierres, l'une d'un blanc-jaunâtre, assez tendre, l'autre moins oolitique, plus dure, quelquefois grise. Elle repose sur une assise composée de calcaire argileux, et d'argiles bleues ou jaunes (*terre à foulon*). **D.** Au-dessous de ces argiles viennent des strates de calcaire oolitique (*oolithe inférieure*), et de calcaire gris ou bruns, avec des grains de fer oolitique, et de nombreuses coquilles. Enfin le terrain offre à sa limite des marnes et des grès marneux micacés alternant entre eux, et de couleur verte.—Ces deux dernier étages renferment des *fougères*, des *mousses*, des *cicadées*, (plantes assez semblables aux conifères) ; dans le règne animal des *madrépores*, des *ammonites*, des *térébratules*, des *bélemnites*, des *trigonies*, des *bucardes*, etc.

VI. TERRAIN SALIFÈRE (*Partie secondaire du terrain inférieur*).

Caractères généraux : Calcaires compactes, coquiliers, séparés par des assises de grès ou de marnes, contenant des masses subordonnées de gypse et de sel gemme.—Les débris végétaux appartiennent aux cryptogames, aux conifères et cicadées ; point de dicotylédones. Les débris animaux sont, parmi les vertébrés, des ossemens de reptiles et de poissons. Les coquilles abondent dans quelques formations.

1re formation.

LIAS.

*(Calcaire à gry-
phées arquées).*

Pl. 4, fig. 3.

A. Masse puissante de *marne argileuse*, de couleur gris-bleuâtre ou noirâtre, très-schisteuse, quelquefois très-bitumineuse, et contenant même de véritables lignites et houilles. Entre les feuillets de belles empreintes de coquilles.—B. L'étage supérieur offre quelques strates subordonnés d'un *calcaire*, qui finit par dominer dans l'étage suivant, et présente un aspect terreux, une cassure conchoïde, une couleur gris de fumée. Il est caractérisé par l'abondance des *gryphées* (ce qui le fait nommer *calcaire à gryphites*). C'est le dernier étage où paraissent des *bélemnites*. On y trouve aussi des *térébratules*, des *trigonies*, des *plagiostomes*, etc.; des *zoophytes*, des ossemens de *poissons*, de *crustacés* et de grands *sauriens*, différant complètement des genres connus (*géosaures*, *plésiosaures*, *ichtyosaures*).—Empreintes de *fougères*, de *fucus*, de *cy-cadées*.—Les calcaires de cette formation donnent d'excellente *chaux maigre ;* une variété qui est blanche sert comme *pierre lithographique*

*

2e formation.

**MARNES
IRISÉES
OU
KEUPER.**

A. Au-dessous du lias, vient, en stratification concordante avec lui, un grès à grains très-fins, blanchâtre ou grisâtre, plus ou moins agrégé (*grès du lias* ou *quadersandstein*).—B. Sous ce grès on trouve les *marnes irisées* proprement dites (*keuper*), ainsi nommées parce qu'elles présentent des nuances blanches, vertes, rouges, bleues, grises. Elles sont généralement mal agrégées, contiennent des masses subordonnées de *dolomie* et de *gypse ;* du *fer pyriteux*, de la *strontiane sulfatée ;* des dents et des os de *sauriens:* des *coquilles univalves.*—Au-dessous sont des *psammites* (sorte de grès) rouges, puis grises, contenant des couches de houille et de gypse, alternant quelquefois avec des marnes et des argiles schisteuses à impressions végétales et à coquilles bivalves. Enfin vient une alternative d'argiles schisteuses, et de bancs de gypse, gisement ordinaire des mines de sel gemme. Cette substance se présente en lits, en bancs puissans, en veines, ou disséminée dans la marne argileuse, et invisible.—Les grès, le gypse, et quelquefois les houilles de cette formation sont exploitées. A *Dieuze* (Meurthe), on exploite le sel gemme.—Les restes organiques sont encore peu connus.

3e formation.

**CALCAIRE
CONCHYLIEN
OU
MUSCHELKALK.**

Pl. 4, fig. 5.

Calcaire compacte, d'un gris de fumée ou jaunâtre, à stratification généralement très-régulière, contenant de petits lits marneux, argileux ou arénacés; n'offrant quelquefois que très-peu de coquilles, d'autres fois un très-grand nombre parmi lesquelles des *ammonites*, des *térébratules*, des *mytulites*, des *plagiostomes* et des débris d'*encrines* (calcaire à *entroques*); mais plus de *gryphées* ni de *bélemnites*. On y trouve des ossemens de *sauriens*, des *tortues*, presque point de débris végétaux.—Le Muschelkalk fournit de la chaux grasse et d'excellentes pierres de construction; en quelques parties du marbre.

4ᵉ formation.

GRÈS

BIGARRÉ.

A. *Marne argileuse* plus ou moins schisteuse, rougeâtre, grisâtre ou bigarrée, contenant des bancs subordonnés de gypse et de sel gemme (mines de *Wieliczka* en Pologne); des lits de dolomie, des ossemens, des coquilles, mais pas constamment. B. *Grès bigarré* (*nouveau grès rouge*) à ciment argileux, bien stratifié, souvent schisteux, contenant des lits subordonnés de marne et d'oolites rougeâtres; des empreintes végétales.—C. Dans l'étage suivant, le grès bigarré renferme des fragmens de différentes roches ou brèches, et dans certains points il passe à un grès à gros grains de quartz, sans ciment visible; quelquefois à l'état de poudingue. — (*Grès vosgien*, parce qu'il constitue en partie la chaîne des Vosges). — Les restes organiques du grès bigarré consistent, pour les végétaux, en *prêles*, *fougères*, *conifères*, *liliacées;* plus de cicadées. Les coquilles sont en partie les mêmes que celles du Muschelkalk. Le grès vosgien ne contient pas de débris organiques.— Les grès de cette formation servent comme pierre de construction. Les filons métalliques qui traversent le grès bigarré (*galène*, *cuivre pyriteux*, *carbonaté*, etc.) peuvent être exploités.

5ᵉ formation.

CALCAIRE

ALPIN

OU

PÉNÉEN.

A. La roche dominante dans l'étage supérieur est un calcaire grisâtre, quelquefois rougeâtre, compacte ou grenu, d'aspect brillant, renfermant en couches subordonnées de la *houille*, du *sel gemme*, du *gypse;* du *calcaire magnésien*, *ferrifère*, et *fétide* ou *bituminifère*, du grès, et quelques minérais, (*galène*, *fer hydroxidé*, *calamine*, *cinabre*). B. L'étage inférieur est traversé par des couches argileuses et marneuses, pénétrées de bitumes schisteuses et remplies de pyrites (*schiste cuivreux*). Ces schistes offrent des débris de poissons et de reptiles; quelques empreintes végétales, et quelques coquilles. Cette formation a une grande puissance, et constitue des montagnes élevées. — Les minérais donnent lieu à plusieurs exploitations.

VII. TERRAIN CARBONIFÈRE (*terrain de transition supérieur*).

Caractères généraux: c'est ici que finissent les terrains à couches horizontales, et que se montre la stratification inclinée. Les roches, encore sédimentaires alternent avec des agrégats arénacés et sont surtout caractérisées, 1° par l'abondance des dépôts charbonneux qu'elles renferment; 2° par leurs débris organiques qui appartiennent aux êtres les plus simples dans les deux règnes.

A. Assise puissante de *grès rouge* à ciment argileux, à gros ou petits grains, renfermant quelquefois des conglomérats ou des fragmens de roches plus anciennes, et des roches en strates subordonnés (*porphyres*, *calcaires* et schistes carburés). Souvent elle passe à l'état granitoïde ou d'*arkose* (*grès feldspathique*). — Plusieurs minérais (cuivre *pyriteux*, *gris*, *galène*). B. *Grès* dit *Houiller* alternant avec des argiles schisteuses qui passent souvent au schiste bitumineux : c'est le gisement de la houille qui se montre en amas, et plus souvent en couches, dont le nombre est quelquefois très-considérable (à Saint-Etienne, plus de 20), et dont l'épaisseur variable, va dans quelques formations jusqu'à 12 mètres et plus. Ces couches sont parallèles aux strates de grès et de schiste dans lesquelles elles sont encaissées ; quelquefois elles sont en zig-zag. Cet étage renferme en outre des lits et des amas de fer carbonaté en nodules. C. Dans un étage inférieur on trouve une masse quelquefois assez puissante d'une arkose grossière, à gros grains, alternant avec des schistes. — Cette formation est caractérisée par l'abondance des débris végétaux (*palmiers*, *prêles*, *lycopodes*, et surtout *fougères*). Les restes du règne animal sont moins nombreux ; quelques empreintes de poissons dans les schistes ; dans les calcaires des *ammonites*, des *orthocères*, des *térébratules*, des *unio*, etc. — On exploite non seulement la houille, mais aussi le *fer carbonaté*.

1ʳᵉ formation.

HOUILLE.

Masse puissante de *calcaire* compacte, commençant par des strates minces qui alternent avec la fin de l'étage supérieur ; gris de fumée supérieurement, devenant de plus en plus foncé inférieurement, plus ou moins fétide ; à stratification irrégulière, inclinée. Il renferme des masses subordonnées de *dolomies grises*, de l'*anthracite*, de riches minérais (*plomb*, *cuivre*, *zinc*, *fer*), et diverses substances cristallines. — Les restes organiques sont : 1° des empreintes végétales analogues à celles de l'étage précédent. 2° Quelques empreintes de poissons ; un grand nombre de zoophytes ; des coquilles (*orthocératites*, *modioles*, *bucardes*, *térébratules*, *productus*, etc.) — Ce calcaire fournit des marbres noirs.

2ᵉ formation.

CALCAIRE CARBONIFÈRE.

Masse puissante, bien stratifiée, dans laquelle la roche dominante est une *arkose* (quartz, feldspath, mica), contenant des fragmens de quartz, des lits d'argile schisteuse. Les espèces minérales et les fossiles y sont peu importantes. En Angleterre, ce groupe forme des montagnes élevées.

3ᵉ formation.

VIEUX GRÈS ROUGE.

VIII. TERRAIN SCHISTEUX (*Terrain de transition inférieur*).

Formation des SCHISTES INTERMÉDIAIRES

On réunit sous le nom de *grès intermédiaire* (*grauwacke des allemands*), différentes sortes de grès à ciment quartzeux, très-souvent schisteux, renfermant des couches subordonnées de *porphyres*, de *calcaires noirs*, et surtout de *schistes*, devenant sur plusieurs points du globe la roche dominante. Ces schistes sont luisans, de couleur variable, passant au *phyllade*, au *schiste-ardoise*, etc. Ils montrent une extrême variabilité, et contiennent un grand nombre de roches subordonnées qui changent quelquefois totalement leur aspect. Les empreintes végétales et les coquilles sont en général analogues à celles du terrain précédent. Ce groupe acquiert en plusieurs pays une puissance extrêmement considérable; il constitue en partie les Pyrénées occidentales, les Ardennes, les Alpes, etc. — On y exploite en Amérique des *filons argentifères* très-riches, en France, de la *galène argentifère* (Lozère). dans plusieurs chaînes de montagnes les schistes donnent des *ardoises*, des *pierres à rasoir*, etc.

IX. TERRAIN SCHISTEUX CRISTALLIN, NON-FOSSILIFÈRE,

(*t. primordiaux supérieurs*).

1re *formation*. SCHISTES TALQUEUX.

Les schistes de l'étage précédent passent insensiblement à un *schiste talqueux* luisant, moins foncé que les précédens, moins carburé, et renfermant des couches subordonnées de porphyre, diorite, quartz, serpentine, de calcaire saccaroïde; des grenats et autres substances cristallines; plusieurs minérais exploités avec avantage (étain oxidé, zinc sulfuré, galène, argent, or).

2e *formation*. MICASCHISTE.

Le schiste talqueux passe à un *micaschiste* en strates plus ou moins réguliers, très-ondulés, et renfermant un grand nombre de roches subordonnées (gneiss, eurite, diorite, serpentine, calcaire primitif, etc.) des minérais *d'or*, *d'argent*, des *pyrites*, de *la blende*, de *l'étain oxidé*, de *la galène*, etc. La puissance de ce groupe est souvent très-considérable.

3e *formation*. GNEISS.

Le *gneiss* après avoir alterné avec le micaschiste devient la roche dominante; la stratification y est évidente quoique les couches soient très-contournées. Il contient des couches subordonnées très-nombreuses de granite, diorite, porphyre, pegmatite, quartz, calcaire saccaroïde qui fournit de beaux marbres blancs. Les minérais (*cuivre*, *argent*, *étain*, *galène*, *cobalt*, *antimoine*, etc.) y sont souvent très-riches. — Ce groupe acquiert un développement considérable.

2e SÉRIE. — TERRAINS IGNÉS ou NON-STRATIFIÉS.

(*T. primordiaux et t. volcaniques.*)

Nous les divisons en deux sections. { *Terrains* CRISTALLINS ou *primitifs proprement dits*. { *Terrains* VOLCANIQUES *proprement dits*.

§ Ier TERRAINS CRISTALLINS.

1re *formation.*
dite
GRANITIQUE.

A. *Le leptinite* forme le passage des gneiss au granite. (Rozet) c'est le gisement principal, dans les Vosges du moins, de la serpentine, qu'on ne trouve plus dans les groupes plus inférieurs. (R. *id.*) B. Viennent ensuite la *protogyne*, la *syénite*, le *granite*, qui passent l'un à l'autre d'une manière insensible et ne sont que des modifications de l'immense massif qui sert de fond aux terrains schisteux, et dont on n'a pu encore mesurer la puissance. Cette formation est liée intimement avec les eurites, les porphyres et les diorites de la formation suivante, qui la traverse sous la forme de grands rameaux ou de filons, se dirigeant en tout sens. Elle occupe une grande étendue à la surface du sol, et constitue des montagnes extrêmement élevées, (Alpes, Pyrénées, Cordillères, etc.) Elle est peu riche en minérais ; n'offre aucun débris fossiles.

2e *formation.*
dite
EURITIQUE.

Sous la formation précédente viennent, d'après les observations récentes de M. Rozet, les *eurites compactes*, les *diorites*, et les *porphyres*, qui offrent de nombreux passages entre eux, et avec les roches de la formation précédente. Les eurites compactes et les porphyres renferment des débris de végétaux. Ce groupe est plus riche en minérais que le précédent. Ils sont accompagnés de conglomérats et de grés siliceux.

3e *formation.*
dite
TRAPPÉENNE.

Le trapp est la roche la plus profonde à laquelle on puisse parvenir suivant le géognoste cité plus haut. Il s'enfonce au-dessous des autres masses sans qu'on puisse découvrir sa limite inférieure. C'est dans les Vosges et probablement ailleurs aussi, le gisement des eaux minérales.

§ II. TERRAINS VOLCANIQUES.

Caractères généraux : ainsi désignés parce qu'ils portent en général des traces plus ou moins visibles du feu, et qu'ils ont beaucoup de points d'analogie avec les roches que lancent les volcans brûlans. — Nous avons vu un ordre constant dans la superposition des terrains précédemment décrits, abstraction faite des termes qui peuvent manquer dans la série : il n'en est plus de même dans les terrains volcaniques, qui se trouvent indistinctement en masses, en filons, ou superposés et à découvert, au milieu des formations de tout âge, depuis l'époque actuelle, jusqu'aux terrains dits primordiaux, avec lesquels ils ont des rapports si intimes qu'il est difficile de ne pas les reporter à une même origine. — Nous classerons les roches volcaniques en *trois époques.*

1ʳᵉ époque :

TERRAIN TRACHYTIQUE.

A TRACHYTE *proprement dit* et ses variétés (*t. porphyrique, pyroxénique, semi-vitreux*, etc.); contenant des cristaux disséminés de *pyroxène* de *feldspath vitreux*, d'*obsidiennes*, etc. B. Au-dessus on observe des *conglomérats trachytiques*, qui semblent avoir été agglutinés par les eaux; ils sont durs, ou friables, et renferment des *obsidiennes*, des *ponces* en blocs considérables, l'*alunite* qu'on y exploite, des minérais de *fer*. On trouve aussi dans les fissures de ce terrain des filons *aurifères*, *argentifères*, etc. assez riches.—Les *bois opalisés* qui existent dans les conglomérats, constituent à-peu-près les seuls restes organiques propres à ce groupe.—Le terrain trachytique est très-répandu; il constitue sur plusieurs points des montagnes d'une grande hauteur. On le trouve dans tous les termes de la série géognostique. Il paraît peu ancien.—A-t-il été soulevé à l'état solide par les forces expansives qui agissent dans le centre de la terre? S'est-il coagulé sur place après être sorti en fusion des entrailles du globe? Question non-résolue.

2ᵉ époque :

TERRAIN BASALTIQUE.

A. *Basaltes* compactes et prismatiques; quelquefois sous forme de véritables coulées, présentant les caractères propres à celles que produisent les volcans en activité. Ces roches passent aussi à la structure globulaire, cellulaire, scoriacée. Elles enveloppent fréquemment des fragmens de *granite*, de *syénite*, de *gneiss*; et, en couches subordonnées, des *spilites*, des *vackes*, des *dolérites*. La présence de l'*olivine* les distingue de certains trachytes auxquels elles ressemblent. Le *pyroxène*, l'*amphibole*, le *feldspath vitreux* s'y montrent en cristaux. B. Au-dessus des basaltes compactes existent des tufs et des conglomérats basaltiques déposés par les eaux en couches horizontales, et renfermant des débris organiques du terrain tertiaire, au travers duquel ce groupe a pénétré. Il se présente au reste en filons dans tous les termes de la série géognostique. On admet généralement aujourd'hui que les basaltes sont sortis du sein de la terre sous forme de coulées, à la manière des laves: qu'ils sont postérieurs aux trachytes, et contemporains de l'époque diluvienne.

3ᵉ époque :

LAVES MODERNES.

Roches sorties du sein de la terre sous forme de courans (*laves* ou *téphrines*), et présentant beaucoup d'analogie avec les basaltes, qu'on observe quelquefois dans les mêmes gisemens. On retrouve ordinairement à une certaine distance les cratères ou bouches volcaniques qui ont vomi ces laves. Elles sont accompagnées de beaucoup de scories, et contiennent l'olivine *l'amphibole*, l'*amphigène*, le *pyroxène*, du *fer oligiste*, du *feldspath*, etc.—Les tufs de cette formation présentent des ossemens d'animaux anté-diluviens. Néanmoins cette formation est postérieure à celle des basaltes; on cite des volcans éteints appartenant à l'époque actuelle.—Quant aux produits des volcans en activité (*laves, sables, cendres, scories volcaniques*), nous en parlerons plus loin en traitant des phénomènes qui leur donnent naissance.

DEUXIÈME DIVISION.
HISTOIRE GÉOLOGIQUE DU GLOBE,

ou

EXPOSÉ DES MODIFICATIONS QUI SE SONT SUCCESSIVEMENT OPÉRÉES A LA SURFACE ET DANS L'INTÉRIEUR DE LA TERRE PAR L'ACTION DES AGENS INTERNES OU EXTERNES.

I. *Fluidité primitive du globe.*

Le globe terrestre a la forme d'un sphéroïde aplati aux pôles, et renflé à l'équateur. Or, d'après les calculs les plus rigoureux, telle est la configuration qu'il a dû prendre par suite de l'équilibre des forces qui le sollicitent, en supposant qu'il ait été primitivement fluide (1). Les faits que nous allons exposer sur la chaleur interne de la terre, suffiraient d'ailleurs à eux seuls pour étayer cette opinion.

II. *Cause de cette fluidité.—Chaleur centrale.*

Quelle peut avoir été la cause de cette antique fluidité? Les opinions n'ont pas toujours été unanimes sur ce point : les uns (*les neptuniens*) n'ont voulu admettre qu'une fluidité *aqueuse*. Suivant eux, les substances diverses dont se compose la charpente solide de notre planète étaient primitivement dissoutes dans un liquide, et se sont solidifiées couches par couches, du centre à la circonférence, par voie de dépôt ou de précipitation. Les autres (*les plutoniens*) ont avancé que la fluidité primitive du globe fut le résultat d'une très-haute température, et que la surface s'est, pour ainsi dire, figée en se refroidissant.

Cette manière de voir, généralement adoptée aujourd'hui, repose principalement sur le fait bien constaté de la *chaleur centrale* de la terre, chaleur qui lui est évidemment propre, et qu'elle ne peut avoir reçue du soleil (2). En effet, quand on descend dans des mines, on constate, à mesure qu'on s'enfonce davantage, un accroissement régulier de calorique, sans aucun rapport ni avec les latitudes, ni avec les longitudes, et qui est (terme moyen) d'un degré pour 25 mètres. On obtient le même résultat en notant la chaleur de l'eau qui vient des sources les plus profondes. Ainsi, à une demi-lieue de profondeur (2500ᵐ) on devrait trouver la température de l'eau bouillante, et à peu de profondeur au-dessous de la croûte minérale, une chaleur capable de fondre les roches les plus réfractaires (5). Ces faits qu'auraient pu faire supposer de

----

(1) Ces calculs signalent la différence de longueur qu'on doit trouver entre les deux diamètres, si l'on adopte cette hypothèse, différence qui est exactement celle q'on a observée sur notre planète. Ils permettent même d'apprécier les modifications qui peuvent résulter d'un défaut d'homogénéité des couches fluides, et leurs résultats concordent encore avec les mêmes mesures. Un tel accord, dit M. Arago, ne saurait être regardé comme un pur effet du hasard.

(2) A quelques pieds sous terre cette sxtre n'a plus d'influence. Un thermomètre placé dans les caves de l'observatoire (87 pieds sous terre), n'a pas varié durant les étés les plus chauds, et les hivers les plus froids.

(3) A moins de 30 lieues dans certaines mines de houille (*Cordier*).

tout temps *à priori* ces masses énormes de substances pierreuses vomies dans un état de fusion par les volcans, conduisent naturellement à conclure que la masse interne du globe, encore dans un état de liquéfaction ignée, n'est solidifiée qu'à la surface, dans une épaisseur présumée de 20 lieues (terme moyen) (4) : épaisseur peu considérable si on la compare à l'étendue totale d'un rayon terrestre (1500 lieues).

III. *Composition de la masse interne.*

Nous ne saurions donc rien, ou que d'une manière très conjecturale, sur la nature de la masse interne du globe, si les calculs de l'astronomie et de la physique en nous faisant connaître la pesanteur et la densité progressivement croissante de ses couches, ne conduisaient forcément à conclure que ce sphéroïde, cinq fois plus dense que l'eau (terme moyen), ne peut être formé que de substances solides aussi pesantes que nos métaux les plus lourds.

IV. *Premier refroidissement du globe.*

Prenant pour point de départ les faits que nous venons d'exposer, examinons les phénomènes qui ont dû, suivant les hypothèses les plus vraisemblables, se passer sur notre planète, lorsque rayonnant sur tous les points de l'espace, et perdant plus de chaleur qu'elle n'en recevait, elle commença à se refroidir.—Ce refroidissement s'opérant de la surface au centre, ainsi que cela arrive toujours dans les corps en fusion, une croûte s'est formée à l'extérieur de cette masse liquide. Cette croûte, d'abord très-mince, acquiérait de plus en plus d'épaisseur par le dépôt successif des matières qui passaient de l'état fluide à l'état solide, dans l'ordre inverse de leur fusibilité, (c'est-à-dire que celles qui demandaient le plus de calorique pour se fondre, ont dû se refroidir les premières). Mais tel était encore le degré de chaleur du globe, qu'il ne pouvait y avoir à sa surface aucune de ces matières qui se vaporisent par le simple feu de nos fourneaux (plomb, mercure, soufre, etc.). Ces matières, encore à l'état fluide, formaient donc autour de notre planète une immense atmosphère embrasée, dans les couches de laquelle les matières étaient nécessairement disposées dans l'ordre de leur densité relative.

V. *Des inégalités du globe. — Leur cause.*

L'écorce solide du globe se contractant de plus en plus à mesure que sa température diminuait, devait soumettre la masse interne à une pression graduellement croissante. Cette masse ne pouvait être ainsi comprimée sans faire effort contre l'enveloppe qui la retenait prisonnière. En outre, la force puissante d'expansion des fluides élastiques qui se dégageaient de ces matières incandescentes, l'augmentation de volume qui résultait de l'oxidation des substances métalliques agissaient dans le même sens. — Il en résultait deux classes de phénomènes : tantôt la masse interne surmontant la résistance de l'écorce, la déchirait et sortait avec impétuosité (c'est ce que nous voyons encore de nos jours dans les contrées volcaniques) ; tantôt trouvant une résistance égale en toutes ses parties, elle la soulevait dans une étendue plus ou moins considérable. Ainsi paraissent s'être formées les premières inégalités du globe. Il suffirait pour s'en convaincre d'observer la manière dont les terrains sédimentaires, parfaitement horizontaux dans les plaines, sont au voisinage des masses cristallines qui forment le centre et le sommet des

---

(4) Épaisseur du reste très-inégale, si l'on en juge par la température souterraine, variable en passant d'un lieu dans un autre.

grandes chaînes, fracturés et relevés brusquement, comme s'ils avaient été brisés et soulevés par une force intérieure agissant sur ces masses de bas en haut. On s'explique aussi beaucoup mieux la présence des couches coquillières sur les plus grandes hauteurs, par le soulèvement des terrains qui les renfermaient, qu'en supposant qu'elles y ont été portées par un cataclysme universel. Car loin que ces couches offrent les traces d'un transport violent des eaux, la conservation des fossiles dans leurs moindres parties, la disposition régulière des dépôts, indiquent un séjour tranquille des eaux. Ce fait du séjour des mers sur nos continens actuels, trouve son xplication toute naturelle dans la théorie des soulèvemens. En effet, l'apparition subite d'une chaîne de montagnes devait nécessairement produire des dislocations de l'écorce minérale dans les contrées les plus lointaines, et un changement de niveau dans leurs eaux (1). — On peut d'ailleurs citer à l'appui de cette théorie des faits qui se sont passés de nos jours. Le *Monte-nuovo*, près Pouzzol, haut de 2,400 pieds, s'éleva dans une seule nuit (1538), après deux ans de secousses continuelles. Pendant une éruption du *Jorullo* au Mexique (1759), la plaine de *Mulpais* fut soulevée en forme de vessie. Ce soulèvement fut de 500 pieds au centre. La côte du *Chili* fut soulevée en 1822, à la suite de tremblemens de terre, sur une longueur de plus de cent milles. On a vu en 1831, l'île *Nérita* sortir du sein des flots. Les îles de *Santorin* se sont formées de même (2).

ÉPOQUES GÉOLOGIQUES.

On peut admettre SIX ÉPOQUES principales dans l'histoire géologique du globe :

1re *époque* : Formation des ROCHES PRIMORDIALES (période des terrains *primitifs*).

2e *époque* : Apparition des ÊTRES ORGANISÉS (période des terrains *carbonifères*).

3e *époque* : Accroissement des FORCES ORGANIQUES à la surface du globe (période des terrains *secondaires*).

4e *époque* : Apparition des ANIMAUX TERRESTRES (période des terrains *tertiaires*).

5e *époque* : Apparition de L'HOMME (terrains *diluviens*).

6e *époque* : Formations *contemporaines*.

(1) Non seulement la théorie des *soulèvemens* explique d'une manière satisfaisante la formation des grandes chaînes de montagnes, mais encore elle permet d'en déduire, ainsi que l'ont prouvé les beaux travaux de M. Élie de Beaumont, l'époque de leur *ancienneté relative*, et *comparée* à celle des terrains stratifiés qu'elles ont traversé. En effet, celles des couches de sédiment qui s'appuient sur le flanc des montagnes, offrent deux dispositions différentes : l'une dans une position oblique, et même quelquefois verticale, ont été visiblement redressées postérieurement à leurs dépôts dans les eaux ; les autres prolongées horizontalement sur les pentes, n'ont éprouvé aucun dérangement depuis l'époque où elles ont été formées. Or, il est évident qu'une chaîne est postérieure aux dépôts qu'elle a soulevés, antérieure à ceux qui ont conservé leur position horizontale : donc elle s'est formée dans l'intervalle de temps qui sépare la formation des premiers de celle des seconds.

(2) Nous n'avons pas cru devoir entrer ici dans des détails de géographie-physique sur la division de la surface du globe en montagnes, plaines, vallées, etc. Bornons-nous à dire qu'en entend par *vallées longitudinales* celles qui sont parallèles à la direction générale des montagnes qui les limitent. Ce parallélisme se retrouve aussi dans la direction de leurs couches. Ces sortes de vallées sont aussi anciennes que les montagnes elles-mêmes. — Par *vallées transversales*, celles qui sont situées en travers de la direction des chaînes, et se correspondent parfaitement sur les flancs opposés, comme si elles avaient été creusées par des courans.

1ʳᵉ *Époque.* — FORMATION DES ROCHES PRIMORDIALES.

Les roches qui paraissent remonter à l'époque primordiale contiennent une certaine proportion d'*eau de cristallisation*, annonçant déjà la présence de ce liquide dans les formations de cet âge, quoique le calorique fût évidemment l'agent principal. Le gneiss, notamment, qui, d'après M. Rozet, serait la plus anciennement consolidée, indique par sa stratification que l'eau qui se précipitait alors de l'atmosphère où elle se trouvait en vapeurs, est venue se mêler à la dissolution pendant le dépôt. La croûte minérale, flexible et mince encore, devait être percée facilement par les matières incandescentes qui, acquérant une force d'expansion d'autant plus grande qu'elles étaient plus comprimées, venaient s'épancher à sa surface, puis subissaient un remaniement par les eaux qui s'y déposaient. — Cependant la terre continuant à se refroidir, l'écorce du globe continuait de s'accroître à l'intérieur par de nouvelles couches solides. Ce refroidissement, bien qu'insensible à la surface, n'ayant pas cessé de s'opérer depuis, comme l'ont démontré les savans calculs de Fourrier, les terrains primordiaux n'ont pas cessé non plus de se former. On peut donc, en principe général, les regarder comme d'autant plus récens qu'ils appartiennent à un niveau plus profond : doctrine diamétralement opposée à celle qu'on professait naguères (1). — Cependant la chaleur se faisait moins sentir à la surface par l'épaississement graduel de la croûte solide, jusques là à l'état de vapeurs, put se condenser, et, se réunissant en masse, former des lacs et des mers plus ou moins étendus. Notre planète offrait donc alors, suivant toute vraisemblance, l'aspect d'un vaste Archipel.

2ᵉ *Époque.* — APPARITION DES ÊTRES ORGANISÉS.

Jusqu'alors la vie avait été impossible, à cause de la chaleur considérable qui régnait sur notre globe, et de la pression énorme d'une atmosphère tenant en suspension une foule de substances volatilisées ; mais cette atmosphère se dépouillant tous les jours de ces vapeurs hétérogènes qui se condensaient à la surface du sol refroidi, et permettant aux rayons solaires de la pénétrer, des plantes parurent. Favorisée par la chaleur qui régnait alors, et ne trouvant aucun obstacle à son développement, cette végétation prit un développement extraordinaire, ainsi que l'atteste la multiplicité des bassins houillers formés plus tard de ses débris. C'étaient des cryptogames aux proportions gigantesques, semblables à ceux qui croissent aujourd'hui dans les îles de la zône torride. Les animaux n'avaient pas encore paru. Les dislocations nombreuses qu'offrent les couches de terrains formés à cette époque, indiquent quelles violentes perturbations précédèrent les dépôts carbonifères. Les eaux soumises à une chaleur, et à une pression plus forte, dissolvaient beaucoup plus de matières qu'elle ne peuvent le faire aujourd'hui. A ces phases violentes du règne inorganique devaient correspondre des phases de destruction et de renouvellement dans le règne inorganique. De nouvelles plantes apparaissaient sous l'influence d'une

---

(1) Il faut donc admettre *deux séries géognostiques* en sens inverse, et commençant au gneiss, suivant M. Rozet : l'une se succédant de bas en haut, et convergeant vers l'époque actuelle (*terrains de sédiment*) ; l'autre se succédant au contraire du haut en bas, et dont *les laves qui sortent des volcans en activité* représentent le dernier terme. Quant au refroidissement du globe, telle est la lenteur avec laquelle il s'opère, qu'il faudra *plusieurs siècles* avant de pouvoir apprécier un changement sensible à nos instrumens.

atmosphère plus favorable ; les animaux marins les plus simples commençaient à peupler les eaux plus limpides, en même temps que disparaissaient les espèces dont l'organisation n'était plus en rapport avec ces circonstances nouvelles. — Le globe était alors, comme dans l'époque précédente, recouvert en partie d'eaux marines. — Cette période correspond aux terrains carbonifères. Les grands bouleversemens, dont elle a été le théâtre, sont attestés par le mélange des produits internes du globe avec ceux des eaux, par les dislocations des couches minérales, par l'immense quantité de dépôts carbonifères qui durent leur formation à la destruction des végétaux qui recouvraient le sol primordial.

3ᵉ *Époque.* — ACCROISSEMENT DES FORCES ORGANIQUES.

Ici commence une troisième époque préparée par les perturbations de la période précédente pour un nouvel ordre de choses que signale particulièrement l'accroissement de la vie à la surface du globe. Nonobstant l'extinction des espèces qui avaient paru précédemment, le nombre des animaux et des plantes allait toujours en croissant, en même temps que leur organisation se compliquait de plus en plus. — Cette période de calme, pendant laquelle les dépôts paraissent avoir été suspendus, fut suivie d'une nouvelle catastrophe qui vint tout bouleverser. La masse interne faisant toujours de violens efforts pour briser la croûte minérale, soulevait des montagnes, ou se frayant une issue, s'épandait au loin sur les couches déjà formées. A la suite de ces perturbations les dépôts recommencèrent dans l'intérieur des bassins, où ils étaient amenés par les affluens charriant des débris de roches, d'animaux et de plantes. C'est à cette période que correspondent les dépôts *secondaires*.

4ᵉ *Époque.* — APPARITION DES ANIMAUX TERRESTRES.

Cependant les continens se découvraient de plus en plus. La végétation prenait un caractère analogue à celui qu'elle a aujourd'hui ; enfin les grands mammifères et les oiseaux commençaient à peupler les parties du globe mises à sec. Néanmoins le *mélange des coquilles marines et des coquilles d'eau douce dans les terrains tertiaires* (ce sont ceux qui correspondent à cette époque), indique qu'il existait encore de grands lacs d'eau marine, où des affluens amenaient des poissons et des coquilles fluviatiles. Les débris organiques et inorganiques accumulés dans cette période attestent qu'après un nouveau calme, d'autres révolutions sont venues changer la face des choses. C'est après ces nouvelles catastrophes que les formations tertiaires ont été déposées.

5ᵉ *Époque.* — PÉRIODE DILUVIENNE.

Enfin les forces de la nature tendaient à s'équilibrer ; un assez long calme avait permis à des êtres organisés peu différens de ceux qui vivent aujourd'hui, de peupler la terre ; mais l'homme n'avait pas encore paru, et l'enfantement de ce maître du globe devait être précédé d'une dernière catastrophe. Des masses volcaniques sortent avec fracas du sein de la terre, se dressent en cônes, s'étendent en nappes ; des chaînes de montagnes surgissent avec violence. Les mers soulevées et déchaînées se précipitent sur les continens. C'est l'époque des éruptions trachytiques, basaltiques, et des dépôts diluviens. — Il paraît qu'avant cette époque la différence des climats était encore à peu près nulle sur le globe, puisqu'on trouve sous toutes les latitudes des débris diluviens appartenant à des animaux ou à des végétaux qui ne peuvent vivre aujourd'hui que dans les pays les plus chauds. Ces animaux, la plupart de grande

taille, étaient les mêmes partout. Les opinions ont beaucoup varié sur la
cause de cette révolution géologique. On l'a attribuée au choc d'une comète,
à l'irruption subite des eaux de la mer. Il nous semble qu'elle s'explique facilement dans la théorie des soulèvemens. En effet, les forces qui ont soulevé
les chaînes des montagnes en poussant les eaux sur les continens, ont pu les
couvrir des débris de roches et d'animaux qui les peuplaient alors.—Peu à
peu le calme s'est rétabli: la nature est rentrée dans son équilibre. Sous l'influence mystérieuse de la puissance créatrice, la végétation a repris son activité
première; de nouvelles espèces de plantes, de nouvelles générations d'animaux
ont paru. Enfin l'homme, ce chef-d'œuvre de la création, est venu prendre
possession de la terre (1).

6e Époque. — PÉRIODE CONTEMPORAINE.

Depuis la grande catastrophe dont nous venons de parler, c'est-à-dire depuis les
temps historiques, la terre a joui d'un état de repos. Bien des bouleversemens
locaux ont eu lieu sans doute; cependant la configuration générale du globe
n'a subi que des modifications peu considérables, si on les compare à celles
qui les ont précédées. De plus, il résulte des observations faites sur les monumens les plus anciens, que les eaux occupent la même position relativement
aux terres continentales: que leur niveau n'a subi des variations dans quelques
contrées que par suite de phénomènes locaux circonscrits. Toutefois, comme
la présence de l'homme donne une extrême importance aux moindres modifications de ce sol sur lequel il s'appuie avec ses monumens, ses arts, son industrie, nous allons exposer en détail les causes auxquelles elles doivent naissance.—Ces causes sont de deux sortes: les unes résultent de l'action d'agens
internes placés au-dessous de la croûte minérale (phénomènes volcaniques);
les autres, d'agens externes agissant à la superficie de cette croûte (l'air, les
météores, les eaux.

------

(1) Plusieurs géologues se sont appliqués à démontrer la conformité qui existe entre
l'ordre assigné par la Genèse aux diverses phases de la création, et celui que les observations des naturalistes modernes tendent à faire admettre. Les cinq jours qui, selon Moïse,
précédèrent l'apparition de l'homme sur la terre, doivent être considérés comme cinq
grandes époques dont chacune a duré plus long-temps que la nôtre, à en juger par le
nombre des couches minérales qui leur correspondent. En effet, le mot hébreu qui signifie
jour, exprime aussi une durée de temps quelconque. Ainsi, quoique le monde ne soit pas
éternel (ce dont il est facile de se convaincre en étudiant la géologie), il est très-vieux,
et le chiffre de 6,546 ans, pris comme indiquant son âge, ne doit s'entendre que du temps
écoulé depuis l'apparition de l'homme sur la terre. Au reste, les phases successives de la
création, considérées sous le point de vue géologique, concordent parfaitement avec le récit
du législateur des hébreux, ainsi interprété. Quant à la grande catastrophe connue en géologie sous le nom de déluge, et qui ne paraît pas avoir eu l'homme pour témoin, ce n'est
pas vraisemblablement le déluge de l'écriture sainte. Celui-ci est plutôt, d'après l'opinion
de quelques géologues, l'un de ces cataclysmes postérieurs à la dernière grande révolution
du globe, et qui n'en bouleversèrent que la portion alors habitée par l'espèce humaine. On
pourrait, il est vrai, supposer, pour expliquer l'absence d'ossemens humains dans le terrain
diluvien, « que l'homme habitait quelque contrée peu étendue d'où il a repeuplé la terre
après ces événemens terribles; ou que peut-être les lieux où il se trouvait ont été entièrement abîmés, et ses os ensevelis au fond des mers actuelles, à l'exception du petit nombre
d'individus qui ont continué son espèce. » (G. CUVIER.)

§. I. AGENS INTERNES.

Les mêmes causes qui occasionnèrent des révolutions terribles dont notre planète fut le théâtre, produisent encore aujourd'hui les phénomènes volcaniques ; il n'y a de changé que leur intensité.—Les principaux effets par lesquels elles se manifestent, sont : *des soulévemens et des affaissemens* de terrains ; des *tremblemens de terre* ; des *éruptions*.

A. SOULÉVEMENS ET AFFAISSEMENS DE TERRAINS.

Déjà nous avons précédemment cité quelques exemples de soulévemens dans le sol actuel. Plusieurs contrées du globe ont visiblement changé de niveau. L'Italie paraît s'être abaissée vers le milieu, ainsi que l'indiquent ses chemins consulaires ensevelis sous terre, sur beaucoup de points, dans un état de conservation parfaite. Même chose est arrivée aux murs construits en Ecosse et en Angleterre par les romains. Plusieurs contrées de la Basse-Egypte, naguères fertiles, sont aujourd'hui au-dessous du niveau de la mer, et inhabitables. On trouve sur les côtes d'Angleterre et de France des amas de bois à un niveau inférieur à celui de la mer (*forêts-sous-marines*), et qu'il faut nécessairement attribuer à l'abaissement de ces côtes (1). Près de Pouzzol, on rencontre, à quelque distance du rivage, les ruines d'un temple dont le pavé maintenant au niveau de la mer a, sans aucun doute, subi un affaissement. On remarque aussi sur ses colonnes des inscrustations marines, qui attestent la présence de la mer dans ce même lieu, qui a par conséquent monté et baissé à plusieurs reprises. Il est bien reconnu en effet, qu'on ne peut admettre ni augmentation, ni diminution dans les eaux du globe.

B. TREMBLEMENS DE TERRE.

Ce sont des secousses subites, ou des mouvemens d'ondulation de la croûte minérale, qui, selon M. Cordier, peuvent dépendre de variations d'équilibre dans la masse en fusion. C'est dans le voisinage des volcans, où l'écorce du globe a probablement le moins d'épaisseur, qu'ont lieu ces oscillations, qui cessent généralement dès qu'une issue au dehors s'ouvre à la matière en fusion. — Les tremblemens de terre sont ordinairement précédés de bruits souterrains, quelquefois très-forts. Le tarissement des sources, la sortie des reptiles qui vivent sous terre, le déchaînement de la mer annoncent l'agitation du sol.— Les secousses se succèdent avec plus ou moins de force et de rapidité. Elles se font sentir pendant quelques secondes, ou se prolongent pendant plusieurs minutes ; on en a vu se reproduire quelquefois pendant plusieurs jours, et même pendant des mois entiers.—Elles se propagent dans des directions déterminées, et dans une étendue fort variable : tantôt limitées à la région volcanique qui leur donne naissance ; tantôt paraissant avoir leur foyer plus profondément, et se faisant ressentir à des distances immenses avec une effrayante rapidité. Le tremblement de terre qui détruisit Lisbonne (1755), se fit sentir en Afrique, dans une partie de l'Espagne, de la France, de l'Allemagne, et jusqu'aux Antilles.—La mer participe ordinairement aux agitations de la

---

(1) Il est des affaissemens brusques de terrains qui dépendent de l'existence de vastes cavités souterraines, souvent remplies d'eau. C'est ainsi qu'on vit en 1792, à Lons-le-Saulnier, plusieurs maisons s'abîmer, et un lac se former subitement dans un faubourg de la ville.

terre ; quelquefois elle s'élève à des hauteurs considérables , et se précipitant
avec violence sur les côtes , occasionne des inondations désastreuses. Ainsi
périrent les habitans de Callao au Pérou (1446). Le ciel reste le plus souvent
serein.—L'effet des fortes secousses est terrible. Les édifices les plus solides n'y
résistent guères. Le sol forme des crevasses profondes , parfois larges de plusieurs pieds ; d'énormes rocs sont détachés et transportés à des distances
considérables ; enfin des éruptions volcaniques les accompagnent presque
toujours , quelquefois même de nouveaux volcans se font jour au milieu des
déchiremens du sol.

C. ÉRUPTIONS VOLCANIQUES.

On donne le nom de volcans à des montagnes ordinairement isolées , coniques et
creusées dans leur partie supérieure d'une cavité en forme d'entonnoir (*cratère*),
d'où s'échappent par intervalles des torrens de manières embrasées.

1. *Situation:* Les montagnes volcaniques sont toujours dans le voisinage de la mer.
On connaît plus de 200 *volcans brûlans* , dont moitié dans les îles , et un plus
grand nombre encore de *volcans éteints.* Ceux-ci sont communément réunis par
groupes , et dans l'intérieur des terres plutôt que sur les côtes. (Exemple : les
montagnes de l'Auvergne.)

2. *Nature des volcans:* Les bouches volcaniques ne sont autre chose que des ouvertures , ou espèces d'évents naturels , mis en communication par des circonstances particulières avec la partie de la masse interne encore en fusion , et qui
monte en vertu de l'immense pression qu'elle éprouve ; résultat simple et naturel
du refroidissement intérieur du globe.

3. *Éruptions:* Le cratère ne vomit pas continuellement des matières enflammées.
Le volcan peut même rester pendant des siècles entiers dans le repos. Le Vésuve
était éteint depuis un temps immémorial , lorsqu'il se ralluma avec fureur , sous
le règne de Titus , pour engloutir Herculanum et Pompéïa. Les éruptions avaient
de nouveau cessé depuis la fin du 15ᵉ siècle , et la montagne était couverte d'habitations , lorsqu'arriva celle de 1630.

4. *Les éruptions volcaniques* ont les mêmes signes précurseurs que les tremblemens
de terre. Bientôt on voit le cratère jeter des flammes , la fumée s'épaissir , se
mêler de cendres , et former une immense colonne , ou si l'air est agité , se disperser en épais tourbillons dans tout le pays environnant. Cependant des jets
de matières embrasées sortent avec fracas des entrailles du volcan , s'élèvent
dans les airs comme de gigantesques fusées , et retombent à de grandes distances
en une pluie de pierres , de scories , et de cendres brûlantes. La lave soulevée
par les convulsions de la masse interne s'élève dans le cratère , le déborde , et
s'épanche en torrens de feu qui consument et renversent tout sur leur passage.
Souvent les flancs de la montagne ne pouvant résister à l'énorme pression qu'ils
éprouvent , crèvent , et la matière jaillit par plusieurs ouvertures à la fois. La
vitesse des courans de lave est relative à l'inclinaison du sol , et surtout au degré
de viscosité de la matière. Leur marche est ordinairement assez lente. Ils se recouvrent en coulant d'une croûte sous laquelle ils conservent leur chaleur et
leur liquidité pendant des années entières. Des laves de l'Etna fumaient encore
26 ans après l'éruption. Un bâton prit feu dans une lave qui ne coulait plus
depuis onze ans. (*Spallanzani.*) L'étendue de terrain qu'elle recouvre est quelquefois prodigieuse. Le plus grand courant sorti du Vésuve avait 14000 mètres

de long. En 1794 il avait à 400ᵐ de largeur, sur une hauteur de 8 à 10 ; mais le plus considérable qu'on connaisse est celui qui dévasta l'Islande en 1783 ; il occupait un espace de 20 lieues de long sur 4 de large.

5. *Produits des éruptions : La fumée* qui sort du cratère est en partie formée de vapeurs aqueuses, d'acide carbonique, hydro-chlorique ou sulfureux. — *Les cendres* paraissent provenir d'un état de division extrême des laves. Leur quantité est telle qu'elles obscurcissent quelquefois le soleil. Dans l'éruption de 1794, les ténèbres enveloppaient le pays dans un rayon de plusieurs lieues. Les vents ont souvent transporté les cendres à des distances extraordinaires. — *Les sables* qui sortent en grande quantité de quelques cratères, sont aussi produits par la division extrême des roches volcaniques qui, en retombant, se coagulent en petits grains. — *Des pierres* sont lancées quelquefois avec une grande force de projection. *Le Copotaxi* a porté à trois lieues une roche d'environ 100 mètres cubes.

D'après la théorie des soulèvemens, que nous avons exposée précédemment, on comprendra facilement qu'il existe des montagnes volcaniques sans cratères, et des volcans *sous-marins.* C'est ainsi qu'on s'explique l'apparition soudaine de quelques îles au sein des flots.

6. *Effets des volcans :* On peut juger par ce qui précède quel doit être l'effet des volcans sur la configuration du sol. Ajoutons que la lave ne sort pas toujours d'un cratère. Dans certaines contrées volcaniques, on a vu cette matière jaillir de crevasses formées dans la plaine, et recouvrir au loin le sol tantôt d'une vaste nappe, tantôt de buttes disposées sur une même ligne.

7. *Éruptions aqueuses et boueuses :* On a rapporté à la même classe de phénomènes les éruptions aqueuses et boueuses (*volcans d'eau, d'air, de boue*), qui ont lieu dans quelques contrées. Telles sont, en particulier, les sources jaillissantes de l'Islande, contrée entièrement volcanique, où l'on voit sortir du sol des jets-d'eau, s'élevant dans la source dite le *grand geiser*, à plus de 100 mètres. Cette eau est tellement chaude qu'elle tient en dissolution de la Silice. — On observe aussi, particulièrement en Italie, des dégagemens de gaz et de vapeurs qui paraissent dus tantôt à des volcans voisins, tantôt à des combinaisons chimiques s'opérant à peu de profondeur. Ces gaz sont généralement inflammables ; quelquefois c'est de l'*acide sulfureux* qui, en se déposant, forme des soufrières naturelles. On désigne sous le nom de *salses* des éruptions d'eau argileuse ou boueuse, contenant du sel en quantité assez notable pour qu'on l'en retire quelquefois par évaporation. On a vu aussi des bouches volcaniques vomir des torrens d'eaux fangeuses. Les éruptions des volcans dont la hauteur dépasse 2460 toises (limite des neiges perpétuelles), s'accompagnent d'inondations dues à la fonte des neiges qui les recouvrent.

§ II. AGENS EXTERNES.

A. ACTION DE L'AIR.

L'atmosphère forme une couche en équilibre autour de la terre, et dont la hauteur est, approximativement, de 60,000 mètres (12 lieues). Sa densité diminue en allant de bas en haut ; il en est de même de sa température qui baisse d'*un degré cent.* (terme moyen) pour 160 mètres d'élévation. — Les agens atmosphériques, et les *météores*, c'est-à-dire, les différens phénomènes qui se passent dans l'air, ont sur la croûte minérale une action très-marquée.

1. *L'oxigène* de l'air se combine avec la plupart des corps en contact avec lui. C'est ainsi que le fer pur passe à l'état d'oxide, le *fer* pyriteux à l'état de sulfate par l'acidification du soufre. Ces substances ainsi oxidées se désagrégeant facilement, sont entraînées par différentes causes, et laissent au contact de l'air une nouvelle surface qui éprouve les mêmes modifications. C'est ainsi que s'opèrent à la longue des effets très-sensibles dans les couches du globe. Remarquons que les plus superficielles sont particulièrement formées des métaux des *alcalis* et des *terres*, de tous les plus avides d'oxigène.

2. *L'acide carbonique* fait passer les oxides à l'état de *carbonates* (ex. le vert-de-gris).

3. *Les vapeurs aqueuses* qui existent constamment dans l'air (1), font tomber en poussière certaines substances friables (les marnes, certains calcaires, etc.), et en déliquescence plusieurs sels qui ont beaucoup d'affinité pour l'eau.

B. MÉTÉORES.

1. Les grand mouvemens atmosphériques qu'on appelle *vents* produisent des effets remarquables sur les terrains meubles. Dans les contrées sablonneuses, comme les déserts de l'Afrique, ils soulèvent des nuages de sables qui retombent en collines. C'est ainsi que se forment *les dunes*, monticules qui s'avancent continuellement des côtes vers l'intérieur des côtes, parce que la même force qui pousse les grains sableux sur leur sommet, les précipite sur le revers opposé. On peut même calculer de combien elles avancent par siècle ou par année. Ainsi, vers Bordeaux, leur marche est d'environ 60 pieds par an. On parvient à se préserver de leurs envahissemens en y faisant des plantations d'arbres.

2. *La foudre*, en tombant sur le sommet des montagnes, renverse quelquefois des massifs considérables de roches. Son action la plus ordinaire est de fondre les substances que traverse l'étincelle. — Des bouleversemens plus au moins étendus résultent de l'action des *pluies*, des *trombes*, des *ouragans*.

3. De tous les phénomènes météoriques, il n'en est pas de plus intéressant à observer pour le géologue que les AÉROLITES ou *pierres tombées du ciel*. Long-temps contestée par les savans, la chute des aréolites a été constatée de nos jours mêmes un si grand nombre de fois, qu'elle ne fait plus l'objet du moindre doute. — Ce phénomène est accompagné d'une détonation souvent très-forte, et d'un grand dégagement de lumière. La pierre, au moment où elle vient de tomber, est brûlante. Elle offre une forme irrégulière, et des angles émoussés comme par un commencement de fusion. Une couche noirâtre, mince, la revêt à l'extérieur. L'intérieur est d'un gris-cendré. Elle est plus ou moins magnétique. Sa composition est toujours à-peu-près la même : *La silice*, *le fer* et *la magnésie* en forment la plus grande partie ; Le *nickel à l'état natif* la caractérise ; On voit en Sibérie et en Amérique de grandes masses de fer natif, malléable, qu'on regarde comme du fer météorique. — On a proposé plusieurs hypothèses pour expliquer les aréolithes. Les uns veulent que ce

---

(1) En proportion d'autant plus forte que la température est plus élevée — 15 à 16 millièmes en été ; 5 à 7 millièmes en hiver (terme moyen) ; sous les tropiques plus de 30 millièmes.

soient des fragmens de planètes gravitant dans l'espace : d'autres, des masses n'appartenant à aucun système, et qui, venant à entrer dans la sphère d'attraction de la terre, se précipitent vers son centre en vertu de la pesanteur.

C. ACTION DE L'EAU.

L'eau se présente à nous sous trois états différens : 1° à *l'état de vapeurs* elle existe dans l'air ; 2° à *l'état solide* elle forme les glaciers, les neiges qui couronnent en tout temps le sommet des hautes montagnes ; 3° enfin à *l'état liquide* elle constitue les mers et les cours d'eau.

1. Les MERS recouvrent plus des trois quarts de la surface du globe ; leurs eaux salées et amères contiennent une quantité notable de *sel marin ;* leur température diminue jusqu'à 1,200 mètres de profondeur. Au-delà de cette limite elle augmente, ce qui tient à la chaleur propre du globe. Par leur attraction sur notre planète, la lune et le soleil occasionnent dans la masse des mers des mouvemens périodiques (*le flux* et *le reflux*), qui font monter leur niveau à des hauteurs variables, selon la saison et les différens points de la terre (de 60 à 70 pieds à St.-Malo). La marée met six heures à monter, autant à descendre. —*Le fond* des mers qui n'est autre chose que le prolongement des continens au-dessous des eaux, doit présenter les mêmes inégalités qu'on observe à sa surface. Les archipels peuvent être regardés comme les sommets des chaînes de montagnes sous-marines.—L'eau des mers se réduit continuellement en vapeurs qui montent dans l'air et retombent en pluies. Ces pluies filtrent à travers le sol, jusqu'à ce que, trouvant une couche imperméable, elles se rassemblent en un réservoir d'où elles s'échappent par les fissures des roches. Telle est l'origine des sources qui alimentent les cours d'eau (1).—Quelquefois les eaux, en filtrant dans l'intérieur de la terre, dissolvent une certaine quantité de sels, et forment ce qu'on appelle *les eaux minérales.* Elles sont *thermales* quand elles proviennent de points assez profonds de l'écorce solide, pour acquérir une chaleur parfois très-considérable.

2. L'action des eaux est chimique ou physique.

a. Considérée comme *agent chimique* l'eau dissout certaines substances minérales, ou les désagrége. Quand elle contient des substances acidifères, elle les attaque.

b. Considérées comme *agens mécaniques* les eaux rongent, renversent les roches, dont elles charrient au loin les débris. Les cours d'eaux minent les rives qui les contiennent ; les vagues de la mer battent en brèche les côtes, qu'elles trans-forment en escarpemens nommés *falaises.* Dans de grandes marées, ou de violentes tempêtes, elles ont parfois creusé des baies, emporté un cap,— L'action érosive que les eaux exercent sur les couches superficielles du sol, met à nu les couches de terrain plus profondes, et produisent ce qu'on appelle *les dénudations.*—Les débris que charrient les rivières et les fleuves se déposent

---

(1) Telle est celle des sources jaillissantes connues sous le nom de *puits artésiens.* La cause du jaillissement a été rapportée par les uns à la pression qu'éprouve l'eau par son accumulation dans le réservoir ; selon les autres, il faudrait considérer ce phénomène comme provenant de la même cause que les jets-d'eau ou les siphons. D'après cette expli-cation l'eau proviendrait d'une montagne, et s'éleverait à une hauteur égale au niveau d'où elle sort, ou un puits foré ne serait que la seconde branche d'un siphon, dont la première branche est le cours souterrain que suivent, entre des couches imperméables, des eaux provenant de pays plus élevés que celui dans lequel est le sondage. (Héricart de Thury.)

sur leurs rives au fur et à mesure que le cours de leurs eaux se ralentit : c'est ainsi que se forment *les alluvions* ou *atterrissemens*. C'est surtout vers l'embouchure, où le mouvement des eaux est ordinairement peu rapide, que ces dépôts prennent le plus d'accroissement. Voilà comment les villes de *Rosette* et de *Damiette*, bâties au bord de la mer, il y a moins de 1000 ans, en sont maintenant à plus d'une lieue. On a même pu calculer la marche de ces atterrissemens : ainsi l'on sait que le Pô gagne, à son embouchure, jusqu'à 200 pieds par an dans l'Adriatique.

FIN DE LA GÉOLOGIE.

EXPLICATION
DES PLANCHES DE LA MINÉRALOGIE.

PLANCHE I.

Figure 1. Groupe de cristaux de roche (prismes hexaèdres terminés par des pyramides à six pans).
Fig. 2. Pyrite rayonnée.
Fig. 3. Géode de quarz améthyste.

PLANCHE II.

Fig. 1. Grès de Fontainebleau (rhomboïdes.)
Fig. 2. Poudingue.
Fig. 3. Calcaire avec dendrites.

PLANCHE III.

Stalactites de la grotte d'Antiparos, dont l'aspect singulier fit croire à TOURNEFORT que les pierres végétaient.

PLANCHE IV.

Fig. 1. Substance en *amas* dans le sein de la terre.
Fig. 2. Substance en *filons*.
Fig. 3. Staurotide ou pierre de croix.
Fig. 4. Fluate de chaux ou *spath fluor* cristallisé en cubes.

PLANCHE V.

Fig. 1. Le cube.—*Fig.* 2. L'octaèdre.—*Fig.* 3. Cube tronqué sur ses angles et faisant voir le passage à l'octaèdre.—*Fig.* 4. Le même dont on a étendu les *troncatures*, qui, s'étant substituées aux *faces primitives*, changent le cube en octaèdre.—*Fig.* 5. Le cube tronqué sur ses bords, et passant au dodécaèdre rhomboïdal.—*Fig.* 6. Le dodécaèdre rhomboïdal.—*Fig.* 7. Le trapèze à 24 faces.—*Fig.* 8. Le dodécaèdre pentagonal.—*Fig.* 9. Le tétraèdre.—*Fig.* 10 et 11. Le rhomboïde.—*Fig.* 12. Le prisme hexaèdre régulier.—*Fig.* 13. Le dodécaèdre à faces triangulaires.—*Fig.* 14. Le prisme droit à base carrée.—*Fig.* 15. L'octaèdre à base carrée.—*Fig.* 16. Le prisme droit à base rhomboïde.—*Fig.* 17. Le prisme droit à base rectangle.—*Fig.* 18. Le prisme droit à bases carrées avec sommet à 4 faces.

PLANCHE VI.

Fig. 1. L'Octaèdre oblique à base rhombe.—*Fig.* 2. L'octaèdre oblique à base rectangle.—*Fig.* 3. Le prisme oblique à base rhombe.—*Fig.* 4. Le prisme oblique à base rectangle.—*Fig.* 5. L'octaèdre oblique à base rhombe.—*Fig.* 6. L'octaèdre droit à base rectangle.—*Fig.* 7. Le dodécaèdre rhomboïdal originaire du cube.

(Cette figure donne un exemple de la manière dont un minéral, qui a pour noyau un cube, peut passer à la forme d'un dodécaèdre par le *décroissement* des lames ou couches de molécules empilées sur les faces du cube. Pour rendre la chose sensible, on a été obligé de représenter les molécules composant les lames, sous forme de petits cubes rangés en file les uns à côté des autres, et diminuant successivement d'une rangée jusqu'à ce qu'il n'y en ait plus qu'un. On conçoit que l'extrême ténuité des cristaux ne permet pas d'apercevoir dans les cristaux des inégalités semblables.)

Fig. 8. Le chalumeau.

Fig. 9. Le goniomètre A, rapporteur; B, aiguille servant à mesurer les angles.

Fig. 10. Cristallisation de cuivre natif.

Fig. 11. Argent natif en dendrites dans de l'agate.

Fig. 12. Cristallisation d'arragonite dite *flos ferri*, parce qu'elle accompagne les minérais de fer.

PLANCHE VII.

Fig. 1. Coquilles fossiles dans la craie A, *cérite*; B, *lymnée*; C, *bélemnite*; D, *planorbe.*—*Fig.* 2. Coquilles fossiles dans le muschelkalk ou calcaire coquillier; A, *térébratule*; B, *corne d'Ammon*; C, tige d'*encrine*.

PLANCHE VIII.

Fig. 1. *Gryphée* dans le lias. — *Fig.* 2. Coquilles des terrains tertiaires; A, *cyclostome*; B, *dentale.*—*Fig.* 3. *Nummulite* dans l'oolite.—*Fig.* 4. *Trigonie.*—*Fig.* 5. *Peigne.*

PLANCHES IX ET X.

Coupe idéale de l'ensemble des terrains dans leur ordre de superposition théorique. (Les terrains primitifs sont classés d'après les nouvelles recherches du capitaine Rozet.)

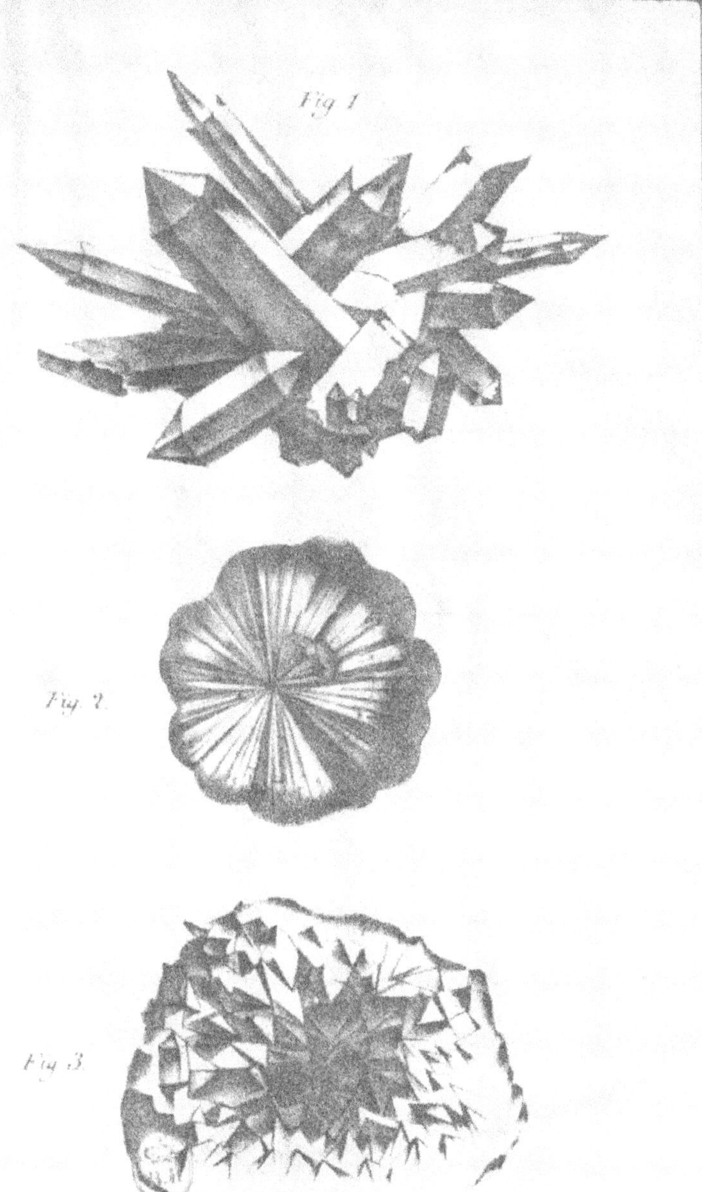
Fig 1
Fig 2
Fig 3

Fig. 1.

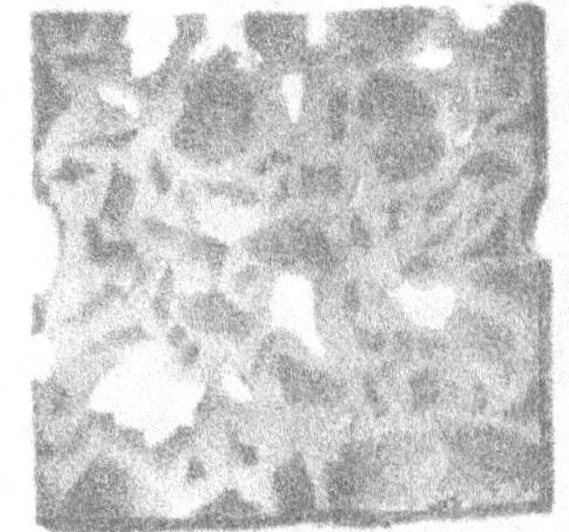

Fig. 2.

Fig. 3.

Metz L. de Dorny & Cie.   CREUSAT, Libraire-éditeur

Fig. 1.

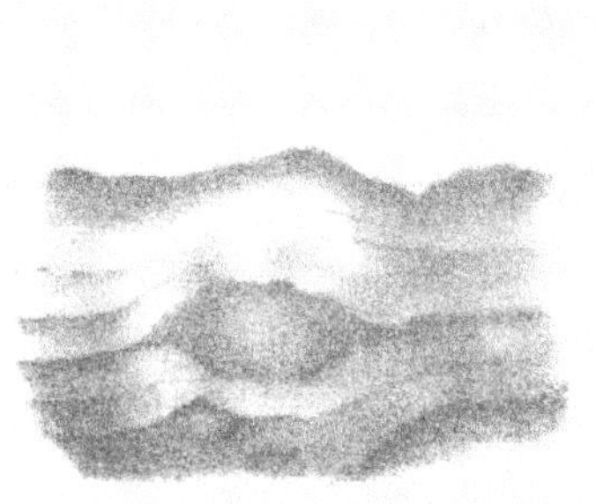

Fig. 1.

Fig. 2.

Fig. 3.

Fig. 4.

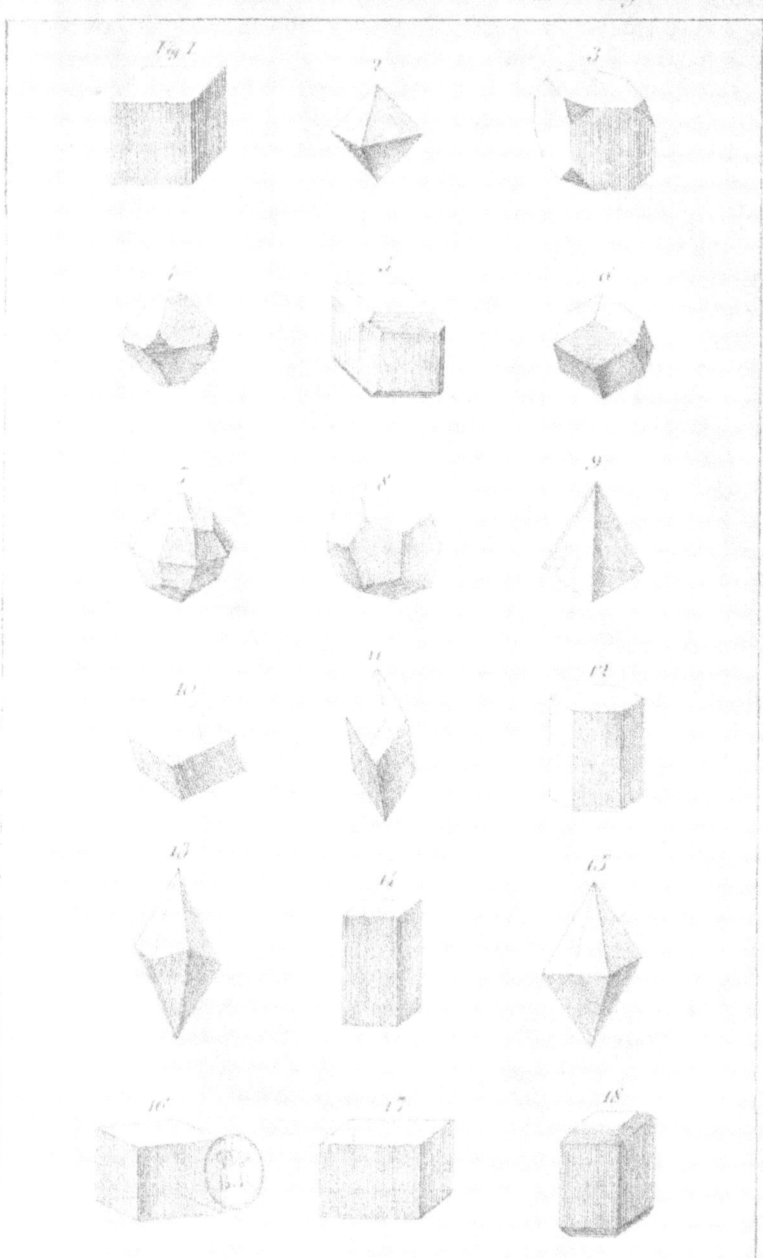

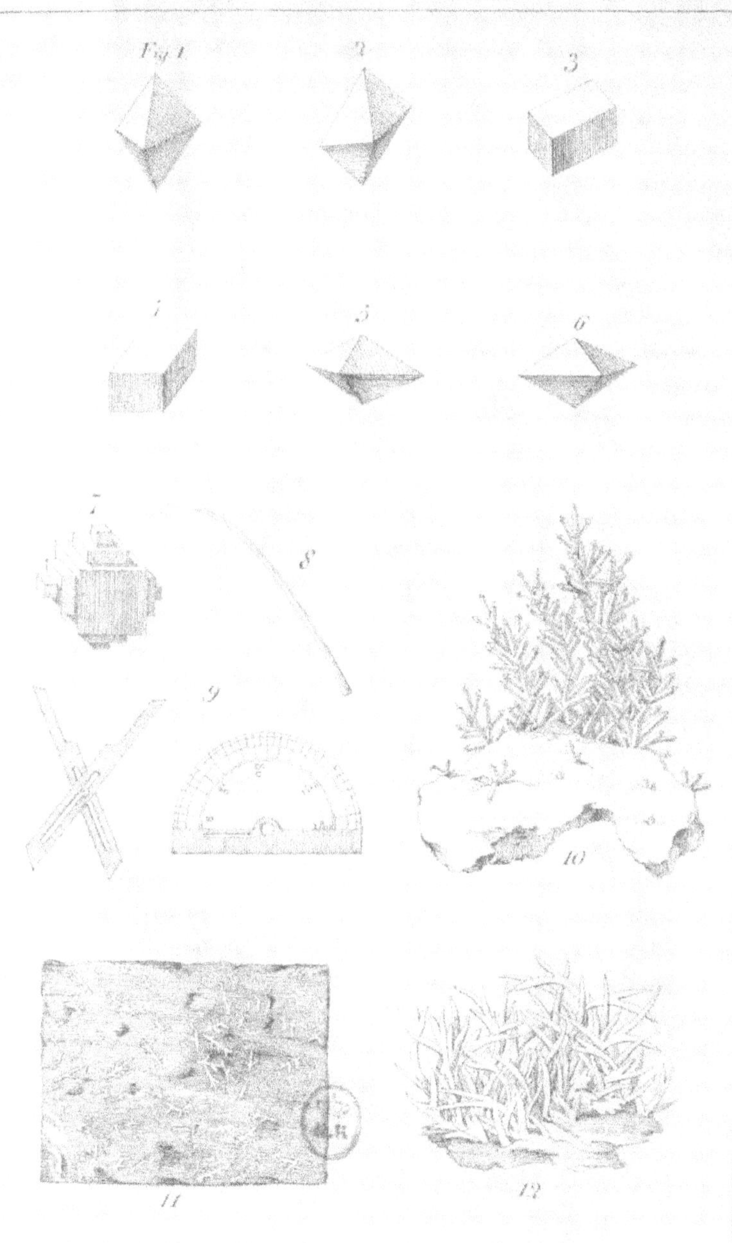

Fig. 1.
Fig. 2.
A
B
C
D
E
A
B
C

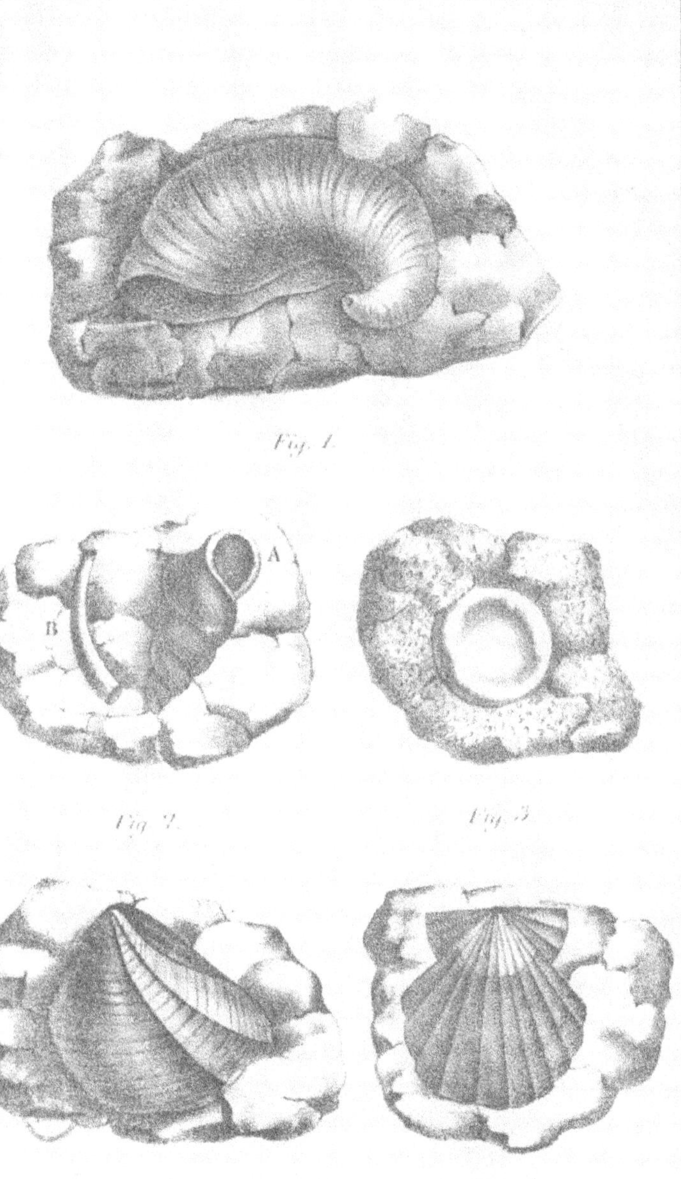

Fig. 1.

Fig. 2.

Fig. 3.

Fig. 4.

Fig. 5.

Terrain Supercrétacé
Terrain Crétacé
Terr. Oolitique.
Terrain Salifère.

Alluvions
Calcaire d'eau douce supérieur
Grès et sables
Banc d'huîtres
Gypse
Calcaire d'eau douce inférieur
Grès marin inférieur
Calcaire
Lignite
Calcaire
Sables
Craie blanche
Craie tufau
Craie verte sables
Sables ferrugineux gris
Oolite supérieure
Sables ferrugineux
Marne argileuse
Grande oolite
Terre à foulon
Oolite inférieure
Grès marneux
Marne argileuse
Lias
Grès du lias
Marnes irisées
Pœcilite
Gypse-Sel
Muschelkalck
Marnes bigarrées
Grès bigarré
Grès vosgien
Calcaire alpin
Schistes anciens

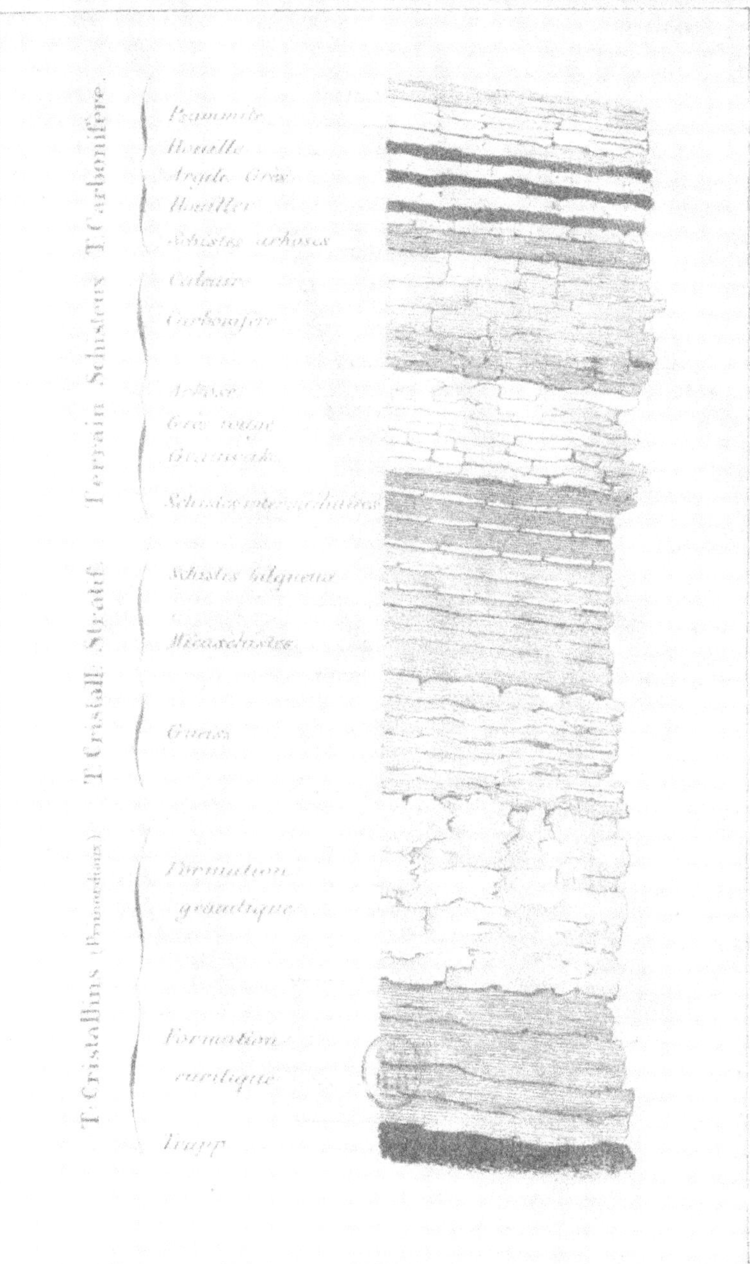

T. Cristallins (Primordiaux)
T. Cristall. Strat.
Terrain Schisteux
T. Carbonifère
Psammite
Houille
Argile Grès
Houiller
Schistes arkoses
Calcaire
Carbonifère
Arkose
Grès rouge
Grauwacke
Schistes intermédiaires
Schistes siliqueux
Micaschistes
Gneiss
Formation granitique
Formation euritique
Trapp

AVANT-PROPOS.

Les avantages qu'offre l'étude de l'Histoire naturelle, sont aujourd'hui si unanimement appréciés, qu'il devient presque superflu de les démontrer. Qui ne sait combien le *règne minéral*, offre d'applications utiles à la vie, de ressources à l'industrie, à l'art de bâtir, aux arts chimiques, etc.; combien l'étude de la *botanique* est nécessaire dans l'économie rurale, dans la médecine? qui ne serait curieux de connaître les *espèces animales* qui nous fournissent des alimens, des produits utiles dans les arts et dans l'économie domestique? qui veut enfin rester étranger à l'histoire si curieuse, si féconde des *révolutions du globe*, à l'étude des merveilleux instincts de l'animal, des phénomènes attrayans de la végétation! Pourrait-on d'ailleurs considérer comme un simple délassement une étude qui développe le talent *de l'observation*, et forme l'esprit à cet art précieux de *la méthode*, qui, une fois qu'on le possède, dit Cuvier, s'applique avec tant d'avantage aux connaissances les plus étrangères à l'histoire naturelle: une étude qui se lie intimement à l'anatomie et à la physiologie humaines, par la zoologie; à la physique et à la chimie par la minéralogie: une étude enfin qui élève l'âme vers le puissant auteur de tant de merveilles!

Comme traitant des corps, l'Histoire naturelle s'adresse *aux sens*, comme science de nomenclature, elle réclame les secours *de la mémoire*; ainsi donc:

Rendre facile et sûr l'exercice de cette faculté,

Parler aux sens,

Tel est dans l'enseignement de cette science le double objet à remplir.

Si les *figures* remplissent directement le second de ces objets, les *tableaux synoptiques* ne sont pas moins propres à atteindre le premier. Pour ceux qui enseignent comme pour ceux qui apprennent, il est assez prouvé combien il y a d'avantages à présenter ainsi dans un cadre resserré un ensemble systématique de connaissances groupées dans leurs rapports naturels: sortes de cartes géographiques d'une science où chaque fait mis à sa place s'offre à la mémoire dans sa dépendance à d'autres plus *généraux*, et dans ses corrélations avec les faits collatéraux. C'est là de la bonne mnémotechnie, et certes il n'est pas de science dans laquelle on n'en sente plus le besoin qu'en histoire naturelle, où la multiplicité des classes, des genres, des espèces, est pour quelques personnes une cause d'éloignement, pour beaucoup d'autres d'obstacles insupportables.

J'ai donc pensé qu'il serait utile de présenter dans une suite de tableaux synoptiques accompagnés de figures propres à éclaircir le texte, un précis d'histoire naturelle aussi complet que le demandaient les besoins actuels de l'enseignement.

Le succès qu'a obtenu cet ouvrage (succès qu'il n'a dû qu'à lui-même), m'autorise peut-être à penser que je ne me suis pas trompé sur le but que je m'étais proposé, et sur les moyens d'y atteindre. C'est pour répondre à de nombreuses demandes que je présente aujourd'hui ces élémens sous deux formats. J'ai cherché autant que possible dans celui-ci (in-8°), qui était désiré particulièrement par les élèves, parce qu'il est plus portatif, à ne pas démembrer les divisions synoptiques. J'ai revu en outre les diverses parties de l'ouvrage, et rempli les lacunes que j'avais pu y apercevoir en l'enseignant moi-même.

Tel qu'il est, il peut être enseigné, conformément à la décision prise par le conseil royal, dans l'espace de deux années scholaires (1). Dans la première on consacrera le premier semestre à la *Minéralogie*, le second à la *Botanique*. La *Zoologie* occupera les deux semestre de l'année suivante, mais avec les développemens qu'il est indispensable de donner sur l'Anatomie, la Physiologie et même sur l'Hygiène de l'homme.

Telle est, ce me semble, la marche indiquée par la nature même des choses, puisqu'on procède ainsi du simple au composé.

La MINÉRALOGIE offre trois divisions : 1° l'étude des *caractères*; 2° la *classification*; 3° *l'histoire* des minéraux considérés dans leus propriétés physiques et chimiques, dans leur gisement, dans leur mode d'extraction et les localités où on les trouve, enfin dans leur emploi.

La GÉOLOGIE, que j'ai réunie à la minéralogie dans une seconde édition, comprend la classification et la description *des roches*; celles *des terrains*; *l'histoire géologique* du globe, de ses révolutions, etc.

La BOTANIQUE renferme : 1° l'*Anatomie* végétale; 2° la *Physiologie* végétale; 3° la *description* des familles les plus importantes, et l'*emploi* des principales espèces.

La ZOOLOGIE est rédigée sur le même plan : 1° *Anatomie comparée*; 2° *Physiologie comparée*; 3° *Zoologie descriptive* (classification des animaux, description des principaux genres; *mœurs*, *instincts*, *utilité* des principales espèces.

Ne pouvant donner l'*étymologie* des termes techniques dans le cours même de l'ouvrage, sans compliquer beaucoup mes tableaux synoptiques, j'ai préféré le faire dans la table générale des matières (2).

---

(1) En comptant deux leçons par semaine, d'une heure chaque.

(2) S'il m'est permis d'adresser un conseil à ceux de mes collègues qui enseignent pour la première fois l'histoire naturelle, c'est : 1° de donner dès le commencement, aux élèves du cours de botanique, la clef d'une méthode de classification (celle de *Linné* de préférence), de manière à faire marcher de front la théorie et la pratique, l'*analyse* des plantes et leur étude anatomique ou physiologique. Entre autres inconvéniens qu'il y aurait à attendre la fin du semestre pour faire ces analyses, c'est que la plupart des plantes auraient fleuri; 2° non seulement, de mettre sous les yeux des élèves en zologie, le plus grand nombre de planches qu'on pourra se procurer, mais même de pratiquer en leur présence la dissection de quelque animal mort, pour leur faire comprendre, d'une manière plus nette, la conformation et le jeu des organes. Est-il nécessaire de dire qu'il n'est pas moins important de rassembler le plus grand nombre possible d'échantillons minéralogiques ?

NOTIONS PRÉLIMINAIRES.

§ Iᵉʳ.

Ox nomme Corps tout ce qui est susceptible d'agir sur nos sens, ou en d'autres termes, ce que nous pouvons voir, toucher, etc.

Les corps résultent d'un assemblage de particules infiniment petites ou *molécules*, séparées par des interstices ou *pores*.

Nous distinguons les corps entre eux au moyen de leurs *qualités* ou *propriétés* : ce sont les différentes manières dont il frappe nos sens.

La *matière*, ou la substance qui compose les corps, *inerte*, c'est-à-dire incapable de se mouvoir par elle-même, est soumise à des FORCES GÉNÉRALES ou LOIS, qui sont la source des phénomènes variés qui se passent dans les corps et des propriétés que nous y constatons.

§ II.

Le phénomène le plus général est celui en vertu duquel tous les corps sont comme attirés les uns vers les autres par une force irrésistible que les physiciens ont nommée ATTRACTION. Considérée :

1° *A la surface de la terre*, elle constitue la *pesanteur*, c'est-à-dire cette puissance qui entraîne tous les corps vers le centre du globe, en d'autres termes, qui les force à tomber, parce que l'attraction étant proportionnelle aux masses des corps attirans, le globe attire infiniment plus qu'il n'est attiré.

Le *poids* d'un corps est l'effort qu'il faut faire pour l'empêcher de tomber, ou pour vaincre la force qui tend à le précipiter vers le centre de la terre.

2° *Considérée relativement à la constitution intérieure des corps*, c'est la force qui tient réunies en une seule masse, et comme attachées les uns aux autres, les molécules d'un corps.

Quand elle s'exerce entre les molécules de même nature, elle est appelée *cohésion*; quand elle agit pour rapprocher des molécules de nature différente, c'est l'*affinité*.

Les corps sont *solides* quand l'adhérence des molécules est telle qu'une partie des corps ne peut être déplacée sans entraîner avec elle toute la masse; *liquides* quand les molécules peuvent se déplacer et rouler en quelque sorte les unes sur les autres sans entraîner la masse; *gazeuses* ou aériformes quand, au lieu d'adhérer, les molécules tendent à s'écarter indéfiniment les unes des autres.

§ III.

L'ATTRACTION n'est pas la seule force qui agisse sur les corps; il est en outre des agens généraux qu'on a désignés sous le nom de *fluides impondérables* ; ce sont le *calorique* ou fluide de la chaleur, le *fluide électrique* et *magnétique*, la *lumière* ou le fluide lumineux.

1° Le CALORIQUE ou principe de la chaleur, interposé entre les molécules des corps, tend continuellement à les écarter les unes des autres, et contrebalance ainsi l'effort que fait pour les rapprocher l'attraction moléculaire.

Le calorique, en éloignant les unes des autres, les molécules d'un corps, le *dilate*, ou en augmente le volume. Deux corps de nature différente peuvent donc renfermer une quantité inégale de matière sous le même volume ; c'est ce qu'on exprime en disant que ces corps sont plus ou moins *denses*.

L'état *solide*, *liquide* ou *gazeux* du corps n'est donc pas un fait absolu, mais relatif à la quantité plus ou moins grande du calorique accumulée dans les vides que laissent entre elles leurs molécules. Ainsi que l'on expose un corps solide à une chaleur progressivement croissante, on le verra, après s'être dilaté en tous sens, *se fondre*, ou passer à l'état liquide, puis se *vaporiser*, c'est-à-dire passer à l'état de fluide gazeux ou aériforme. — Le même corps, en se refroidissant ou en perdant son calorique, repassera successivement par les mêmes états. — Il est néanmoins des corps qui passent immédiatement de l'état solide à l'état de fluide gazeux. Il en est d'autres qu'on n'a pu encore liquéfier ou solidifier, ce sont les *gas* proprement dits ou fluides aériformes permanens. Il ne faut pas les confondre avec les *vapeurs*, qui ne doivent leur état gazeux qu'à une accumulation de calorique accidentelle (1).

2° La LUMIÈRE est un fluide très-subtil, sur la nature duquel les opinions des physiciens ne sont pas encore arrêtées. Elle émane 1° *directement* des corps lumineux (le soleil, les étoiles fixes, les corps enflammés) ; 2° indirectement des corps qui la réfléchissent (la lune, les corps polis, etc.) Un corps lumineux envoie de tous les points de sa surface des rayons qui se dirigent en ligne droite en s'écartant de plus en plus. Ces rayons traversent les corps *transparens* ; ils ne sont pas toujours réfléchis par les corps opaques : il en est qui les absorbent tous (corps *noirs*) ; d'autres qui les réfléchissent tous (corps *blancs*) ; il en est enfin qui n'en réfléchissent que quelques-uns (corps *colorés*). En Effet, tout rayon de lumière blanche étant lui-même composé de sept espèces de rayons offrant chacun une couleur propre (*ex.* : l'arc-en-ciel), la couleur des corps dépend de l'espèce de rayon qu'ils réfléchissent.

3° ÉLECTRICITÉ : On a attribué à l'existence d'un fluide impondérable

---

(1) Le degré de chaleur d'un corps ou *sa température* se mesure au moyen de l'instrument bien connu de tout le monde sous le nom de *thermomètre*. C'est un petit tube de verre, contenant une colonne de mercure qui, en s'alongeant ou en se raccourcissant, selon le degré de dilatation qu'elle subit par l'effet de la température environnante, indique, sur une échelle graduée, jointe à l'instrument, la mesure précise de cette température. On prend pour zéro ou point de départ, la température de la glace fondante, et pour point culminant (100 degrés) la température de l'eau bouillante.

répandu dans toute la nature, la propriété dont jouissent les corps placés dans des circonstances particulières, d'attirer à eux les corps légers qu'on leur présente, et, quand le fluide est accumulé, de produire 1° des étincelles; 2° des commotions violentes sur l'homme et les animaux; 3° un degré de calorique suffisant pour fondre les substances les plus difficilement fusibles.

Les corps à l'état électrique, tantôt se repoussent, tantôt s'attirent entre eux; ce qui a fait admettre deux modes d'électrisation différens, l'un qu'on a appelé l'électricité *vitrée* (parce qu'il appartient au verre, etc.); l'autre l'électricité *résineuse* (parce qu'il appartient aux résines, etc.) (1).

On a nommé *fluide magnétique* la cause qui communique à certains fers (pierres d'aimant) la propriété d'attirer d'autres fers. Ce n'est probablement qu'un mode particulier de l'électricité. On distingue dans un aimant deux points opposés ou ce phénomène se montre d'une manière plus énergique; c'est ce qu'on appelle les *pôles*. De ces deux pôles l'un exerce une action *attractive*, l'autre une action *répulsive* sur les aimans qu'on leur présente.—On peut communiquer la propriété magnétique par des moyens artificiels.

§ IV.

Considéré dans son ensemble, le globe se divise en trois parties principales : 1° une partie liquide, l'*eau*, qui couvre une grande partie de sa surface; 2° l'enveloppe *aériforme* ou l'*atmosphère*, qui l'embrasse dans toute son étendue; 3° la *croûte minérale* ou la terre.

1° L'AIR est un fluide transparent, invisible, inodore, insapide, pesant, composé d'un mélange de deux *gaz*, *oxigène* et *azote*, dans la proportion de 21 du premier, 79 du second, en outre, de quelques millièmes d'*acide carbonique* et de *vapeurs d'eau*.

Le gaz OXIGÈNE constitue la partie respirable de l'air; c'est l'aliment du feu; en d'autres termes, c'est de sa combinaison avec les corps dits *combustibles* que résulte le phénomène de la *combustion*. L'oxigène est un gaz incolore, inodore, insapide; c'est le corps le plus répandu dans la nature.

Le gaz AZOTE, incolore, inodore, insapide, éteint les corps en combustion, est impropre à la respiration.

Le gaz ACIDE CARBONIQUE, incolore, inodore, de saveur aigrelette quand il est dissous dans l'eau, plus pesant que l'air, éteint les corps en combustion et asphyxie les animaux qui le respirent. Il se dégage naturellement

---

(1) Un des moyens propres à développer les phénomènes électriques, c'est le contact de certaines substances. Ainsi une plaque de zinc et une plaque de cuivre mises en contact, acquièrent chacune des propriétés électriques; si l'on met en communication plusieurs plaques semblables, ces propriétés se manifestent avec une grande énergie. Tel est le fait qui a servi de base à l'instrument qu'on a appelé *pile galvanique* (de *Galvani* son inventeur). Au reste il y a identité complète entre le fluide électrique et le fluide dit *galvanique*, parce qu'on le dégage au moyen de la pile.

de certaines cavités souterraines et des substances végétales en fermentation (le vin, la bière, etc.)

2° L'eau pèse 800 fois plus que l'air. Elle est formée par la combinaison de deux gaz, savoir : 2 volumes d'hydrogène, 1 d'oxigène ; elle contient en outre quelques sels en proportions variables.

Le gaz hydrogène est incolore, inodore quand il est pur, 13 fois plus léger que l'air ; il est impropre à la respiration, et il s'enflamme à l'approche d'un corps en combustion.

L'hydrogène ne se trouve pas pur dans la nature ; il entre dans la composition des matières végétales et animales.

3° La partie solide du globe, dont nous ne connaissons qu'une bien petite partie, eu égard à l'étendue totale d'un rayon terrestre (1500 lieues) ; on y trouve plus de 200 espèces de substances différentes, parmi lesquels dix à douze seulement entrent comme matériaux essentiels.

CONSIDÉRATIONS GÉNÉRALES.

L'HISTOIRE NATURELLE (1) est une science qui a pour objet l'étude des êtres qui existent à la surface ou dans l'intérieur de la terre, *à l'état ou la nature nous les présente* (2).

Deux grandes divisions dans les êtres :
- 1° **CORPS BRUTS** ou **INORGANIQUES**, c'est-à-dire privés d'organes et de vie ;
- 2° **CORPS ANIMÉS** ou **ORGANIQUES**, c'est-à-dire privés d'organes ou de vie.

Les corps inorganiques et les corps organiques diffèrent entre eux :

1° **PAR LEUR ORIGINE** : Les corps bruts se *forment* par des réunions de molécules qui sont déterminées uniquement par les lois générales des attractions physiques et chimiques. — Les corps organisés *naissent* de corps semblables à eux, dont ils ont été séparés à une certaine époque sous forme de graines, d'œufs, d'embryons, etc. ;

2° **PAR LEUR ACCROISSEMENT** : Les corps bruts augmentent par le *dehors* au moyen de nouvelles particules déposées sur les premières, et ils peuvent changer de forme en augmentant de volume. — Les corps vivans croissent de dedans en dehors par *intus-susception*, c'est-à-dire en attirant, et en introduisant dans leur intérieur de nouvelles molécules qui s'intercalent à celles qui existent déjà, et ils conservent la même forme en augmentant de volume.

3° **PAR LEUR STRUCTURE** : Les corps bruts consistent en une simple agrégation de particules homogènes. — Les corps vivans ont une structure propre que l'on nomme *organisation*, parce qu'elle consiste dans une combinaison de parties dissemblables qui sont les *organes* ou les instrumens de la vie ;

4° **PAR LEUR FIN** : Les corps bruts ont une durée indéterminée, et ne se *détruisent* que lorsque l'action des causes extérieures tend à décomposer ou à disperser leurs molécules. — Les corps vivans ont une durée déterminée à l'avance, une fin inévitable, ils *meurent* lorsque leur organisation subit des dérangemens qui arrêtent le mouvement vital.

LES CORPS INORGANIQUES ne renferment qu'une classe d'êtres : **LES MINÉRAUX.**

---

(1) Le mot *nature* est ordinairement employé pour désigner l'ensemble des êtres qui composent l'univers ; cependant l'histoire naturelle *proprement dite* ne s'occupe que des corps qu'on trouve sur notre planète.

(2) Cette définition distingue suffisamment l'histoire naturelle de la *physique* qui expose *les propriétés du corps et les lois qui les régissent* ; de *la chimie* qui recherche les lois suivant lesquelles les molécules élémentaires du corps *agissent les unes sur les autres* à des distances prochaines, *les combinaisons et les séparations* qui en résultent. G. Cuvier a ainsi caractérisé les procédés qui dominent dans les trois branches des sciences naturelles : la physique est aujourd'hui une science presque toute *de calcul* ; la chimie presque toute encore *d'expérience* ; l'histoire naturelle n'est encore qu'une science *d'observation.*

(*Règne animal*, T. I.)

Les corps organiques renferment deux classes d'êtres.

1° **LES VÉGÉTAUX**, êtres vivans, mais dépourvus de sensibilité et de mouvement volontaire ;

2° **LES ANIMAUX**, êtres vivans, qui sentent et se meuvent à leur gré.

A ces trois classes d'êtres correspondent *trois branches* dans l'histoire naturelle, savoir :

1° **LA MINÉRALOGIE** : Elle a pour objet la connaissance des substances minérales dont elle étudie les formes, la composition, les propriétés, l'emploi et la position dans les différentes couches qui constituent la partie solide du globe.

2° **LA BOTANIQUE** : Elle traite des végétaux, des différentes parties qui les composent, de leurs fonctions, de leur classification, de leurs usages ;

3° **LA ZOOLOGIE** : Elle embrasse la connaissance de tous les animaux qui peuplent la terre, de leur organisation, de leurs fonctions, de leurs mœurs, de l'utilité que l'homme en retire.

Pour parvenir à reconnaître sûrement les êtres innombrables qui peuplent l'univers, il faut, de toute nécessité, suivre un certain ordre, un certain arrangement dans leur étude ; en d'autres termes, adopter une méthode qui nous fournisse les moyens de classer ces êtres, c'est-à-dire d'en former une sorte de catalogue raisonné dans lequel ils soient distribués d'après leurs points de *ressemblance* ou de *différence*, et portent des noms convenus. Presqu'aucun être n'a un caractère *unique* par lequel il puisse être désigné sûrement ; presque toujours, il faut la réunion de *plusieurs* de ces caractères pour le distinguer de ceux qui lui ressemblent. Or, moins on embrassera de qualités communes entre plusieurs objets, plus le nombre de ces objets sera grand, et *vice versâ*. De là la nécessité d'établir dans toute classification une série de *divisions*, *subdivisions*, subordonnées les unes aux autres.

Les divisions généralement établies dans les *classifications* prennent le nom :

1° **D'ESPÈCES** : C'est la réunion des êtres qui se ressemblent par toutes leurs propriétés essentielles, et qui ne se distinguent que par quelques différences légères exprimées par le mot *variété* ou *sous-espèce* ;

2° **DE GENRES** : C'est la réunion en un seul groupe des espèces qui se ressemblent le plus ;

3° **D'ORDRES** *ou de* **FAMILLES** : De même que le genre est la réunion des espèces qui se ressemblent le plus, l'*ordre* la *famille*, est la réunion des genres qui offrent entre eux le plus de ressemblances ;

4° **DE CLASSES** : Ce sont les divisions les plus générales. Elles reposent sur un ou plusieurs caractères fondamentaux établissant entre les familles une démarcation tranchée.

La **méthode** est dite *artificielle* quand ayant pour but unique de faire arriver au nom du corps que l'on étudie, elle ne prend pour but de la classification qu'un seul ordre de caractères choisis arbitrairement. — *Naturelle* quand elle classe les corps d'après l'ensemble de tous les caractères qui leur sont propres, ayant pour but de nous faire connaître non seulement leurs noms, mais encore leurs analogies, et la place qu'ils occupent dans la série des êtres.

ÉLÉMENS
D'HISTOIRE NATURELLE.

BOTANIQUE.

Nous établirons *quatre divisions* dans l'étude de la BOTANIQUE:

1° L'ANATOMIE VÉGÉTALE. Elle a pour objet la structure, les formes et les positions relatives des divers organes des plantes.

2° LA PHYSIOLOGIE VÉGÉTALE. Elle apprend à connaître les usages auxquels sont destinés ces organes, ou en d'autres termes, les *fonctions* qu'ils remplissent et les différens phénomènes de *la vie* des plantes.

3° LA TAXONOMIE, ou exposition des diverses méthodes de classification des plantes.

4° LA PHYTOGRAPHIE, ou description des familles naturelles des plantes, des propriétés et de l'emploi de leurs principales espèces.

PREMIÈRE DIVISION. — ANATOMIE VÉGÉTALE.

On distingue dans les végétaux:

1° DES PARTIES ÉLÉMENTAIRES, formant comme la base de leur structure, et se montrant dans toutes leurs parties.

2° DES ORGANES résultant des différens modes de combinaison des parties élémentaires.

ORGANES DES VÉGÉTAUX.

Ils sont de deux sortes, savoir:

1. Organes de CONSERVATION ou de *nutrition:* Ceux qui servent à la nourriture de la plante.

2. Organes de REPRODUCTION : Ceux qui servent à reproduire la plante.

§ I. ORGANES DE NUTRITION.

On considère comme organes de la *nutrition:*

1. LA RACINE: Partie de la plante qui croît en sens inverse de la tige, et tend ordinairement à s'enfoncer dans la terre.

2. LA TIGE : Partie de la plante qui part du collet de la racine, cherche l'air et la lumière, et sert de support aux feuilles, aux fleurs et aux fruits.

3. LES FEUILLES : Organes qui se présentent ordinairement sous la

forme de lames planes, vertes, naissant du collet de la racine, ou sur les branches et les rameaux des tiges.

4. LES ORGANES ACCESSOIRES : Ce sont *les glandes*, *les poils*, *les épines et aiguillons*, *les vrilles*, *griffes*, etc. (Ils peuvent dépendre aussi des organes de la reproduction.—Voyez page 8.)

A. RACINE.

On considère dans la RACINE :

1° LES PARTIES dont elle se compose, savoir :

- *a.* Le *collet*, ou *nœud vital* : placé à la partie supérieure de la racine, il marque la ligne de démarcation entre elle et la tige. Il n'est pas toujours facile de le reconnaître.—Le collet est ordinairement dans la terre. (*Plan.* 1, *fig.* 1 *a.*)
- *b.* Le *corps* : c'est la partie moyenne de la racine, qui se trouve immédiatement au-dessous du collet. Sa forme et sa consistance varient beaucoup. (*Plan.* 1, *fig.* 1 *b.*)
- *c.* Le *chevelu* : partie inférieure de la racine, composée de filamens ou radicelles partant du corps. (*Plan.* 1, *fig.* 1 *c.*

2° Leurs FORMES principales :

- *a. Racines fibreuses* : celles dont le corps est formé d'un seul jet, ou de plusieurs jets se ramifiant en une multitude de fibres plus ou moins déliées (*Plan.* 1, *fig.* 1, 2.) Elle est *fusiforme* ou en fuseau ; *articulée* ou composée de plusieurs pièces soudées ; *noueuse* ou à renflemens, etc. (*Plan.* 1, *fig.* 6, *plan.* 2, *fig.* 3.)
- *b. Racines tuberculeuses* : celles qui présentent à leur partie supérieure ou sur différens points de leur étendue des *tubercules* (*Plan.* 1, *fig.* 3.), c'est-à-dire des corps charnus, irréguliers, contenant ordinairement une fécule abondante. EXEMPLE : les pommes de terre.—Les tubercules sont quelquefois *digités*, c'est-à-dire divisés comme les doigts de la main. (*Plan.* 1, *fig.* 4.)—On aperçoit à leur surface et dans leurs enfoncemens des espèces de boutons ou bourgeons souterrains d'où doit s'élever la nouvelle tige. (Les *yeux* de la pomme de terre.)
  (Les botanistes modernes ne regardent plus les tubercules comme des racines, mais comme des amas de matière nutritive.—Voyez la *Physiologie.*)
- *c. Racines bulbeuses* (vulgairement *ognons*) : elles offrent un plateau large, assez mince, plat (tige aplatie), émettant de sa face inférieure des radicules qui constituent la véritable racine, et portant supérieurement un *bulbe* ou *ognon*, qui n'est autre chose qu'un bourgeon. Ce bourgeon renferme les rudimens des feuilles et des fleurs, et il est enveloppé d'écailles charnues, tantôt embrassant toute la circonférence de l'ognon et s'emboîtant les unes dans les autres, EXEMPLE : l'ognon commun ; tantôt étroites et imbriquées, c'est-à-dire se recouvrant comme les tuiles d'un toit, EXEMPLE : le lis.—Quelquefois sous une seule enveloppe, on trouve plusieurs bulbes réunis ; on les nomme *caïeux*. EXEMPLE : l'ail. *Plan.* 1, *fig.* 5, *plan.* 2 *fig.* 2.)
  Les *bulbilles* ne diffèrent des véritables bulbes que parce qu'ils naissent des différentes parties de la plante.—(Voyez page 16.)

3° Leur DURÉE :

- *Racines annuelles* : se développent et meurent dans la même année, après avoir donné des graines.—*Racines bisannuelles* : ne fleurissent et ne donnent des graines que dans la seconde année, après quoi elles meurent.—*Racines vivaces* : subsistent un nombre indéfini d'années ; les unes portant des tiges ligneuses qui durent autant qu'elles ; les autres des tiges herbacées qui se développent chaque année. Ces distinctions n'ont rien d'absolu, des plantes ou racines annuelles pouvant devenir bisannuelles, vivaces, et *vice versâ.* (*Plan.* 1, *fig.* 13.)

4° Leur STRUCTURE. Voyez *tiges*, page 3.

5° Leur DIRECTION. *Pivotantes*, s'enfonçant verticalement, *obliques*, *horizontales*, etc.

B. TIGES.

PRINCIPALES ESPÈCES de tiges.	Le *tronc* : Tige ligneuse, élargie à la base, s'amincissant de plus en plus à mesure qu'elle s'élève ; nue inférieurement, ramifiée supérieurement. C'est la tige propre aux arbres de nos forêts. Le *stipe* : Tige fibreuse, aussi grosse à son extrémité qu'à sa base ; rarement ramifiée, ordinairement terminée par un faisceau de feuilles. ((*Plan.* 4, *fig* 2.) (On donne aussi le nom de *stipe* au support des champignons et à la tige des fougères.) Le *chaume* : Tige cylindrique, ordinairement fistuleuse, munie d'espace en espace de nœuds solides ; simple, ou rarement ramifiée. (*Tige des graminées*.) La *souche* ou *rhizóme* : Tige souterraine et horizontale, poussant par sa partie antérieure des rameaux et des feuilles, tandis que sa partie postérieure se détruit. (*Racine progressive* des anciens botanistes.) (*Plan.* 4, *fig*. 6.) *Hampe*. (Voyez *pédoncule*, page 14.) La *tige* proprement dite : Celle qui ne se rapporte à aucune des espèces précédentes.

On considère dans les TIGES :

1° Leurs *formes* ; 2° leur *consistance* ; 3° leur *division* ; 4° leur *direction* ; 5° l'état de leur *surface* ; 6° leur *structure*.

a. FORMES.	*Comprimées*, aplaties de deux côtés opposés.—*Striées*, offrant de petites raies longitudinales et parallèles.—*Articulées*, séparées par des nœuds où elles se rompent sans se déchirer. EXEMPLE : l'œillet.—*Noueuses*, séparées par des *nœuds*, espèces de renflemens plus solides que la tige. EXEMPLE : le blé.—*Géniculées*, articulées et fléchies.—*Triangulaires*, *cylindriques*, etc., formes qu'il est superflu de définir.
b. CONSISTANCE	*Herbacées*, de même consistance que l'herbe.—*Charnues*.—*Spongieuses*, remplies de moelle.—*Fistuleuses*, offrant un canal.—*Ligneuses*, formées de bois. (Les *arbres* sont des tiges ligneuses ne se ramifiant que supérieurement ; les *arbrisseaux*, des tiges ligneuses ramifiées dès leur base ; les *sous-arbrisseaux*, des tiges demi-ligneuses, c'est-à-dire dont la base persiste, tandis que les rameaux herbacés périssent tous les ans.)
c. SIMPLES.	*Simples*, sans ramifications.—*Rameuses*, divisées en branches, rameaux, ramuscules.—*Dichotomes*, *trichotomes*, divisées et subdivisées par deux, par trois branches.—*Prolifères*, ne portant des rameaux qu'à leur extrémité. (Sous le rapport de l'*insertion* des rameaux, voyez l'insertion des feuilles, page 7.)

d. DIRECTION.

Rampantes : s'étendant sur le sol sans s'y enraciner.— *Traçantes* ou *stolonifères*, quand du collet de la racine partent des rejets ou petites tiges latérales nommées *stolons*, qui s'étendent sur la terre, s'y enracinent et poussent de nouvelles tiges. EXEMPLE : le fraisier. (*Plan 2, fig. 4.*)—*Sarmenteuses* ou *grimpantes*, grimpant sur les corps voisins, et s'y entortillant, soit par simple torsion, soit au moyen d'appendices particuliers (vrilles, suçoirs.) EXEMPLE : le lierre.—*Volubiles*, se roulant en spirale autour des corps qu'elles rencontrent (elles tournent toujours dans le même sens dans chaque espèce.) EXEMPLE : le houblon.—*Fastigiées*, quand elles pointent vers le ciel. EXEMPLE : le peuplier d'Italie.—*Obliques, flexueuses, verticales*, etc.

e. ÉTAT de la SURFACE.

Nues, ne portant ni feuilles ni appendices.—*Pubescentes*, couvertes de poils fins et serrés.—*Velues*, portant de longs poils mous.—*Glabres*, dépourvues de poil et de duvet.—*Tomenteuses*, recouvertes d'une espèce de duvet semblable au coton.—*Ciliées*, quand les poils sont disposés régulièrement en lignes.—*Épineuses, aiguillonneuses* ou *inermes*, selon qu'elles sont ou non garnies d'épines.—*Glauques*, vert de mer.—*Maculées*, à taches irrégulières.—*Tuberculeuses.—Écailleuses*, etc.

f. STRUCTURE DE LA TIGE

Examinée dans les tiges ligneuses qui présentent réunies toutes les parties susceptibles d'entrer dans la composition de cet organe, elle diffère dans les végétaux à deux ou à un cotylédon.

1° Dans les tiges de DICOTYLÉDONS (plantes à 2 cotylédons, voyez la page 17) arbres de nos climats, on distingue : (*Plan 2, fig. 5.*)

L'ÉCORCE offrant de la circonférence au centre.

L'*épiderme*, pellicule mince, sèche, non élastique, transparente ; ses couleurs variées sont dues aux sucs dont est pénétré le tissu sous-jacent. Sa surface est parsemée de petits points, qu'on regarde comme des pores, et que l'on nomme *stomates*. Il forme quelquefois plusieurs couches superposés.

L'*enveloppe herbacée*, ou tissu cellulaire externe, sorte de lame ou membrane verte, formée par du tissu cellulaire (voyez page 20), très-humide dans le temps de la sève, enveloppant l'écorce depuis la racine jusqu'à l'extrémité des branches. On l'a nommée aussi *moelle externe*, à cause de son analogie de structure avec la moelle.

Les *couches corticales :* Couches longitudinales de fibres, offrant la consistance du bois, et s'entrecroisant de manière à former un réseau.—Par suite du mode d'accroissement des tiges, les couches internes de l'écorce étant moins anciennes, n'ont pas encore acquis la consistance ligneuse : on les distingue par le nom de *liber*, parce qu'elles forment des lames qu'on peut séparer comme les feuillets d'un livre.

Le BOIS ou corps ligneux. Il se compose de plusieurs couches formant des zones concentriques, dont les plus externes portent le nom d'*aubier*, ou *bois imparfait*, parce qu'étant les plus jeunes, elles n'ont pas acquis la solidité et la couleur du bois proprement dit. La ligne de démarcation entre le bois et l'aubier n'est pas toujours sensible.—Le corps ligneux est traversé du centre à la circonférence par des fissures qui ne paraissent être que les interstices laissés dans le bois par les vaisseaux qui charient la sève, ou, selon d'autres, des prolongemens de la moelle, établissant une communication entre l'étui médullaire et l'enveloppe herbacée, d'où le nom de *rayons médullaires*.—La structure des *branches* et des *racines* ne diffère pas de celle de la tige; seulement, dans les racines, on n'aperçoit pas ordinairement de canal médullaire.

(On ne trouve pas dans toutes les tiges des dicotylédons une organisation parfaitement semblable; il en est qui manquent de moelle: dans d'autres, l'aubier ne se distingue pas du bois. Dans les plantes annuelles, le bois parfait n'a pas le temps de se former: on ne voit pas non plus de couches corticales ligneuses.)

La MOELLE. Substances spongieuse, légère, généralement verte dans les jeunes pousses, blanche et sèche en vieillissant; renfermée dans un canal (*étui médullaire*), qui se prolonge depuis le collet jusqu'au sommet de la tige. La moelle est en quantité fort variable dans les végétaux.

2° Dans les tiges de monocotylédons (plantes à 1 cotylédon, voyez la page 17.) (*Plan.* 6, *fig.* 2.) On ne distingue ici ni écorce, ni couches ligneuses concentriques, ni canal médullaire; mais une substance homogène dans toute l'épaisseur de la tige, composée de longs faisceaux de fibres ligneuses éparses au milieu du tissu spongieux qui les unit les unes aux autres. L'écorce n'existe pas, pour ainsi dire, ou elle est réduite à un épiderme plus ou moins épais. Exemple: la tige du palmier.

Relativement aux *vaisseaux* qui traversent la tige voyez plus loin, *parties élémentaires des végétaux*. — Les plantes dont la tige n'est pas visible sont dites *acaules*. Dans quelques-unes elles sont réduites à une sorte de plateau ou de disque aplati. Exemple: la jacinthe. (Voyez bulbe, page 2.)

C. FEUILLES.

On considère dans les FEUILLES:

1° *Leurs parties constituantes*; 2° *leurs formes caractéristiques*; 3° *la simplicité ou la composition*; 4° *l'état de leur surface*; 5° *leur insertion*; 6° *leur durée*; 7° *leurs parties accessoires*.

a. PARTIES CONSTITUANTES, SAVOIR:

Le PÉTIOLE: Support cylindrique plus ou moins grêle et alongé, vulgairement nommé *queue de la feuille*.—Il affecte différentes formes: *canaliculé*, creusé en gouttière; *déprimé*, ou aplati; *ailé*, bordé sur les côtés par une expansion du limbe, etc.—(Quant à l'état de la *surface*, voyez ce que nous disons plus loin du limbe.)—Quand le pétiole paraît comme soudé, qu'il se sépare par une interruption brusque sans se déchirer, il est *articulé*. — (Relativement à son *insertion* sur la tige, voyez plus loin. (*Plan.* 3, *fig.* 1, a, a.)

Le LIMBE ou *disque*; on y distingue: Les *nervures* ou fibres, ramifiées de différentes manières, et formant comme la charpente de la feuille.

Le *parenchyme*, membrane tendre, ordinairement verte, remplissant les interstices des nervures, revêtue d'un épiderme très-mince, muni de stomates. Plus lisse, plus ferme à la face supérieure de la feuille. Plus terne, moins foncé à sa face inférieure.

Une *base*, c'est la partie unie au pétiole; un *sommet*, c'est l'extrémité opposée à la base; des *bords*, une face *supérieure*, et *inférieure*. (Plan. 3, fig. 3.)

b. FORMES CARACTÉRISTIQUES.

Elles sont relatives à l'épanouissement :

Des NERVURES. — Tantôt les nervures se dirigent parallèlement de la base au sommet sans se ramifier, — Tantôt elles se ramifient, et sont dites *Feuilles pennées*, quand une seule nervure principale ou *côte* part de la base, et émet latéralement des nervures secondaires disposées comme des barbes de plume. (*Plan.* 3, *fig.* 6.) — *Feuilles palmées*, quand plusieurs nervures principales ou côtes partent de la base et divergent en émettant chacune des nervures secondaires également disposées des deux côtés comme des barbes de plume. (*Plan.* 3, *fig.* 7.)

Du PARENCHYME.

Feuilles ENTIÈRES. — Ne présentant aucune échancrure sur leurs bords. — Elles peuvent affecter différentes formes : *lancéolées*, rétrécies vers l'extrémité en fer de lance; *linéaires*; *subulées*, ou en alène, base linéaire, sommet en pointe alongée; *capillaires*, fines comme un cheveu; *lunulées*, en croissant; *obovales*, en ovale renversé; *ensiformes*, ou *gladiées*, en épée; *mucronées*, terminées en une pointe piquante. (*Plan.* 3, *fig.* 4, 8.) — *Cordée*, en cœur; *obcordée*, en cœur renversé; *réniforme*, en forme de rein (*plan.* 3, *fig.* 11.); *sagittée*, en fer de flèche (*plan.* 4, *fig.* 1); *hastée*, en fer de pique (*plan.* 4, *fig.* 3) *panduriforme*, en forme de violon (*plan.* 3, *fig.* 6) *lyrée*, en forme de lyre (*plan.* 4, *fig.* 2.)

Feuilles DIVISÉES. — *Bi*, *tri*, *multifides*, à 2, 3, plusieurs divisions; *bi*, *tri*, *multilobées*, à 2, 3, plusieurs lobes. Quand les échancrures atteignent la base du limbe, la feuille est dite *lobée*; quand elles sont moins profondes, elle est seulement *divisée*; quand ce sont de simples crans analogues à des dents de scie, la feuille est *dentée* (*plan.* 3, *fig.* 4); quand les échancrures sont très-étroites et en lanières, la feuille est *laciniée*; quand elles sont arrondies, la feuille est *sinuée*. *Pinnatifide* à échancrures profondes sur les côtés, et formant plusieurs lobes qui s'écartent perpendiculairement de la nervure principale. (*Plan.* 3, *fig.* 9.)

c. SIMPLICITÉ ET COMPOSITION DES FEUILLES.

Feuilles SIMPLES. — Celles qui, continues par leur parenchyme, ne forment qu'un seul tout dont on ne peut isoler une partie sans déchirer les autres. EXEMPLE : la feuille de vigne. Elles sont entières ou divisées, (Voyez précédemment.)

Feuilles COMPOSÉES. — Celles dont les diverses parties, isolées l'une de l'autre, adhèrent au pétiole par une articulation distincte, de telle sorte qu'on peut les en séparer sans déchirure. EXEMPLE : le marronnier d'Inde. — Chacune des parties des feuilles composées se nomme *foliole*, et leur pétiole particulier *pétiolule*. — Il ne faut pas les confondre avec les feuilles simplement *lobées*. Selon les dispositions des nervures, elles sont comme les feuilles simples *pennées* plan. 3, *fig.* 4.), ou *palmées*. *Surcomposées*, quand les folioles elles-mêmes sont composées de plusieurs articulations.

d. ÉTAT DE LA SURFACE.

On la considère :

1° *Sous le rapport de son expansion : plane ; concave ; caniculée ; carénée* ou creusée longitudinalement en gouttière avec une saillie anguleuse du côté opposé ; *onduleuse ; striée*, etc.

2° *Sous le rapport des appendices qui la revêtent :* ces caractères sont analogues à ceux des tiges. (Voyez précédemment.)

3° *Sous le rapport de la couleur : colorée*, quand elle est d'une autre couleur que le vert ; *panachée, glauque*, etc.

e. INSERTION.

MODE d'insertion.

La feuille est *sessile* quand le pétiole manquant, le limbe s'applique immédiatement sur la tige (*plan.* 4, *fig.* 4) ; *pétiolée* dans le cas contraire ; *embrassante* ou *amplexicaule*, quand elle s'épanouit autour de la tige qu'elle embrasse ; *engaînante*, quand elle forme une sorte de gaîne ou de fourreau à la tige qu'elle entoure dans une partie de sa longueur (*plan* 4, *fig.* 4, 5) ; *connée*, quand deux feuilles embrassantes se soudent ou se confondent par leurs extrémités (*plan.* 4, *fig.* 6) ; *perfoliée*, quand le limbe semble être traversé par la tige (*plan.* 4, fig. 7) ; *peltée*, quand le pétiole s'implante au milieu de la face inférieure du limbe. (*Plan.* 3, *fig.* 1.)

LIEU d'insertion.

Alternes, disposées en spirale autour de la tige de manière à se trouver alternativement à droite et à gauche, chaque tour de spirale pouvant offrir un nombre plus ou moins considérable de feuilles, mais constant dans chaque espèce, EXEMPLE : le peuplier ; *opposées*, placées vis-à-vis l'une de l'autre, EXEMPLE : le syringa ; *verticillées*, quand elles sont disposées en verticilles ou anneaux horizontaux autour de la tige. EXEMPLE : la garance. Chaque verticille pouvant se composer d'un nombre plus ou moins considérable de feuilles, est dit *terné*, *quaterné*, ainsi de suite ; *géminées*, naissant par paires au même point (*plan.* 4, *fig.* 9) ; *fasciculées*, naissant en assez grand nombre au même point, EXEMPLE : le cerisier ; *imbriquées*, se recouvrant les unes les autres comme les tuiles d'un toit, EXEMPLE : le thuya ; *distiques*, disposées sur deux rangs opposés. EXEMPLE : l'if. Relativement à l'insertion des folioles dans les feuilles composées, on appelle *feuilles digitées* celles dont les folioles s'insèrent au sommet du pétiole commun ; elles sont *bi, tri, multidigitées*, selon le nombre de ces folioles (*plan.* 4, *fig.* 10) ; les *feuilles pinnées* ou *ailées* sont celles dont les folioles s'insèrent le long d'un pétiolule, ou pétiole secondaire. (*Plan.* 2, *fig.* 5.) Les feuilles *pinnées* le sont avec ou sans impaire, selon que l'extrémité du pétiole porte ou ne porte pas une foliole solitaire. (*Plan.* 3, *fig.* 5.)
On divise encore les feuilles en *radicales, caulinaires, florales*, selon qu'elles naissent du collet de la racine de la tige ou du voisinage des fleurs.—En *feuilles séminales, primordiales*, etc., selon l'époque à laquelle elles apparaissent.

f. DURÉE.

1. *Caduques*, quand elles tombent avant de se flétrir ; 2. *tombantes*, quand elles tombent annuellement ; 3 *persistantes* ou *marcescentes*, quand elles persistent plusieurs années et se flétrissent sur la tige.

g. PARTIES ACCESSOIRES.

1. *Feuilles florales*, ou *bractées :* folioles placées au voisinage des fleurs, différant des autres feuilles par leurs couleurs, leurs formes, etc. Quelquefois elles se rapprochent ou se soudent entre elles, formant autour de la fleur une sorte de collerette qu'on nomme *involucre*.

Stipules : folioles qu'on trouve souvent à la base des véritables feuilles qu'elles remplacent parfois.—On les divise, selon leur point d'insertion, en : *caulinaires*, *foliolaires*, *pétiolaires*. (*Plan.* 4, *fig.* 8.)

Considérés d'après leur *direction*, leur *consistance*, leurs *compositions successives*, les feuilles reçoivent des noms qu'il est inutile de définir, parce qu'ils sont pris dans le langage vulgaire, ou que leur sens ne peut être équivoque. C'est ainsi que nous en avons agi relativement à leurs formes extrêmement nombreuses, et dans la suite de l'ouvrage en général.

D. ORGANES ACCESSOIRES DE LA NUTRITION.

D. Les ORGANES ACCESSOIRES peuvent se ranger sous 3 divisions : 1° ceux qui sont utiles à certaines fonctions de la nutrition (*glandes et poils*) ; 2° ceux qui semblent destinés à préserver les organes (*piquans*) ; 3° ceux qui servent à soutenir la plante (*appendices*).

1° GLANDES et POILS.

a. Quoique l'on ait donné le nom de *glande* à plusieurs organes distincts, on le réserve particulièrement pour désigner de petites vésicules arrondies qui contiennent une humeur particulière et se trouvent sur diverses parties des végétaux (feuilles et fleurs principalement.) Les différens corps auxquels on a donné le nom commun de *glande* sont : Les *glandes miliaires* s'offrant sous l'apparence de petits points, et qui sont de véritables pores. EXEMPLE : le millepertuis.—Les *glandes globulaires*, petits globules adhérens aux feuilles, au calice, etc. EXEMPLE : le dessous des feuilles de labiées.—*Glandes utriculaires*, semblables à de petites vessies, ou aux ampoules qu'occasionne une brûlure : EXEMPLE : l'aloès.—Les *glandes lenticulaires*, corpuscules en forme de lentilles, faisant saillie sur certaines parties. EXEMPLE : le bouleau. —Les *glandes urcéolaires* ou en godet. EXEMPLE : Les feuilles de pêchers.—Les *glandes florales* ou *nectaires*. (Voyez la page 13.)

b. Les *poils* sont des aiguillons filiformes, soyeux, flexibles, assez analogues aux poils des animaux, et qui peuvent recouvrir les diverses parties des plantes.—On les distingue en : *poils glanduleux* servant de support ou de canaux à une vésicule pleine d'une humeur particulière. EXEMPLE : l'ortie ; et en *poils lymphatiques* ne renfermant pas de liqueur propre, paraissant être de simples appendices.—Ils présentent différentes formes : *articulés*, *en chapelet*, *cotonneux*, *rameux*, etc. Selon la disposition qu'ils affectent, ils donnent à la plante l'aspect *soyeux*, *tomenteux*, etc.

2° PIQUANS.

a. *Épines.* Ce sont des prolongemens ou appendices ligneux, piquans, qui proviennent de divers organes soit avortés, soit persistans, et qui, en vieillissant, se sont endurcis. EXEMPLE : l'aubépine.—Elles peuvent provenir de branches avortées, de pétioles persistans, de stipules, de lobes, de feuilles endurcies, etc. Ainsi la culture peut convertir les épines en branches dans le poirier sauvageon.

b. Les *aiguillons*, organes analogues, en diffèrent en ce qu'ils sont des produits de l'écorce, et n'ont d'adhérence qu'avec l'épiderme, tandis que les épines font partie du corps ligneux, et ne peuvent être enlevées sans laisser des traces de déchirure.—Les aiguillons naissent sur différentes parties du végétal (pétiole, feuilles, calice, etc.) Ce ne sont quelquefois que des poils endurcis. EXEMPLE : la rose mousseuse.

3° APPENDICES.

Appendices filamenteux au moyen desquels une plante s'accroche aux corps voisins.

La *main*, ou *vrille pédonculaire*, pédoncule (queue de fleur) dont la fleur a avorté et qui s'est prolongé sous forme d'un filament délié. EXEMPLE : les mains de la vigne.

La *vrille proprement dite*, ou *vrille foliacée*, prolongement du pétiole ou de la nervure principale.

Les *griffes*, *suçoirs*, etc., appendices plus durs et qui s'enfoncent comme des racines dans les corps autour desquels grimpe la plante. EXEMPLE : le lierre grimpant.

§. II. *Organes de reproduction.*

DE LA FLEUR.

On désigne sous le nom de FLEUR, l'assemblage des organes fécondateurs et des parties accessoires qui leur servent d'enveloppe. — Pourvue de tous les organes qui peuvent entrer dans sa composition, la fleur offre du centre à la circonférence :

DES ORGANES essentiels :
- Le PISTIL, ou organe femelle.
- Les ÉTAMINES, ou organes mâles.

DES ORGANES accessoires :
- La COROLLE.
- Le CALICE.
- Les APPENDICES (parties accessoires proprement dites.)

1. ORGANES ESSENTIELS.

A. Le PISTIL, petit corps placé au centre de la fleur ; tantôt unique, tantôt multiple ; ordinairement composé de trois parties. (*Pl.* 5, *fig.* 1.)

a. L'OVAIRE.
(*Pl.* 5, *fig.* 1 *a.*)
C'est la base ou partie inférieure du pistil : elle est renflée, de forme ordinairement arrondie, et renferme les rudimens des jeunes graines (ovules). Le plus souvent sessile au-dessus de la fleur, l'ovaire est porté quelquefois sur un support ou pédicelle nommé *podogyne.* — Le nombre des ovaires correspond ordinairement à celui des styles ou des stigmates. — On considère :

1° Sa *position. Libre*, ou *supère* quand il est visible au fond de la fleur, où il n'est attaché que par sa base, et au-dessus du calice. (*Plan.* 5, *fig.* 2.) — *Infère*, quand il fait corps avec le calice qui l'enveloppe, de sorte qu'on n'aperçoit au centre de la fleur que la partie du pistil qui surmonte l'ovaire. — Il peut être aussi *séminifère.* EXEMPLE : la campanule.

2° Sa *structure.* — Il est des ovaires qui n'offrent intérieurement qu'une seule cavité ou *loge* ; on les nomme *uniloculaires.* D'autres présentent plusieurs loges séparées par des cloisons (ovaires, *bi*, *tri*, *multiloculaires*, etc.) Il en est qui, en apparence uniques, résultent de plusieurs ovaires qui se sont soudés entre eux (phénomène que l'on observe fréquemment dans les végétaux, entre organes similaires.) (*Plan.* 5, *fig.* 3.)

3° Le *nombre* et l'*arrangement des graines.* (*Plan.* 5, *fig.* 4.)

b. LE STYLE.
(*Pl.* 5, *fig.* 1 *b.*)
Partie intermédiaire s'élevant sur l'ovaire sous la forme d'un filet. Creux dans quelques plantes, plein dans la plupart. Quelquefois nul. — On considère :

1° Sa *situation.* — *Terminal* (situé au sommet de l'ovaire) ; *latéral*, etc. (*Plan.* 5, *fig.* 1.)
2° Sa *forme.* — *Cylindrique*, *tubuleuse*, *pétaliforme*, ou mince et coloré comme un pétale, etc.
3° Sa *surface.* — *Glabre*, *velu*, etc.
4° Sa *direction.* — *Vertical*, *réfléchi*, etc.
5° Ses *divisions.* — *Simple*, *bi*, *trifide*, etc.
6° Sa *durée.* — *Caduque*, *persistant*, *accrescent*, ou prenant de l'accroissement.

c. LE STIGMATE.
(*Pl.* 5, *fig.* 1 *c.*)
Sorte de petit mamelon posant ordinairement sur le sommet du style : il est le plus souvent spongieux, recouvert d'un enduit visqueux, unique ou multiple, selon que le style offre une ou plusieurs divisions. — On considère :

1° Sa *situation.* — *Terminal* (situé au sommet du style) ; *latéral* sur le côté ; *sessile*, sur l'ovaire. (*Plan.* 5, *fig.* 5.)
2° Sa *forme.* — *Globuleux*, *claviforme* ou en massue ; *linéaire*, *pétaliforme*, *anguleux*, etc.
3° Sa *surface.* — *Plumeux*, à poils disposés comme les barbes d'une plume ; *granuleux*, couvert de papilles ou petits grains, etc.
4° Ses *divisions* ou *lobes.* (*Plan.* 5, *fig.* 1 *a.*)

Quand une plante offre plusieurs pistils, ceux-ci, considérés isolément, prennent le nom de *carpelles* ; on réserve la dénomination de *pistil* à l'ensemble des organes femelles.

B. LES ÉTAMINES. Petits organes placés en nombre plus ou moins considérable autour du pistil; on y distingue: (*Pl. 5*, *fig. 6.*)

A. Deux parties principales:

a. Le filet: support filamenteux sur lequel l'anthère est attachée. — Quelquefois nul. — On étudie:

1° Sa *forme.* — *Cylindrique*; *pétaliforme*; *cunéiforme*, ou en forme de coin; *spiralé*, en tire-bouchon; *claviforme*, en massue, etc.

2° Ses *divisions.* — *Simple, divisé, bifurqué*, etc.

3° Sa *surface.* — *Glabre, velu*, etc.

(*Pl. 5, fig. 6 a.*)

b. L'ANTHÈRE: sorte de petit sac membraneux ou de capsule remplie de la poussière fécondante. (*Pollen.*) — On étudie: (*Pl. 5, fig. 6 b.*)

1° Sa *forme.* — *Globuleuse, ovoïde, linéaire*, etc.

2° Ses *divisions.* — *Unie, bi, multilobée*; formant une, deux ou plusieurs loges contenant le *pollen*; tantôt rapprochées, confondues; tantôt distinctes et réunies par une substance charnue intermédiaire, qu'on nomme le *connectif.* (*Plan. 5, fig. 6 b.*)

3° Sa *surface.* — *Unie, pointillée, glanduleuse*, etc.

4° Sa *déhiscence* (manière dont s'ouvrent les loges pour laisser échapper le pollen.) — Le plus souvent c'est par des *sutures* ou fentes longitudinales; quelquefois par des *pores*, par un *opercule* ou couvercle, *par la base, le sommet, transversalement*, etc.

5° Sa *connexion* avec le filet. — *Adnée*, fixée au filet dans toute sa longueur; *articulée*, fixée au moyen d'une articulation; *latérale*, adhérente par un côté; *terminale*, par le sommet; *dressée*, s'élevant perpendiculairement; *introrse*, *extrorse*, selon qu'elle s'ouvre intérieurement du côté du pistil, ou extérieurement du côté des enveloppes de la fleur; *pivotante*, tournant sur le filet comme sur un pivot; *immobile, pendante*, etc.

6° Le *pollen*, poussière le plus souvent jaune, et qui, vue au microscope, présente un amas de petites vessies, ou utricules renfermant une liqueur visqueuse. Ces globules sont *ovoïdes, sphéroïdes, cylindroïdes, lobés*, etc. Leur surface est *lisse* ou *hérissée, striée, chagrinée, hérissée de pointes*, etc.

B. L'INSERTION.

1° Relativement à la corolle, *l'insertion* est *médiate* ou *épipétale*, quand elles adhèrent à la corolle; *immédiate*, quand elles sont attachées sous l'ovaire sans adhérence avec les pétales. (*Plan 5, fig. 6, 7.*)

2° Relativement aux pistils. — *Hypogynes*, quand elles s'insèrent au dessous de l'ovaire; *périgynes*, quand elles prennent naissance autour de l'ovaire, sur le périanthe; *épigynes*, quand elles s'insèrent sur l'ovaire. (*Ibid.*)

Les étamines sont *opposées* ou *alternes* aux divisions de la corolle.

C. LE NOMBRE.

On le désigne jusqu'à 12 par les termes de *monandrie, diandrie, triandrie*, etc. (voyez la classification); passé le nombre 12, on ne compte plus que 20 étamines *icosandrie*; passé 20, c'est la *polyandrie* (étamines en nombre indéterminé ou *indéfinies*.)

D. LES CONNEXIONS.

Monadelphes, quand les filets soudés ensemble ne forment qu'un faisceau; *diadelphes, polyadelphes*, quand ils en forment deux, plusieurs. — *Syngénèses*, quand les étamines sont soudées entre elles par les anthères. (*Plan. 5, fig. 8, 9, 10.*)

E. LES PROPORTIONS.

Égales, inégales, didynames, quatre étamines, dont deux plus longues; *tetradynames*, six étamines, dont deux plus courtes.

On considère encore leur LONGUEUR comparée à celle des enveloppes florales; leur DIRECTION; leur DISPOSITION entre elles, particularités qui n'ont pas besoin de définition.

2. ORGANES ACCESSOIRES. (*Périanthe.*)

C. La corolle. C'est cette partie colorée de la fleur qui entoure immédiatement les étamines. On y considère :

La structure. — Elle est analogue aux filets des étamines et au style des pistils, ce qui explique comment ces organes se changent fréquemment l'un en l'autre. La corolle a été regardée comme un prolongement du liber. Le parenchyme tendre dont elle est formée est recouvert d'un épiderme très-fin.

La couleur. — Elle peut offrir toutes les nuances de coloration, hors le noir.

L'odeur. — Dans une foule de plantes, la corolle est le foyer d'émanations odorantes plus ou moins caractéristiques.

L'insertion. — Elle correspond à celle des étamines et prend les mêmes noms ; ainsi la corolle est *hypogine*, *périgyne*, *épigyne*, selon qu'elle s'insère au-dessous de l'ovaire, autour de l'ovaire, sur la paroi interne du calice, ou sur le sommet de l'ovaire.

Les parties constituantes. — *Corolle monopétale*, n'offrant qu'une seule pièce, et pouvant être considérée comme résultant de la soudure de plusieurs pétales. (*Plan.* 6, *fig.* 2.) — *Corolle polypétale*, offrant plusieurs pièces ou *pétales*. (*Plan.* 6, *fig.* 8.)

I. Corolle monopétale. On y considère :

1° Les parties constituantes. — Le *tube* est la partie comprise entre le point où s'insère la corolle, et celui où elle se divise. — Le *limbe* est la partie étalée qui s'étend depuis l'entrée du tube jusqu'aux bords. — La *gorge* est l'orifice supérieur du tube, ou le point où il se réunit avec le limbe. (*Plan.* 6, *fig.* 2.)

2° Les divisions. — Les *dents*, divisions qui n'atteignent pas le quart de la corolle. — Les *divisions*, celles qui en dépassent le tiers. — Les *parties*, celles qui en dépassent le milieu. — *Lobes*, *segmens*, divisions dont la longueur est indéterminée. — On exprime le nombre de ces divisions en disant : corolle *bi*, *tri*, *multi-lobée* ; *bi*, *tri-partite*, etc.

3° La forme.

Régulière, présentant un ensemble symétrique dans ses différentes parties. — *Campanulée*, s'évasant à sa base en forme de cloche (*plan.* 6, *fig.* 1) ; *infundibuliforme*, conique supérieurement et se terminant inférieurement par un tube (*plan.* 6, *fig.* 2) ; *tubulée*, tube très-allongé, limbe très-dilaté (*plan.* 5, *fig.* 13) ; *rotacée*, ou en roue, tube très-court, limbe plane évasé ; *hypocratériforme*, limbe évasé à bords relevés comme ceux d'une soucoupe ; *étoilée*, *globuleuse*, etc. (*Plan.* 5, *fig.* 14, 15.)

Irrégulière. — *Labiée*, quand le limbe forme deux divisions principales dont l'une est inférieure, l'autre supérieure. Ces divisions portent le nom de *lèvres* (*plan.* 6, *fig.* 6) ; *personée*, quand les deux lèvres rapprochées forment une proéminence à laquelle on a trouvé de l'analogie avec un masque (*persona*) ou avec un mufle de veau. (*Plan.* 5, *fig.* 6.) Dans ces sortes de corolles, la division supérieure, qui est quelquefois comprimée et saillante, prend le nom de *casque*. — On appelle *palais* une saillie interne de la gorge dans les personées. — Les divisions et autres modifications de forme des *lèvres* de la corolle sont indiquées par des expressions qu'il est inutile de définir. — Toute corolle monopétale irrégulière qui ne se rapporte pas aux précédentes est dite, *anomale*. (*Plan.* 6, *fig.* 7.)

II. Corolle polypétale.

On y considère :

1° Les parties constituantes : On distingue dans le pétale : La *lame*, partie supérieure plus ou moins élargie et étalée.—L'*onglet*, partie rétrécie de ce même pétale, par lequel il tient à la fleur.—Les pétales à onglets très-prononcés sont dits *unguiculés*. (*Plan.* 4 , *fig.* 6.)

2° Les divisions. Comme dans les corolles monopétales.

3° Les formes.

Régulières :
Cruciforme : quatre pétales en croix. (*Plan.* 26.)—*Rosacée* : plusieurs pétales à onglets courts et disposés en rosace. (*Plan.* 25.)—*Cariophyllée* : cinq pétales à onglets très-longs enfermés dans le calice. (*Plan.* 24.)

Irrégulières :
Papillonacée (*plan.* 3 , *fig.* 6) : cinq pétales irréguliers qui ont reçu des noms particuliers : le supérieur, ordinairement redressé et le plus grand, est l'*étendard* ou le *pavillon* ; l'inférieur, ordinairement composé de deux pièces soudées entre elles et formant une cavité qui recèle les organes fécondateurs, s'appelle *carène* ; les deux pétales latéraux sont *les ailes*. Exemple : le pois commun.
Anomale, quand les pétales affectent une disposition autre que dans la corolle papillonacée. Exemple : le pied d'alouette.

D. Le calice.

C'est l'enveloppe de nature foliacée qui entoure la corolle dans la fleur complète. On considère :

Ses parties constituantes : *Monosépale*, ou *monophylle*, composé d'une seule pièce. On y distingue un *tube*, une *gorge*, un *limbe*. (*Plan.* 6, *fig.* 10.)
Polysépale, ou *polyphylle*, composé de plusieurs pièces distinctes, ou *sépales*, dont on détermine le nombre par les termes *di*, *tri*, *tétraphylle*. On y distingue une *lame*, un *point d'attache*, des *bords*.

Ses divisions. Les *bords* du limbe offrent des divisions analogues à celles des pétales, et qui ont reçu les mêmes noms.

Ses formes. *Régulier* ; *irrégulier* ; *tubuleux* ; *turbiné*, en forme de toupie ; *urcéolé*, en forme de godet ; *campanulé* ; *anguleux* ; *bilabié* ; *imbriqué*, formé de pièces qui se recouvrent ; *simple* ou *double*, quand il présente extérieurement un *calicule*, sorte de petit calice formé par plusieurs folioles. Exemple : les mauves. (*Plan.* 24.)

Sa structure. Elle est analogue à celle des feuilles, en lesquelles se changent parfois les sépales. Le calice peut être considéré comme un épanouissement du pédoncule (queue de la fleur), de même que la feuille peut être considérée comme un épanouissement du pétiole.

Sa durée.
Caduc, quand les sépales tombent au moment où les fleurs s'épanouissent.
Persistant, quand il survit à la fleuraison.
Marcescent, quand il se dessèche sur pied.
Accrescent, prenant de l'accroissement. Exemple : le rosier.

Ses connexions. Relativement à l'ovaire, le calice est *adhérent* ou *libre*, selon qu'il fait corps avec lui, ou qu'il ne tient en aucune manière à cet organe.

Il faut distinguer du calice la *cupule*, sorte d'involucre composé d'une ou de plusieurs bractées soudées entre elles et formant une espèce de godet plus consistant que le calice. Exemple : le gland du chêne. La *spathe*, enveloppe membraneuse qui entoure quelques fleurs avant leur développement ; l'*involucre*, assemblage de folioles dans les fleurs en ombelle. (Voy. page 15.)

E. PARTIES ACCESSOIRES PROPREMENT DITES.

1. Le *nectaire*. Selon Linné, tout organe compris dans le calice, et qui n'est pas corolle, étamine ou pistil, est un nectaire. Cette définition vague a fait ranger sous ce nom beaucoup d'organes dissemblables, tantôt des appendices ou excroissances, tantôt des organes avortés. On ne laisse généralement aujourd'hui le nom de *nectaire* qu'à des corps glanduleux naissant sur les pétales, les étamines, l'ovaire, et laissant suinter cette liqueur miellée qu'on trouve dans le fond de quelques fleurs (nectar.)

2. La *couronne* : organe placé au dedans de la corolle dans quelques plantes, et se présentant sous l'aspect d'un anneau, d'un tube, ou d'une sorte de godet pétaloïde. EXEMPLE: les narcisses.

3. *Ecailles* : c'est le nom commun dont on désigne des appendices de formes très-variées que l'on observe sur différentes parties des fleurs. EXEMPLE: la base interne des pétales dans les renoncules.

Nous décrirons, à mesure que l'occasion s'en présentera, les anomalies que l'on remarque dans beaucoup de plantes. (*Cils*, *poils* ou autres appendices naissant sur les organes fécondateurs; avortement et aspect pétaliforme de ces mêmes organes; leur soudure entre eux par des appendices particuliers, etc.)

MODIFICATIONS DANS LE NOMBRE DES ORGANES DE LA FLEUR.

1. *Fleur complète* ou *incomplète* : selon qu'elle est, ou non, pourvue de tous les organes qui peuvent entrer dans sa composition.

2. *Fleurs hermaphrodites* : celles qui contiennent les organes mâles et femelles, (pistils, étamines) ; *unisexuelles*, celles qui ne présentent qu'un sexe; *mâles*, fleurs à étamines seulement; *femelles*, fleurs à pistils seulement; *fleurs neutres*, celles qui n'offrent aucun organe fécondateur.

3. Plantes *monoïques* : portant sur le même pied, mais sur des fleurs différentes, les organes mâles et femelles; EXEMPLE: le noisetier; *dioïques*, fleurs mâles sur un pied, fleurs femelles sur un autre; EXEMPLE: le chanvre; *polygames*, quand le même pied porte des fleurs uni-sexuelles, et des fleurs hermaphrodites.

4. *Fleurs doubles* : celles qui, par suite de la transformation des étamines et des pistils en pétales, offrent un plus grand nombre de pétales qu'elles n'en doivent avoir naturellement. On y distingue encore quel-ques organes fécondateurs.—*Fleurs pleines*, celles qui n'offrent plus que des pétales en nombre multiple et sans organes fécondateurs.

5. Le *périgone* : nom que l'on donne, pour éviter toute équivoque, à l'enveloppe florale, quand elle est unique; organe sur la nature duquel les botanistes discutent depuis long-temps pour savoir si l'on doit le

considérer comme calice ou corolle. Decandolle pense que la corolle et le calice existent toujours, mais que dans certaines plantes, ils sont *soudés*; d'où résulte une enveloppe simple. En effet, la surface extérieure du *périgone* est généralement plus ferme, verdâtre; l'intérieure plus délicate, plus colorée, sans pores. De plus, dans quelques plantes, cette soudure est incomplète; EXEMPLE: le bois-gentil. Dans d'autres elle est admise par tous les botanistes; EXEMPLE: les tétragonies.

La fleur, considérée relativement à son INSERTION sur la tige, est:

1° *Sessile*, quand elle est portée immédiatement sur la tige.

2° *Pédonculée*: portée sur un support particulier nommé *pédoncule* (vulgairement *queue de la fleur.*) On y considère:

- Ses *divisions*: Il est simple (pédoncule) ramifié, et ses subdivisions prennent le nom de *pédicelles*.
- Ses *formes*.—*Cylindrique, comprimé, fistuleux, en spirale,* etc.
- Sa *surface*: nue ou chargé d'écailles, de bractées, etc. Sa *direction,* le nombre *de fleurs* qu'il porte, etc.
- Sa *Situation*: naît de la tige dans presque tous les cas. Quand il paraît naître de la racine, il porte le nom de *hampe*. EXEMPLE: la jacinthe. La hampe se distingue de la tige proprement dite, en ce qu'elle ne porte pas de feuilles.—Dans un certain nombre de plantes, le pédoncule part des nervures ou de l'aisselle des feuilles.

INFLORESCENCE (*disposition des fleurs sur la tige.*)

Elle est: 1° *composée*, quand elle offre un assemblage de fleurs sessiles sur un réceptacle; 2° *en ombelle*, quand tous les pédoncules partant d'un même point, arrivent à peu près à la même hauteur; 3° en *épi* ou *en grappe*, quand les fleurs naissent le long d'un pédoncule central qu'on nomme axe, sessiles ou à pédicelles plus ou moins courts.

A. L'INFLORESCENCE COMPOSÉE OU CALATHIDE.

On y considère:

1° Le *réceptacle commun* (clinanthe): sorte de disque charnu ou de protubérance formée par l'épanouissement du pédoncule, et offrant ordinairement une surface bombée sur laquelle s'insèrent les fleurs.— Sa forme varie (plane, conique, concave, etc.) (*Plan.* 7, *fig.* 6.)

2° *L'involucre*: sorte de calice commun servant d'enveloppe générale aux fleurs, et composé de folioles ou d'écailles de nature foliacée. —Sa forme varie (campanulé, cylindrique, globuleux, etc.)(*Plan.* 7, *fig.* 7.)

3° La *fleur*: chacune des petites fleurs dont se compose la *calathide* porte le nom de *fleuron*, quand elle se présente sous la forme d'une petite corolle monopétale, tubuleuse, à limbe régulier. *Demi-fleuron*, quand le limbe irrégulier se prolonge d'un côté en languette. (*Plan.* 7, *fig.* 8, *pl.* 8, *fig.* 1)

4° La fleur, considérée en général, est dite *flosculeuse*, quand elle ne porte que des fleurons; EXEMPLE: le chardon: *demi-flosculeuse*, quand elle ne porte que des demi-fleurons: EXEMPLE: le pissenlit. (*Plan.* 8, *fig.* 2); *radiée*, quand elle porte des fleurons au centre et des demi-fleurons à la circonférence; EXEMPLE: les marguerites. (*Plan.* 8, *fig.* 3.)

5° Les *graines* offrent aussi plusieurs caractères distinctifs. (Voyez plus loin.)—Les *soies*, les *paillettes* sont de petits appendices qui s'insèrent sur le réceptacle, dans un certain nombre de fleurs composées.

B. Les principales modifications de l'inflorescence en OMBELLE, sont :

L'OMBELLE PROPREMENT DITE (*plan.* 7, *fig.* 2) : qui est simple ou composée, selon que les pédoncules ne se ramifient pas, ou qu'ils se subdivisent en pédicelles portant de petites ombelles, ou *ombellules*. On trouve à la base d'un grand nombre d'ombelles une rangée circulaire de folioles ou bractées, qu'on nomme *involucres* ou *involucelles*, selon qu'elles accompagnent les ombelles, ou les ombellules.—Les ombelles sont dites *nues* quand elles en sont dépourvues.—Quelquefois l'ombelle est accompagnée d'une *spathe*.—On tire plusieurs caractères distinctifs de la forme *générale* de l'ombelle.

Le CORYMBE, ou fausse ombelle : pédoncule commun portant des pédicelles, qui, bien que partant de points différens, arrivent à peu près à la même hauteur. EXEMPLE : la mille-feuille. — Quand les pédicelles sont irréguliers et lâches, le corymbe se rapproche plutôt de la panicule que de l'ombelle. (*Plan.* 7, *fig.* 3.)

La CYME : plusieurs pédicelles partant d'un centre commun, et se ramifiant irrégulièrement, quoiqu'en élevant les fleurs à la même hauteur. EXEMPLE : le sureau. (*Plan.* 7, *fig.* 4.)

Le CÉPHALANTE, ou CAPITULE : fleurs portées en assez grand nombre sur des pédoncules très-courts ou nuls ; disposition d'où résulte un assemblage globuleux. EXEMPLE : les trèfles. (*Plan.* 7, *fig.* 5.)

C. Les principales modifications de l'inflorescence en ÉPI, sont :

L'ÉPI PROPREMENT DIT : assemblage de fleurs sessiles ou portées sur de très-courts pédicelles le long d'un pédoncule alongé, qu'on nomme *rachis* ou *rafle*. EXEMPLE : le *froment*. On distingue l'épi général ou composé, et l'épi partiel ou *épillet*.—Celui-ci se compose ordinairement de plusieurs fleurs entourées d'écailles ou de bractées, qui ont reçu différens noms, 1° une enveloppe extérieure réunissant communément plusieurs fleurs, et formée d'une ou deux pièces sèches, dures, c'est *la glume* ; 2° une seconde enveloppe, également composée d'une ou deux pièces, remplaçant la corolle et renfermant les organes de la fécondation, c'est *la glumelle*. — Enfin, on a donné le nom de *glumellule* à deux petites écailles entourant l'ovaire. — On donne le nom de *valves* aux pièces ou écailles composant ces enveloppes. ((*Plan.* 7, *fig.* 4 *bis.*)

On étudie l'épi sous le rapport de sa *forme générale*, du *sexe* des fleurs, de sa *division*, de ses *directions*, etc.

Nota. Decandolle appelle *bâle* et d'autres *lépicène* ce qu'avec Mirbel nous nommons *glume*. Plusieurs botanistes appellent *glume* ce qu'avec Mirbel nous appelons *glumelle*. Enfin, ce que nous nommons *glumellule* est désigné quelquefois par les noms de *lodicule*, *paléoles*.

La PANICULE : sorte d'épi dans lequel les pédicelles inférieurs sont alongés et écartés de l'axe. EXEMPLE : l'avoine. (*Plan.* 8, *fig.* 4.)

La GRAPPE ne diffère de l'épi que par le développement considérable de ses pédicelles, qui s'écartent de l'axe commun et s'allongeant d'autant plus qu'ils sont plus inférieurs, donnent ainsi à l'assemblage des fleurs une forme pyramidale ou oblongue. EXEMPLE : le marronnier d'Inde. Elle est composée, rameuse, etc.

Le THYRSE : espèce de grappe composée, dans laquelle les pédicelles du milieu, plus longs que ceux du bas et du sommet, donnent à l'assemblage des fleurs une forme ovale. EXEMPLE : le lilas.

Le SPADICE : assemblage de fleurs sessiles sur un axe commun ou pédoncule, considéré par plusieurs botanistes comme un véritable réceptacle. Le spadice est particulièrement caractérisé par la présence d'une *spathe*, large bractée de nature foliacée, roulée en cornet autour de spadice, et servant de gaîne aux fleurs, qui ne se manifestent que par son déroulement ou par sa rupture. EXEMPLE : le pied-de-veau (*arum.*) *Plan.* 8, *fig.* 7.)

Le spadice est simple ou rameux, et dans ce cas il prend plus particulièrement le nom de *régime*.

Le CHATON, assemblage de petites feuilles ou d'écailles fixées le long d'un axe commun, et portant à leur base interne les organes mâles ou femelles. EXEMPLE : le saule. — Il est *dressé* ou *pendant*. — *Cylindrique*, *globuleux*, *nu*, quand les écailles manquent. (*Plan.* 8, *fig.* 5.)

Le CÔNE, ou STROBILE, est une espèce de chaton caractérisé par des écailles toujours ligneuses et imbriquées. EXEMPLE : le pin. (*Plan.* 8. *fig.* 6.)

BOURGEONS.

Le BOURGEON est un corps formé par une nouvelle pousse qui commence à poindre, et offrant le germe d'un des organes qui naissent sur la tige (feuilles et fleurs.) — On en distingue 4 espèces :

La BULBE : c'est ce bourgeon charnu, globuleux, placé sur la racine, et qu'on désigne ordinairement sous le nom d'*ognon*.

Les BULBILLES : ce sont de petits tubercules analogues aux bulbes, et formés comme elles d'écailles ou de tuniques membraneuses ; mais naissant toujours sur la tige, dans l'aisselle des feuilles, dans la fleur, dans les fruits même. EXEMPLE : le lys bulbifère.

Le TURION, bourgeon naissant sur les racines vivaces ou sur leurs tubercules. — C'est ce que l'on mange dans l'asperge.

Le BOURGEON PROPREMENT DIT : organe foliacé, de forme plus ou moins conique, souvent revêtu d'un enduit visqueux et d'écailles provenant de l'avortement des feuilles. — Quelquefois plusieurs bourgeons sont renfermés dans la même enveloppe d'écailles. — Selon les pousses diverses auxquelles ils donnent naissance, on distingue les bourgeons à *feuilles* (ne poussant que des feuilles ; ils sont allongés et pointus) ; bourgeons à *fleurs* ou à *fruit* (*boutons* : ils sont courts et arrondis) ; bourgeons *mixtes* (produisant à la fois fleurs et feuilles. — De forme intermédiaire entre les précédens.) — On appelle quelquefois *œil* le bourgeon qui commence à poindre (*Plan.* 5, *fig.* 8.)

DU FRUIT.

Le FRUIT, dans le sens botanique, est tout ovaire fécondé et parvenu à sa maturité. —C'est aussi, par extension, l'ensemble des ovaires portés sur un même pédoncule ou réunis dans la même fleur. —On y distingue deux parties principales :

1° Le PÉRICARPE : c'est cette partie du fruit, sèche, membraneuse ou charnue, qui sert d'enveloppe à la graine.

2° La GRAINE : c'est cette partie interne du fruit qui renferme le rudiment d'une nouvelle plante.

A. Le PÉRICARPE offre à considérer :

Ses PARTIES CONSTITUANTES

1° L'*épicarpe* : membrane mince, enveloppant, comme une sorte d'épiderme l'extérieur des fruits.

2° Le *mésocarpe* : parenchyme, ou enveloppe moyenne placée sous l'épicarpe, et qu'on nomme aussi *sarcocarpe*, *chair* du fruit, à cause de sa nature plus ou moins charnue.

3° L'*endocarpe*, enveloppe immédiate de la graine, de consistance très-diverse, mince ou épaisse, quelquefois même osseuse (le noyau) ; tantôt adhérant avec force à l'épicarpe ; EXEMPLE : le haricot ; tantôt s'en détachant aisément ; EXEMPLE : la noix.

Le péricarpe, apparent dans le plus grand nombre des fruits, est réduit dans quelques-uns à une lame si mince et tellement adhérente à la graine, qu'il est non-seulement impossible de distinguer les parties qui le composent, mais qu'il paraît même manquer tout-à-fait ; ce qui a fait donner improprement le nom de *graines nues* à ces sortes de fruits.

Sa SUBSTANCE. *Charnu* ; *pulpeux* ; *membraneux* ; *sec et coriace* ; *ligneux*, etc.

L'état de sa SURFACE.

Glabre ; *pubescent* ; *écailleux* ; *épineux* ; *couvert*, quand il est revêtu en tout ou en partie par une ou plusieurs parties de la fleur qui persistent et s'accroissent ; libres ou adhérentes au fruit avec lequel elles s'identifient. EXEMPLE : le *calice* dans les rosiers ; le *pédoncule*, les *bractées*, le *réceptacle* dans diverses plantes.

Ses DIVISIONS.

Le fruit est *divisé*, quand il est composé de panneaux ou de pièces distinctes susceptibles de se séparer sans déchirement à la maturité : ce sont les *valves*.—On étudie la configuration, la *direction*, les connexions des valves entre elles.—La *suture* est la ligne qui indique la jonction des valves. (*Plan.* 9, *fig.* 6.)

Ses LOGES.

Espaces vides qu'on trouve dans l'intérieur des fruits, et dans lesquels sont logées les graines. Ces cavités sont formées par des replis ou lames rentrantes de l'endocarpe, auxquels on a donné le nom de *cloisons*.—Dans quelques fruits, ce sont des pièces particulières distinctes des valves.—Les cloisons sont *complètes* ou *incomplètes*, selon qu'elles séparent complétement ou incomplétement les loges. —*Longitudinales* ou *transversales*.—On compte le *nombre* des loges et celui des valves (fruit *uni*, *biloculaire*, etc., *uni*, *bivalve*, etc.) (*plan.* 9, *fig.* 7.)

Son mode de DÉHISCENCE.

C'est la manière dont s'ouvre le péricarpe pour laisser sortir les graines. Elle varie dans les diverses espèces de fruits. —La *suture* indique le point par où les valves se séparent.—On nomme *indéhiscens* les péricarpes qui ne s'ouvrent pas. (Voyez la classification des fruits.)

B. La graine offre à considérer.

Sa FORME.   Elle est très-variable (*globuleuse*, *ovoïde*, *lenticulaire*, *triangulaire*, etc.)

Sa SURFACE...   *Velue*; *sillonnée*; *glabre*; *pubescente*; *tomenteuse*, etc.

Sa COULEUR...   *Verte*; *noire*; *rouge*; *bleue*; *brune*, etc.

Sa DIRECTION.   Le *hile*, ou *ombilic* (voyez la page suivante), est le point que l'on considère comme sa *base*; le point opposé est le *sommet*.—La graine est dite *dressée*, quand le hile correspond à la base du fruit; *renversée*, quand le hile est placé du côté opposé; *horizontale*, quand le hile correspond à la partie latérale du fruit.

SES PARTIES CONSTITUANTES, savoir :
Les *tégumens*, ou *tuniques propres* de la graine (épisperme.)
L'*amande*, partie essentielle, renfermée dans les tuniques.
Ses *appendices* (cordon ombilical et ses annexes.)

1. TÉGUMENS de la graine au nombre de deux.
Le TEST, ou la LORIQUE, pellicule ou membrane revêtant l'extérieur de la graine; ordinairement lisse, sèche et dure.
Le TEGMEN, ou tunique interne, pellicule recouvrant immédiatement l'amande; plus mince que le test. Tantôt il est soudé avec lui, tantôt il en est distinct.
Quelques graines sont dépourvues de tégumens.

II. AMANDE.

Elle se compose de deux parties principales : (*Plan.* 9, *fig.* 2.)

1. Le PÉRISPERME, ou *albumen* ;
Substance de nature variable (charnue, féculente, oléagineuse, cornée, etc.); n'adhérant presque jamais à l'*embryon* (germe), que le plus souvent elle enveloppe, tandis que dans d'autres circonstances elle est placée au centre, ayant l'embryon en dehors d'elle; ou bien elle est rejetée d'un côté, et l'embryon d'un autre.—On étudie les *divisions* du périsperme.—Sa *grandeur*.—Sa *position*, etc. Cette partie de l'amande manque dans un certain nombre de graines.

2. L'EMBRYON, germe d'une nouvelle plante dont il présente déjà les parties principales à l'état rudimentaire, savoir :
La RADICULE : partie de l'embryon dirigée vers l'extérieur de la graine, et qui, à l'époque de la germination, sort la première des enveloppes, et tend à descendre pour former la racine. (*Plan.* 1, *fig.* 1 *a*.)
La PLUMULE : partie de l'embryon dirigée vers le centre de la graine, et qui, à l'époque de la germination, tend à s'élever pour former la tige.—On y distingue quelquefois deux parties, la *tigelle*, ou rudiment de la petite tige, et la *gemmule*, espèce de petit bourgeon donnant naissance aux premières feuilles (*feuilles primordiales*.) (*plan.* 9, *fig.* 1.)
Les COTYLÉDONS (*plan.* 9, *fig.* 1 *c*) : sortes d'appendices ou de lobes, épais et charnus dans les graines sans périsperme, minces et foliacés Dans les autres; placés latéralement au point où s'unissent la plumule et la radicule (collet.)—Ce sont les rudimens des premières feuilles, qui apparaissent quand la graine commence à germer (feuilles séminales. (*plan.* 9, *fig.* 4.) Dans un petit nombre de plantes, cette transformation n'a pas lieu, les cotylédons restent sous terre, et disparaissent après la germination.—Dans quelques autres, la *plumule* enveloppe comme d'une gaîne les cotylédons.
On considère l'*absence* des cotylédons (plantes *acotylédons*) leur *présence* et leur *nombre* (plantes *monocotylédons*, ou à un seul cotylédon.)—Plantes *dycotylédons*, à deux ou plusieurs cotylédons : ce sont les plus nombreuses.
On étudie la *forme* de ces organes, leur *insertion*, etc.—L'embryon est presque toujours unique dans chaque graine.

III. CORDON OMBILICAL ET SES ANNEXES.

1. Le *placenta*, partie de l'endocarpe, ordinairement saillante ou en forme de bourrelet, à laquelle la graine est attachée, soit immédiatement, soit au moyen du cordon ombilical.

2. Le *cordon ombilical* (funicule), filet qui part du placenta et soutient la graine. (*Plan.* 9, *fig.* 5.)

3. L'*arille*, épanouissement du cordon ombilical, offrant la forme d'une membrane qui recouvre plus ou moins complètement certaines graines. EXEMPLE : *macis* de la muscade. (*Plan.* 9, *fig.* 3.)

4. La *hile*, ou *ombilic*, sorte de cicatrice indiquant le point où le cordon ombilical perçait le test pour arriver à l'embryon.—Le *raphé*, sorte de cordon ou de ligne saillante formée par le funicule rampant entre les tuniques de la graine. Le point intérieur où il aboutit, plus ou moins éloigné du hile, prend le nom de *chalaze*.

CLASSIFICATION DES FRUITS.

On divise les FRUITS en :
- 1° SIMPLES, composés d'un seul ovaire. EXEMPLE : *la cerise*.
- 2° COMPOSÉS, formés de plusieurs ovaires. EXEMPLE : *la framboise*.

Les fruits simples qui se divisent en fruits :
- SECS (dont le sarcocarpe est à peine visible).
- CHARNUS (dont le sarcocarpe très-développé ne s'ouvre pas, mais laisse sortir les graines en se putréfiant).

Les FRUITS SECS sont :
- A. INDÉHISCENS : (*Fruits pseudo-spermes* ou *graines nues*), ne s'ouvrant pas d'eux-mêmes, mais par la rupture de leurs membranes, lorsqu'à l'époque de la germination, la graine vient à gonfler.
- B. DÉHISCENS : (*Fruits capsulaires*), s'ouvrant d'eux-mêmes à la maturité.—La déhiscence a lieu suivant différens modes : par la désunion des sutures.—Par une rupture le long de la ligne *dorsale* (ligne opposée à la suture).—Par la base ou par le sommet (déhiscence *basilaire* ou *apicilaire*.)—Par la formation de trous pour la sortie des graines (déhiscence irrégulière).

FRUITS INDÉHISCENS.

a. Le *cariopse* : fruit monosperme (à une seule graine), dont le péricarpe est tellement adhérent qu'il se confond avec la graine. EXEMPLE : le froment. (*Pl.* 9, *fig.* 8.)

b. L'*akène* : fruit monosperme, dont le péricarpe adhérent avec la graine, en est cependant distinct. Il est tantôt nu, tantôt couronné d'aigrettes, d'écailles, etc. EXEMPLE : le pissenlit. (*Plan.* 9, *fig.* 9.)

c. L'*utricule* : fruit monosperme, non adhérent avec le calice ; péricarpe peu apparent, à cordon ombilical distinct. EXEMPLE : les urticées.

d. La *samare* : fruit oligosperme (à un petit nombre de graines) membraneux, très-comprimé, offrant souvent sur ses bords un appendice en forme de languette ; à une ou deux loges. EXEMPLE : le frêne.

e. La *noisette* : péricarpe ligneux, uniloculaire, monosperme, enchâssé dans un involucre particulier. EXEMPLE : la noisette. Le *gland*, espèce de fruit qu'on peut regarder comme appartenant au même genre, se distingue par son péricarpe intimement uni à la graine, et par un involucre d'une nature particulière. (cupule.) EXEMPLE : le chêne. (*Plan.* 10, *fig.* 2.)

FRUITS DÉHISCENS.

a. La *gousse*, ou le *légume* : péricarpe à deux valves ou panneaux (cosses) appliqués l'un contre l'autre, et portant le long de la suture supérieure des graines alternativement attachées à l'une et l'autre valve.—*Uni*, *biloculaire*, ou séparé par des cloisons transversales.—Les formes de la gousse varient beaucoup. EXEMPLE : le pois. (*Plan.* 9, *fig.* 6.)

b. La *silique* : péricarpe à deux valves, séparées par une cloison parallèle, et portant les graines sur l'une et l'autre suture. EXEMPLE: le chou. (*Plan.* 10, *fig.* 1.)

c. On la nomme *silicule* quand sa largeur est à peu près égale à sa longueur, par opposition à la silique généralement quatre fois plus longue que large. EXEMPLE: le cresson de jardin. (*Plan.* 9, *fig.* 12.)

d. Le *follicule* : péricarpe univalve, uniloculaire, s'ouvrant par une seule suture longitudinale sur les bords de laquelle les graines sont attachées. EXEMPLE: le baguenaudier.

e. La *boîte à savonnette*, ou *pyxide* : péricarpe globuleux, s'ouvrant transversalement par le milieu en deux valves hémisphériques. EXEMPLE: le mouron. (*Plan.* 9, *fig.* 13.)

f. On appelle *gynobasiques*, des fruits formés d'utricules ou de loges écartées l'une de l'autre, et formant comme antant de lobes ou de fruits séparés.—Le *microbase* est un fruit gynobasique à quatre loges. EXEMPLE : les labiées, les borraginées. (*Plan.* 10 *fig.* 5.)—La *coque* fruit globuleux, se séparant à la maturité en deux ou plusieurs lobes elastiques. EXEMPLE: l'euphorbe.

g. *Capsule*, tout fruit sec, déhiscent, ne se rapportant à aucun des genres précédens.—On caractérise la capsule par ses valves, par ses cloisons, par l'insertion des graines, etc. EXEMPLE: la tête de pavot.

FRUITS CHARNUS.

a. La *drupe* : sarcocarpe très-développé, renfermant un endocarpe osseux ou ligneux (noyau.) EXEMPLE: la prune.

La *noix* : espèce de drupe à sarcocarpe fibreux (*brou*.) EXEMPLE: le noyer.

Nuculaine : drupe renfermant plusieurs noyaux ou osselets. EXEMPLE: le néflier.

b. La *pomme* : fruit couronné par les débris du calice qui est devenu charnu et s'est identifié au péricarpe : renfermant plusieurs loges à parois cartilagineuses (endocarpe), disposées autour d'un axe central. EXEMPLE: le pommier.

c. La *péponide* : fruit coriace extérieurement, pulpeux intérieurement, pluriloculaire, polysperme ; offrant ordinairement dans le milieu un vide résultant de la destruction du placenta central. EXEMPLE: le melon.

d. La *baie* : fruit charnu qui n'offre pas de loges distinctes, et dont les graines sont disséminées dans la pulpe. EXEMPLE: la groseille.

Les FRUITS COMPOSÉS sont formés par la réunion de plusieurs ovaires provenant de fleurs différentes. EXEMPLE : la mûre.—Ou de la même fleur. EXEMPLE : la framboise.—Quoiqu'ils soient désignés généralement par les noms des fruits simples qui les composent, il en est cependant qui constituent des genres particuliers.

Ce sont :
- Le *polakène* : plusieurs akènes réunis. (*plan.* 9, *fig.* 9 *bis.*)
- Le *syncarpe* : réunion d'utricules à demi soudées. EXEMPLE : les renoncules (*plan.* 10, *fig.* 4.)
- Le *sorose* : plusieurs fruits réunis par l'intermédiaire des bractées soudées et devenues charnues. EXEMPLE : la mûre, l'ananas.
- La *figue* : carioses ou utricules renfermées dans un involucre devenu charnu. EXEMPLE: la figue.
- Le *cône* : formé par des bractées disposées en chaton, épaissies et portant à leur base interne des utricules.

PARTIES ÉLÉMENTAIRES DES VÉGÉTAUX.

On les distingue en :

{ Parties solides ou TISSUS, savoir : le tissu *cellulaire* et le tissu *vasculaire*.

{ FLUIDES, savoir : la *sève*, le *cambium*, les *sucs propres*.

I. TISSU CELLULAIRE.

1. Ainsi nommé parce qu'il se compose de *cellules*, petites cavités closes de toutes parts par des lames transparentes d'une excessive ténuité, et de l'aspect desquelles la mousse de la bière ou l'écume du savon peuvent donner une idée assez juste. Les cellules communiquent entre elles par des pores, et prennent, en se soudant les unes avec les autres, une forme à peu près hexagonale, qui représente la disposition propre aux alvéoles dans les gâteaux de cire ; mais peu consistantes, elles s'allongent quand elles subissent une pression dans certains sens, ou elles se déchirent et présentent des vides qui prennent le nom de *lacunes*, très-apparentes surtout dans les plantes aquatiques.

2. Le tissu cellulaire abonde dans toutes les parties de la plante, mais particulièrement dans les organes tendres, comme le parenchyme des feuilles, des fruits ; dans les plantes grasses, dans les jeunes pousses, dans la moelle surtout. On peut le voir d'une manière très-distincte, sans le secours du microscope, dans la tige des joncs. (*Plan.* 10, *fig.* 5.)

II. TISSU VASCULAIRE.

On donne le nom de *vaisseaux* à des espèces de tuyaux ou de tubes formés par l'enroulement des lames du tissu cellulaire soudées bout à bout, et n'offrant plus de cloisons transversales : ces vaisseaux ne sont pas continus depuis la base jusqu'au sommet du végétal ; ils s'unissent entre eux et aboutissent au tissu cellulaire.

Les modifications dont ils sont susceptibles constituent :

1° Les vaisseaux *en chapelet*, tubes cylindriques offrant d'espace en espace un étranglement auquel correspond intérieurement une cloison percée à jour. (*plan.* 10, *fig.* 7.)—On les trouve ordinairement à la naissance des branches, dans les tiges et dans les racines.

2° Les vaisseaux *poreux*, ou *ponctués* : tubes cylindriques offrant des séries transversales de points opaques que l'on considère comme des pores. (*plan.* 10, *fig.* 8.)

Ils sont *rayés* ou *fendus*, quand, au lieu de points, ce sont des raies ou des fentes transversales parallèles entre elles (*plan.* 10, *fig.* 7.)

Les uns et les autres se rencontrent dans toutes les parties des végétaux, se soudent entre eux dans diverses directions, et se terminent souvent en tissu cellulaire.

3° Les *trachées*, tubes formés par une lame mince, étroite, d'un aspect argenté, et roulés en *spirale*. (*plan.* 10, *fig.* 7.) — Ces vaisseaux sont placés, dans les dicotylédons, autour de la moelle, et dans les monocotylédons, au centre des filets ligneux. (On peut les voir en cassant avec précaution une tige de sureau, dont on écarte doucement les deux bouts.)

4° Les *vaisseaux mixtes* : offrant sur différens points de leur longueur des pores, des fentes, des spirales. Leur existence est constatée par plusieurs botanistes.

5° Les vaisseaux *propres* : espèces de réservoirs clos de toutes parts, disséminés dans le tissu cellulaire et destinés à contenir certaines liqueurs ou sucs propres à chaque espèce (gommes, résines, etc.) On n'y observe ni fentes, ni pores.

On désigne quelquefois sous le nom de TISSU FIBREUX, les vaisseaux *fasciculaires*, c'est-à-dire réunis en faisceaux par du tissu cellulaire, et se présentant, dans une tige fendue en long, sous l'aspect de filets opaques, dirigés longitudinalement (fibres végétales. EXEMPLE : la filasse du chanvre.)

1. La SÈVE : fluide incolore, transparent, inodore, formé d'eau dans laquelle on trouve en dissolution des sels minéraux, quelques substances animales et végétales, et des gaz.

La sève se trouve dans toutes les parties du végétal, mais surtout dans les vaisseaux de l'étui médullaire.

FLUIDES.

2. Le CAMBIUM : fluide consistant, incolore, de saveur douceâtre, qu'on trouve en couches plus ou moins épaisses entre l'écorce et l'aubier à l'époque de la végétation, et en général dans tous les points où doivent se développer de nouveaux organes. C'est un produit de la sève. (Voyez la Physiologie.)

3. Les SUCS PROPRES : on comprend sous ce nom les fluides végétaux autres que la sève et le cambium (sucs *laiteux, gommeux, résineux,* etc.) ils sont très-nombreux et diffèrent beaucoup entre eux. Nous les ferons connaître au fur et à mesure que nous traiterons des espèces qui les produisent.

APPENDICE. — *Des végétaux imparfaits.*

Il est quelques végétaux dont l'organisation ne présente aucune analogie avec celle que nous avons décrite, et qui est commune à l'immense majorité d'entre eux. Ces végétaux offrent un tissu cellulaire homogène dans toutes leurs parties, et sont dépourvus de vaisseaux, ce qui les a fait nommer *végétaux cellulaires* par opposition aux *végétaux vasculaires,* ou à vaisseaux. En outre, les organes de la fructification y étant inconnus, ou difficilement apercevables, ils ont pris de là le nom de *végétaux agames* ou *cryptogames,* par opposition aux *végétaux phanérogames* à fructification apparente. Néanmoins ils sont pourvus de petits corps arrondis (*séminules, sporules,*) contenus dans de petites capsules et que l'on croit destinés à la reproduction de la plante. (Voyez la Phytographie.)

DEUXIÈME DIVISION.—PHYSIOLOGIE VÉGÉTALE.

La vie résulte de l'action des organes les uns sur les autres, ou en d'autres termes, de l'ensemble des fonctions mises en jeu par une cause inconnue.—Cette cause a été nommée *force*, ou *principe vital*, faute de pouvoir la rapporter aux forces chimiques et physiques qui régissent la matière brute.—Sous l'empire de cette force les corps animés jouissent de la propriété :

1° D'absorber et de convertir en leur propre substance certains principes répandus autour d'eux.—D'exhaler ou de rejeter au dehors ceux de ces principes qui leur sont devenus inutiles.

2° De se développer, et de persister, au milieu de ce mouvement continuel de composition et de décomposition, dans certaines combinaisons fixes de molécules qui constituent l'organisation : combinaisons qui offrent des lois exceptionnelles à celles qui régissent les corps bruts, et qui sont, pour ainsi dire, en lutte continuelle avec les agens de la nature physique.

Les fonctions du végétal, ou les phénomènes en vertu desquels il se *développe*, se *conserve*, se *reproduit*, sont :

1° La GERMINATION, fonction en vertu de laquelle l'embryon végétal, parvenu à son point de maturité, se gonfle, rompt ses enveloppes, et se convertit en une jeune plante.

2° La NUTRITION, ou l'ensemble des fonctions en vertu desquelles la plante se conserve, se nourrit (circulation de la sève, absorption, exhalation, etc.

3° La REPRODUCTION, fonction en vertu de laquelle la plante reproduit un être identiquement semblable à elle.

§ I. GERMINATION.

Elle offre à considérer : 1° ses *conditions*, ou ses agens ; 2° ses phénomènes ; 3° les usages des différentes parties de la graine.

A. CONDITIONS OU AGENS DE LA GERMINATION.

1° L'*eau* joue un des rôles les plus importans dans la germination, d'abord elle ramollit les tégumens qui enveloppent l'embryon ; en second lieu, elle sert à la nourriture de la plantule, soit par elle-même, soit par les substances salines et terreuses dont elle est le véhicule.

2° La *chaleur*. L'humidité pourrirait les graines, s'il ne s'y joignait en même temps une certaine élévation de température, dont le degré est impossible à fixer, parce qu'il varie beaucoup selon les espèces, Néanmoins, en principe général, aucune plante ne germe, si la température est assez froide pour geler l'eau, ou assez chaude pour l'évaporer entièrement.—Le froid modéré se borne à suspendre le développement de la plantule, sans y détruire le principe vital.—On a constaté que des végétaux qui, dans une température basse, mettent 12 heures à germer, le font en 3 heures dans un température élevée.

3° *L'air*. Le gaz oxigène qui entre dans la composition de l'air enlève à la plante le carbone (principe chimique qui y abonde), et se combine avec lui en vertu de son affinité. Or, par suite de cette soustraction, la matière nutritive qui compose le périsperme ou les cotylédons (fécule) devient laiteuse, sucrée, et fournit à la plantule un aliment qu'elle serait encore inapte à se procurer par elle-même.

5° Le *sol*. Il n'est pas indispensable à la germination, puisqu'on voit des graines germer dans leurs propres fruits, sur des éponges mouillées, etc.; mais il lui est d'une utilité indirecte en servant de conducteur à l'eau, à la chaleur, et en interceptant la lumière, dont le contact est nuisible à la graine.

B. SES PHÉNOMÈNES.

1. PREMIER TEMPS DE LA GERMINATION : *ramollissement des enveloppes et gonflement de la graine.*—La graine qui se trouve dans les conditions nécessaires à la germination absorbe l'humidité. Ses tégumens se ramollissent, se distendent par suite du gonflement de l'amande, puis finissent par rompre. La force d'expansion des graines est si grande dans ce moment, qu'on leur a vu soulever des poids considérables.

2. SECOND TEMPS DE LA GERMINATION : *développement de l'embryon.*—La radicule s'allonge la première, sort des enveloppes, et se dirige toujours vers la terre, quelle qu'ait été sa direction dans la graine. La plumule se redresse et s'allonge en cherchant l'air et la lumière. Quant aux cotylédons, tantôt ils s'élèvent au-dessus du sol, verdissent et s'étalent sous la forme de feuilles (feuilles séminales); tantôt ils restent sous terre et se flétrissent; il en est qui ne sortent même pas des enveloppes séminales.

3. DURÉE DE LA GERMINATION : elle varie, selon les espèces, entre quelques heures et une, deux années. Elle est en rapport avec le plus ou moins de résistance des enveloppes, l'action plus ou moins vive des agens extérieurs (calorique, électricité, humidité, etc.)—Relativement au temps pendant lequel les graines peuvent conserver leur faculté de germer, les différences sont plus grandes encore. Il en est qui ne germent que si on les a mises en terre aussitôt après leur maturité; d'autres perdent la propriété germinative au bout d'un an ou deux; il en est enfin qui peuvent la conserver en quelque sorte indéfiniment. Ainsi quand on remue les décombres d'anciens édifices, on voit le sol se couvrir de plantes nouvelles qui proviennent de graines enfouies dans leurs matériaux.

C. USAGES DES DIFFÉRENTES PARTIES DE LA GRAINE.

A l'époque de la germination, une sorte de fermention s'établit dans la *fécule*, ou substance nutritive de la graine (périsperme et cotylédons.) Cette substance liquéfiée fournit à la plantule une nourriture facile, douce, appropriée à l'état de ses organes. Les fonctions importantes que remplissent alors les cotylédons, leur ont fait donner le nom de *mamelles du végétal*. Dans les espèces où ils manquent, c'est le périsperme qui, épais et charnu, tient en réserve la substance alimentaire.

Les enveloppes servent à protéger l'embryon et ses cotylédons contre
l'humidité du sol, qui le décomposerait promptement.

Une fois la germination accomplie, ces divers organes se flétrissent et se
détruisent. Quand les cotylédons se convertissent en feuilles séminales,
ils suppléent sous ce nouvel état aux fonctions d'absorption que la plantule à l'état rudimentaire ne peut encore remplir qu'imparfaitement,
puis ils disparaissent peu à peu, à mesure que le végétal prend de l'accroissement.

Tels sont les phénomènes de la germination dans les graines parfaites. Dans
les plantes acotylédones, ils offrent un grand nombre de variations.

§ II. NUTRITION.

Elle offre à considérer :

1° L'ABSORPTION, ou succion des plantes : propriété dont
jouissent certains organes d'attirer et d'introduire dans
leur intérieur les fluides qui les environnent.

2° La CIRCULATION : fonction en vertu de laquelle les fluides
absorbés par le végétal se distribuent dans tous ses organes, et lui portent les matériaux de sa nutrition (sève.)

3° Le mode d'ACCROISSEMENT des plantes.

4° Les SÉCRÉTIONS des plantes, c'est-à-dire les diverses substances qu'elles exhalent à l'état liquide ou gazeux.

1. ABSORPTION.

Elle offre à considérer : *ses organes.—La nature des substances absorbées.—Les usages* des différentes racines.

A. ORGANES DE L'ABSORPTION.

Cette fonction a pour organe principal l'extrémité la plus déliée des fibres
radiculaires (chevelu), que terminent des espèces de pores ou de suçoirs
faisant l'office de syphous. — Néanmoins ce n'est pas par leurs racines
seulement, mais aussi par leurs parties vertes en général que les plantes
absorbent les fluides qui les environnent. Les feuilles sont, de tous les
organes du végétal, ceux qui, après les racines, absorbent le plus.
Leur surface inférieure est le siège spécial de cette fonction. Dans
quelques espèces vivant au milieu d'un sol aride, l'absorption des tiges
et des feuilles supplée à celle des racines très-peu développées.
EXEMPLE : les plantes grasses. —Les *poils* paraissent destinés à augmenter dans certaines plantes la surface absorbante.

B. SUBSTANCES ABSORBÉES.

Les substances qui doivent servir à la nutrition du végétal sont nécessairement absorbées sous forme liquide, gazeuse, ou à l'état de dissolution
dans l'eau. Les racines étant dans la plupart des plantes l'organe essen-

tiel de cette fonction, c'est le sol qui doit fournir les matériaux de l'absorption.—Le sol fournit à la plante 1° de l'*eau*, 2° des *substances salines et terreuses* auxquelles ce liquide sert de dissolvant; 3° les *élémens de l'air*. L'eau est un des élémens les plus indispensables de la nutrition végétale, qui s'arrête bientôt si la plante en est privée; on a même pris exemple des espèces qui peuvent se développer dans l'eau seule (jacinthe, etc.), pour avancer que ce liquide suffisait seul à nourrir le végétal. Toutefois la quantité d'eau nécessaire à l'entretien de cette fonction varie beaucoup selon les espèces. Ainsi, tandis que les plantes aquatiques ne peuvent végéter que dans l'eau, celles des tropiques croissent au milieu d'un sol desséché.—D'ailleurs ce n'est pas seulement par ses élémens propres, mais encore par les substances salines et terreuses dont elle est le véhicule, que l'eau nourrit les plantes. Ce qui le prouve, c'est l'impossibilité de les faire croître dans ce liquide privé par la distillation des principes étrangers qu'il contient toujours.—Enfin, puisque plusieurs substances salines, etc., entrent dans la composition du végétal, il faut bien que leurs élémens aient été puisés dans le sol, ou dans l'eau qu'il contient. Ainsi les plantes salées, qui fournissent par leur incinération la *soude* du commerce, ne croissent qu'aux bords de la mer.—Il est des plantes qui se nourrissent aux dépens d'autres plantes dans les tiges desquelles elles implantent leurs racines. EXEMPLE : le gui.

Relativement à l'absorption des *gaz*, voyez la page 27.

NOTE. L'étude de ces faits peut servir de base à la théorie des engrais et des assolemens usités dans la culture. On comprend ainsi comment tel engrais propre à certaines plantes est sans effet sur d'autres dont il ne contient pas les élémens nutritifs : comment des espèces semblables puisant toujours dans le même sol les mêmes principes, ne peuvent y végéter plusieurs fois de suite, tandis que des espèces différentes, absorbant d'autres substances, peuvent y venir avec succès.

C. USAGES DES DIFFÉRENTES RACINES.

La forme des racines est généralement adaptée à la nature du sol dans lequel végète la plante. Ainsi les racines *pivotantes* habitent les terres fortes qu'elles divisent à la manière des coins. Les racines *fibreuses* se cramponnent entre les fentes des rochers qui s'élèvent sur les montagnes. Aux sols arides et sablonneux appartiennent les racines à *tubercules*, à *bulbes* : organes de nature féculente, dans lesquels la jeune plante trouve à la fois sa substance et un abri. Les racines qui vivent dans l'eau ont un chevelu très-abondant.—Les racines n'ont pas toujours pour usage de *fixer* la plante (plantes aquatiques.)—Les racines ont une tendance tellement irrésistible à se porter vers les terrains les mieux appropriés à la plante, qu'on les voit surmonter, pour y obéir, les plus grands obstacles, s'introduire dans les fentes des rochers, percer des murs, etc. Plantées sur les limites de deux terrains différens, on les voit se porter *constamment*, et comme par une sorte d'instinct : vers celui qui convient le mieux au végétal, quelque facilité plus grande elles puissent trouver à pénétrer dans l'autre.

2. CIRCULATION.

Trois temps dans la circulation de la sève : *sève ascendante.—Élaboration de la sève.—Sève descendante.*

A. Ascension de la sève.

Le fluide nutritif puisé dans le sein de la terre par les racines, acquiert des propriétés nouvelles, et s'élève jusqu'aux dernières feuilles en traversant les vaisseaux des couches ligneuses. La force avec laquelle a lieu ce mouvement ascensionnel est très-considérable. Elle reconnaît une double cause, 1° la capillarité (1) ; 2° une sorte de contractilité vitale dans les vaisseaux séveux, en vertu de laquelle ils se resserrent sur eux-mêmes et favorisent ainsi le mouvement ascendant du liquide. elle ralentit son cours et séjourne plus long-temps dans les parties de la plante qui affectent une direction inclinée. C'est de ce fait que découle la théorie de la taille dans les arbres fruitiers, et le soin que prennent les horticulteurs de courber les branches, afin d'obtenir un plus grand développement des bourgeons.

Le mouvement du fluide séveux est constant, et c'est à tort qu'on avait prétendu qu'il était complétement suspendu pendant l'hiver ; il n'est qu'extrêmement ralenti.—Son énergie est en rapport direct avec l'élévation de la température ; néanmoins il faut qu'il s'y joigne un certain degré d'humidité: car, que pourrait puiser le végétal dans un sol sec ? — Les deux époques de l'année où la sève montre le plus d'activité, sont le printemps et l'été (sève d'août.)

B. Élaboration de la sève.

La sève, parvenue dans les feuilles, y subit une élaboration particulière qui résulte de l'action de l'air et de la lumière sur ses organes, et sur toutes les parties vertes de la plante en général (respiration des plantes.) Voici en quoi elle consiste : *pendant la nuit*, les végétaux absorbent l'oxigène de l'air. Ce gaz, se combinant au carbone qui entre dans la composition de la sève, le convertit en un nouveau corps, le gaz acide carbonique.—*Pendant le jour*: une action contraire a lieu. La lumière décomposant l'acide carbonique formé dans la plante, l'oxigène est exhalé: le carbone s'incorpore au végétal. C'est même à cette décomposition et à la fixation du carbone dans les plantes, qu'on attribue leur couleur verte. On sait en effet qu'élevées dans l'obscurité elles s'étiolent, c'est-à-dire deviennent plus blanches, plus tendres, plus aqueuses. — Un autre phénomène qu'offre la sève parvenue dans les feuilles, c'est la vaporisation d'une partie de l'eau qu'elle contenait (transpiration des

---

(1) La physique enseigne que les tubes capillaires, c'est-à-dire semblables par leur finesse à des cheveux, ont la propriété d'élever les liquides contre les lois de la pesanteur, avec d'autant plus de force que leur diamètre est plus petit.

plantes.) Cette eau s'exhale en vapeurs insensibles quand elle est en quantité modérée; mais quand elle augmente, par une cause quelconque, on la voit former à la surface des feuilles des gouttelettes, qu'il ne faut pas confondre avec la rosée. (Voyez la *fig.* 4, *plan.* 12.)

Influence des végétaux sur la pureté de l'air.—Il suit de ce qui précède 1° que les végétaux vicient l'air pendant la nuit, en absorbant une partie de l'oxigène qu'il contient; 2° qu'ils le purifient pendant le jour, en exhalant ce même gaz; 3° que l'effet définitif de la végétation est une augmentation de l'oxigène de l'air, dont les proportions restent cependant les mêmes, parce que les animaux y produisent par leur respiration un effet opposé.

C. Sève descendante.

Ce n'est qu'après avoir subi dans les feuilles l'élaboration dont nous venons d'expliquer le mécanisme, que la sève est réellement propre à servir à la nutrition du végétal. Sous ce nouvel état, elle forme un liquide visqueux, le *cambium*, dont les propriétés diffèrent suivant l'espèce à laquelle il appartient (*jaunâtre* dans le pavot, *résineux*, dans les pins, *laiteux*, dans les euphorbes, etc.) Ce liquide suivant une direction inverse de la sève ascendante, se dirige des feuilles vers la racine, entre l'aubier dont il recouvre la couche la plus interne, et le liber dont il recouvre la couche la plus interne. — Peu à peu on le voit s'épaissir, s'organiser, enfin former deux couches distinctes, l'une d'aubier, l'autre de liber.—Ces faits vont nous fournir la théorie de l'accroissement des végétaux.

3. MODE D'ACCROISSEMENT.

Il diffère dans les tiges de *dicotylédons*, et dans celles de *monocotylédons*.

A. tiges de dicotylédons (*exogènes*).

Il se fait à la fois en hauteur et en épaisseur.

1. L'accroissement en *hauteur* résulte de la nouvelle pousse qui s'élève chaque année du sommet de la plante, ou bien de branches développées sur le jet de l'année précédente. Quant à l'accroissement, qui dépend de l'allongement des fibres ligneuses elles-mêmes, il se réduit à peu de chose, et ne s'observe que sur les pousses d'un an.

2. L'accroissement en *épaisseur* résulte beaucoup moins de la dilatation des couches déjà formées (dilatation qui ne s'opère plus sur les couches devenues ligneuses), que de l'addition des couches nouvelles qui s'organisent chaque année, aux dépens du cambium, entre l'écorce et le bois.

3. La tige offre donc deux systèmes de couches croissant en sens opposé : l'écorce, par le dépôt annuel d'une nouvelle couche *en dedans*; le bois, par le dépôt d'une même couche *en dehors*.—Par conséquent, dans l'écorce, la couche la plus intérieure sera la plus longue : elle s'étendra nécessairement de la racine au sommet de la tige; au contraire, la couche la plus extérieure sera la plus courte, puisqu'elle est la première développée, et n'a pas plus de hauteur que n'en avait la

plante à sa première année.—Dans le bois on trouvera une disposition absolument inverse : la couche la plus extérieure sera la plus longue, puisque c'est celle de l'année; la couche la plus intérieure sera la plus courte, puisqu'elle a précédé toutes les autres, et qu'elle n'a pu croître depuis.

4. Si l'on examine une tige d'un an seulement, on la voit composée de deux couches, l'une ligneuse, l'autre corticale, enveloppant la moelle sous forme d'étuis ou de cônes allongés. Si on l'examine au bout de deux ans, on trouve à son extrémité deux nouveaux cônes composés de même, et se continuant entre les deux couches de l'année précédente. Au bout de la troisième année, formation d'un troisième cône disposé de même; ainsi de suite dans les années subséquentes; de sorte que l'on peut connaître l'âge d'un arbre par le nombre de couches ligneuses qu'il présente sous forme de zônes concentriques.

B. TIGES DE MONOCOTYLÉDONS (*endogènes*.)

La structure propre à ces sortes de tiges suppose un mode particulier d'accroissement. Prenons pour exemple le palmier, qui peut leur servir de type (1).

Une fois la germination accomplie, on voit s'élever une rangée circulaire de feuilles adhérant au collet par leurs pétioles. Du sein de ce bouquet de feuilles, naît la seconde année une seconde rangée semblable à la première; il en est de même dans les années suivantes. Au fur et à mesure que se produisent ces diverses rangées de feuilles, elles refoulent les rangées précédentes. Du tassement des fibres pétiolaires appliquées les unes sur les autres, de dedans en dehors, et s'entrecroisant entre elles, résulte la tige elle-même, dont le bois, comme on le comprend, doit offrir d'autant plus de dureté qu'il est plus rapproché de la circonférence.—Néanmoins, dès qu'il a acquis celle qui caractérise le bois parfait, il résiste à toute pression, et l'accroissement du végétal en diamètre ayant cessé, il ne peut plus s'accroître qu'en hauteur, par suite de l'épanouissement du bourgeon situé au sommet de la tige. Toutefois cet accroissement continue avec la même régularité, le même nombre de feuilles sortant chaque année de la nouvelle pousse.—Ainsi on peut compter le nombre des années dans cette classe d'arbres par celui des espèces d'*anneaux* qui existent à la surface du stipe, et qui indiquent la place où s'insérait le bouquet de feuilles tombées annuellement.

LA HAUTEUR à laquelle parviennent les tiges présente des différences énormes : il est des plantes qui s'élèvent à peine au-dessus du sol. Il en est qui atteignent 180 pieds de hauteur (palmier.)—Leur développement en grosseur offre des différences non moins étonnantes; il est des plantes fines comme des cheveux; on voit au Sénégal des baobabs qui ont jusqu'à 90 pieds de circonférence.—La lumière a une action très-puissante sur l'accroissement des tiges, qui surmontent les plus grands obstacles pour se porter vers les lieux les mieux éclairés.

(1) Les *monocotylédons* propres à nos climats (froment, etc.) étant tous annuels, ne laissent pas apercevoir aussi distinctement la différence.

4. USAGES DES DIFFÉRENTES PARTIES DE LA TIGE.

a. L'épiderme : enduit dans un grand nombre de plantes d'une matière cireuse, il protège les organes sous-jacens contre les agens extérieurs, et empêche la dessication du tissu cellulaire. Très-apparent dans les jeunes pousses, il finit par se fendiller, tomber même, par suite de la distension que lui font éprouver les couches corticales. Cependant il se régénère facilement.

b. L'enveloppe herbacée (tissu cellulaire externe, moelle externe) : paraît être le siége de la transpiration de la tige et de la décomposition de l'acide carbonique par la lumière

c. L'écorce. — Le *liber* (couches internes), est un des organes essentiels de la végétation, puisque c'est lui qui fournit à l'accroissement annuel des couches corticales. Il se répare quand il a été enlevé, si l'on a eu la précaution de garantir la plaie du contact de l'air.

d. Le bois. — Les couches les plus externes fournissent, sous le nom d'*aubier*, à l'accroissement annuel des couches ligneuses. Le temps nécessaire à la conversion de l'aubier en bois parfait, varie selon que la végétation est plus ou moins active; plus l'arbre est vigoureux, moins il a d'aubier. Celui-ci offrant peu de solidité, n'est pas utilisé dans les besoins des arts.

Les vaisseaux qui, dans le bois, servent à la circulation de la sève, finissent par s'obstruer avec l'âge, et les couches ligneuses, mortes dans le centre du tronc, ne continuent à végéter que dans les couches les plus extérieures d'aubier.

e. La moelle, qui a une assez grande analogie de structure avec le parenchyme des feuilles, semble destinée à les suppléer dans les jeunes pousses, et à faire subir à la sève une élaboration particulière. Très-abondante dans les végétaux herbacés, elle finit par disparaître en totalité dans les végétaux ligneux.

Considérés sous le rapport de leur utilité dans l'économie générale du globe, les arbres attirent les nuages, qui retombent en pluies, et alimentent les cours d'eaux. Aussi les coupes de forêts ont-elles pour effet de frapper le sol de stérilité en tarissant les sources. Delà, sans doute, le culte que leur rendaient les peuples anciens.

5. SÉCRÉTIONS DES PLANTES,

Elles sont de trois sortes :

a. Sécrétions LIQUIDES (*transpiration des plantes.*)	C'est la propriété qu'ont les plantes de perdre par les tiges et par les feuilles principalement, une partie de l'eau qui entrait dans la composition de la *lymphe* ou sève ascendante. (Voyez précédemment.) La quantité de liquide exhalé est en rapport direct avec l'absorption ; elle augmente ou diminue avec elle.
b. Sécrétions GAZEUSES.	Nous avons vu que les parties vertes des végétaux étaient également soumises à une déperdition ou exhalation de gaz, sous l'influence de la lumière (Voyez la *page* 27.)

c. Sécrétions des sucs propres. L'élaboration de la sève a pour résultat, dans un certain nombre de végétaux, la formation de nouveaux principes, sécrétés à l'état liquide par des glandes ou par des vaisseaux particuliers. (Voyez l'anatomie.) C'est dans les qualités diverses de ces sucs que les végétaux puisent la plupart des propriétés qui les distinguent comme alimens, poisons, remèdes, etc. On les désigne sous les noms *d'huiles volatiles, huiles grasses, résines, gommes, sucres, fécules, acides et alcalis végétaux*, etc. (Nous renvoyons pour leur description à l'histoire des espèces qui les fournissent.)

La déperdition des sucs peut être rapprochée des sécrétions ou exhalations des plantes. C'est un phénomène dont la cause n'est pas bien connue. Les odeurs sont presque toujours dues à des huiles volatiles. La chaleur et l'humidité activent leur développement. Quelques-unes se répandent d'une manière intermittente, soit pendant le jour, soit pendant la nuit seulement.

§ III. REPRODUCTION.

Elle a lieu par les GRAINES (fécondation), ou par les BOURGEONS (sans fécondation.)

A. FÉCONDATION.

La reproduction par les graines comprend cinq périodes : la *floraison*, la *fécondation*, la *fructification*, la *dissémination*, la *germination*.

I. *Floraison.*

1. Le développement de la fleur est nécessairement l'acte qui doit s'opérer le premier, puisque c'est dans cette partie de la plante que naissent les organes mêmes de la fécondation (pistils et étamines.)

2. *L'époque* de la floraison paraît être en rapport direct avec l'élévation de la température. C'est dans les mois de mai et juin qu'il y a le plus de fleurs épanouies dans nos climats. Il est cependant quelques exceptions à cette règle générale ; ainsi, le perce-neige montre ses fleurs en janvier.

3. *Le moment de la journée* où la fleur s'épanouit présente aussi quelques particularités remarquables. Il en est qui s'ouvrent le soir et se ferment le matin (la belle de nuit) ; d'autres offrent le phénomène inverse. A mesure que la plante s'avance sous une zône plus froide, l'heure de son épanouissement retarde. Ce phénomène est aussi, dans quelques plantes, sous l'influence directe de l'état de l'atmosphère. Ainsi, quand le *laitron* de Sibérie ouvre ses fleurs le soir, on peut annoncer de la pluie pour le lendemain ; le beau temps est certain s'il les ferme à la même heure.—On a dressé, sous le nom d'*horloge de Flore*, un tableau de l'épanouissement de diverses fleurs pour chaque heure de la journée, et sous le nom de *calendrier de Flore*, un tableau de la floraison des différentes espèces de plantes à toutes les époques de l'année.

II. *Fécondation proprement dite.*

1. La fécondation ne saurait s'opérer sans le concours des étamines et des pistils. En effet, une plante à laquelle on a enlevé ses étamines ne donne jamais de graines fertiles : d'un autre côté, si l'on retranche le pistil, la fleur ne produit aucune sorte de graine.

2. Pour que le phénomène de la fécondation s'opère, il faut que le *pollen* des étamines se fixe sur le stigmate. Là, les petites vésicules dont se compose cette poussière se gonflent, se déchirent ; la liqueur qu'elles contenaient se répandant sur le stigmate, et descendant par le style jusqu'à l'ovaire, y féconde les germes des graines.

3. On est parvenu à féconder artificiellement des plantes, en secouant sur les stigmates la poussière d'étamines enlevées sur des espèces semblables. On produit ainsi des variétés dans les espèces.

4. *Dans les fleurs hermaphrodites*, l'insertion relative des étamines et des pistils est calculée de manière à ce que la poussière séminale puisse tomber sur les stigmates. Il est quelques espèces dans lesquelles les organes fécondateurs exécutent des mouvemens qui ont pour but de favoriser la fécondation. Les étamines de la rue, de la capucine, etc., se courbent sur le stigmate au moment de cet acte. Au contraire, dans la nigelle, la grenadille, etc., ce sont les pistils qui s'inclinent vers les organes mâles. On voit aussi des anthères s'ouvrir, et lancer le pollen qu'elles contenaient avec une sorte d'explosion. Dans quelques plantes, on observe à cette époque un développement très-notable de chaleur dans les organes fécondateurs.—La fécondation des *fleurs unisexuelles* s'opère de même, nonobstant l'éloignement des organes mâles et femelles. Dans les plantes *monoïques*, les fleurs mâles, placées ordinairement au-dessus des fleurs femelles, laissent échapper leur pollen, qui tombe sur elles par son propre poids. Dans les plantes *dioïques*, l'air sert de véhicule à la poussière fécondante, et peut la transporter à des distances considérables.

5. La fécondation ne peut s'opérer que dans l'air ; aussi les plantes qui vivent dans l'eau s'élèvent-elles à sa surface au moment d'accomplir cet acte. Exemple : la *valisnérie*, habituellement submergée, et dont le pédoncule est composé d'une longue spirale qui se déroulant à l'époque de la fécondation, permet à la fleur de s'épanouir au-dessus de l'eau. (*Plan.* 11, *fig.* 2.)

6. Quand la fleur a rempli la destination que lui assignait la nature, elle se flétrit, à l'exception de quelques plantes où l'on voit persister le calice, le style, etc. ; rien ne survit à la floraison que l'organe qui renferme les germes fécondés d'une nouvelle plante.

III. *Maturation*, ou *Fructification*.

1° L'époque de la *maturation* est marquée par le développement de l'ovaire, dont la structure et les formes éprouvent un changement total. Le tissu pulpeux qui le constitue intérieurement s'organise de manière à former les différentes parties du fruit. L'embryon se dessine peu à peu, et se développe dans les ovules grossis. L'ovaire, arrivé à son dernier degré de développement, constitue le *fruit*.—Le fruit, parvenu à sa maturité, se détache et tombe; il a cessé de végéter. Alors, s'il est charnu, il se putréfie; s'il est ligneux, sa destruction plus lente est soumise aux mêmes lois que les parties analogues dans les végétaux qui ne vivent plus.

2° Le nombre des graines est tellement considérable dans la plupart des végétaux, que si chacune d'elles germait, le produit d'un terrain de quelques lieues carrées équivaudrait, selon plusieurs calculs, à la végétation du globe entier. On a compté jusqu'à 160.000 graines sur un seul pied de tabac, 629.000 sur un pied d'orme. Cette apparente prodigalité n'est, de la part de la nature, qu'une sage prévoyance des causes nombreuses de destruction dont elles sont menacées.—Le nombre des graines fécondées n'est pas en rapport avec celui des étamines.

IV. *Dissémination*.

Les graines tombées au pied du végétal qui les portait, et amoncelées dans un étroit espace, y pourriraient la plupart si la nature n'avait su, par divers moyens, pourvoir à la dissémination des graines. Ces moyens sont propres, les uns à la plante elle-même, les autres à des agens extérieurs :

1° Un certain nombre de fruits déhiscens s'ouvrent spontanément et lancent au loin les graines par l'élasticité de leurs valves. EXEMPLE: la balsamine.—Les aigrettes, les appendices en forme d'ailes dont sont munies beaucoup de graines, leur permettent, en donnant prise aux vents, d'être transportées à des distances très-considérables.—Il en est de si légères, qu'elles n'ont pas même besoin de ce secours pour se soutenir en l'air.

2° Les *agens extérieurs* qui concourent à la dissémination des graines sont: les *vents*, les *cours d'eau*, les *animaux*, et particulièrement les *oiseaux*, dans les excrémens desquels on les retrouve souvent intactes, leur enveloppe coriace résistant à l'action des forces digestives. —*L'homme* a surtout une influence immense sur la répartition des espèces végétales sur le globe. Ainsi l'Europe s'est enrichie d'une foule de plantes transplantées sur son sol par les perfectionnemens successifs de la culture. EXEMPLE: la vigne, le cerisier, le pêcher, l'abricotier, etc.

6

B. REPRODUCTION PAR LES BOURGEONS.

La graine séparée de la plante-mère est un être nouveau, qui a son existence à part : le *bourgeon* n'est qu'une continuation du même être, qui, après s'être développé par l'action seule de la nutrition, peut, s'il en est séparé, végéter seul, et reproduire la plante-mère dans ses moindres variétés. — a reproduction par bourgeons est *naturelle*, ou *artificielle* :

1° NATURELLE, quand elle a lieu par la séparation spontanée des *bulbes*, *bulbilles*, *cayeux*, etc. Ces corps sont en effet de véritables germes, munis, comme les embryons, d'une partie radiculaire et d'une partie aérienne ; tels sont encore les *yeux*, ou boutons, qui se développent sur certains tubercules. — Mentionnons également ici les *rejetons* (*stolons*, ou *drageons*), rameaux enracinés que poussent d'espace en espace quelques espèces de plantes, et qui peuvent produire chacun en particulier un végétal identique (le fraisier.)

2° ARTIFICIELLE, quand elle s'opère, sous l'influence des mêmes lois, à l'aide d'un principe particulier qu'on nomme *greffe*. — Toute partie d'un végétal, dans laquelle par une cause quelconque le cambium est forcé de séjourner ou de rallentir sa marche, peut donner naissance à un germe ou bourgeon qui, s'il se développe à l'air, poussera des feuilles et des branches, s'il se développe dans le sein de la terre, poussera des racines. C'est là le principe qui sert de base à la théorie de la *greffe*.

La GREFFE consiste, en principe général, à insérer sur une plante un bourgeon ou une branche enlevée sur une autre que l'on veut reproduire. Le cambium opère bientôt la soudure des deux individus, si on a eu le soin de les mettre en contact par leur liber. — A l'aide de cette opération on multiplie, avec une grande économie de temps, des *variétés* qui se perdraient par la multiplication au moyen des graines.

HABITATION DES VÉGÉTAUX.

I. Bien qu'un certain nombre de végétaux soient *cosmopolites*, c'est-à-dire aient la faculté de s'acclimater dans les diverses régions du globe, cependant la végétation s'offre sous un aspect bien divers à différentes latitudes. On a donné le nom de *géographie botanique* à l'étude des espèces végétales considérées dans leurs rapports avec les climats qu'elles habitent et qui leur ont été primitivement assignés pour demeure.

II. Si nous ne connaissons pas *toutes les causes* qui ont pu contribuer à la formation de ces circonscriptions naturelles dans le règne végétal, il en est cependant que nous pouvons assigner d'une manière certaine; ce sont la *chaleur*, l'*humidité*, le *sol* :

1° La CHALEUR paraît être une des causes, si ce n'est la cause principale, qui détermine la répartition géographique des plantes. Si l'art de la culture est parvenu à naturaliser des végétaux sur un sol qui leur était étranger, jamais on n'a vu ces végétaux abandonnés à eux-mêmes changer *spontanément* de climat.—Telle est l'influence de la chaleur sur la végétation, qu'on voit, en allant des pôles vers l'équateur, le nombre des espèces végétales augmenter dans une proportion énorme. Ainsi l'on n'en connaît guère qu'une trentaine au Spitzberg, tandis qu'à Madagascar on en compte plus de 5,000.—C'est entre les tropiques que le règne végétal se montre dans toute sa magnificence ; c'est là que la nature a prodigué ses parfums les plus suaves, ses fruits les plus délicieux. Là nos graminées, nos bruyères sont des arbres majestueux.

On ne peut séparer de l'action de la chaleur celle de la lumière, si intense dans les régions équatoriales, et qui a pour effet immédiat, comme nous l'avons déjà vu, la coloration des végétaux.

2° L'HUMIDITÉ.—L'aspect des plantes qui vivent dans les lieux humides diffère beaucoup de celui des plantes qui habitent les lieux secs. Celles-ci sont généralement plus denses, moins spongieuses, plus velues. DE CANDOLLE regardant le degré d'humidité ou de sécheresse comme la cause la plus influente sur la localisation des plantes, a établi, sur cette considération, seize classes de *stations* ou de localités propres aux végétaux. (Plantes *marines* ou *salines*, plantes d'*eaux douces*, plantes des *prairies*, plantes des *terrains cultivés*, plantes des *lieux stériles*, plantes des *forêts*, plantes des *montagnes*, plantes *parasites*, etc.)— Il est à remarquer toutefois que les localités analogues n'offrent pas toujours, dans les régions éloignées l'une de l'autre, des espèces congénères (exception faite même des plantes cultivées.)

3° LE SOL.—Quoique la chaleur et l'humidité modifient beaucoup l'influence du sol, cependant on ne peut trouver que dans les propriétés physiques et chimiques de celui-ci la raison pour laquelle certaines plantes ne peuvent vivre que sur les bords de la mer (la soude) ; sur les murs (giroflée des murailles) ; dans le gypse, dans les substances animales en décomposition, etc. Il est même, à ce qu'il paraît, des plantes dont la présence annonce l'existence de certains minerais.

Un fait extraordinaire, qui ne peut guère trouver son explication que dans cette sorte d'influence, c'est que certaines espèces, au lieu de se diriger de droite à gauche sous les mêmes parallèles, s'étendent dans la direction des longitudes. Le *phalangium bicolor*, dit MIRBEL, commence à paraître à Alger, passe en Espagne, franchit les Pyrénées, et va finir en Bretagne.

MALADIES, DURÉE, MORT DES VÉGÉTAUX.

I.

Les plantes ne sont pas plus que les animaux exemptes des maladies et de l'inévitable destruction qui atteignent tous les êtres vivans.

Les MALADIES des plantes sont dites *locales* ou *générales*, selon qu'elles n'atteignent qu'un de leurs organes, ou qu'elles affectent le végétal tout entier :

1° MALADIES LOCALES.—Lésions externes, ou *blessures*, *fractures*, *ulcères* par cause interne ou externe.—*Excroissances*, dues le plus souvent à la piqûre de certains insectes. EXEMPLE: la noix de galle. — *Animaux* et *plantes parasites* (ils occasionnent les maladies qu'on appelle *rouille*, *charbon*, *blanc-meilleux*, etc.)

2° MALADIES GÉNÉRALES. A. produites par *un excès de végétation* (écoulemens de sève, avortement des organes de la reproduction, gangrène, etc.) B. produites par *faiblesse de végétation* (panachures, l'étiolement, etc.)

II.

DURÉE DES VÉGÉTAUX.—Nous avons vu qu'on classait les plantes en *annuelles*, *bisannuelles* et *vivaces*, c'est-à-dire végétant un nombre indéfini d'années (les arbres.) Cette durée dépassant souvent le terme de la vie de l'homme, il est peu d'arbres sur la durée desquels on ait des données certaines. Néanmoins on sait que les chênes peuvent vivre 5 à 6 siècles dans un bon terrain, les oliviers environ 300 ans. Il est fait mention, dans les auteurs, d'arbres dont l'existence devait dater de plus d'un millier d'années.

III.

MORT DES VÉGÉTAUX. Lorsque, par l'effet d'une cause quelconque, le végétal cesse de vivre, les parties qui le composaient obéissant aux lois des attractions physiques et chimiques, rentrent dans la classe des matières inorganiques.—Si le végétal a été détruit dans le feu, il laisse (outre les substances qui se volatilisent) des *cendres*; du *terreau* s'il s'est décomposé à l'air; si c'est dans l'eau, et que les circonstances soient favorables, il forme de la tourbe. (Voyez la *Minéralogie*.)

APPENDICE A L'HISTOIRE DES FONCTIONS DES VÉGÉTAUX.

DE QUELQUES PHÉNOMÈNES DE LA VIE VÉGÉTALE.

1. Quelques plantes offrent des phénomènes trop remarquables pour les passer sous silence. Telle est la *sensitive*, fermant ses folioles au moindre contact (*plan.* 12, *fig.* 2), le *dionée-attrape-mouche*, qui, repliant les deux lobes de ses feuilles, retient captif l'insecte assez imprudent pour

se poser sur elles (*plan.* 11. *fig.* 4.) Dans le *sainfoin oscillant*, plante du Bengale, dont les feuilles se composent de trois folioles portées sur un pétiole commun, on voit les deux folioles latérales décrire de chaque côté de la foliole médiane immobile, un mouvement continu en arc de cercle, et qui se montre même dans la feuille détachée de la tige. Mentionnons aussi les mouvemens exécutés par une foule de plantes, aux approches de la nuit, et qu'on a appelés, pour cette raison, *sommeil des feuilles*. Ainsi, dans l'arroche des jardins, les feuilles s'appliquent face à face; dans la mauve du Pérou, elles se roulent en cornet; dans la balsamine et dans plusieurs autres espèces, elles s'étalent, forment comme une voûte protectrice au-dessus des fleurs, ou bien elles se recourbent pour envelopper les boutons.

2. La lumière paraît exercer une influence spéciale sur la production de ces phénomènes, puisqu'on a pu changer les heures du sommeil dans quelques plantes, en les exposant à une lumière artificielle.

3. Cette classe d'actions organiques ne semble pouvoir s'expliquer que par l'existence, dans les végétaux comme dans les animaux, de la *contractilité vitale*, propriété en vertu de laquelle les organes éprouvent, sous l'influence de diverses causes d'excitation une sorte de contraction ou de resserrement produisant divers mouvemens intérieurs, mouvemens que des causes mécaniques seules ne sauraient suffire à produire. Telle est, comme nous l'avons déjà remarqué, l'ascension de la sève.

TROISIÈME DIVISION. — TAXONOMIE.

La multitude d'êtres que renferme le règne végétal, fait concevoir la nécessité d'adopter pour leur étude une méthode générale de distribution, propre à faire connaître les plantes dans leurs rapports entre elles, et à conduire à la connaissance de leurs noms et de leurs propriétés. — Trois choses à considérer dans la classification des végétaux : la *spécification*, la *distribution méthodique*, la *nomenclature* :

1° La SPÉCIFICATION : nous désignons par là l'emploi des caractères qui servent de base à la distinction des végétaux en *espèces* et en *genres*. — A. ESPÈCE : collection des végétaux qui se ressemblent par leurs propriétés essentielles; de telle sorte qu'on pourrait les regarder comme provenant du même individu. B. GENRE : collection des espèces qui se ressemblent le plus entre elles. Les genres diffèrent des espèces en ce qu'ils ne peuvent pas, comme celles-ci, se changer les uns dans les autres, ou, en d'autres termes, se reproduire mutuellement par les graines. — Les botanistes sont généralement d'accord sur les principes qui doivent servir de base à la classification des plantes en genres et en espèces.

2° La DISTRIBUTION MÉTHODIQUE : c'est le classement des genres en groupes, formant des associations de plus en plus générales. C'est ainsi que de la collection des genres qui se ressemblent le plus on forme les *familles*, les *ordres*, et qu'à un degré encore plus élevé on établit de grandes coupes qu'on nomme *classes*.—Mais ici les botanistes diffèrent sur le choix des caractères qu'il faut emprunter au végétal pour servir de base à ces différentes répartitions. Les uns adoptent des divisions *systématiques*, c'est-à-dire, qu'ils font un choix arbitraire de caractères tirés d'un seul organe, ou d'un petit nombre d'organes (*méthode artificielle* ou *système*.) Les autres basent leurs divisions sur l'ensemble des caractères fournis par l'organisation du végétal, étudié dans toutes ses parties (*méthode naturelle*.)

3° La NOMENCLATURE : c'est l'ensemble des dénominations qui servent à désigner, d'après certaines conventions, toutes les plantes connues. Si chacune d'elles portait un nom particulier, le nombre des espèces étudiées s'élevant déjà à 50,000 environ, la vie d'un naturaliste suffirait à peine à la seule étude de ces termes. Il a donc fallu recourir à un procédé qui en diminuât le nombre, tout en laissant le moyen de distinguer les plantes entre elles. C'est ce qui fournit au célèbre Linné l'idée de composer leurs noms de deux mots : l'un *substantif*, qu'il réserve pour les genres seulement ; l'autre *adjectif* pour désigner une qualité propre à chacune des espèces comprises dans le genre. Ainsi, le substantif *renoncule* sert à désigner la réunion de toutes les espèces comprises dans le même genre ; et ces espèces sont différenciées entre elles par les épithètes ou adjectifs accolés *au mot générique*, et tirés de quelqu'une de leurs propriétés ; EXEMPLE : *Renoncule des prés*, *renoncule aquatique*, etc.—Remarquons que les adjectifs désignatifs des espèces étant toujours réunis à des substantifs (noms de genres), peuvent être employés plusieurs fois dans les différens genres sans amener de confusion. Il en est à cet égard comme des noms de baptême, qui, bien que propres à un grand nombre d'individus, les distinguent suffisamment entre eux quand on y joint le nom de la famille.

Tel est le mécanisme à l'aide duquel 3,000 noms de genres environ, et beaucoup moins de noms d'espèces, suffisent pour désigner toutes les espèces végétales connues aujourd'hui.

QUATRIÈME DIVISION. —

CARACTÈRES DES FAMILLES.

ALGUES.

Plantes aquatiques ; vivant dans l'eau douce ou dans la mer ; se présentant sous forme de filamens capillaires, ou de lames minces, de consistance herbacée, cartilagineuse ou coriace, et dont la fructification consiste en corpuscules séminifères renfermés tantôt dans l'intérieur de la plante, tantôt dans des tubercules situés à l'extérieur. (*Planche* 9.)

CHAMPIGNONS.

Plantes vivant sur la terre, ou dessous, ou sur d'autres plantes ; de consistance charnue, coriace ou gélatineuse, de couleur et de forme variables ; les unes portées sur une sorte de tige (le *pédicule*), surmontée d'une partie élargie plus ou moins orbiculaire (le *chapeau*), offrant à sa surface supérieure ou inférieure, une membrane destinée à porter les corpuscules séminifères. Dans quelques genres une sorte de tégument ou de voile (le *collet*) s'étendant entre le pédicule et le bord libre du chapeau qu'il recouvre inférieurement ou dans sa totalité ; quelquefois une espèce de sac ou de membrane qui enveloppe la plante avant son développement (la *volva*.)—Les autres ressemblent à de simples filamens, à des membranes planes, dont la surface est lisse ou garnie de lames.

Les organes fructificateurs (*sporules*) sont tantôt sous forme d'une poussière fine, isolée, tantôt renfermés dans des réceptacles ou globules réunis sur la membrane sporulifère (*hymenium*.) (*Planche* 9.)

CARACTÈRES DES GENRES PRINCIPAUX.

1 Fucus ou Varec : plantes marines, coriaces ou cartilagineuses, d'un vert brunâtre, portant à l'extrémité de leurs lames des tubercules séminifères. (*Plan.* 17, *fig.* 2.)

2 Conferve : plantes d'eau douce, composées de filamens articulés, creux, et renfermant des globules reproducteurs. (*Plan.* 17, *fig.* 1.)

3 Ulve : Plantes d'eau douce ou salée, sous forme d'expansions membraneuses, de consistance herbacée, vertes, planes ou tubuleuses.

1 Agaric : champignons charnus, portant sur un *pédicule* un *chapeau* en forme de parasol, offrant à sa surface inférieure des lames ou *feuillets* perpendiculaires, rayonnans, point de *volva*. (*Plan.* 17, *fig.* 5, 6.)

2 Amanite (*orange*) : distincts du genre précédent par un volva, et par un pédicule renflé à sa base, en forme de bulbe. (*Plan.* 17, *fig.* 7.)

3 Bolet : charnu ou coriace, pédiculé ou sessile, distinct des agarics par la surface inférieure du chapeau, garnie de tubes perpendiculaires et soudés entre eux. (*Plan.* 17, *fig.* 8.)

4 Truffe : champignon ne vivant que sous terre, s'offrant sous la forme de masses charnues, irrégulièrement arrondies, variables en grosseur, noirâtres extérieurement, veinées de blanc et violâtres intérieurement.

  Mucor (vulgairement *moisissure*) : se développant sur les corps en décomposition, et s'offrant sous forme de filamens entrecroisés, renflés à leurs extrémités en une vésicule qui renferme les séminales.

5 Urédo : corpuscules végétant sous forme d'une poussière qui s'introduit sous l'épiderme des plantes, et occasionne les différentes maladies que l'on connaît sous les noms de *nielle*, *rouille*, etc.

MÉTHODES DE CLASSIFICATION.

I. MÉTHODES ARTIFICIELLES.

SYSTÈME DE LINNÉ.

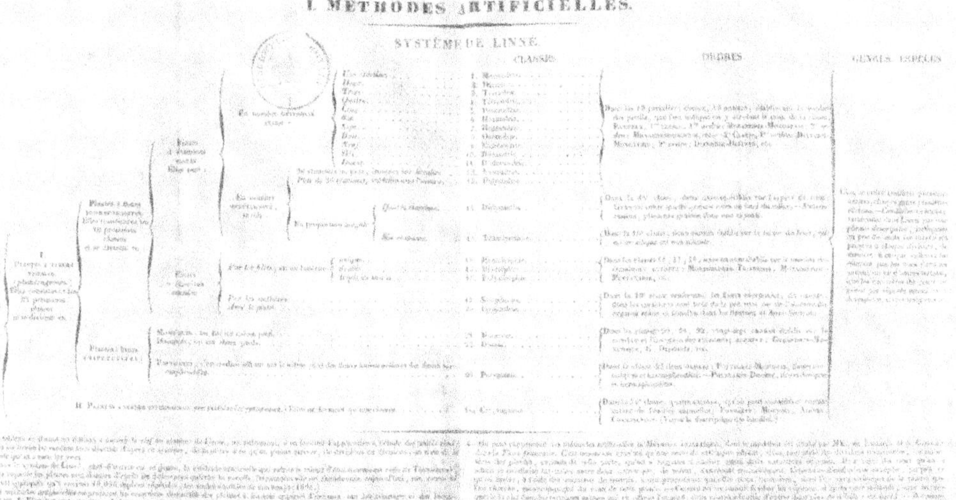

II. MÉTHODES NATURELLES.

MÉTHODE DE JUSSIEU.

CLASSES.		ORDRES ou FAMILLES NATURELLES.
	I	1. Algues, 2. champignons, 3. hypoxylées, 4. lichens, 5. hépatiques, 6. mousses, 7. fougères. [illegible]
	II	[illegible]
	III	[illegible]
	IV	[illegible]
	V	[illegible]
	VI	[illegible]
	VII	[illegible]
	VIII	[illegible]
	IX	[illegible]
	X	[illegible]
	XI	[illegible]
	XII	[illegible]
	XIII	[illegible]
	XIV	[illegible]
	XV	[illegible]

— PHYTOGRAPHIE.

PROPRIÉTÉS , EMPLOI DES PRINCIPALES ESPÈCES.

1. Les Varecs, communs sur les rochers des côtes océaniques, fournissent, quand on les brûle, une quantité considérable de *soude*, alcali qu'on fait entrer dans la composition des savons, du verre commun.—Le remède qu'on emploie sous le nom de *mousse de Corse*, pour faire périr les vers, est le *varec vermifuge*.

2. Les conferves n'ont point d'usage spécial. Elles sont souvent mélangées au *varec vermifuge* dans la mousse de Corse.

3. Plusieurs espèces d'ulves servent de nourriture aux habitans des côtes dans les mers du nord.

4. L'Agaric-ordinaire ou esculent fournit le *champignon de couche*, que l'on reconnaît à sa couleur blanche, tirant légèrement sur le brun, à son pédicule plein, non renflé, haut de 1 à 2 pouces, à son chapeau convexe, glabre, large de 2 à 3 pouces, à ses feuillets d'un brun vineux, à sa chair tendre, cassante, d'odeur agréable. C'est le seul qu'il soit permis de vendre sur les marchés de Paris. Cependant plusieurs autres espèces sont comestibles.—Ce genre comprend plusieurs espèces vénéneuses ; telles sont celles qui renferment un suc laiteux.

5. Le genre Amanite renferme une espèce comestible (*oronge vraie*), et plusieurs espèces vénéneuses, souvent confondues avec le champignon commun.

6. C'est du Bolet amadouvier qui croît sur le chêne, le noyer, etc. , que l'on obtient l'*amadou*. A cet effet on fait bouillir le bolet coupé par tranches dans une solution de salpêtre, on le sèche, puis on l'assouplit en le battant.—Point d'espèces vénéneuses ; plusieurs comestibles.

7. Les Truffes noires du Périgord sont les plus estimées. On emploie à leur recherche les cochons, qui en sont très-friands, et savent parfaitement les découvrir.

8. Les Mucor, les Urédo, n'ont point d'utilité spéciale, mais considérés dans l'économie générale du globe, ils semblent destinés à détruire rapidement les corps organiques en décomposition, sur lesquels on les voit végéter, et à rendre les élémens de ces corps à la masse commune.

Il est des espèces de champignons qui naissent uniquement sur les cadavres de quelques insectes. Selon plusieurs botanistes l'*ergot* qui attaque les grains de seigle, et lui communique des propriétés malfaisantes, est aussi une espèce de champignon parasite.

Précautions relatives à l'emploi des champignons : rejeter les champignons qui ont une odeur désagréable, une saveur amère, acide, âcre ; dont la chair est mollasse, change de couleur quand on l'entame ; qui croissent dans des lieux très-humides, sur des troncs d'arbres.—Dans un cas d'empoisonnement, il faut, sans attendre le médecin, faire vomir sur-le-champ le malade, à l'aide de trois à quatre grains d'émétique dissous dans quatre à cinq verres d'eau tiède.

CARACTÈRES DES FAMILLES.   CARACTÈRES DES PRINCIPAUX GENRES.

LICHENS.

Plantes végétant sur l'écorce des arbres, sur la terre, ou sur des rochers; se présentant sous l'aspect de membranes ou de plaques foliacées, sèches, coriaces, offrant les formes les plus bizarres; de couleur variable, simples ou ramifiées, avec des sporules renfermées dans des tubercules ou dans des espèces d'écussons (*scutelles.*) (*Planche* 17.)

1   LICHEN D'ISLANDE: membranes divisées en lanières portant à leur sommet les organes fructificateurs. (*Plan.*, 17, *fig.* 4.)

2   ORSEILLE ou ROCCELLE: tiges allongées, cylindriques ou plates, d'un aspect poudreux, dû à des paquets de poussière blanche épars sur la plante (probablement des sporules.)

A. Les MOUSSES : petites plantes à feuilles imbriquées ou éparses, offrant 1° des sporules renfermées dans une capsule en forme d'*urne*, que supporte une pédicule filiforme; 2° de petites vésicules portées sur de courts pédicelles, et que, par opposition à l'urne sporulifère, l'on a regardées comme les fleurs mâles. (*Planche* 18.)

B. Les LYCOPODES: plantes à tiges rampantes, couvertes de feuilles nombreuses, petites et serrées en épi à l'extrémité des rameaux. Les organes fructificateurs sont de petites coques situées à l'aisselle des feuilles, et renfermant des globules ou une poussière jaune très-fine.

FOUGÈRES.

Plantes herbacées dans nos climats; à tiges souterraines (*souche*); à feuilles alternes nommées *frondes*, entières ou divisées, roulées en crosse avant leur développement; portant sur leur surface inférieure les sporules contenues dans des capsules, quelquefois entourées d'un anneau élastique, ou recouvertes d'un tégument. (*Planche* 18.)

1   ASPIDIUM, capsules rassemblées en groupes arrondis, épars; recouvertes d'un tégument ombiliqué, s'ouvrant d'un seul côté.

2   CAPILLAIRE: fructification en lignes distinctes, placées sur le rebord des feuilles; capsules recouvertes d'un tégument.

ÉQUISÉTACÉES.

Les ÉQUISÉTACÉES ou PRÈLES: plantes à tiges herbacées, fistuleuses, cannelées, composées d'articles munis à leur point de jonction d'une gaîne dentée, à feuilles linéaires, verticillées; fructification en épi, composée d'involucres pédiculés contenant des globules verdâtres.

1   Cette famille ne renferme qu'un genre : la Prêle (vulgairement *queue-de-cheval*), caractérisée par des involucres en forme de têtes de clous, et qui présentent à leur surface inférieure des cellules renfermant des globules verdâtres, microscopiques.

A   Les MASSETTES ou TYPHACÉES: plantes aquatiques à fleurs monoïques réunies en chatons, à feuilles ensiformes.

B   Les SOUCHETS ou CYPÉRACÉES: plantes des marais, offrant beaucoup d'analogie avec les graminées, mais sans nœuds sur la tige; une écaille ou glume univalve tient lieu d'enveloppes florales; les fleurs sont hermaphrodites ou monoïques.

PROPRIÉTÉS, EMPLOI DES PRINCIPALES ESPÈCES.

1. Le LICHEN D'ISLANDE sert en médecine. Plusieurs espèces de ce genre perdent, par la cuisson, de leur amertume, et forment une gelée nourrissante, qu'on mange au Canada, en Islande, etc.; c'est la nourriture des rennes en Laponie.

2. L'ORSEILLE fournit la matière colorante employée sous ce nom, pour teindre la soie en violet. Plusieurs autres espèces contiennent des principes colorans.
Ces différens lichens croissent en France.

A. Les MOUSSES n'ont d'autre utilité dans l'économie domestique, que de servir au calfeutrage, à l'emballage, etc. Mais considérées dans l'économie générale de la nature, elles abritent contre les intempéries de l'air les troncs d'arbres, les plantes qu'elles recouvrent, les semences tombées à terre. La *sphaigne* contribue au desséchement des marais, en y formant de ses débris accumulés des tourbières flottantes, qui, chaque année prennent plus de consistance et finissent par offrir un terrain propre à une nouvelle végétation.

B. La poussière de LYCOPODE sert à saupoudrer les excoriations de la peau chez les enfans. Comme elle répand une flamme très-vive en brûlant, on la fait entrer dans les feux d'artifice, et c'est avec elle qu'on imite les éclairs sur le théâtre.

1. L'ASPIDIER-FOUGÈRE MÂLE est employée en médecine pour expulser les vers.

2. On fait avec le CAPILLAIRE un sirop très-usité en médecine. —Les habitans des régions polaires mangent les souches et les jeunes pousses de quelques espèces. —Les fougères fournissent, quand on les brûle, de la *potasse* qu'on employait autrefois dans la fabrication du verre.

1. Les tiges des PRÊLES, couvertes d'aspérités fines et très-dures, servent, dans l'atelier du tourneur, du menuisier, à donner le dernier poli au bois. —On mange, dans quelques parties de l'Italie, les sommités des tiges, que l'on fait cuire comme des asperges.

A. Les feuilles des MASSETTES servent à faire des nattes, à empailler des chaises, etc.

B. Le papier des anciens (*papyrus*), qui fut en usage jusqu'au XI° siècle, se fabriquait avec l'écorce du SOUCHET-PAPYRIER, plante qui croît sur les bords du Nil. On en formait des lames très-minces, qu'on croisait en différens sens, et qu'on mettait en presse après les avoir mouillées. —Les feuilles de plusieurs espèces servent à faire des nattes. —On mange en Espagne, les racines d'une espèce de *souchet* cultivé. —Les soies qui enveloppent les graines de la *linaigrette* servent quelquefois à faire des matelas, des coussins, etc.

CARACTÈRES DES **FAMILLES**.   CARACTÈRES DES **GENRES**.

GRAMINÉES.

Les GRAMINÉES (vulgairement *céréales*, *herbe*), offrent une tige creuse marquée de nœuds (*chaume*), desquels partent des feuilles alternes, à gaines fendues longitudinalement, et portant à leur base une petite languette (*ligule*.) Les fleurs, presque toujours hermaphrodites, ont pour enveloppe des bractées ou écailles sèches (*glumes*, *glumelles*, voyez l'anatomie de l'*épi*); trois étamines hypogynes, le plus ordinairement; un ovaire supère, simple, uniloculaire, monosperme, à style divisé en deux ou trois stigmates plumeux; une cariopse à périsperme farineux.—L'inflorescence est en *panicule* ou en *épi*. L'épi se compose d'épillets, comprenant eux-mêmes dans une enveloppe commune (la *glume*), une, deux, plusieurs fleurs (*uni*, *bi*, *multiflore*.) (*Plan*. 18.)

1. SUCRE : tige haute de 8 à 12 pieds; inflorescence en panicule terminale, de forme à peu près pyramidale; glume à deux valves, environnée extérieurement de longs poils soyeux, uniflore; glumelle à deux valves nues. (*Plan*. 14.)

2. ORGE : épillets uniflores, disposés trois à trois sur les dents de l'axe. Fleur du centre hermaphrodite, avec une arête très-longue; fleurs latérales mâles et barbues.

3. BLÉ ou FROMENT : épillets multiflores, solitaires ou isolés sur chaque dent de l'axe; glume à deux valves barbues.

4. SEIGLE : épillets solitaires, biflores, opposés à l'axe de l'épi. Glumelle à deux valves, dont l'extérieure porte une très-longue soie.

5. AVOINE : inflorescence en panicule; épillets multiflores; glumelle à deux valves, dont l'extérieure porte sur son dos une arête torse.

6. RIZ : inflorescence en panicule; six étamines; épillet uniflore; glume à deux valves, dont l'extérieure striée, barbue. (*Plan*. 16.)

7. MAÏS : fleurs monoïques; les fleurs mâles en panicule à la partie supérieure de la plante; les fleurs femelles au-dessous, à l'aisselle des feuilles; fruits adhérens à un axe charnu, cylindrique.

8. ROSEAU : chaume droit, d'un à deux mètres dans quelques espèces, terminé par une panicule de fleurs polygames, à glumelle bivalve, entourée de soies à sa base

9. Le FROMENT RAMPANT se distingue par ses racines articulées, longues, rampantes (*chiendent*.) Le MILLET, par ses fleurs en panicule, ses graines jaunes, luisantes, arrondies. Le BAMBOU, graminée des contrées équatoriales, s'élève à la hauteur des plus grands arbres, etc.
L'ALPISTE (*blé de Canarie*) offre un gros épi cylindrique, des graines luisantes, oblongues, blanches, grises ou brunes. (Les graminées des prés sont trop nombreuses pour que nous puissions en donner ici la description.)

PROPRIÉTÉS, EMPLOI DES PRINCIPALES ESPÈCES.

1. La CANNE A SUCRE, originaire de l'Inde, et transportée en 1506 seulement en Amérique, où sa culture a pris la plus grande importance, fournit, par l'expression de ses tiges, une liqueur (le *vesou*), qui, épaissie au moyen de l'ébullition, et débarrassée, par divers procédés chimiques, des matières hétérogènes qu'elle contient, cristallise; les différens affinages qu'on lui fait subir, la font passer de l'état de *cassonnade* brune à celui de *sucre* blanc.—La *mélasse* est la partie du sucre qui n'a pu cristalliser.—Le *rhum* se prépare avec de la mélasse qu'on distille après l'avoir laissé fermenter.

2. Le grain d'ORGE est jaunâtre, ovoïde, tronqué à son sommet, marqué d'un sillon longitudinal. Il fournit un pain lourd, moins blanc et moins nourrissant que celui de froment. L'orge est *mondé* quand il est privé de sa première pellicule: *perlé* quand il est entièrement dépouillé de ses tégumens, arrondi et poli. Sous cet état il fournit par sa décoction dans l'eau, une tisane souvent employée en médecine. Le *malt* est de l'orge germée et desséchée qu'on emploie dans la fabrication de la bière.

3. On ne connaît pas la patrie du BLÉ, qui est cultivé de temps immémorial. Ses graines varient en volume, en couleur, etc., selon les variétés. On fait avec sa farine le pain le plus sain, comme le plus nourrissant. Le *son*, enveloppe extérieure du blé, sert à la nourriture de plusieurs animaux domestiques, et à divers usages dans les arts.

4. Le SEIGLE donne un pain compact, brun, agréable au goût, et auquel on attribue des propriétés rafraîchissantes.

5. L'AVOINE est, comme on le sait, la nourriture de prédilection des chevaux, des animaux de basse-cour.—Le grain écorcé et arrondi forme le *gruau* d'avoine dont on fait du pain, des tisanes, etc. Cette graminée peut fournir du pain en temps de disette.

6. Le RIZ, originaire de l'Inde, croît dans les lieux bas et humides. On a essayé de l'acclimater dans le midi de la France. Les *rizières* dégagent des émanations très-dangereuses, et qui peuvent occasionner des épidémies. Le riz de la Caroline est le plus estimé. Cette graminée, quoiqu'impropre à faire du pain, constitue la nourriture presque exclusive de plusieurs peuples (Perse, Chine, etc.) Dans l'Inde, on en retire par la fermentation une espèce d'eau-de-vie.—La décoction de riz est souvent employée en médecine.

7. Le MAÏS ou BLÉ DE TURQUIE, est d'une grande importance dans les pays où on le cultive en grand. C'est la base de la nourriture de la classe pauvre dans plusieurs contrées de l'ancien et du nouveau-monde. Dans plusieurs départemens de la France il tient la place du froment; on en fait des gâteaux, des bouillies, etc. Il n'est pas susceptible de donner du pain.

8. Le ROSEAU à BALAIS se distingue par ses tiges élancées, dont on fait des cannes; par ses feuilles rubanées dont on fait des nattes; par sa panicule touffue, d'un violet-noirâtre, qui sert à faire de petits balais. Le roseau à quenouilles (*canne de Provence*) est employé en médecine.

9. On emploie en médecine, sous le nom de *chiendent*, les racines ou les tiges rampantes de deux espèces de graminées, le *froment rampant*, et le *cynodon* (chiendent proprement dit.)—Les plantes à fourrage les plus communes sont: le *brome*, la *phléole*, le *paturin*, le *vulpin des prés*, l'*agrostis*, la *crételle*, la *houque*, le *flouve*, l'*ivraie*.—Les graines du millet, de l'alpiste, servent de nourriture aux oiseaux. On fait des cannes avec les jeunes tiges du *bambou*.

CARACTÈRES DES **FAMILLES**.   CARACTÈRES DES PRINCIPAUX **GENRES**.

PALMIERS.

Famille exotique, ne croissant que dans les climats chauds; composée d'arbrisseaux ou de grands arbres, dont la tige cylindrique, simple, formée de fibres longitudinales (*stipe*) s'élève quelquefois au-dessus de 80 pieds. Feuilles rassemblées en faisceau au sommet de la tige; ordinairement très-grandes et pennées.— Fleurs hermaphrodites ou unisexuelles, en chaton ou en spadice rameux (*régime*), renfermées avant leur épanouissement dans des spathes; périgone à six divisions, dont trois internes et trois externes; six étamines, trois ovaires. Le fruit est une drupe charnue ou fibreuse, contenant un noyau osseux, à une ou trois loges monospermes.

1 DATTIER: palmier originaire de l'Inde, s'élevant à plus de 50 pieds; fleurs dioïques; le fruit est une espèce de drupe ovoïde, de la grosseur du pouce.

2 COCOTIER: grand arbre originaire de l'Inde, couronné d'une douzaine de palmes, dont la longueur est quelquefois de 15 pieds sur 3 de largeur. —Le fruit du cocotier ordinairement ovalaire, égal en grosseur à une tête d'homme, offre à sa surface extérieure une pellicule sèche, sous laquelle est une sorte de bourre, puis un noyau très-dur, renfermant une amande blanche (*albumen.*) *Plan.* 16.

3 Le SAGOUTIER: arbre de moyenne grandeur, dont le stipe porte les débris desséchés des anciennes feuilles; régimes très-allongés, pendans.

4 Le CHOU-PALMISTE se distingue par l'énorme bourgeon qui se développe chaque année au sommet du stipe.—Le CORYPHA du Malabar, par ses feuilles gigantesques, dont chacune peut mettre à l'abri plus de 15 personnes. — Le ROTANG, par ses tiges flexibles, et qui peuvent acquérir plus de 100 mètres de longueur. — Le PALMIER A ÉVENTAIL, par la disposition élégante de ses feuilles.

A Les AROÏDÉES: plantes herbacées, à tiges simples ou remplacées par une hampe; feuilles engaînantes, le plus souvent radicales; fleurs en spadice, enveloppées dans une spathe corolliforme, roulée en cornet.

LILIACÉES.

Plantes herbacées, à racine souvent bulbifère; feuilles alternes, quelquefois verticillées, sessiles ou engaînantes; périgone pétaloïde ordinairement campanulé, à six sépales ou à six divisions profondes; six étamines, stigmate simple ou trifide, sessile ou porté sur un style; un ovaire supère; une capsule à trois loges, contenant chacune deux rangées de graines.

1 Le LIS: périanthe en cloche, à six divisions profondes, marquées en dedans d'un sillon glanduleux.

2 L'AIL: fleurs rassemblées en tête ou en ombelle, et contenues, avant leur développement, dans une spathe à deux écailles.

3 ALOÈS: racine fibreuse; feuilles épaisses et charnues; périanthe tubulé, à six divisions, un style filiforme; capsule ovoïde.

4 La *tulipe*, la *jacinthe*, la *fritillaire* ou couronne impériale, la *tubéreuse*, l'*hémérocalle*, l'*asphodèle*, la *scille*.

A Les ASPARAGINÉES: plantes voisines des liliacées, n'en diffèrent que par leurs racines *fibreuses*, par leurs fruits (*baie globuleuse*), et en général par leur port.

B Les JONCÉES: plantes herbacées, habitant les lieux marécageux; feuilles engaînantes, fleurs hermaphrodites, terminales, composées de six sépales ou écailles glumacées; six étamines, capsule polysperme à une ou trois loges.

C Les COLCHICACÉES offrent beaucoup d'analogie avec les liliacées; ce sont des plantes à racines bulbeuses, à feuilles radicales, embrassantes; périgone coloré à six divisions, six étamines; un à six ovaires supères, une à trois capsules polyspermes.

PROPRIÉTÉS, EMPLOI DES PRINCIPALES ESPÈCES.

1 Les DATTES forment la principale nourriture de plusieurs peuplades d'Afrique. Elles donnent, par la fermentation, une liqueur spiritueuse. Leurs propriétés adoucissantes les font employer en médecine. *Le vin de dattier*, en usage dans les pays chauds, se prépare avec la sève qui découle d'entailles faites à la tige. Les fibres des feuilles servent à faire des cordages.—On a pour usage, dans l'Orient, de répandre le pollen des fleurs mâles sur les fleurs femelles, afin de mieux en assurer la fécondation.

2 Le COCOTIER ORDINAIRE (*cocos nucifera*) offre dans son amande un aliment agréable et fort utile dans les régions tropicales. Cette amande présente en outre une cavité remplie d'une liqueur laiteuse, rafraîchissante. Le *vin de palmier*, liqueur de saveur aigrelette, se prépare par la fermentation du liquide qui s'écoule des spathes coupées avant leur épanouissement. L'espèce de filasse ou de bourre fibreuse qui enveloppe le noyau sert à faire des cordages et des tissus grossiers. Le bois, d'une extrême dureté, à la partie extérieure de la tige, est utilisé dans les arts.

3 Plusieurs espèces de SAGOUIERS fournissent le *sagou*. Cette substance féculente se retire par expression de la partie centrale du stipe. Les feuilles, très-grandes, servent de couverture aux habitations. La sève donne, par la fermentation, une liqueur spiritueuse.

4 Le bourgeon terminal du CHOU-PALMISTE se mange cru; il a la saveur de l'artichaut. On fait avec les tiges du ROTANG les cannes à jones.—Les fruits de plusieurs espèces fournissent une huile (*huile de palme*), que l'on emploie, dans les contrées où croît le palmier, à plusieurs usages économiques.

A Les racines de plusieurs espèces de GOUETS ou pieds-de-veau (*arums*), contiennent une fécule abondante qu'on vend sous le nom anglais d'*arrowroot*, après l'avoir débarrassée, par des lavages réitérés, du principe âcre et purgatif qu'elle contient. Les belles fleurs appelées CALLA appartiennent à cette famille.

1 Le LYS BLANC, qui contribue à l'embellissement de nos jardins, est originaire d'Orient.

2 Les principales espèces connues sous le nom d'*ail commun*, d'*ognon*, d'*échalotte*, de *poireau*, entrent dans les préparations culinaires. Elle servent en médecine à plusieurs usages.

3 Plusieurs espèces d'ALOÈS fournissent par l'incision et par la décoction des feuilles, un suc gomme-résineux très-amer, souvent employé en médecine.—L'*aloès* est originaire d'Afrique.

4 Leurs différentes espèces n'ont d'autre utilité que celle de servir à l'embellissement de nos jardins. Les bulbes de *scille* sont employées en médecine.

A On mange au printemps les jeunes pousses (*turion*), qui naissent chaque année des racines de l'ASPERGE. Le MUGUET appartient à cette famille, ainsi que la SALSEPAREILLE, plante exotique, dont la racine est employée en médecine, et le FRAGON, arbuste indigène.

B Les tiges flexibles des JONCS sont employées à faire des nattes, des liens, etc.

C Les bulbes du COLCHIQUE D'AUTOMNE, (vulgairement *veilleuse*), sont vénéneux.

CARACTÈRES DES FAMILLES.

CARACTÈRES DES PRINCIPAUX GENRES.

D Les Narcissées: plantes très-voisines des précédentes, ont aussi une racine communément bulbeuse, des feuilles radicales engaînantes, des fleurs entourées d'une spathe, un périgone pétaloïde à six divisions, une capsule ou une baie. (*Plan.* 18 , *fig.* 3.)

E Les Iridées: plantes herbacées à racines souvent tubéreuses, à feuilles engaînantes; fleurs renfermées avant leur développement dans une spathe. Périgone pétaloïde à six divisions, dont trois internes dressées, trois externes réfléchies; presque toujours trois étamines. Un ovaire infère; un style terminé par trois stigmates pétaloïdes; capsule triloculaire polysperme. (*Plan.* 19, *fig.* 1.)

ORCHIDÉES.

Plantes herbacées; souvent deux tubercules palmés ou arrondis aux racines; périgone coloré à six divisions, dont une ordinairement inférieure (*labelle* ou *tablier*), présente des formes bizarres; fleurs en épi, munies de bractées. Une à deux anthères sessiles sur le style (leurs filets étant soudés avec lui.) Un ovaire infère; capsule uniloculaire, trivalve.

1 Orchis: racine pourvue d'une bulbe solide, remplacée annuellement par une autre placée latéralement. Les cinq divisions supérieures du périgone rapprochées en forme de casque; l'inférieure terminée par un éperon.

2 Vanillier: arbuste qui croît spontanément dans l'Amérique équinoxiale, et dont la tige sarmenteuse s'élance autour des arbres voisins; fleurs purpurines, odorantes.

A Les Bananiers ou *musacées*: plantes herbacées, dont la tige, formée par les pétioles engaînans des feuilles, acquiert une très-grande longueur. Les feuilles atteignent, dans quelques espèces, une longueur de quatre à cinq pieds.

B Les Balisiers ou *amomées*: plantes herbacées, à feuilles engaînantes, assez analogues aux précédentes; mais n'offrant qu'une étamine, un périgone irrégulier, un style pétaloïde.

LAURINÉES.

Arbres ou arbrisseaux à feuilles luisantes, ordinairement alternes; inflorescence en ombelle ou en panicule; périgone monosépale, à six divisions le plus communément; 3 à 12 étamines; ovaire supère uniloculaire; drupe environné à sa base par le périanthe persistant. (*Planche* 19.)

1 Laurier: fleurs hermaphrodites ou dioïques. Périgone à six divisions égales. — Anthères biloculaires, filets munis à leur base de deux appendices; un style, un stigmate, drupe monosperme.

POLYGONÉES.

Plantes herbacées à feuilles alternes, d'abord roulées en-dessous, à stipules engaînantes; fleurs petites, verdâtres, en épi ou en panicule; périgone monosépale; étamines en nombre variable; ovaire libre, uniloculaire, portant plusieurs styles ou plusieurs stigmates sessiles; fruit très-petit, monosperme, enveloppé par le périgone persistant.

1 Renouée (*polygonum*): périgone pétaloïde à 4 ou 5 divisions; 5 à 8 étamines; 2 à 3 styles filiformes; akène triangulaire.

2 Rumex: périgone à six divisions, dont 3 extérieures réfléchies et 3 intérieures rapprochées; 6 étamines, 3 styles, 3 stigmates; akène triangulaire.

3 Racaraca: périgone à 6 divisions alternativement plus petites et plus grandes; 9 étamines, 3 stigmates presque sessiles.

PROPRIÉTÉS, EMPLOI DES PRINCIPALES ESPÈCES.

D { Les Narcisses: plantes d'ornement; l'Ananas, dont le fruit offre une réunion de baies soudées en cônes; les Agaves, plantes du continent américain, dont les feuilles offrent des fibres assez solides pour faire des cordages, des toiles, etc.

E { Le safran du commerce est le stigmate du Safran cultivé, dont on fait un commerce considérable dans le Loiret (ci-devant *Gâtinais.*) On connaît les usages de cette substance dans la teinture et comme assaisonnement.—Les Iris: plantes d'ornement.

1 { On donne le nom de Salep aux bulbes desséchés de plusieurs Orchis qui nous viennent du Levant. On fait avec cette substance féculente, des gelées, des bouillies, etc., que l'on regarde comme propres à restaurer les forces.

2 { Le fruit du Vanillier est une capsule cylindrique, en forme de silique, remplie d'une pulpe noire, dans laquelle sont disséminées de petites semences noires, brillantes. C'est dans la pulpe que résident les principes aromatiques qui font employer la *vanille*, pour parfumer le chocolat, les liqueurs, etc.

A { Les fruits du Bananier offrent aux habitans de la Zône-Torride une nourriture agréable et abondante. On les mange crus ou cuits; on fait avec les fibres de la tige, des cordages, des tissus: avec les feuilles, on recouvre les habitations.

1 { Cette famille fournit le Gingembre, dont la racine, employée comme épice, remplit les mêmes usages que le poivre; le Curcuma, dont la racine fournit à la teinture un principe colorant *jaune*.

1 { Ce genre fournit plusieurs espèces très-recherchées pour les principes aromatiques qu'elles fournissent, 1° le Laurier-Cannellier, arbre originaire de l'île de Ceylan et sur lequel on enlève l'écorce des jeunes branches qu'on vend en plaques roulées sous le nom de *canelle de Chine ou de Ceylan.* On connaît ses usages comme aromate, condiment, etc.; 2° le Laurier-Camphrier, arbre originaire des Indes orientales, et qui fournit par la distillation de ses branches coupées en morceaux et mêlées à un peu d'eau, le *camphre*, espèce d'huile volatile concrète, d'un emploi fréquent en médecine; 3° le Laurier-Muscadier, arbre cultivé dans nos colonies et contenant dans un drupe pyriforme une graine globuleuse, dure, d'odeur aromatique qu'on emploie comme aromate (*noix muscade.*) Cette graine est entourée d'une arille épaisse, irrégulièrement découpée, d'un jaune-orangé, et qu'on emploie sous le nom de *macis* aux mêmes usages; 4° le Laurier-Noble cultivé dans le midi de la France; ses feuilles entrent comme assaisonnement dans les préparations culinaires. Ses baies donnent une huile grasse employée à plusieurs usages.

1 { Le Sarrasin ou *blé noir*, originaire de l'Asie mineure, est cultivé dans plusieurs départemens de l'ouest, où il forme la principale nourriture des habitans. Le pain qu'il donne est inférieur à celui des autres céréales.
La Renouée-Poivre-d'Eau doit son nom à la saveur poivrée de ses feuilles.—La racine de la Renouée-Bistorte est employée en médecine.

2 { L'Oseille dont on mange les feuilles, la Patience dont la racine est employée en médecine, sont des espèces du genre *rumex*. Autrefois on en retirait le *sel d'oseille* (oxalate de potasse.)

3 { On connaît l'usage qu'on fait en médecine de la *rhubarbe*. Cette plante est originaire de la Chine.

| CARACTÈRES DES FAMILLES. | CARACTÈRES DES PRINCIPAUX GENRES. |

CHÉNOPODÉES ou ARROCHES.

Plantes herbacées pour la plupart ; feuilles simples et alternes ; périgone polyphylle ou monophylle et divisé ; étamines définies ; ovaire supère, à un ou plusieurs styles ; une graine nue ou enveloppée par le périgone accrescent ; quelquefois une baie ou une capsule.

1. SOUDE (*salsola*, vulgairement *barille*) : périgone à 5 divisions, 5 étamines ; capsule uniloculaire monosperme.

2. BETTE : périgone persistant, à 5 divisions en carène ; 5 étamines ; 2 styles ; capsule uniloculaire ; une graine réniforme.

3. ÉPINARD : fleurs dioïques ; périgone à 5 divisions ; 5 étamines ; 4 à 5 styles ; graine recouverte par le calice épineux.

PÉDICULAIRES ou RHINANTACÉES.

Herbes ou arbrisseaux ; feuilles simples, quelquefois remplacées par des écailles ; inflorescence fréquemment en épi ; calice monosépale, divisé, quelquefois polysépale ; corolle monopétale, ordinairement irrégulière ; deux à huit étamines parfois inégales ; un ovaire supère à un style ; une capsule bivalve, biloculaire.

1. VÉRONIQUE : calice à 4 ou 5 divisions aiguës, persistant ; corolle rotacée à 4 divisions ; deux étamines.

2. POLYGALA : calice à 5 divisions ; corolle papillonacée ; 8 étamines diadelphes ; une capsule en cœur.

3. Les *pédiculaires*, les *rhinantes*, les *euphraises*, les *mélampyres*, les *orobanches*.

A la suite des familles précédentes se placent les PLANTAGINÉES, remarquables par leurs capsules, s'ouvrant comme une boîte (pyxide.)—Les LYSIMACHIES, parmi lesquelles on range les *primevères*, le *mouron*.—Les AMARANTHES.—Les ACANTHES.

JASMINÉES.

Arbres ou arbrisseaux ; feuilles ordinairement opposées, simples ou pennées ; inflorescence en thyrse, en grappe, ou en corymbe ; fleurs hermaphrodites ou unisexuelles, calice monosépale, tubuleux, à 4 ou 5 dents ; corolle monopétale, tubuleuse, régulière ; 2 étamines ; ovaire supère biloculaire, à style simple ou plus rarement bifide ; capsule ou baie. (*Planche 20.*)

1. FRÊNE : fleurs ordinairement polygames ; calice quelquefois nul ou très-petit ; corolle nulle ou à 4 pétales linéaires ; capsule allongée, comprimée, uniloculaire, monosperme.

2. OLIVIER : calice campanulée ; corolle infundibuliforme à 4 divisions ; un style ; ovaire biloculaire ; drupe ovoïde, contenant un noyau à une ou deux graines.

3. Le *lilas*, le *jasmin*, le *troëne*.

Les GATTILIERS ou VERBÉNACÉES : plantes herbacées ou ligneuses. Genre principal : la VERVEINE.

PROPRIÉTÉS, EMPLOI, DES PRINCIPALES ESPÈCES.

1   Cette plante, cultivée sur les côtes d'Espagne, tire son nom de la propriété qu'elle a de fournir par la combustion une quantité considérable de SOUDE, alcali d'un usage très-important dans les arts, pour la fabrication du savon, du verre dans la teinture, etc. (*soude d'alicante*, etc.) Ce sel se retire d'ailleurs de plusieurs autres espèces de plantes, entre autres des SALICORNES, plantes de la même famille (*soude de Narbonne.*)

2   On connaît l'usage que l'on fait de la BETTE, de la POIRÉE, de la CARDE-POIRÉE (espèces du même genre) comme alimens.—La racine de BETTERAVE fournit aujourd'hui une partie du sucre qui se consomme en France, sucre qui ne diffère en rien de celui de cannes. —Cette racine est une excellente nourriture pour les bestiaux.

3   Outre les feuilles de l'ÉPINARD, on mange encore celle de BLETTE, de BONNE-DAME ou ARROCHE (genres de la même famille.)

1   La VÉRONIQUE *officinale* fait partie des *vulnéraires suisses*, mais elle est déchue dans l'esprit des médecins, de la réputation dont elle jouissait autrefois.

2   Les racines de plusieurs espèces de POLYGALA, et particulièrement du *polygala de Virginie*, sont employées en médecine.

5   Ces différens genres, non plus que les autres plantes de cette nombreuse famille, n'ont pas d'emploi important.

    Point d'usages importans à noter parmi les plantes de ces différentes familles. Plusieurs servent à l'ornement des jardins.

1   Deux espèces de FRÊNES, qui croissent particulièrement en Italie, laissent exsuder par les fentes de leur écorce ou par des incisions, une substance blanchâtre sucrée, qui se concrète et s'emploie en médecine sous le nom ou par des incisions, une substance blanchâtre sucrée, qui se concrète et s'emploie en médecine sous le nom de *manne.*—Le bois du frêne commun, très-flexible, est fort utile aux charrons, aux tourneurs, etc.

2   L'OLIVIER D'EUROPE, originaire d'Asie, naturalisé dans le midi de la France, où il s'élève à une hauteur de 15 à 20 pieds au plus (hauteur moindre qu'elle ne l'est en Orient), fournit, par l'expression de ses drupes, l'*huile d'olives*. Les olives, naturellement âpres, ne prennent une saveur agréable que par leur macération dans une eau alcaline.

3   Ces plantes sont destinées à l'ornement de nos jardins. Le JASMIN fournit un arôme recherché.

A   La VERVEINE (*herbe sacrée* des Grecs) ne jouit plus aujourd'hui de la réputation merveilleuse de *panacée*, que lui avait faite le vulgaire.

CARACTÈRES DES **FAMILLES**.

CARACTÈRES DES PRINCIPAUX **GENRES**.

LABIÉES.

Herbes ou arbustes ; tiges et branches té-
tragonales ; branches et feuilles opposées ;
fleurs axillaires ou verticillées, souvent
accompagnées de bractées ; calice persistant, tubuleux, bilabié ou à 5 divisions ; corolle tubuleuse, irrégulière, le
plus souvent bilabiée ; 4 étamines didynames, quelquefois deux seulement, par
avortement des autres ; un style à stigmate bifide, porté par un ovaire divisé
en 4 lobes, contenant chacun une graine ;
le fruit est composé de 4 petites coques
indéhiscentes, monospermes (tétrakéne.)
(*Plan*. 20.)

1 SAUGE : calice campanulé, strié, à 2 lèvres, la supérieure trifide, l'inférieure bifide ; lèvre supérieure de la corolle concave, échancrée, l'inférieure trilobée.

2 LAVANDE : calice cylindrique à 5 dents, muni d'une
bractée ; corolle à 5 lobes inégaux ; étamines
renfermées dans le tube.

3 MENTHE : calice à 5 dents ; corolle à 4 lobes presque égaux ; étamines distantes.

4 LIERRE TERRESTRE : calice strié à 5 dents ; corolle à
tube allongé, évasé supérieurement ; lèvre supérieure bifide, l'inférieure à trois lobes ; anthères
disposées en croix.

5 THYM : calice à 2 lèvres, la supérieure à 3 divisions,
l'inférieure à 2, garni de soie à sa gorge ; lèvre
supérieure de la corolle plane, échancrée, l'inférieure à 3 divisions.

6 Le *romarin*, la *sarriette*, la *germandrée*, l'*hys-
sope*, la *mélisse*, le *basilic*, etc.

A Les SCROPHULARIÉES ou PERSONÉES (fleurs en masque ou en gueule) ont beaucoup d'analogie
avec les *labiées*, dont elles diffèrent par leur fruit (capsule uni ou biloculaire), par leur
odeur et leur saveur généralement désagréables. (*Plan*. 20.)

SOLANÉES.

Plantes herbacées ou ligneuses ; feuilles alternes, entières ou lobées, quelquefois
géminées ; inflorescence variée ; calice
monosépale, à 5 divisions plus ou moins
profondes ; corolle monopétale régulière,
à 5 divisions ; étamines ordinairement au
nombre de 5 ; ovaire simple, supère,
biloculaire ; un style à stigmate simple
ou bilobé ; capsule ou baie biloculaire,
polyspermes.
Les plantes de cette famille offrent généralement cet aspect triste qui est propre
aux plantes vénéneuses ; elle en présente
en assez grand nombre. (*Plan*. 21.)

1 JUSQUIAME : plante herbacée, calice tubuleux ; corolle infundibuliforme à limbe inégal ; 5 étamines ;
le fruit est une pyxide enveloppée par le calice
persistant.

2 TABAC : plante annuelle de 2 à 4 pieds de hauteur,
calice urcéolé, corolle infundibuliforme, de couleur rose, à limbe divisé en 5 parties égales ; 5
étamines ; capsule ovoïde, bivalve.

3 BELLADONE : tige d'un mètre environ, velue, calice
persistant ; corolle campanulée à tube court,
fruit charnu.

4 MORELLE : corolle rotacée ; 5 étamines à anthères
longues et conniventes ; une baie pulpeuse, glabre,
à 2 loges, entourée par le calice persistant.

5 *Molène, stramoine, mandragore, tomate, alke-
kenge, calebassier, piment.*

PROPRIÉTÉS, EMPLOI DES PRINCIPALES ESPÈCES.

1, 2, 3, 4, 5, 6 { Les plantes de la famille des LABIÉES, toutes aromatiques, doivent les propriétés qu'elles possèdent en commun à la présence d'une *huile volatile*, existant notamment en grande quantité dans les genres que nous avons cités. Cette huile, dont on peut retirer du camphre, forme, en s'unissant à l'esprit de vin, les différens parfums qu'on vend sous le nom d'*eau de Cologne*, de *mélisse*, de *lavande*, etc.—Plusieurs espèces entrent comme assaisonnement dans nos mets (la *sarriette*, le *thym*, etc.), ou sont employées en médecine.—La plupart se cultivent comme plantes d'agrément.

A { Plusieurs espèces ont des propriétés vénéneuses. La DIGITALE POURPRÉE, à fleurs purpurines tachetées intérieurement, et disposées en épi, est employée en médecine à petite dose. La GRATIOLE (vulgairement herbe à *pauvre homme*), plante âcre, susceptible d'occasionner des accidens graves.

1 { La JUSQUIAME NOIRE, plante à fleurs d'un jaune sale, marquées de veines rougeâtres, d'une odeur fétide, croissant dans les lieux incultes, très-vénéneuse, employée cependant avec succès en médecine, à des doses très-petites.

2 { Le TABAC, plante originaire du Nouveau-Monde, d'où elle fut apportée en Europe, en 1560, par *Nicot*, ambassadeur de France en Portugal (d'où lui vint le nom de *nicotiana*.) Ses feuilles, d'odeur vireuse quand elles sont fraîches, acquièrent, après avoir fermenté pendant quelques jours, une odeur piquante, agréable. Elles sont entassées dans des barils, subissent une nouvelle fermentation dans les fabriques, puis sont desséchées et livrées en poudre ou en feuilles au commerce.—L'usage médical du tabac demande de la prudence, car il possède des propriétés vénéneuses très-énergiques.

3 { Cette plante, d'un usage précieux en médecine, a empoisonné des enfans, trompés par la ressemblance qu'ont avec les cerises ses baies rouges, charnues et globuleuses.

4 { La POMME DE TERRE (*morelle tubéreuse*), originaire d'Amérique, et cultivée en Europe depuis 1587, n'a commencé à être appréciée que sous le règne de Louis XVI, époque où des économistes éclairés, Parmentier en tête, en firent connaître toute l'importance.— La *morelle douce-amère* est employée en médecine.

5 { Le *bouillon-blanc* (moléne), fleur pectorale; la *pomme-épineuse* (stramoine); la *mandragore*, plantes vénéneuses; on fait des sauces avec les baies de *tomates*; des vases avec le fruit du *calebassier*, arbre d'Amérique. Le fruit du *piment annuel* (piment des jardins), originaire d'Amérique, aujourd'hui cultivé en Europe, est employé comme condiment.

CARACTÈRES DES **FAMILLES.**   CARACTÈRES DES PRINCIPAUX **GENRES.**

A BORRAGINÉES : plantes herbacées pour la plupart; tiges et feuilles hérissées de poils, feuilles simples et alternes; toutes leurs parties au nombre de 5, hors l'ovaire qui est à 4 lobes. (*Plan.* 21.)

La *bourrache*, la *buglosse*, la *cynoglosse*, la *consoude*, la *pulmonaire*, l'*héliotrope*, etc.

B CONVOLVULACÉES : plantes herbacées ou ligneuses; tiges souvent grimpantes; feuilles alternes, entières ou découpées; toutes les parties au nombre de 5; ovaire simple, supère à 1 ou 2 styles; capsules à une ou plusieurs loges. (*Plan.* 21.)

C POLÉMONIACÉES : petite famille, voisine des liserons, dont elle diffère par la structure de ses capsules.

D GENTIANÉES : genre dont on a fait une famille à part, et qui comprend des plantes herbacées, à feuilles opposées, entières, sessiles; calice monosépale persistant; corolle régulière, à 5 lobes communément; étamines en nombre égal; un ovaire, une capsule bivalve.

E APOCYNÉES : herbes ou arbrisseaux, à feuilles ordinairement opposées; calice monosépale à 5 divisions; corolle à 5 divisions, souvent accompagnées d'appendices; 5 étamines, un à deux ovaires; une ou deux capsules folliculeuses, accolées, polyspermes. Suc âcre, vénéneux dans plusieurs genres.

F BRUYÈRES : plantes herbacées ou ligneuses à feuilles linéaires toujours vertes.—ROSAGES ou RHODODENDRONS, arbrisseaux toujours verts, à fleurs jaunes ou rouges, en cloche.—Les PLAQUEMINIERS qui fournissent l'*ébène.*—Les SAPOTILLIERS, plantes exotiques, ligneuses.

G CAMPANULES : plantes herbacées, à feuilles alternes, à fleurs régulières, en cloche, à 5 divisions, 5 étamines; capsule pluriloculaire.

SYNANTHÉRÉES ou **COMPOSÉES.**

I. SÉMI-FLOSCULEUSES OU CHICORACÉES.

Plantes herbacées, contenant un suc laiteux; feuilles alternes, souvent pinnatifides; fleurs réunies dans un involucre commun et portées sur un réceptacle charnu, hermaphrodites, à corolle *ligulée* ou en languette (*demi-fleurons*); 5 étamines réunies par les anthères et formant un tube que traverse un style à stigmate bifide; akènes surmontées d'une aigrette sessile, pédicellée, ou dépourvue d'aigrette. (*Plan.* 22.)

1 LAITUE : involucre cylindrique, formé de folioles imbriquées; aigrette pédicellée; réceptacle plane, ponctué.

2 SCORZONÈRE : involucre cylindrique, imbriqué; aigrette sessile, plumeuse, grandes fleurs jaunes.

3 CHICORÉE : involucre à double rangée de folioles, 5 extérieures courtes; 8 intérieures plus longues; aigrettes sessiles.

4 LAITRON : involucre imbriqué, renflé à la base, à folioles étroites; aigrettes simples.

5 PISSENLIT : involucre double; folioles extérieures étalées; réceptacle ponctué, convexe, aigrette pédicellée.

PROPRIÉTÉS, EMPLOI, DES PRINCIPALES ESPÈCES.

A { Ces différentes plantes sont usitées en médecine.—L'*héliotrope*, originaire du Pérou, plante d'ornement.—La racine d'*orcanette* est employée dans la teinture en rouge.

B { Les racines fournissent, dans plusieurs plantes de cette famille, un suc âcre, purgatif, qui les fait rechercher en médecine; tel est en particulier l'espèce de *liseron* connu sous le nom de *jalap*.—Le LISERON (*convolvulus*), genre principal, a donné son nom à la famille. Les racines charnues de la *patate* offrent un aliment sain et agréable.

C { Le *phlox*, plante d'ornement; le *cobœa grimpant*, dont les fleurs passent successivement du rouge brun au violet.

D { Les racines de plusieurs espèces sont employées en médecine pour leurs propriétés am res et toniques.

E { Le *laurier-rose*, plante d'ornement, possède des propriétés vénéneuses. L'*apocin*, la *pervenche*, plantes d'ornement.—Les *strychnos*, plantes exotiques qui comprennent la *noix-vomique*, la *fève de St.-Ignace*, poisons violens.

F { Les *bruyères* servent de pâturage, de litière, de bois de chauffage, de balais, etc. Les *rhododendrons* ne sont guère cultivés que pour l'ornement.—Les *sapotiliers* fournissent des fruits fort recherchés en Amérique. C'est au même groupe que l'on rapporte l'*arbre à vache* dont la sève offre une espèce d'émulsion propre à servir de nourriture.

G { Les CAMPANULES se cultivent comme plantes d'ornement. On mange les jeunes pousses de la *raiponce*.

1 { *Laitue commune*: outre ses usages alimentaires, on fait avec son suc épaissi un extrait que les médecins emploient comme calmant.—La *laitue vireuse*, vénéneuse, n'est employée qu'avec circonspection en médecine.

2 { La racine de *scorzonère* (*salsifis noir*) pivotante, noire extérieurement, blanche et charnue intérieurement, est un aliment sain.—La racine du *salsifis sauvage*, genre voisin, jouit de propriétés analogues.

3 { La racine et les feuilles de *chicorée sauvage*, douées d'une amertume prononcée, font la base de tisanes et autres préparations médicinales.—Plusieurs variétés sont mangées en salade (*endive*, *scariole*, etc.)—La racine torréfiée constitue le *café de chicorée*.

4 { Les jeunes feuilles et les racines de *laitron* se mangent, dans certaines provinces, comme la laitue.

5 { Le suc du *pissenlit* est employé en médecine sous différentes formes.

CARACTÈRES DES FAMILLES.

CARACTÈRES DES GENRES PRINCIPAUX.

II. FLOSCULEUSES OU CYNAROCÉPHALES.

Plantes communément herbacées, feuilles alternes, souvent épineuses; fleurs entièrement hermaphrodites, ou hermaphrodites dans le centre seulement, neutres ou femelles à la circonférence; les *hermaphrodites* à corolle régulière, infundibuliforme, quinquéfide (*fleurons*), les neutres à corolle souvent irrégulière; étamines disposées comme dans la famille précédente; style nu ou garni de poils; réceptacle nu et garni de petites fossettes (alvéoles), ou de soies, de paillettes. (*Plan.* 22.)

1 CHARDON: calice imbriqué, à folioles terminées par une épine; réceptacle garni de soies; aigrette simple, sessile.

2 ARTICHAUT: calice imbriqué, à folioles larges, charnues à leur base, terminées par une épine; réceptacle charnu, soyeux.

3 CENTAURÉE: calice imbriqué, ovoïde; réceptacle soyeux; fleurons stériles à la circonférence; aigrette simple, sessile.

4 TANAISIE: calice imbriqué, à folioles très-petites; réceptacle nu; fleurons hermaphrodites à 5, fleurons femelles à 3 divisions.

5 Le *carthame*, la *bardane*, l'*armoise*, l'*immortelle*, le *tussilage*, l'*eupatoire*.

III. RADIÉES OU CORYMBIFÈRES.

Inflorescence en *corymbe*; fleurs de la circonférence en languettes (*demi-fleurons*), formant le rayon. (Le reste des caractères comme dans les *flosculeuses*.) (*Plan.* 22.)

1 ARNIQUE: involucre à 2 rangées de folioles égales; réceptacle plane; fleurs hermaphrodites; demi-fleurons femelles; aigrettes sessiles.

2 CAMOMILLE: involucre hémisphérique, formé d'écailles imbriquées linéaires; réceptacle convexe; fruits non aigrettés.

3 SÉNEÇON: involucre double, cylindrique; les folioles extérieures étroites, aiguës, souvent noires au sommet; réceptacle nu; aigrette sessile.

5 Le *souci*, l'*aunée*, la *matricaire*, la *verge-d'or*, l'*achillée*, le *soleil*.

RUBIACÉES.

Plantes herbacées à feuilles verticillées ou ligneuses; à feuilles opposées, réunies par des stipules intermédiaires; calice monosépale adhérant avec l'ovaire infère; corolle monopétale ordinairement régulière et tubuleuse, à 4 ou 5 divisions; 4 à 5 étamines; 1 style, 2 stigmates; ovaire à 2 ou plusieurs loges, coques (graines nues) accolées ou renfermées dans un péricarpe; périsperme corné. (*Plan.* 22.)

1 GARANCE: plante herbacée; ses parties (calice, corolle, étamines) sont le plus souvent au nombre de 4: 1 style bifide; 2 baies monospermes rapprochées

2 CAFÉIER: petit arbre de 15 à 20 pieds de hauteur; fleurs blanches, odorantes, groupées dans les aisselles des feuilles supérieures; baie ovoïde contenant 2 graines planes intérieurement, convexes extérieurement.

3 QUINQUINA: arbre de grandeurs diverses, fleurs en panicule; leurs parties (calice, corolle, étamines) au nombre de 5; capsule biloculaire.

4 *Aspérule*, *gaillet*, *psychotrie*, *cephælis*.

Les DIPSACÉES ont beaucoup d'analogie avec les composées (fleurs en capitule, réceptacle et involucre commun), mais les anthères ne sont pas réunies, et chaque fleur a en outre un involucre propre.

Chardon à foulon, *scabieuse*, etc.

Les VALÉRIANÉES: petite famille de plantes herbacées à feuilles opposées, à fleurs distinctes, en panicule ou en corymbe, à corolle irrégulière.

Valériane, *mâche*, etc.

PROPRIÉTÉS, EMPLOI DES PRINCIPALES ESPÈCES.

1. Plusieurs espèces de *chardons* peuvent être employées en médecine à cause de leurs propriétés amères.

2. On mange le réceptacle et la base charnue des folioles du calice dans l'*artichaut*.

3. Les sommités fleuries de la *petite centaurée* s'emploient en médecine à cause de leurs propriétés amères et aromatiques.

4. La *tanaisie ordinaire*, plante aromatique, s'emploie en médecine pour détruire les vers.

5. Les corolles du *carthame* fournissent à la teinture une belle couleur rose. —L'*armoise*, le *tussilage*, la *bardane*, l'*eupatoire*, sont employés en médecine.

1. Les fleurs et la racine d'*arnique* (vulgairement *tabac des Vosges*) offrent un médicament d'une grande énergie, employé dans la médecine populaire contre les chutes, etc.

2. L'infusion des fleurs de *camomille* est d'un emploi journalier en médecine comme fébrifuge, etc.

5. On fait, avec les feuilles de *sénegons*, des topiques émolliens : on en nourrit les oiseaux en cage.

4. Plantes d'ornement. La *matricaire* et l'*achillée-mille-feuilles* sont usitées en médecine.

1. La GARANCE, plante vivace, qui croît spontanément dans le midi de la France, offre dans sa racine un principe colorant, dont on fait une immense consommation pour la teinture en rouge. Cette racine, prise à l'intérieur, jouit de la singulière propriété de colorer de la même manière les os et les divers liquides formés dans le corps des animaux.

2. Le CAFÉIER est originaire d'Arabie ; il a été naturalisé dans nos colonies, dont il constitue une des principales richesses. —L'usage du café s'introduisit en Europe vers le milieu du 17e siècle seulement. Le plus estimé vient du royaume d'Iémen, en Arabie, d'où on le transporte à Moka, qui lui donne son nom. —On cultive le caféier dans les serres du jardin des plantes à Paris ; c'est même de là que proviennent les plantations de l'Amérique.

5. Le QUINQUINA est propre à l'Amérique méridionale. Plusieurs espèces fournissent l'écorce employée en médecine sous ce nom. C'est vers 1640 que ses merveilleuses propriétés commencèrent à être connues en Europe.

4. L'*aspérule*, le *gaillet*, plantes employées dans la médecine populaire. Les genres *psychotrie*, *cephaelis*, fournissent à la médecine l'*ipécacuanha*.

A. Les capitules desséchés du *chardon à foulon* sont employés, en guise de cardes, à peigner les tissus de laine. —La *scabieuse*, plante médicale.

B. La *mâche* ou *doucette*, plante potagère. —La *valériane officinale*, dont la racine est employée dans les maladies nerveuses.

CARACTÈRES DES FAMILLES.   CARACTÈRES DES PRINCIPAUX GENRES.

CAPRIFOLIACÉES.

Arbustes à tiges ordinairement sarmenteuses, à feuilles opposées, à fleurs en corymbe; calice monosépale; corolle à 4 ou 5 divisions, régulière ou irrégulière; 4 à 5 étamines; 1 style, 1 stigmate; ovaire infère; baie à une ou plusieurs graines.

1. GUI: plante parasite à fleurs dioïques; calice entier; corolle à 4 pétales; 4 étamines sans filets; style nul, 5 stigmates; baie monosperme.

2. SUREAU: arbrisseau à feuilles opposées, pennées; petites fleurs blanches en corymbe; baie rouge, puis noire à une loge, à 3 ou 4 graines.

3. *Lierre, cornouiller, viorne, chèvre-feuille.*

OMBELLIFÈRES.

Plantes herbacées, tiges fistuleuses; feuilles alternes engaînantes, découpées; inflorescence en ombelle, rarement en tête; on voit souvent une rangée de petites folioles formant une collerette à la base de chaque assemblage de fleurs (*involucre* quand elle environne les ombelles, *involucelle* quand elle entoure les ombellules, ou divisions des ombelles.) Chaque fleur se compose d'un calice adhérent avec l'ovaire, à 5 divisions, ou entier, à peine visible; corolle de 5 pétales, insérés sur l'ovaire; 5 étamines épigynes, alternes avec les divisions de la corolle; 2 styles; un ovaire simple surmonté de deux mamelons, continus avec le style; 2 akènes (diakène) accolées, se séparant à la maturité. (*Plan.* 23.)

1. BOUCAGE (*pimpinella*): point d'involucres ni d'involucelles; fleurs blanches; calice entier, pétales cordiformes; fruit ovoïde, strié.

2. ÉTHUSE: point d'involucre; involucelle à 4 ou 5 folioles rabattues; calice entier; pétales inégaux; fleurs blanches; feuilles 3 fois divisées; fruit globuleux, offrant 5 côtes.

3. CIGUË: involucre de 3 à 5 folioles réfléchies; involucelles de 3 folioles rangées du même côté; pétales blancs en cœur; fruit globuleux marqué de 5 côtes crénelées.

4. ANGÉLIQUE: involucre nul ou à quelques folioles; involucelles à plusieurs folioles; pétales blancs, lancéolés; fruits cannelés; styles persistans.

5. *Persil, cerfeuil, carotte, ache, panais, fenouil, cumin, carvi, coriandre, anmi.*

RENONCULACÉES.

Plantes herbacées, à feuilles alternes, simples ou composées; calice polysépale, ordinairement coloré; corolle de plusieurs pétales réguliers ou irréguliers, manquant quelquefois; étamines ordinairement indéfinies, insérées sur le réceptacle; plusieurs ovaires surmontés chacun d'un style et d'un stigmate simple, réunis en tête au centre de la fleur, quelquefois soudés ou solitaires. Le fruit se compose de plusieurs akènes en tête, ou de capsules agrégées, moins fréquemment solitaires, monospermes ou polyspermes; très-rarement c'est une baie. (*Plan.* 23.)

1. ANÉMONE: périgone de 5 pétales ou plus, graines pédicellées, en tête; collerette de 3 folioles sous les fleurs.

2. RENONCULE: calice de 5 sépales caducs; corolle de 5 pétales, munies d'une écaille à leur base interne; fruits en tête.

3. HELLÉBORE: calice de 5 sépales persistans, corolle de 5 à 12 pétales creux, en forme de cornets (nectaires); 3 à 6 capsules.

4. ACONIT: calice coloré, de 5 sépales irréguliers, le supérieur en forme de *casque*; corolle de 5 pétales, dont les deux supérieurs en forme de crosse, renfermés dans le casque.

5. *Clématite, adonide, nigelle, ancolie, pied-d'alouette, pivoine.*

EMPLOI, PROPRIÉTÉS DES PRINCIPALES ESPÈCES.

1
Les baies du Gui renferment un suc très-visqueux dont on se sert sous le nom de *glu*, pour prendre les oiseaux.
Les Gaulois avaient pour le *gui du chêne* une vénération particulière ; sa recherche, dans les forêts, était l'objet d'une de leurs fêtes religieuses.

2
Les fleurs, les baies et l'écorce intérieure du *sureau* sont employées en médecine pour provoquer la sueur.

3
Ces plantes n'ont point d'usages importans. Le chèvre-feuille et l'espèce de *viorne* nommés vulgairement *boule de neige*, sont cultivés comme plantes d'ornement.

1
Les fruits ou semences du Boucage-Anis (*anis vert*) ont une odeur fortement aromatique, due à une huile volatile qu'on en retire par la distillation (*huile d'anis.*) Ces fruits sont employés comme aromates et comme remèdes. L'anis originaire du Levant se cultive en France, dans la Tourraine principalement.

2
L'Éthuse-Petite-Ciguë (*ciguë des jardins*), plante vénéneuse, devait être mentionnée ici à cause de sa ressemblance avec le persil, et des méprises funestes qui en sont quelquefois résultées. On aura égard à l'odeur de la plante : désagréable dans la ciguë, légèrement aromatique dans le persil ; à la couleur des fleurs d'un beau blanc dans la première, d'un blanc verdâtre dans la seconde ; à la tige d'un beau vert dans celle-ci, d'un vert foncé et sans involucre général dans celle-là ; enfin, aux folioles plus larges, moins aiguës dans le persil. (*Plan.* 23.)

3
Cette plante vénéneuse croît dans les lieux incultes. Son odeur est très-désagréable. On l'emploie, à petites doses, en médecine.

4
La racine et les fruits de l'Angélique entrent dans plusieurs préparations médicinales. On confit les tiges.

5
Le *persil*, le *cerfeuil*, la *carotte*, l'*ache douce*, le *céléri*, le *panais*, sont des plantes potagères trop connues pour qu'il soit nécessaire d'en parler. Les fruits du *fenouil*, du *cumin*, du *carvi*, de la *coriandre*, de l'*amni*, analogues par leurs propriétés, sont employés comme aromates, stomachiques, etc.

1
Les Anémones, plantes d'ornement, possèdent des propriétés très-irritantes, qui doivent rendre prudent à leur égard.

2
Quelques Renoncules sont cultivées comme plantes d'ornement. La plupart sont vénéneuses.

3
L'Ellébore est déchu de la réputation que lui avaient faite les anciens contre la folie. Cependant l'*ellébore noir* (cultivé dans les jardins sous le nom de *rose de Noël*) s'emploie quelquefois encore en médecine.

4
L'Aconit-Napel, cultivée dans les jardins comme plante d'ornement, est un violent poison.

5
Toutes ces plantes sont cultivées pour l'ornement. *clématite blanche* (herbe aux gueux), possède des propriétés irritantes, ainsi que les graines du *pied-d'alouette*.

CARACTÈRES DES **FAMILLES**.   CARACTÈRES DES PRINCIPAUX **GENRES**.

PAPAVÉRACÉES.

Plantes herbacées, à feuilles alternes; contenant un suc propre, laiteux; fleurs solitaires ou terminales; calice de 2 sépales concaves et caducs; corolle de 4 pétales, ou plus, caducs; étamines nombreuses, hypogynes; ovaire simple, uniloculaire; un stigmate communément sessile, rayonné; une capsule polysperme, offrant intérieurement des demi-cloisons. (*Plan. 24.*)

1 PAVOT : corolle à 4 pétales réguliers, arrondis au sommet; stigmate sessile, orbiculaire, rayonné; capsule globuleuse, percée de trous sous le stigmate pour la sortie des graines, très-nombreuses.

2 CHÉLIDOINE : corolle à 4 pétales; stigmate *bi ou tri-fide*; une capsule siliquiforme, linéaire, bivalve.

CRUCIFÈRES.

Plantes herbacées, à feuilles alternes; fleurs en corymbe, en épi ou en panicule; calice de 4 sépales caducs; corolle de 4 pétales en croix, onguiculés; 6 étamines tétradynames, hypogynes; ovaire simple, ordinairement biloculaire, terminé par un style ou par un stigmate sessile; silique ou silicule, ordinairement à 2 valves, à 2 loges séparées par une cloison médiane. — Les crucifères renferment une huile volatile âcre, qui donne à plusieurs espèces une saveur chaude, piquante, amère. (*Plan. 24.*)

1 MOUTARDE (*sinapis*) : calice ouvert, pétales dressés; 4 glandes à la base de l'ovaire; silique terminée par une pointe qui est le prolongement de la cloison.

2 CRESSON : calice peu ouvert ou fermé; silique cylindrique, à 2 valves droites, sans pointe.

3 GIROFLÉE : calice rapproché contre les pétales, silique comprimée; graines planes.

4 COCHLÉARIA : corolle étalée; silicule en cœur, à 2 valves convexes, contenant une à 6 graines.

5 CHOU : calice à 2 sépales rapprochés; silique allongée, cylindrique, quelquefois tétragone.

6 *Raifort, julienne, cardamine, vélar, tabouret ou thlaspi, pastel, corbeille d'or, ibéride.*

A   Les CAPPARIDÉES ou CAPRIERS : herbes ou arbrisseaux à étamines nombreuses, et dont le fruit est une silique ou une baie.

B   Les ACÉRINÉES ou *érables* : arbres ou arbrisseaux à calice monosépale, quinquéfide; corolle à 5 pétales; étamines monadelphes.

AURANTIACÉES.

Arbres ou arbrisseaux; feuilles alternes, simples ou composées, toujours vertes; calice monosépale à 4 ou 5 lobes; corolle de 4 à 5 pétales; 10 étamines, ou plus, hypogynes à filets libres ou soudés; un style, ou stigmate simple ou divisé; baie ou capsule à plusieurs loges, à plusieurs graines.

1 CITRONNIER : calice persistant; 20 étamines et plus, polyadelphes; baie globuleuse à écorce épaisse, à loges membraneuses.

2 THÉ : calice à 5 divisions profondes; 6 à 9 pétales; étamines nombreuses; 3 stigmates; capsule triangulaire à 3 loges monospermes.

A   Les HYPÉRICÉES ou *mille-pertuis* : herbes ou arbustes à feuilles opposées, ponctuées, à fleurs en corymbe, etc.

B   Les GUTTIERS ou *guttifères* : arbres ou arbustes exotiques, fournissant un suc gommeux ou résineux.

PROPRIÉTÉS , EMPLOI DES PRINCIPALES ESPÈCES.

1 — C'est du Pavot somnifère, plante indigène des contrées orientales, où elle fait l'objet d'une importante culture, que l'on retire l'*opium*. Cette substance est le suc propre obtenu des capsules au moyen d'incisions, et que l'on fait ensuite épaissir et sécher pour les usages auxquels on le destine. Employé tous les jours en médecine comme calmant, il produit une sorte d'extase ou d'ivresse chez les Orientaux, qui le prennent à très forte dose par suite de l'habitude qu'ils en ont contractée.—C'est des graines de pavot que l'on retire l'*huile d'œillette*.

2 — Nous ne mentionnons ici la Chélidoine (*grande éclaire*) que pour ses qualités vénéneuses.

1 — Outre les usages de la Moutarde ou *senevé* comme assaisonnement, cette plante en a encore d'autres en médecine : elle sert à préparer les sinapismes, et l'on a voulu faire passer sa graine pour une *panacée* ; spéculation du charlatanisme sur la crédulité publique.

2 — Le Cresson *des jardins*, le *cresson de fontaine* sont employés comme assaisonnemens, alimens et remèdes.

3 — On cultive la *giroflée* comme plante d'ornement.

4 — Le Cochléaria (vulgairement *cranson*) est employé en médecine comme anti-scorbutique.

5 — Le genre Chou comprend la *navette*, et le *colza*, dont les graines donnent une huile grasse, le *chou-fleur*, le *chou-rave*, la *rave proprement dite*, le *navet*, plantes potagères.

6 — Le *raifort* est employé comme assaisonnement (*radis*, *petite rave*), et comme remède ; la *julienne*, l'*alysson* ou *corbeille d'or*, l'*ibéride* sont cultivés dans les jardins; le *velar* (*erysimum*) ; la *cardamine* (vulgairement *cresson des prés*), possèdent des propriétés médicales analogue à celles des autres crucifères.—Le *pastel ou guède* fournit à la teinture une couleur bleue.

A — Les boutons des fleurs du Caprier confits dans le vinaigre sont employés comme assaisonnement (*câpres.*)—Le Réséda *odorant*, originaire d'Egypte, est cultivé dans les jardins. Le réséda jaune (vulgairement *gaude*) fournit la couleur nommée *styl-de-grain jaune*.

B — Le Marronnier, d'*Inde*, bel arbre naturalisé en France.—Les Érables, dont la sève contient dans quelques espèces exotiques, un sucre abondant dont on fait usage.

1 — Le Citronnier : arbre originaire de l'Inde orientale, diffère peu du Limonier, qui provient d'une même souche; les *citrons*, les *limons*, les *oranges*, ont des usages trop connus pour en parler ici.

2 — Le Thé : arbuste de médiocre hauteur, à fleurs blanches ou roses, solitaires dans les aisselles des feuilles. Il est abondamment cultivé en Chine et au Japon; la récolte de ses feuilles se fait à trois époques de l'année ; on les dessèche dans des fourneaux construits à cet effet, puis on les roule à la main, et quelquefois on les aromatise en les mélangeant avec différentes fleurs. On les expédie en Europe dans des boîtes ou dans des pots de porcelaine.—On connaît deux espèces principales de thés : les *thés noirs*, et les *thés verts*. Ceux-ci ont une action plus forte.

A — Le *mille-pertuis officinal* est rarement aujourd'hui employé par les médecins.

B — La *gomme-gutte*, suc résineux, qui fournit une couleur à la peinture, un purgatif à la médecine, provient d'incisions faites à l'écorce du *mangostan guttier* (*cambogia gutta*), arbre originaire des Indes orientales.

CARACTÈRES DES **FAMILLES**.　　　　CARACTÈRES DES PRINCIPAUX **GENRES**.

VINIFÈRES ou *Sarmentacées*.

Plantes à tiges ligneuses, sarmenteuses; feuilles alternes à stipules, vrilles opposées aux feuilles; calice monosépale à 4 ou 5 dents; corolle à 4 ou 5 pétales; nombre égal d'étamines hypogynes; un style, un stigmate, ovaire biloculaire; baie globuleuse, contenant une à quatre graines.

VIGNE: calice très-petit; corolle de 5 pétales caducs soudés par le sommet et formant une voûte; stigmate sessile; baie souvent biloculaire, contenant une à 5 graines.

A — Les GÉRANIÉES sont particulièrement caractérisées par leurs fruits, qui se terminent en une pointe allongée; leurs feuilles sont stipulées; leurs divisions (calice, pétales, étamines) au nombre de 10.—*Oxalide*, *géranium*, *capucine*, etc.

MALVACÉES.

Plantes à tiges ligneuses ou herbacées; feuilles alternes ou stipulées; fleurs terminales ou auxiliaires; calice monosépale simple ou plus souvent double; l'intérieur à 5 divisions, 5 pétales, quelquefois soudés par leur base et tombant d'une seule pièce; étamines nombreuses, hypogynes, monadelphes; un ovaire surmonté d'un style divisé supérieurement; 5 à 20 stigmates; une capsule à plusieurs loges, à plusieurs valves, ou 5 à 20 capsules disposées circulairement autour de la base du style, et contenant une ou plusieurs graines (*plan.* 24.)

MAUVE: le calice extérieur à 3 folioles; l'intérieur monosépale à 5 divisions; 8 capsules ou plus, verticillées, monospermes.

GUIMAUVE: calice extérieur à 7 ou 9 divisions; l'intérieur à 5. (Les autres caractères semblables aux précédens.)

COTONNIER: arbuste à grandes fleurs jaunes ou purpurines; calice extérieur à 3 divisions découpées; l'intérieur, plus petit et lobé; 3 à 4 stigmates; capsule à 3 ou 4 loges.

CACAOYER: calice caduc à 5 divisions; pétales irréguliers; 10 étamines réunies en tube inférieurement; style à 5 stigmates; capsule ligneuse à 5 côtés, à 5 loges polyspermes.

A — Les MAGNOLIERS ou TULIPIERS: arbres ou arbrisseaux exotiques, à grandes et belles fleurs solitaires, à feuilles alternes stipulées.—*Badiane*, *magnolier*, *tulipier*, etc.

CARYOPHYLLÉES.

Plantes communément herbacées; tiges articulées à la naissance des feuilles, opposées; sessiles; fleurs terminales, souvent fasciculées; calice ordinairement persistant, monosépale, tubuleux, à 5 divisions, quelquefois garni d'un calicule; corolle de 5 pétales dentés, à onglets le plus souvent très-longs; étamines en nombre inférieur, égal ou double des pétales; 2 à 5 styles; capsule supère, polysperme; graines attachées à un placenta central. (*plan.* 24.)

SAPONAIRE: calice dépourvu de calicule; pétales à onglet long et étroit; 10 étamines; 2 styles; capsule allongée.

ŒILLET, calice muni d'un calicule; pétales onguiculés; 10 étamines; 2 styles; capsule cylindrique, uniloculaire.

LIN: calice de 5 pétales persistans; 5 pétales onguiculés, caducs; 10 étamines, dont 5 seulement portent des anthères; 5 styles; capsule à 10 loges monospermes.

Lychnis, *coquelourde*, *morgeline*, *nielle* des blés.

A — Les TILIACÉES, dont un seul genre croît en Europe, sont des plantes communément ligneuses, à feuilles alternes stipulées, à fleurs ordinairement hermaphrodites; les étamines, nombreuses ou monadelphes; le fruit, une baie ou une capsule.

PROPRIÉTÉS, EMPLOI, DES PRINCIPALES ESPÈCES.

4 — La VIGNE est originaire de l'Asie mineure, d'où elle a été transportée successivement en Grèce, en Italie, dans les Gaules, par les Phocéens, qui fondèrent Marseille. Sa culture ne peut s'étendre au-delà de certaines limites naturelles. En France, cette limite est indiquée par une ligne qui, partant un peu au-dessus de l'embouchure de la Loire, se dirigerait obliquement, de manière à aboutir un peu au-dessus du confluent de la Moselle. L'art de fabriquer le *vin* remonte à la plus haute antiquité.

A — C'est du suc d'une espèce d'OXALIDE, nommée vulgairement *surelle* ou *alléluia*, que l'on retire le *sel d'oseille* (oxalate de potasse). Les géraniées offrent généralement une élasticité singulière dans les enveloppes de leurs graines. Telles sont les capsules de la *balsamine*, qui se roulent au moindre contact.

1, 2 — Les fleurs de MAUVE et les racines de GUIMAUVE sont employées en médecine comme adoucissantes.

5 — Les graines du COTONNIER sont recouvertes d'un arille garni d'une espèce de bourre ou de duvet fin qui est le *coton*.—Ce genre comprend plusieurs espèces, qui font l'objet d'une culture très considérable dans les Indes orientales et dans l'Amérique équinoxiale.

4 — Le CACAOYER : bel arbre qui croît spontanément dans l'Amérique méridionale, et que l'on cultive dans nos colonies. Ses graines ont à peu près la forme d'une fève. Avant de les livrer à la consommation, on les enfouit en terre jusqu'à ce que la fermentation en détache la partie pulpeuse qui les environne ; cette précaution leur fait perdre l'âcreté et l'amertume qui leur sont naturelles. Ainsi préparées, elles constituent le *cacao terré* qui, terrifié, sert de base au chocolat. On retire aussi de ces graines une substance grasse, qu'on nomme *beurre de cacao*.

A — La BADIANE : arbre toujours vert, qui croît en Chine. Son fruit (l'*anis étoilé*), est composé de plusieurs coques ligneuses, réunies en étoile, douées d'une saveur et d'une odeur aromatiques, qu'on met à profit pour parfumer des liqueurs, des crèmes.—Les *tulipiers*, les *magnoliers*, belles plantes d'ornement, acclimatées en Europe.

1 — Les différentes parties de la SAPONAIRE (*herbe au savon*), sont employées en médecine contre les maladies de la peau.

2 — L'ŒILLET, dont les riches variétés font l'ornement de nos jardins, n'a que des propriétés équivoques en médecine.

5 — Le LIN, que l'on croit originaire de la Haute-Asie, est aujourd'hui abondamment cultivé dans diverses contrées de l'Europe. C'est des fibres caulinaires de cette plante, préparées par le rouissage, puis séchées et peignées, que l'on obtient des fils et des toiles très-fines. —Les graines fournissent une huile siccative employée en peinture ; elles sont employées en médecine comme adoucissantes.

4 — Les *lychnis coquelourde*, plantes d'ornement ; la *morgeline* est le *mouron blanc* des oiseaux.

A — Le bois du TILLEUL, léger, et se coupant en tous sens, sert à des usages nombreux ; l'écorce, souple et fibreuse, fournit des cordes ; les fleurs un remède contre les maladies nerveuses.—Le fruit d'un arbre de cette famille (*bixa*), produit une pulpe rouge employée en teinture sous le nom de *rocou*.

B Les Cistées : plantes herbacées ou ligneuses, à feuilles ordinairement opposées, à fleurs en grappe, en corymbe ; calice à 5 sépales ; 5 pétales (irréguliers dans les violettes) ; étamines nombreuses (au nombre de 5 dans les violettes.)

C Les Rutacées : plantes herbacées ou ligneuses, analogues à la famille précédente, à fleurs terminales ou auxiliaires ; 10 étamines ; fruit multiloculaire.

GROSSULARIÉES.

Plantes ligneuses à feuilles alternes ; fleurs en grappe, munies de bractées ; calice adhérente, à 5 divisions ; 5 pétales ; 5 étamines ; 1 style ; 2 stigmates ; baie à une seule loge, polysperme.

1 Un seul genre constitue cette famille : le Groseiller, petit arbrisseau à feuilles lobées plus ou moins profondément, souvent armées d'aiguillons.

A Les Cactiers ou Cierges : plantes herbacées à tiges charnues, épineuses ; à feuilles épaisses, épineuses ou nulles ; fleurs solitaires, sessiles ; baies polyspermes.—Un seul genre, le cactier.

B Les Portulacées ou *pourpiers* : plantes herbacées ou ligneuses ; feuilles ordinairement épaisses, succulentes.

C Les Crassulacées ou Joubarbes (plantes *grasses*): tiges herbacées, succulentes ; feuilles épaisses, charnues ; pétales, étamines, ovaires en nombre égal ou double des divisions du calice ; capsules monoloculaires, polyspermes.

D Les Saxifragées : herbes ou arbrisseaux à feuilles quelquefois charnues ; calice, pétales, étamines au nombre de 4 ou 5, plus souvent double pour les étamines ; ovaire surmonté de deux cornes (styles persistans.)

MYRTÉES.

Plantes ordinairement ligneuses, feuilles simples, opposées, ponctuées ; fleurs axillaires ou terminales ; calice monophylle, persistant ; corolle de 5 pétales attachés au sommet du calice ; étamines indéfinies ; plusieurs styles ; une capsule ou une baie pluriloculaire, polysperme.

1 Grenadier : calice infundibuliforme, coriace, coloré, divisé ; 5 à 6 pétales chiffonnés ; étamines nombreuses.

2 Gnortina : calice infundibuliforme à 4 dents ; 4 pétales sessiles ; drupe sèche, couronnée par le calice.

3 *Myrte, seringa*, etc.

CUCURBITACÉES.

Tiges herbacées ; rampantes ou grimpantes, à vrilles axillaires ; feuilles alternes, simples, pétiolées, hérissées comme les tiges de poils rudes. Fleurs ordinairement monoïques, quelquefois dioïques, rarement hermaphrodites. Calice à 5 divisions ; corolle campanulée à 5 lobes, soudés au calice ; 3 à 5 étamines ; style à plusieurs stigmates ; baie polysperme. (*plan.* 27 *fig.* 1.)

1 Concombre (*cucumis*), fleurs monoïques. — *Fleurs mâles* : calice, corolle, étamines au nombre de 5. —*Fleurs femelles* : calice, corolle idem ; 3 styles trifides.

2 *Courge* (cucurbita), *bryone*, etc.

PROPRIÉTÉS, EMPLOI DES PRINCIPALES ESPÈCES.

B { La *pensée*, la *violette*, plantes d'ornement, utilisées en médecine. Une espèce de ce genre fournit un principe à l'*ipécacuanha*. Les étamines de quelques *cistes* offrent des mouvemens très-sensibles quand on les touche avec une pointe.

C { Le bois très-dur du *gayac*, (arbre d'Amérique), est employé dans les arts et dans la médecine.—La *rue* offre aussi des propriétés médicales énergiques.

1 { On cultive dans les jardins d'Europe trois espèces de groseillers : le *groseiller rouge*, le *groseiller noir* (vulgairement *cassis*), le *groseiller épineux* ou à maquereau.

A { Les Cactuns n'offrent à noter que la beauté de leurs fleurs, la singularité de leur port. C'est sur une espèce de ce genre que l'on trouve l'insecte nommé *cochenille*. (Voir la Zoologie, *plan*. 25, *fig*. 2.)

B { Les propriétés médicales du *pourpier* sont très-contestables.—Les autres plantes de cette famille, sans emploi.

C { La *joubarbe* des toits, le *sedum acre*, ne sont plus employés aujourd'hui en médecine : — Les autres espèces sans usages.

D { L'*hortensia* et plusieurs espèces de *saxifrages* sont cultivés comme plante d'ornement.

1 { Le GRENADIER, arbre originaire d'Afrique, fournit, dans l'écorce de sa racine, un spécifique contre le *tœnia* (ver solitaire.) Ses fleurs sont employés en médecine sous le nom de *balaustes*.—On prépare avec la pulpe de ses fruits une boisson aigrelette. Dans nos climats tempérés, il ne donne pas de fruits.

2 { Le GIROFLIER, arbrisseau originaire des Moluques, d'où il a été transporté dans nos colonies. Les boutons de ces fleurs, recueillis avant leur développement et séchés au soleil, sont vendus comme aromates (*clous de girofle*.)

3 { Le *myrte*, la *syringa*, cultivés comme plantes d'ornement.

4 { Le MELON (*cucumis melo*) est originaire de l'Asie. La culture a singulièrement multiplié ses variétés. On le cultive en plein champ dans le midi de la France. Au même genre appartient le *concombre* (*cucumis sativus*), dont on mange les jeunes fruits confits au vinaigre (*cornichons*), et dont la pulpe fait la base d'une pommade rafraîchissante. La *coloquinte* (*cucumis colocynthis*), plante originaire d'Orient, fournit à la médecine, dans la pulpe de ses fruits, un purgatif très-énergique.

2 { La *courge-calebasse*, avec les fruits de laquelle on fait des espèces de bouteilles ou *gourdes*. —La *courge-potiron*, dont on mange le fruit cuit dans du lait.—Quelques botanistes ont rangé dans ce genre le *melon d'eau* ou *pastèque*, espèce propre aux pays chauds, et dont la chair rosée, aqueuse, est très-rafraîchissante.—La *bryone*, dont la racine est un poison.

CARACTÈRES DES **FAMILLES**.   CARACTÈRES DES PRINCIPAUX **GENRES**.

ROSACÉES.

Plantes herbacées ou ligneuses à feuilles alternes; calice persistant, à divisions égales en nombre en doubles de celui des pétales; corolle ordinairement de 5 pétales, attachés sur le calice; 20 étamines environ, insérées sur le calice au-dessous des pétales; un ou plusieurs styles; 1 ou plusieurs ovaires; fruit variable. Cette famille se partage en six tribus ou sections.

1re SECTION.—POMACÉES.

Calice adhérent; étamines indéterminées; un seul ovaire surmonté de plusieurs styles; le fruit est une pomme.

1 COIGNASSIER : calice à 5 divisions; 5 pétales; 20 étamines environ; 5 styles; fruit ovalaire.

2 *Pommier, poirier, cormier, alisier, néflier.*

2e SECTION.—ROSÉES.

Calice non adhérent; ovaires indéfinis, renfermés dans le calice; akènes renfermés dans le calice devenu charnu, étranglé au sommet.

1 ROSIER : ce genre a servi de type à la famille.

3e SECTION.—SANGUISORBÉES.

Calice non adhérent; un ou plusieurs ovaires portant chacun un style, corolle quelquefois nulle; akènes renfermés dans le calice étranglé au sommet.

1 *Pimprenelle, aigremoine, alchemille,* etc.

4e SECTION.—POTENTILLÉES.

Calice ouvert, portant un réceptacle sur lequel sont groupés de petits akènes, ou de petits drupes réunis en tête.

1 FRAISIER : calice à 10 divisions; 5 pétales; akènes disséminés sur un réceptacle charnu.

2 RONCE : calice à 5 divisions; 5 pétales; 20 étamines ou plus; petits drupes à une graine, réunis en tête.

5 *Potentille, tormentille, benoîte.*

5e SECTION.—SPIRÉACÉES.

Ovaires supères en nombre défini; capsules.

1 Genre unique : *spirée.*

6e SECTION.—AMYGDALÉES.

Calice non adhérent; étamines indéfinies; drupes à une ou deux graines.

1 AMANDIER : calice à 5 divisions; 5 pétales; 20 étamines; 1 style; drupe coriace, monosperme.

1 *Cerisier, prunier, abricotier, pêcher.*

TÉRÉBENTHACÉES.

Arbres ou arbrisseaux; feuilles alternes, communément composées; fleurs petites, en grappes; fleurs hermaphrodites ou unisexuelles; calice monosépale à 3 ou 5 divisions; même nombre de pétales et d'étamines. Celles-ci peuvent être en nombre double; ovaire supère, simple ou multiple; drupe sec ou charnu, contenant un noyau monosperme ou plusieurs nucules; quelquefois une capsule.

1 PISTACHIER : fleurs dioïques; corolle nulle.—*Fleurs mâles* en chaton : 5 étamines. *Fleurs femelles :* 3 styles; drupe ovoïde.

2 NOYER : fleurs monoïques; *fleurs mâles* en chaton : 15 à 20 étamines. *Fleurs femelles :* corolle à 4 divisions; 2 styles; drupe contenant une noix bivalve, monosperme.

5 *Acajou, sumac, balsamier.*

PROPRIÉTÉS , EMPLOI DES PRINCIPALES ESPÈCES.

1   Le *coignassier*, arbrisseau originaire de l'île de Crète, cultivé pour son fruit dont on fait une gelée, un sirop, etc.

2   Le *poirier*, le *pommier*, arbres trop connus pour nécessiter une description. — Le *sorbier des oiseleurs*, arbre cultivé pour l'ornement ; le *sorbier domestique*, pour ses fruits , de même que le *néflier*.

1   Les fruits de l'*églantier* (rosier sauvage), servent, en pharmacie, sous le nom de *cynorrhodons*, ainsi que les roses rouges (roses de *Provins*.)

1   Les feuilles de la *pimprenelle* servent d'assaisonnement. — L'*aigremoine* , l'*alchemille* , plantes usitées en médecine.

1   C'est un réceptacle charnu et développé qui constitue la *fraise*. La racine de FRAISIER est employée en médecine.

2   Le FRAMBOISIER appartient au genre. La *ronce framboise*, est une aggrégation de petits drupes sur un réceptacle. — Les feuilles de *ronce* s'emploient contre les maux de gorge. On compose , avec ses fruits , le sirop improprement dit de *mûres*.

3   Les racines de *potentille* , de *tormentille* , de *benoîte* , sont employées en médecine.

4   Les *spirées* , plantes d'ornement, ne sont pas employées dans la médecine d'Europe.

1   On tire de l'amande douce une huile principalement usitée en médecine. Les amandes *amères* doivent leur saveur à l'acide prussique , poison violent ; aussi , prises en grande quantité, elles sont vénéneuses. — On connaît les divers usages de ces graines.

2   L'*abricotier* est originaire d'Arménie, le *pêcher*, de la Perse. Ses fleurs et ses feuilles sont purgatives. On croit généralement que le *cerisier* a été apporté de l'Asie mineure en Italie , par Lucullus. Le *prunier* a la même patrie. On obtient de l'alcohol (*esprit-de-vin*), par la fermentation des prunes. Les amandes contiennent de l'huile ; le bois du prunier est utilisé en menuiserie. Sa tige laisse suinter une espèce de gomme (*gomme du pays.*)

1   Arbrisseau qui s'élève jusqu'à 15 et 20 pieds , originaire de l'Asie mineure , cultivé dans l'Europe méridionale pour ses graines (*pistaches*), employées en émulsion , dans l'art du confiseur , etc.

2   Le NOYER, originaire de la Perse , est cultivé en Europe de temps immémorial. On en distingue 7 espèces principales. La racine et le bois de cet arbre sont susceptibles d'un beau poli. Son écorce sert à la teinture en noir. Les fleurs et le péricarpe (Vulgairement *brou*), ont plusieurs usages économiques et médicaux. On retire de l'amande une huile siccative.

3   Le bois d'*acajou* , si recherché dans l'ébénisterie , provient d'un arbre de la famille des méliacées ; l'*acajou* proprement dit (anacardium) , arbre des Indes orientales , fournit l'*anacarde* , dont l'amande est comestible. La *noix d'acajou* , dont on mange en Amérique le pédoncule devenu charnu , sous le nom de *pomme d'acajou*, provient d'un autre genre (le *cassuvium occidentale*.) — L'écorce d'une espèce de SUMAC, cultivée sur les bords de la Méditerranée , est employée à tanner les peaux. Le *sumac vénéneux* , cultivé dans quelques jardins , dégage , pendant la nuit , des émanations fort dangereuses (hydrogène carboné.) — Plusieurs plantes exotiques de la famille des térébenthacées fournissent des résines fluides ou *baumes* , employées en médecine ou comme aromates.

CARACTÈRES DES **FAMILLES**.   CARACTÈRES DES PRINCIPAUX **GENRES**.

Cette famille, l'une des plus nombreuses du règne végétal, présente des herbes des arbrisseaux et des arbres; les feuilles sont alternes, composées, articulées, à stipules; l'inflorescence variable; le calice monosépale, ordinairement campanulé; la corolle polypétale, régulière ou irrégulière et papilionacée; 10 étamines, le plus souvent distinctes ou réunies; 1 style; 1 stigmate; une gousse. —Cette famille peut se partager en six sections:

LÉGUMINEUSES.

Première division : corolle régulière, quelquefois nulle.—Étamines distinctes.

1 SENSITIVE : fleurs polygames dans les hermaphrodites, calice à 5 dents; corolle à 5 divisions ou nulle; 8 étamines; 1 style; légume partagé par des articulation monospermes.—Fleurs mâles : mêmes caractères; style nul.

1 *Acacia, tamarin, casse, campêche, caroubier.*

Deuxième division ; corolle papillonacée ; 10 étamines distinctes; gousse bivalve, uniloculaire.

1 *Le gaînier, l'anagyris* ou bois puant, etc.

Troisième division : corolle papillonacée; 10 étamines monadelphes ou diadelphes ; gousse bivalve à une loge.

1 INDIGOTIER : calice à 5 dents; 2 appendices latéraux à la base de la carène; gousses recourbées.

2 RÉGLISSE : calice à 2 lèvres; la supérieure à 4 divisions; l'inférieure, linéaire; carène de deux pièces; gousse aplatie; ovale.

3 *Genêt, cytise, lupin, mélilot, trèfle, luzerne, lotier, baguenaudier, haricot, pois, lentille, pois ciche, gesce, orobe, ébénier.*

Quatrième division : corolle papillonacée; 10 étamines diadelphes; gousse articulée, à articulations monospermes.

1 *Sain-foin, coronille, agati,* etc.

Cinquième division : corolle papillonacée; 10 étamines diadelphes ou monadelphes; fruit indéhiscent, uniloculaire.

1 *Dalbergie, ptérocarpe,* etc.

RHAMNOIDES.

Tiges ligneuses; feuilles simples, ordinairement stipulées; calice monosépale à 4 ou 5 divisions; même nombre de pétales, insérés au sommet ou à la base du calice sur un disque; quelquefois corolle nulle; étamines en nombre égal aux pétales; ovaire à 3 ou 4 loges; style simple ou divisés à son sommet; une baie ou une capsule.

1 HOUX : calice très-petit, à 4 dents; corolle rotacée à 4 divisions; 4 étamines; styles nuls; 4 stigmates; baie globuleuse.

2 NERPRUN : calice à 4 ou 5 divisions; même nombre de pétales onguiculés; 1 style; 1 stigmate divisé; une baie.

5 *Jujubier, fusain,* etc.

PROPRIÉTÉS, EMPLOI, DES PRINCIPALES ESPÈCES.

1   Nous avons déjà fait connaître dans la Physiologie les mouvemens singuliers qu'offrent les folioles de la *sensitive* lorsqu'on la touche, ou même qu'elle éprouve un simple ébranlement.

2   Le genre ACACIA renferme plus de 250 espèces, qui ont une foule d'usages intéressans : l'*acacia d'Égypte* et l'*acacia du Sénégal* fournissent la gomme arabique ; l'*acacia du Cachou*, le suc gommo-résineux, employé en médecine sous ce dernier nom. — Le *tamarin*, la *casse*, arbres exotiques, offrent, dans la pulpe de leurs gousses, un remède laxatif. — Le *campêche*, grand arbre d'Amérique, et dont le bois fournit à la teinture une belle couleur rouge. On mange les fruits du *caroubier*, arbre cultivé dans l'Europe méridionale.

1   Point de particularités importantes à noter dans les plantes de la seconde division.

1   L'INDIGOTIER, arbuste originaire de l'Inde et du Sénégal, cultivé dans nos colonies, s'élève à un mètre environ de hauteur. Plusieurs espèces fournissent la matière colorante qu'on en extrait (*indigo.*) *Plan.* 26, *fig.* 3.)

2   Cette plante, originaire de l'Europe méridionale, s'élève à 3 ou 4 pieds de hauteur ; elle a de longues racines traçantes, dont la saveur sucrée, les propriétés adoucissantes, la font servir à la préparation de tisanes et de pâtes pectorales.

3   Le GENÊT *des teinturiers*, arbuste commun en Europe, fournit à la teinture une couleur jaune ; le *genêt d'Espagne*, donne de la filasse. — Le *mélilot* est employé en médecine. — L'*ébénier*, arbre des Indes orientales, et dont l'aubier est blanc, tandis que le bois proprement dit devient d'un beau noir. On connaît ses usages dans l'ébénisterie. Il est superflu d'indiquer l'emploi bien connu des plantes alimentaires ou fourragères, telles que le *haricot*, le *trèfle*, etc.

1   Nous avons déjà fait connaître, dans la Physiologie, le phénomène singulier qu'offre le *sain-foin oscillant*.

1   Rien d'important à noter dans cette division.

1   On fait, avec le bois du *houx épineux*, quelques ouvrages de tour ; ses baies sont purgatives. On prépare, avec la jeune écorce de ce petit arbre, la *glu* qui sert à prendre les oiseaux.

2   Les fruits du *nerprun cathartique*, sont employés comme purgatifs. Leur suc fournit la couleur nommée *vert de vessie*. Le bois de *bourdaine*, qui fournit le charbon employé dans la fabrication de la poudre, provient d'une espèce de nerprun.

3   Le *jujubier*, arbrisseau originaire d'Orient, est cultivé dans le midi de l'Europe. Ses fruits jouissent de propriétés pectorales. Le bois du *fusain* s'emploie dans quelques ouvrages de tour, son charbon, dans la fabrication de la poudre à canon.

CARACTÈRES DES **FAMILLES**.   CARACTÈRES DES PRINCIPAUX **GENRES**.

A — Les EUPHORBIACÉES : plantes herbacées ou ligneuses ; contenant un suc propre, ordinairement laiteux et très-âcre ; fleurs unisexuelles, ordinairement en grappes ; ovaire pédicellé à 3 loges, surmonté par 3 styles bifurqués, coques bivalves, monospermes, s'ouvrant avec élasticité par le dessèchement. — *Principaux genres : mercuriale, euphorbe, buis, ricin, mancenillier, médicinier* (jatropha) , *croton*, etc.

URTICÉES.

Arbres, arbrisseaux ou herbes à feuilles ordinairement stipulées ; fleurs dioïques, ou plus souvent monoïques ; périanthe simple, ordinairement persistant, formé d'une ou de plusieurs pièces ; 3 à 5 étamines ; ovaire supère, uniloculaire, monosperme ; ordinairement surmonté de deux stigmates. Le fruit est une coque, quelquefois accompagnée du calice devenu charnu.

1 MÛRIER : fleurs monoïques ou dioïques. — *Fleurs mâles* en chaton : périgone à 4 divisions · 4 étamines.—*Fleurs femelles* : 2 styles. Fruit composé de baies monospermes, sur un réceptacle commun.

2 HOUBLON : fleurs dioïques. Les *fleurs mâles* en grappes axillaires ; 2 périgones à 5 divisions ; 5 étamines.—*Fleurs femelles* : périgone nul ; pistils sessiles à l'aisselle de bractées disposées en cône.

3 CHANVRE : fleurs dioïques.—*Fleurs mâles* : périgone à 5 divisions ; 5 étamines.—*Fleurs femelles* : périgone entier, persistant ; 2 styles ; une coque bivalve.

4 *Figuier, ortie, poivre,* etc.

AMENTACÉES.

Plantes ligneuses à feuilles alternes ; fleurs unisexuelles, rarement hermaphrodites. — *Fleurs mâles* en chaton, composé d'écailles portant un périgone monophylle, ou, quand celui-ci manque, les étamines.—*Fleurs femelles* solitaires, en groupes ou en chaton, munies, tantôt d'un périgone, tantôt d'une seule écaille ; un ou plusieurs styles ; ovaire supère, simple ou plus rarement multiple, fruit variable.

1 SAULE : fleurs dioïques en chaton ; accompagnées d'une écaille. *Fleurs mâles* : 2 étamines.—*Fleurs femelles* : 1 style bifurqué ; capsule oblongue : bivalve, uniloculaire, polysperme.

2 CHATAIGNIER : fleurs monoïques à chaton allongé.— —*Fleurs mâles* : 2 périgones à 5 divisions ; 13 étamines environ.—*Fleurs femelles* : involucre d'une seule pièce ; hérissé extérieurement d'écailles ; 6 à 8 styles ; noix uniloculaire.

3 CHÊNE : fleurs monoïques—*Fleurs mâles* en chaton, munies d'une écaille ; 4 à 10 étamines. — *Fleurs femelles* : 3 à 5 styles ; involucre composé d'écailles imbriquées (*cupule*) qui entourent le fruit (*gland.*)

4 *Orme, hêtre : bouleau, charme, aulne, peuplier, noisetier.*

PROPRIÉTÉS, EMPLOI DES PRINCIPALES ESPÈCES.

A { Le *buis* sert à fabriquer plusieurs ustensiles, son bois est sudorifique.—On retire une huile grasse, usitée, comme purgatif, des graines du *ricin* (*palma christi*), plante arborescente dans les régions équatoriales, annuelle ou herbacée en Europe. Les *euphorbes*, ou *tithymales*, plantes à suc laiteux très-acre. Une espèce de *croton* indigène fournit le *tournesol*, matière colorante bleue. Une autre espèce exotique produit, par suite de la piqûre d'un insecte du genre *cochenille*, un suc résineux employé sous le nom de *laque*, dans la teinture, dans la fabrication de la cire à cacheter, etc.—Une espèce de *médicinier* (*jatropha elastica*) fournit la gomme élastique (*caoutchouc*) ; ce suc obtenu par des incisions pratiquées sur le tronc, acquiert, par son exposition à l'air, la ténacité qui le caractérise. Le *médicinier manioc* fournit la fécule qu'on nomme *tapioka*.

1 { Le MURIER, arbre de moyenne taille, originaire de la Chine, naturalisé maintenant dans plusieurs parties de l'Europe. Le *mûrier noir*, est cultivé pour ses fruits. Le *mûrier blanc* pour ses feuilles, dont on nourrit la chenille, qui fournit la soie.

2 { Le HOUBLON croît spontanément en Europe. Sa tige, herbacée, volubile, peut s'élever à 4 ou 5 mètres. Les *cônes* (fleurs femelles), sont employés pour donner à la bière son arome et sa saveur ; ils sont utiles en médecine comme toniques. Les jeunes pousses du houblon peuvent se manger comme les asperges.

3 { Le *chanvre femelle* est cultivé pour ses graines (vulgairement appelées *chènevis*), dont on retire de l'huile. — Le *chanvre mâle* sert, quand il a macéré dans l'eau (*rouissage*), où il ne conserve que ses fibres ligneuses, à la confection des fils et du cordage. Les émanations du chanvre sont dangereuses à respirer, principalement quand il *rouit*.

4 { Le *figuier*, arbre originaire du levant, cultivé dans le midi de l'Europe, où il atteint environ 10 pieds. Il donne deux récoltes par an. La *figue* est constituée par le réceptacle devenu charnu.

1 { On connaît un grand nombre d'espèces de SAULE. Leurs branches flexibles servent à faire des liens, des paniers, etc. On retire de l'écorce du *saule blanc* une substance que l'on administre contre la fièvre (*salicine*), comme succédané du quinquina.

2 { Le CHATAIGNIER, grand arbre qui forme des forêts entières dans certaines parties du globe, et dont le tronc acquiert des dimensions énormes, tel est le *châtaignier du mont Etna*, qui renferme dans son intérieur une maisonnette complète. Les plus grosses châtaignes portent le nom de *marrons*. Ce fruit contient du sucre en assez grande quantité. Le bois est propre à la fabrication des tonneaux.

3 { Le CHÊNE *commun* fournit un excellent bois de construction. L'écorce, concassée, constitue le *tan*, qui sert à la préparation des cuirs. La poudre de cette écorce, et celle des glands torréfiés, sont utilisées en médecine. Quelques espèces méridionales (entre autres l'*yeuse*), ont des glands bons à manger. Le *chêne des teinturiers* est un arbrisseau sur lequel on récolte les meilleures *noix de galle* (voyez la *Zoologie*.) Le *liège* est la partie externe du *chêne liège* qui croît en Espagne, dans le midi de la France, etc. Cette substance s'enlève tous les 8 ou 10 ans sur le même tronc, auquel on a grand soin de laisser les couches corticales, de sorte qu'un même arbre peut fournir une douzaine de récoltes.

4 { Les fruits du *hêtre*, nommés *faînes*, contiennent une amande dont on retire une huile fixe. Le bois est employé à la fabrication de divers ustensiles. Le bois de peuplier sert à différens objets de menuiserie. Il est superflu de parler des usages si connus du *charme*, du *noisetier*, etc.

CARACTÈRES DES **FAMILLES.**   CARACTÈRES DES PRINCIPAUX **GENRES.**

CONIFÈRES.

Plantes ligneuses, la plupart résineuses, à feuilles simples, généralement étroites, plus souvent géminées ou fasciculées, persistantes; à fleurs unisexuelles, communément en chatons; *chaton mâle*, formé de bractées imbriquées; étamines en nombre variable, sessiles sur des écailles ou sur l'axe du chaton; *fleurs femelles*, quelquefois réunies dans un involucre accrescent, plus souvent en chatons formés d'écailles imbriquées, contenant à leur aisselle une ou deux fleurs; ovaire unique à stigmate presque toujours sessile; les fruits sont des akènes, tantôt visibles, solitaires, tantôt réunis et recouverts par des bractées imbriquées et formant le cône.

1 GENÉVRIER: fleurs monoïques ou dioïques.—*Fleurs mâles* en petits chatons, portant des anthères sessiles.—*Fleurs femelles* réunies au nombre de 3 dans un involucre globuleux, charnu.

2 PIN: fleurs monoïques en chaton.—*Fleurs mâles* en chatons réunis en grappe et formés d'écailles portant 2 anthères sessiles.—*Fleurs femelles* formées d'écailles ou bractées extérieures caduques, et d'écailles ou bractées extérieures caduques, et d'écailles intérieures charnues; anguleuses, imbriquées, composant le cône, et recouvrant chacune deux noix osseuses, surmontées d'une aile membraneuse.

3 SAPIN: ce genre se distingue du précédent par ses chatons mâles, simples, axillaires, par ses cônes à écailles minces et planes.

4 *If, cyprès, thuya, mélèze, etc.*

FIN DE LA

EMPLOI, PROPRIÉTÉS DES PRINCIPALES ESPÈCES.

1. Ce que l'on emploie sous le nom de *baies de genièvres*, est l'involucre accru, renfermant trois noyaux qui sont les véritables fruits. Ces baies sont employées en médecine. Par la distillation et la fermentation, on en retire une liqueur spiritueuse, fort usitée dans le nord de l'Europe.

2. Ce genre renferme un grand nombre d'espèces importantes. Le PIN MARITIME, qui s'élève à une hauteur de 80 à 100 pieds, croît dans le sol le plus aride. C'est par sa culture que l'on a fertilisé les Landes de la Gascogne. Il fournit abondamment les produits résineux propres aux conifères, et particulièrement la *térébenthine*, dite de *Bordeaux*, qui en découle par des entailles faites sur la tige à certaines époques de l'année. — Le *pin sauvage*, commun dans le nord, fournit un excellent bois de construction. On mange les amandes du *pin-pignon* sous le nom de *pignons doux*. — Le tronc du *cèdre* (*pinus cedrus*), s'élève à plus de 100 pieds.

3. Le SAPIN COMMUN abonde dans les localités froides de l'Europe. — Son bois est d'un immense emploi dans la menuiserie. Son écorce peut remplacer celle de chêne dans le tannage. Ses feuilles et ses bourgeons servent à aromatiser la bière. On retire du tronc des produits résineux analogues à ceux que fournissent les pins (*térébenthine de Strasbourg*.) La *térébenthine*, la *poix*, le *goudron*, sont des substances qui ne diffèrent que par la manière de les recueillir, et par leur plus ou moins grande pureté. L'*essence de térébenthine*, s'obtient de la distillation de cette résine. (Le résidu de l'opération est de la *colophane*.)

4. Une espèce de THUYA fournit la *sandaraque*; le MÉLÈZE, une résine liquide (*térébenthine de Venise*.)

BOTANIQUE.

11

EXPLICATION
DES PLANCHES DE LA BOTANIQUE.

PLANCHE I. — *Racines.*

Fig. 1. Racine fibreuse, A le nœud ou collet, B le corps, C le chevelu.—*Fig.* 2. Racine pivotante.—*Fig.* 3. Racine tuberculeuse.—*Fig.* 4. Racine tuberculeuse digitée.—*Fig.* 5. Racine bulbeuse (bulbe à tuniques).—*Fig.* 6. Souche ou rhizôme.

PLANCHE II. — *Racines et Tiges.*

Fig. 1. Racine stolonifère.—*Fig.* 2. Bulbe à écailles.—*Fig.* 3. Racine noueuse ou renflée.—*Fig.* 4. Stipe (tige de palmier.)—*Fig.* 5. Tige de dicotylédon (arbre de nos forêts.—*Fig.* 6. Tige de monocotylédon (palmier.)

PLANCHE III. — *Feuilles.*

Fig. 1. Feuille peltée; A pétiole.—*Fig.* 2. Feuilles à pétiole ailé A.—*Fig.* 3. *Feuille hastée*; A sommet; B base.—*Fig.* 4. Feuille lancéolée, dentée. —*Fig.* 5. Feuille bipennée, à vrilles.—*Fig.* 6. Feuille à nervures pennées. —*Fig.* 7. Feuille palmée, lobée.—*Fig.* 8. Feuille subulée ou en alêne.—*Fig.* 9. Feuille pinnatifide.—*Fig.* 10. Feuille laciniée.—*Fig.* 11. Feuille réniforme.

PLANCHE IV. — *Feuilles.*

Fig. 1. Feuille sagittée.—*Fig.* 2. Feuille lyrée.—*Fig.* 3. Feuille composée, pennée.—*Fig.* 4. Feuille embrassante.—*Fig.* 5. Feuille engainante. — *Fig.* 6. Feuille connée.—*Fig.* 7. Feuille perfoliée.—*Fig.* 8. Feuille à stipules.—*Fig.* 9. Feuilles géminées.—*Fig.* 10. Feuille digitée.—*Fig.* 11. Feuille décurrente.

PLANCHE V. — *Fleur.*

Fig. 1. Pistil, A ovaire, B style, C stigmate trilobé, C *bis* autres formes du stigmate.—*Fig.* 2. Ovaire supère.—*Fig.* 3. Ovaire à trois loges.—*Fig.* 4. Ovaire montrant la disposition des ovaires.—*Fig.* 5. Stigmate sessile. *Fig.* 6. Étamine épipétale, A filet, B anthère bilobé.—*Fig.* 6 *bis.* Différentes formes d'anthères.—*Fig.* 7. Étamines hypogynes.—*Fig.* 8. Étamines monadelphes.—*Fig.* 9. Étamines syngénèses.—*Fig.* 10. Étamines diadelphes.—*Fig.* 13. Corolle monopétale tubulée.—*Fig.* 14. Corolle hypocratériforme.—*Fig.* 15. Corolle globuleuse.

PLANCHE VI. — *Fleur.*

Fig. 1. Corolle monopétale régulière, campanulée.—*Fig.* 2. Corolle monopétale régulière infundibuliforme, A tube, B gorge, C limbe.—*Fig.* 3. Corolle papillonacée, A l'étendart, B les ailes, C la carène.—*Fig.* 4. Pétale unguiculé.—*Fig.* 5. Corolle personée.—*Fig.* 6. Corolle bilabiée.—*Fig.* 7. Corolle anomale (fleur d'ophrise apifère).—*Fig.* 8. Corolle polypétale. —*Fig.* 9. Calice polysépale.—*Fig.* 10. Calice monosépale.

PLANCHE VII.—*Inflorescence.*

Fig. 1. Épi.—1 *bis.* Fleur de l'épi, A balle, B glume.—*Fig.* 2. Ombelle.—*Fig.* 3. Corymbe.—*Fig.* 4. Cyme.—*Fig.* 5. Céphalante ou capitule.—*Fig.* 6. Réceptacle.—*Fig.* 7. Fleur flosculeuse.—*Fig.* 8. Fleuron.

PLANCHE VIII.—*Inflorescence.*

Fig. 1. Demi-fleuron.—*Fig.* 2. Fleur semi-flosculeuse.—*Fig.* 3. Fleur radiée.—*Fig.* 4. Panicule.—*Fig.* 5. Chaton.—*Fig.* 6. Cône.—*Fig.* 7. Spadice.—*Fig.* 15 *bis.* Spadice dans une spathe.—*Fig.* 8. Bourgeon à écailles.

PLANCHE IX.—*Graines, Fruits.*

Fig. La plantule, A la radicule, B la plumule, C cotylédons, D collet.—*Fig.* 2. L'embryon et ses enveloppes, A périsperme, B tégumens, C embryon.—*Fig.* 3. La graine et son arille.—*Fig.* 4. La plantule avec ses feuilles séminales, A radicule, B collet, D feuilles séminales.—*Fig.* 5. La graine attachée par son cordon ombilical.—*Fig.* 6. Gousse, A valves, B sutures.—*Fig.* 7. Fruit montrant ses loges.—*Fig.* 8. Cariopse.—*Fig.* 9. Akène.—*Fig.* 9 *bis.* Polakène.—*Fig.* 10. Silicule.—*Fig.* 11. Pyxide.

PLANCHE X.—*Fruits, Tissus.*

Fig. 1. Silique.—*Fig.* 2. Gland.—*Fig.* 3. Cellules grossies du tissu cellulaire.—*Fig.* 4. Syncarpe (fruit composé).—*Fig.* 5. Fruits gynobasiques (quatre graines nues).—*Fig.* 6. Vaisseaux en trachées.—*Fig.* 7. Vaisseaux rayés ou fendus.—*Fig.* 8. Vaisseaux ponctués.—*Fig.* 9. Vaisseaux en chapelet.—*Fig.* 9 *bis.* Cellules grossies du tissu cellulaire.

PLANCHE XI.

Fig. 1. Dionée attrape-mouche.—*Fig.* 2. Valisnérie en spirale.

PLANCHE XII.

Fig. 1. Népenthe de l'Inde.—*Fig.* 2. Sensitive commune.

PLANCHE XIII.

Fig. 1. Poivrier noir.—*Fig.* 2. Café d'Arabie.—*Fig.* 2 *bis.* Fruit du café.

PLANCHE XIV.

Fig. 1. Canne à sucre.—*Fig.* 2. Thé-hou.

PLANCHE XV.

Fig. 1. Cotonnier à trois pointes.—*Fig.* 2. Ciguë commune.

PLANCHE XVI.

Fig. 1. Cocotier.—*Fig.* 2. Riz.

PLANCHE XVII.

Fig. 1. Conferve, A rameau grossi.—*Fig.* 2. Fucus, A tubercules fructifères.—*Fig.* 3. Lichen, A conceptacle.—*Fig.* 4. Lichen d'Islande.—*Fig.* 5. Champignon comestible.—*Fig.* 6. Agaric meurtrier.—*Fig.* 7. Fausse oronge, A chapeau, B hymenium (membrane fructifère), C collet, D pédicule, E débris du volva.—*Fig.* 8. Bolet.

PLANCHE XVIII.

Fig. 1. Feuille de fougère montrant ses tubercules, A feuille roulée avant son développement.—*Fig.* 2. Polytric commun (mousse), A l'urne revêtue de sa coiffe, B urne avec son opercule ouvert.—*Fig.* 3. Fleur du faux narcisse (plante vénéneuse), A Bulbe, B fruit.—*Fig.* 4. Graminée, A fleur de graminée.

PLANCHE XIX.

Fig. 1. Fleur d'iris, A le pistil, B le fruit.—*Fig.* 2. Fleur de lys, A bulbe. *Fig.* 3. Fleurs du laurier-cannellier; A anthère montrant ses opercules; B fruit dont on a coupé le péricarpe.—*Fig.* 4. Fruits du laurier-cannellier.

PLANCHE XX.

Fig. 1. Fleurs de l'olivier commun.—*Fig.* 2. Fruits; A fruit coupé longitudinalement.—*Fig.* 3. Fleur de personée, A étamines, B ovaire entouré du calice. —*Fig.* 4. Fleur de labiées; A fruit et pistil, B étamines.

PLANCHE XXI.

Fig. 1. Fleur de solanées; A pistil.—*Fig.* 2. Tabac.—*Fig.* 3. Corolle de borraginées; A fruit et pistil, B calice.—*Fig.* 4. Fleur de convolvulacées; A pistil porté sur un disque, B portion de corolle.

PLANCHE XXII.

Fig. 1. Fleur de semi-flosculeuse, A demi-fleuron, B fleuron de la circonférence.—*Fig.* 4. Quinquina du Pérou (famille des rubiacées.)—*Fig.* 3. Corolle de rubiacées, A calice et pistil, B fruit.

PLANCHE XXIII.

Fig. 1. Fleurs de la ciguë des jardins; A fleur grossie, B fruit.—*Fig.* 2. Feuille. —*Fig.* 3. Fleur de renoncule âcre, A pétale.—*Fig.* 4. Feuille.

PLANCHE XXIV.

Fig. 1. Étamines et pistil de papavéracées.—*Fig.* 2. Fruit.—*Fig.* 3. Fleur de giroflée, A étamines dans la famille des crucifères, B fruit *idem.*—*Fig.* 4. Corolle de malvacée, A fruit.—*Fig.* 5. Fleur de caryophyllée; A fruit entouré du calice persistant, B étamines, ovaire.

PLANCHE XXV.

Fig. Géroflier, A bouton de fleur de géroflier (*clou de gérofle*). — *Fig.* 2. Cactier à cochenilles.—*Fig.* 3. Fleur de rosacées.—*Fig.* 4. Étamines et calice urcéolé (rosacées).—*Fig.* 5. Fruit.—*Fig.* 6. *Idem.*

PLANCHE XXVI.

Fig. 1. Fleur de légumineuse, A étamines et pistil.—*Fig.* 2. Fruit.—*Fig.* 3. L'indigotier franc.—*Fig.* 4. Fruit du pistachier franc, A *idem* ouvert.—*Fig.* 5. Fleur femelle du pistachier, B *idem* grossie.—*Fig.* 6. Fleur mâle, C *idem* grossie.—*Fig.* 7. Fleur du houx.—*Fig.* 8. Calice et pistil.—*Fig.* 9. Houx commun.

PLANCHE XVII.

Fig. 1. Bryone, A fleur, B fruit.—*Fig.* 2. Fleur mâle du ricin.—*Fig.* 3. Fleur femelle.—*Fig.* 4. Fruit.—*Fig.* 5. Fruit du figuier.—*Fig.* 6. Involucre du figuier montrant la disposition des fleurs à l'intérieur.—*Fig.* 7. Fleur femelle.—*Fig.* 8. Fleur mâle.—*Fig.* 9. Fruit.—*Fig.* 10. Fruit montrant sa graine.

PLANCHE XXVIII.

Fig. 1. Pin-pignon (individu mâle).—*Fig.* 2. Son cône.—*Fig.* 3. [Pin-pignon avec son cône ou son fruit mûr (individu femelle).—*Fig.* 4. Coupe verticale d'un chaton femelle.—*Fig.* 5. Fleur femelle dans son involucre.—*Fig.* 6 et 7. Fruit.

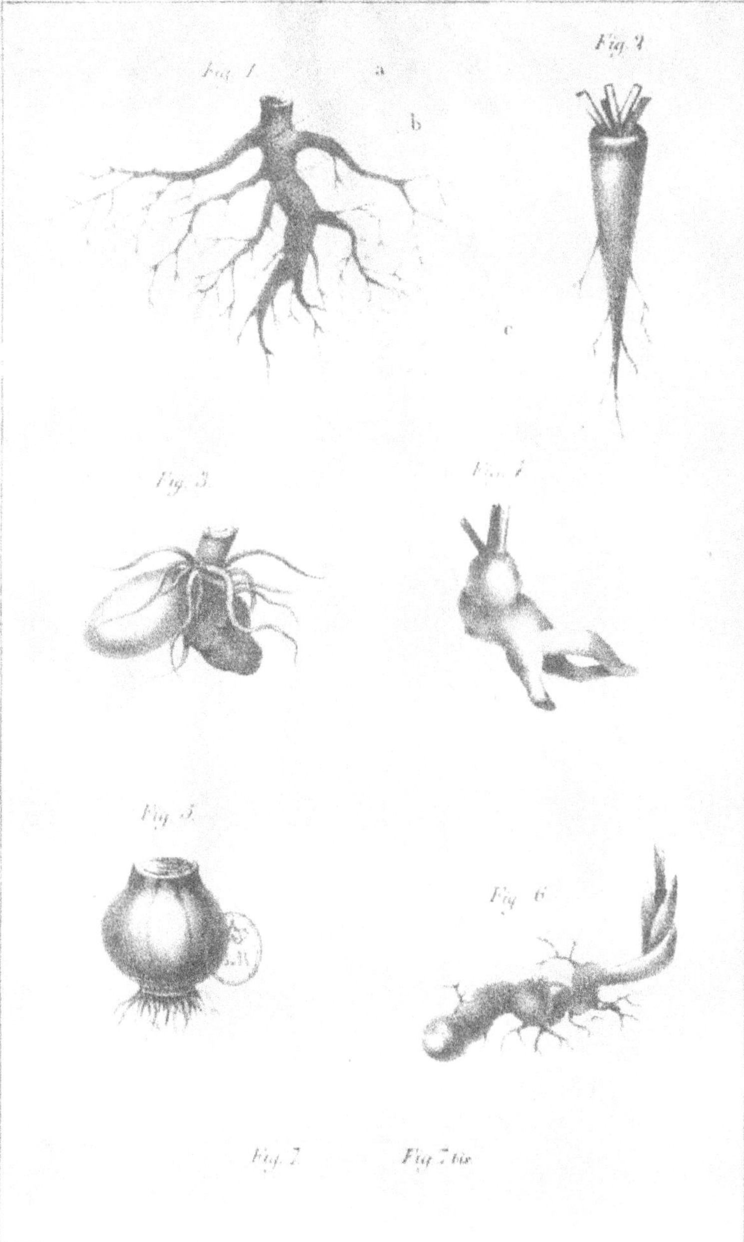

Fig. 1
a
b
c
Fig. 2
Fig. 3
Fig. 4
Fig. 5
Fig. 6
Fig. 7
Fig. 7 bis

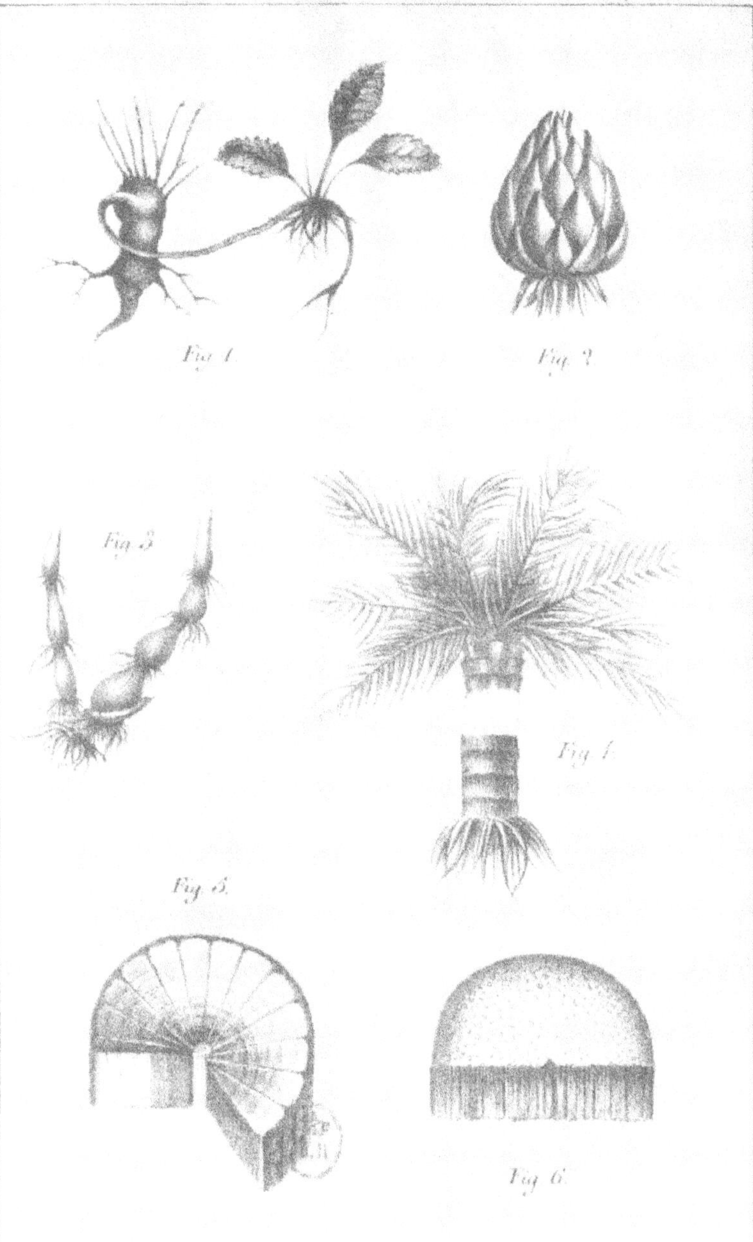

Fig. 1

Fig. 2

Fig. 3

Fig. 4

Fig. 5

Fig. 6

Metz. L. de Dupuy & C.ie   CHERISEY, Libraire-éditeur

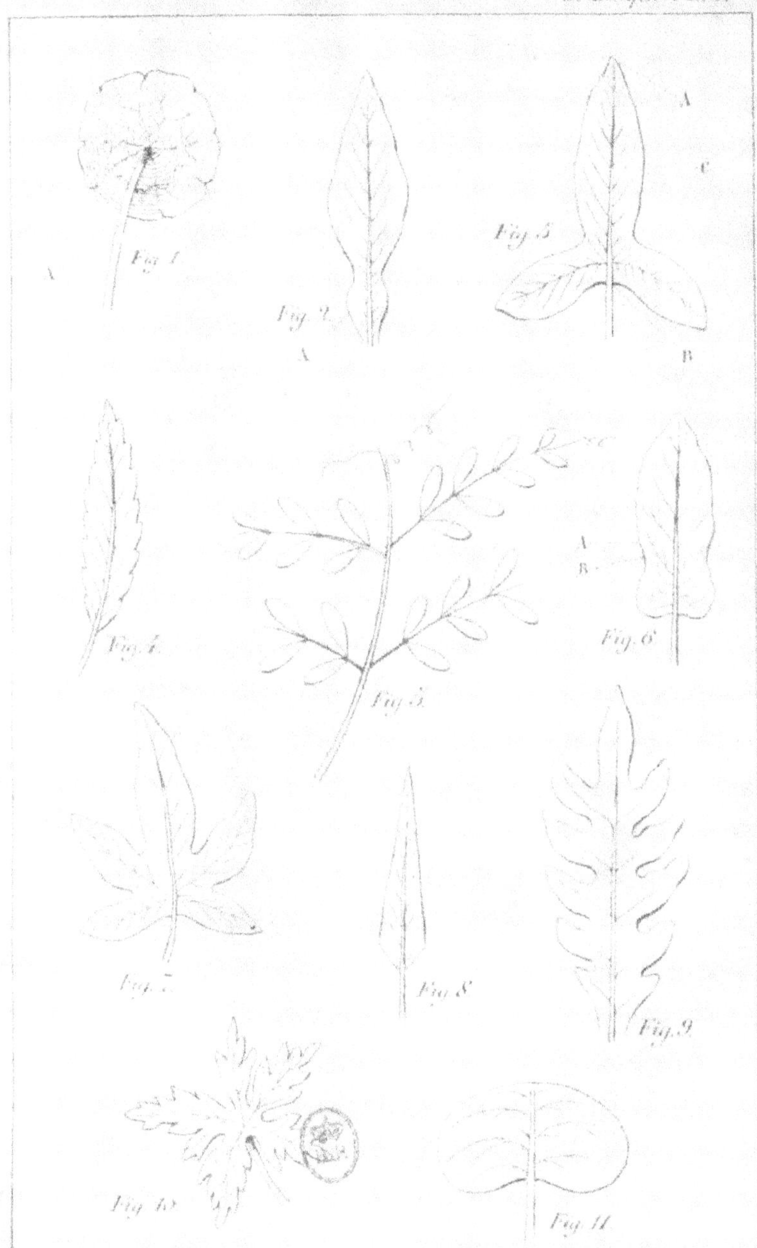

Metz. L. de Dupuy & C.ie

CREUSAT, Libraire éditeur

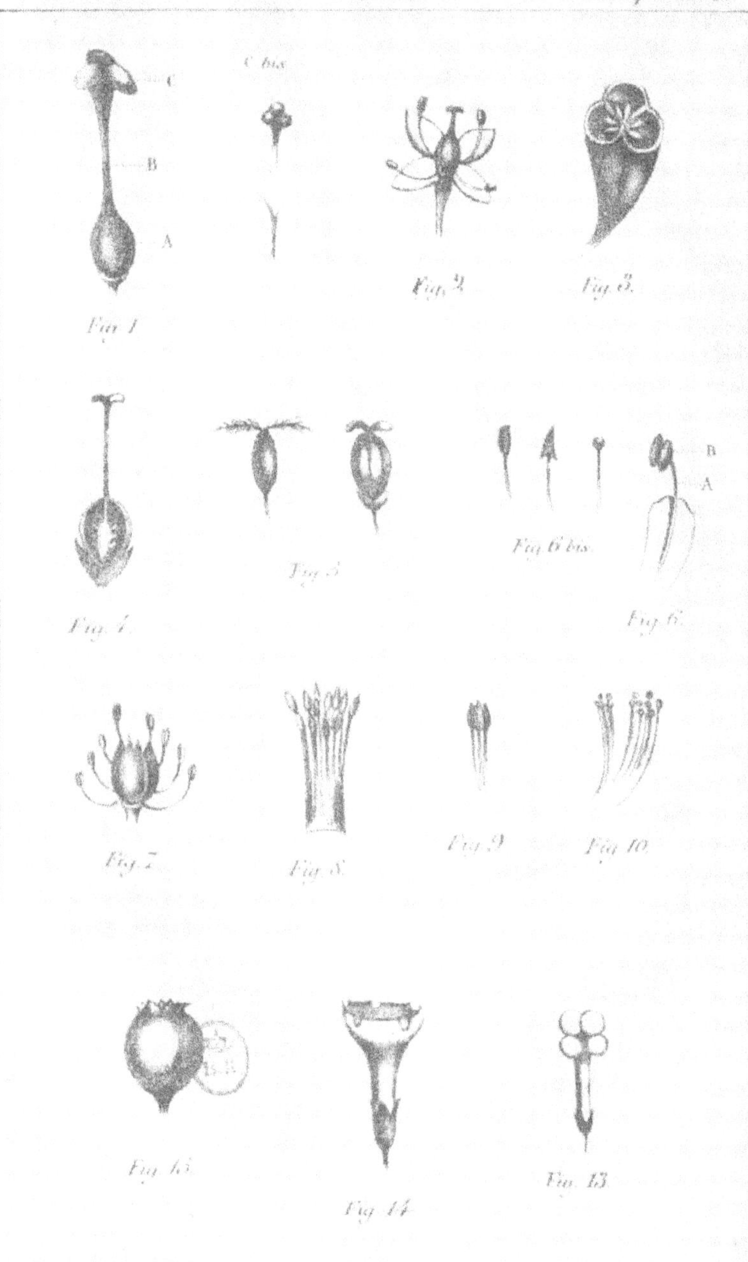

Metz L. de Dupuy & Cie.　　　CREUSAT Libraire éditeur.

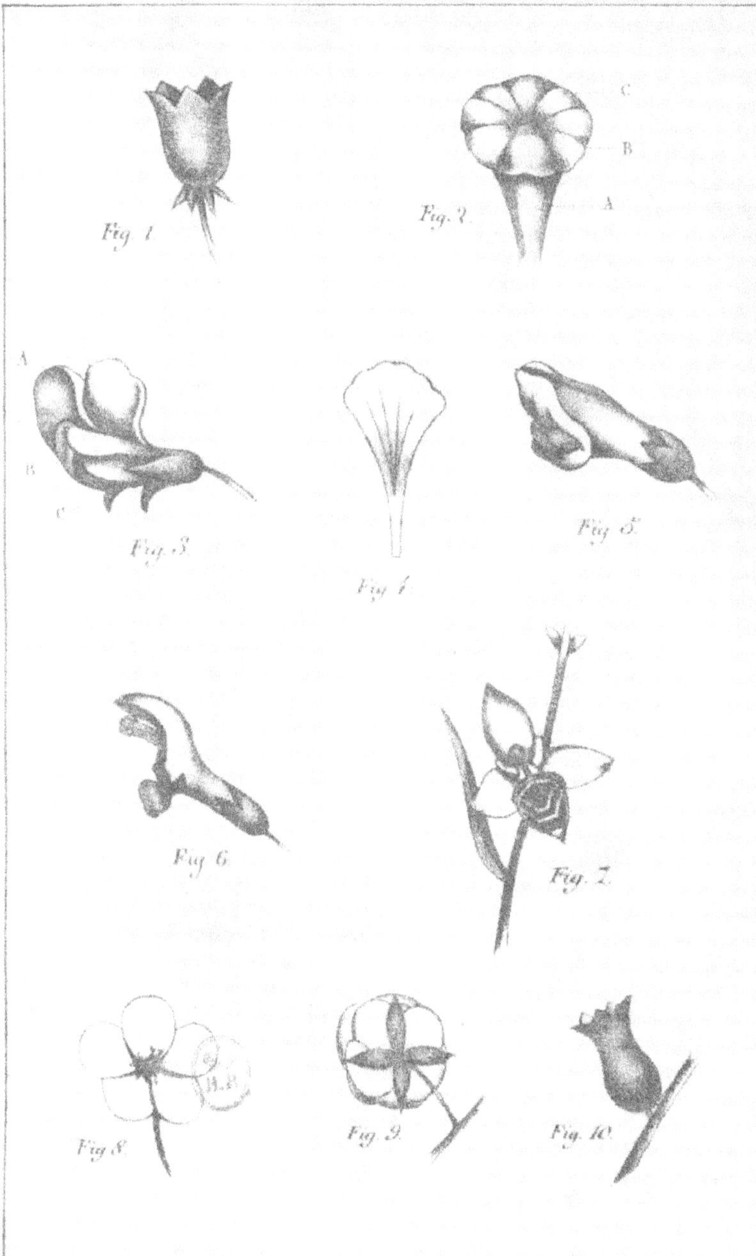
Fig. 1
Fig. 2
C
B
A
A
B
C
Fig. 3
Fig. 4
Fig. 5
Fig. 6
Fig. 7
Fig. 8
Fig. 9
Fig. 10

Inflorescence.

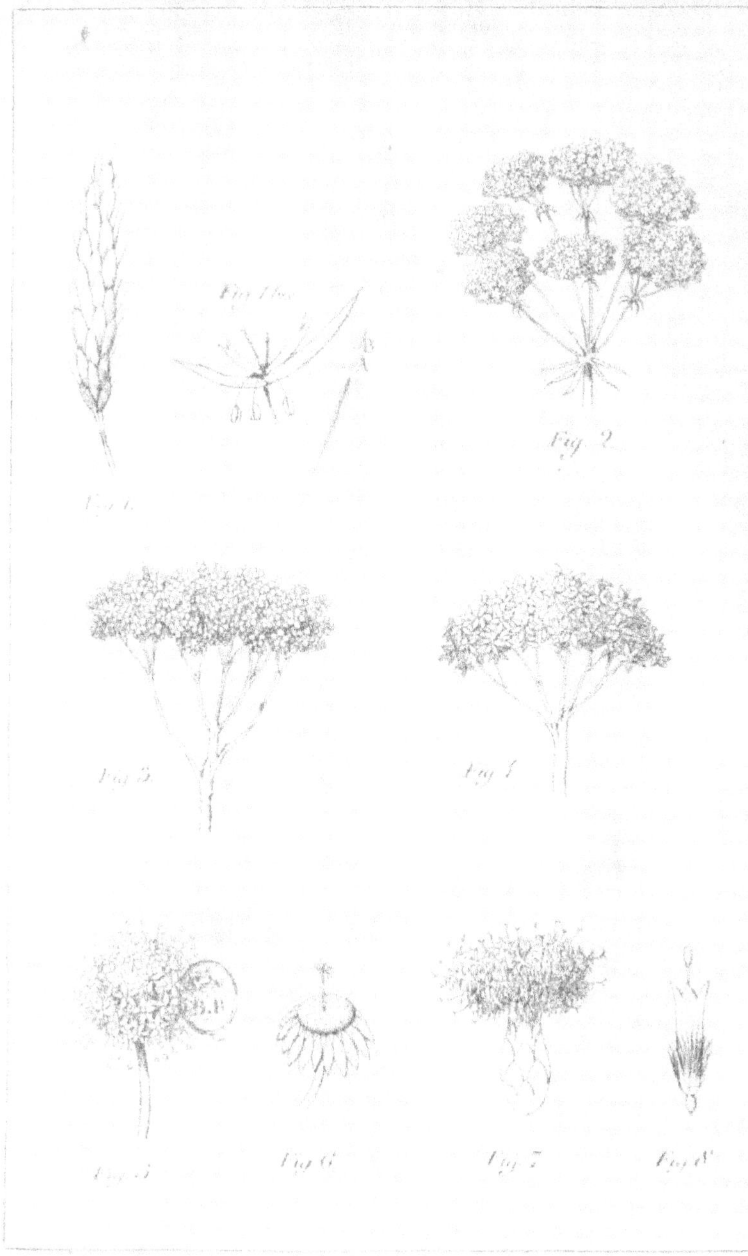

Fig. 1. Fig. 2. Fig. 3. Fig. 4. Fig. 5. Fig. 6. Fig. 7. Fig. 8.

Botanique Pl. 8.

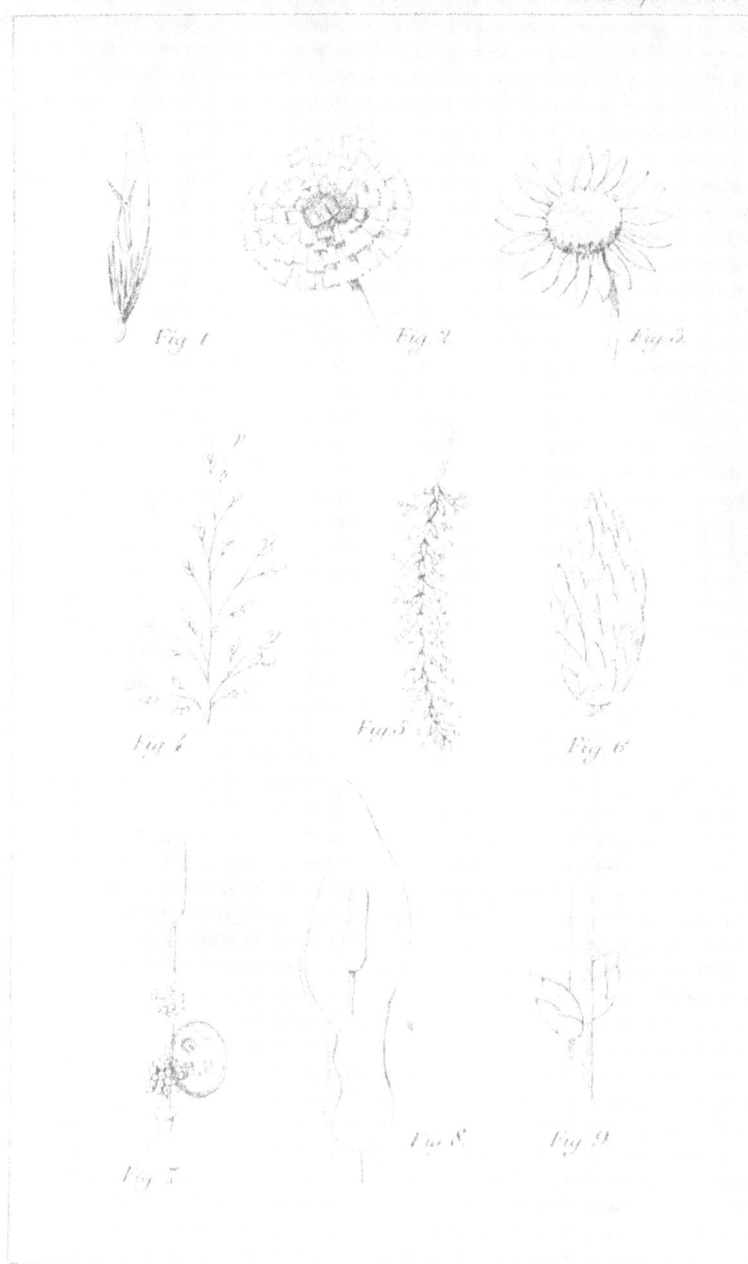

Botanique. Pl. 9.

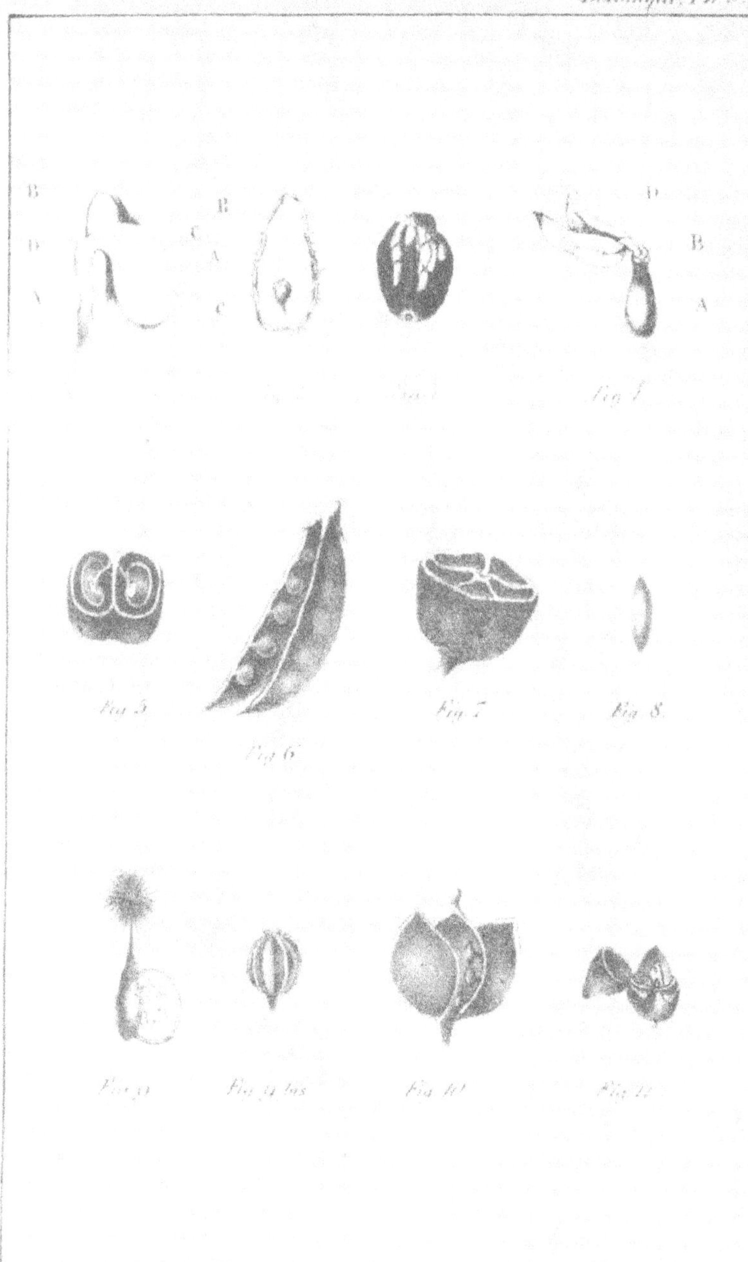

Botanique, Pl. 10.

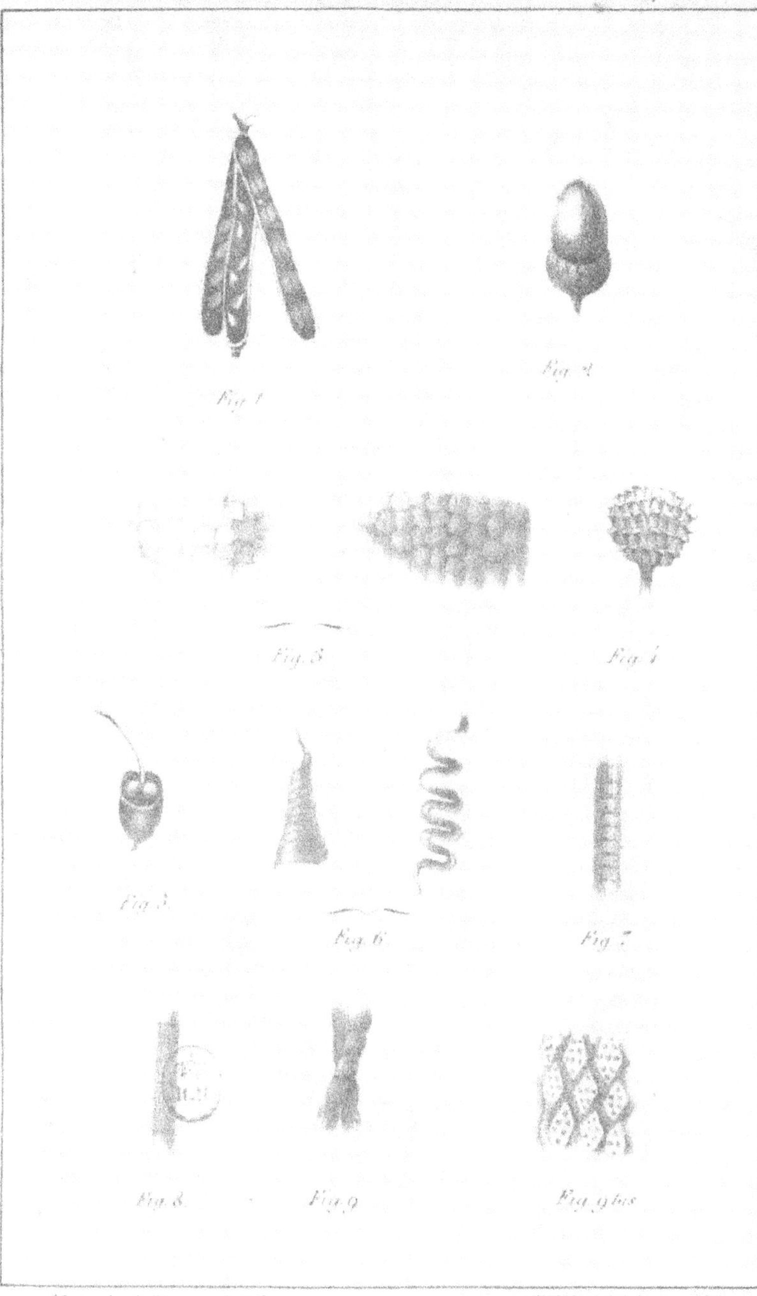

Fig. 1

Fig. 2

Fig. 3

Fig. 4

Fig. 5

Fig. 6

Fig. 7

Fig. 8

Fig. 9

Fig. 9 bis

Fig. 1. Dionée attrape-mouche

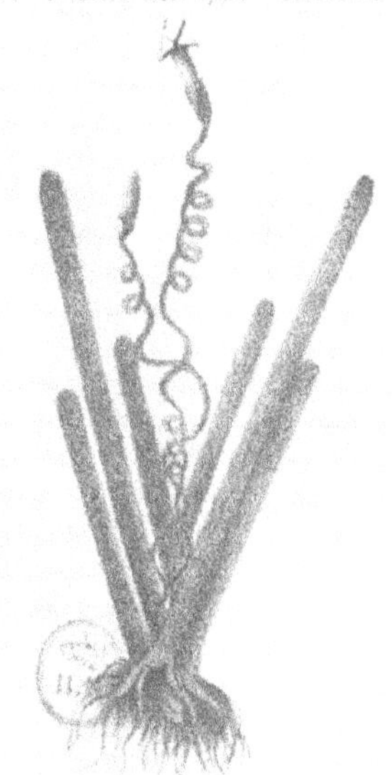

Fig. 2. Valisnère en spirale

Metz, L. de Dupuy et Cie   CREUSAT, Libraire éditeur

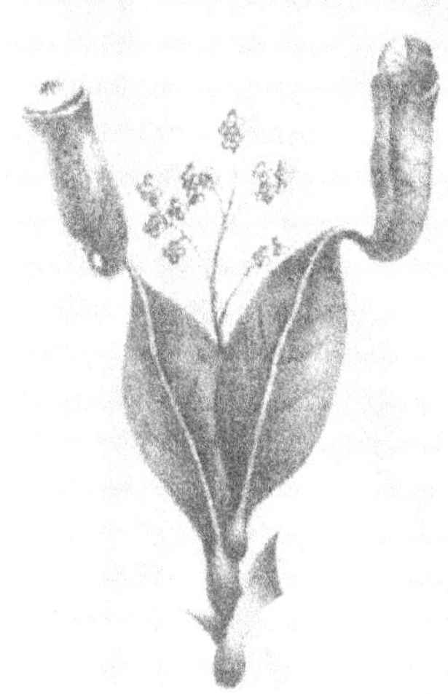

Fig. 1. Népenthe de l'Inde.

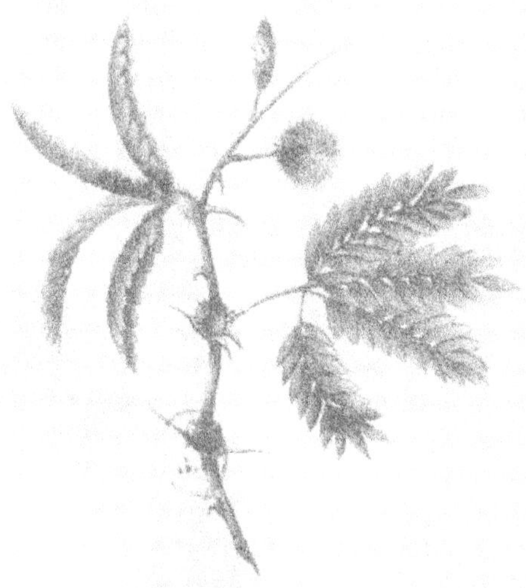

Fig. 2. Sensitive [illegible].

Métal. L. de Dupuy & Cie   CREUSAT Libraire éditeur

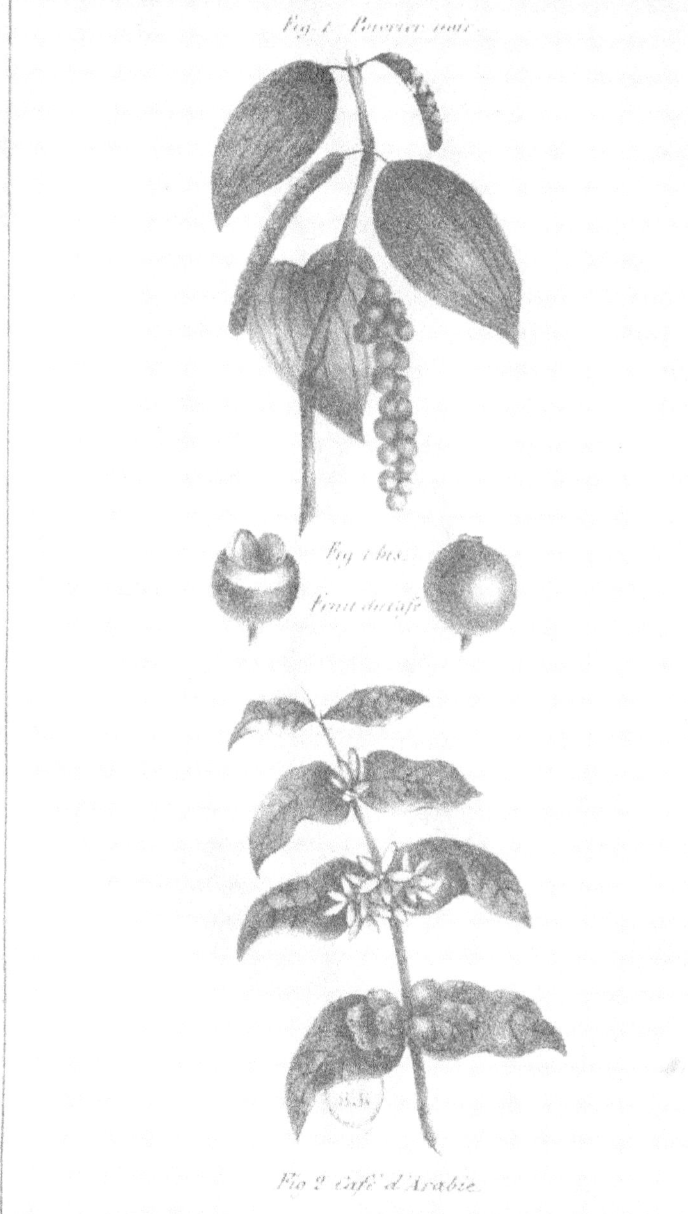
Fig. 1. Poivrier noir.
Fig. 1 bis.
Fruit du café.
Fig. 2 café d'Arabie.

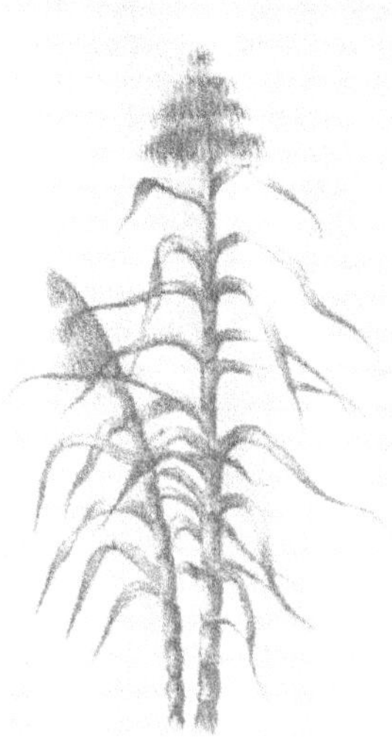

Fig. 1. [illegible]

Fig. 2. [illegible]

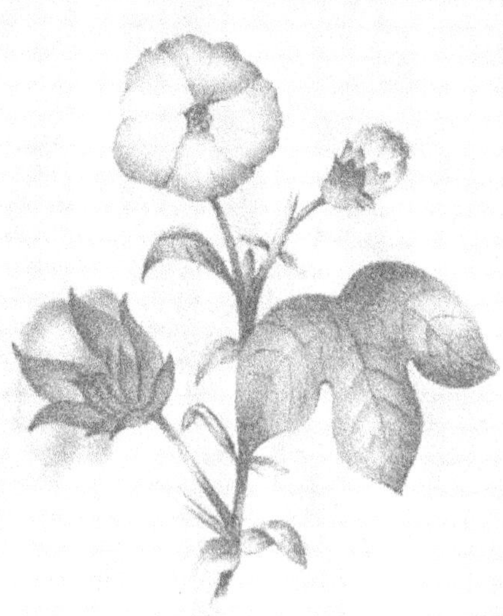

Fig. 1. — Cotonnier à trois pointes.

Fig. 2. — Céleri commun.

Metz. L. de Dupuy & Cie.   CREUSAT, Libraire-éditeur.

Fig. 1. Cocotier

Fig. 2. Riz

Metzeroth del. Dupuy.　　　CHEZ SAT....

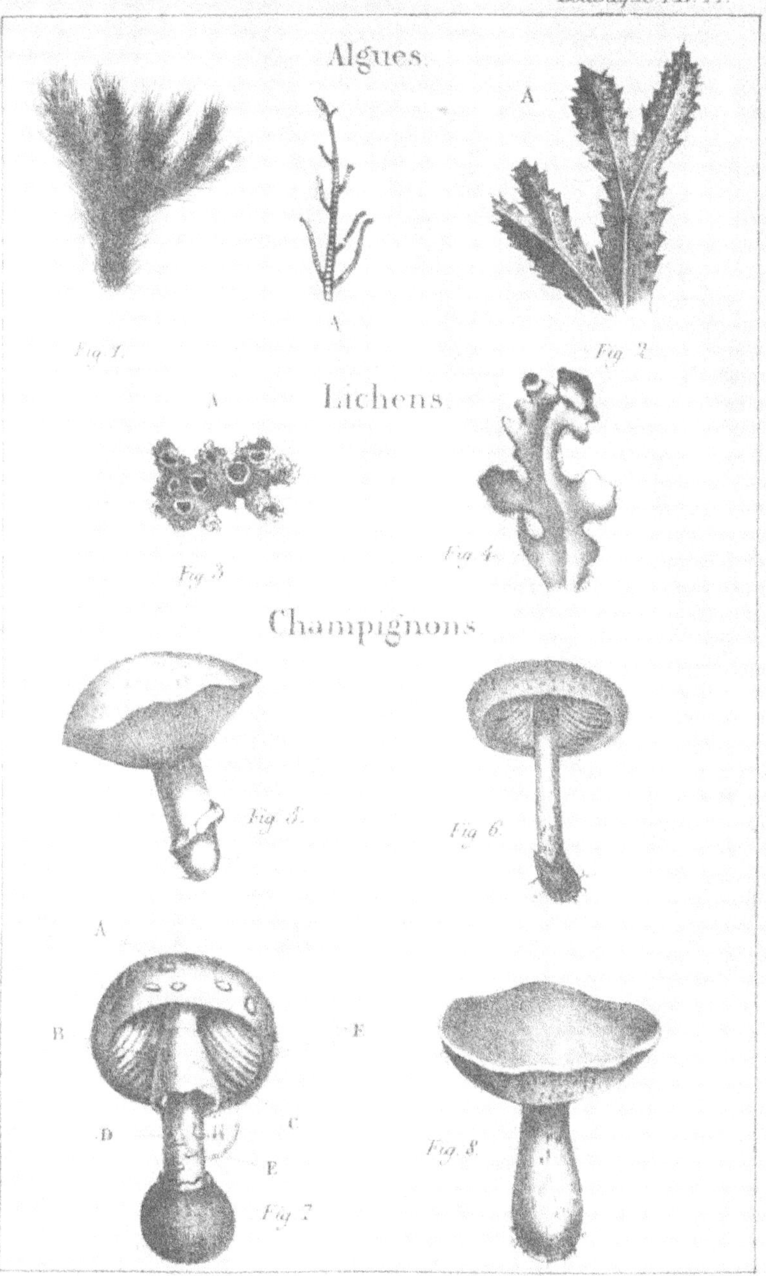
Algues.
A
A
Fig. 1.
Fig. 2.
A
Lichens.
Fig. 3.
Fig. 4.
Champignons.
Fig. 5.
Fig. 6.
A
B
E
D
C
E
Fig. 7.
Fig. 8.

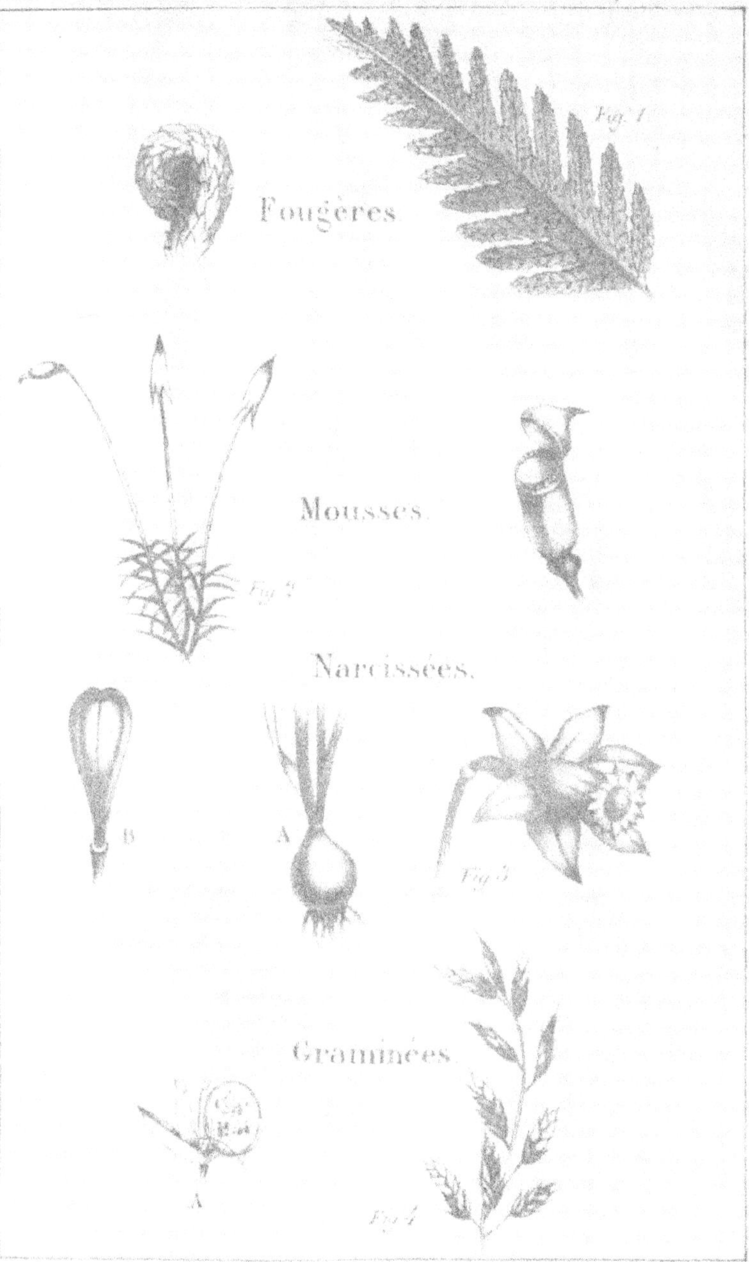

Botanique Pl. 1
Fig. 1
Fougères
Mousses.
Fig. 2
Narcissées.
B
A
Fig. 3
Graminées.
A
Fig. 4

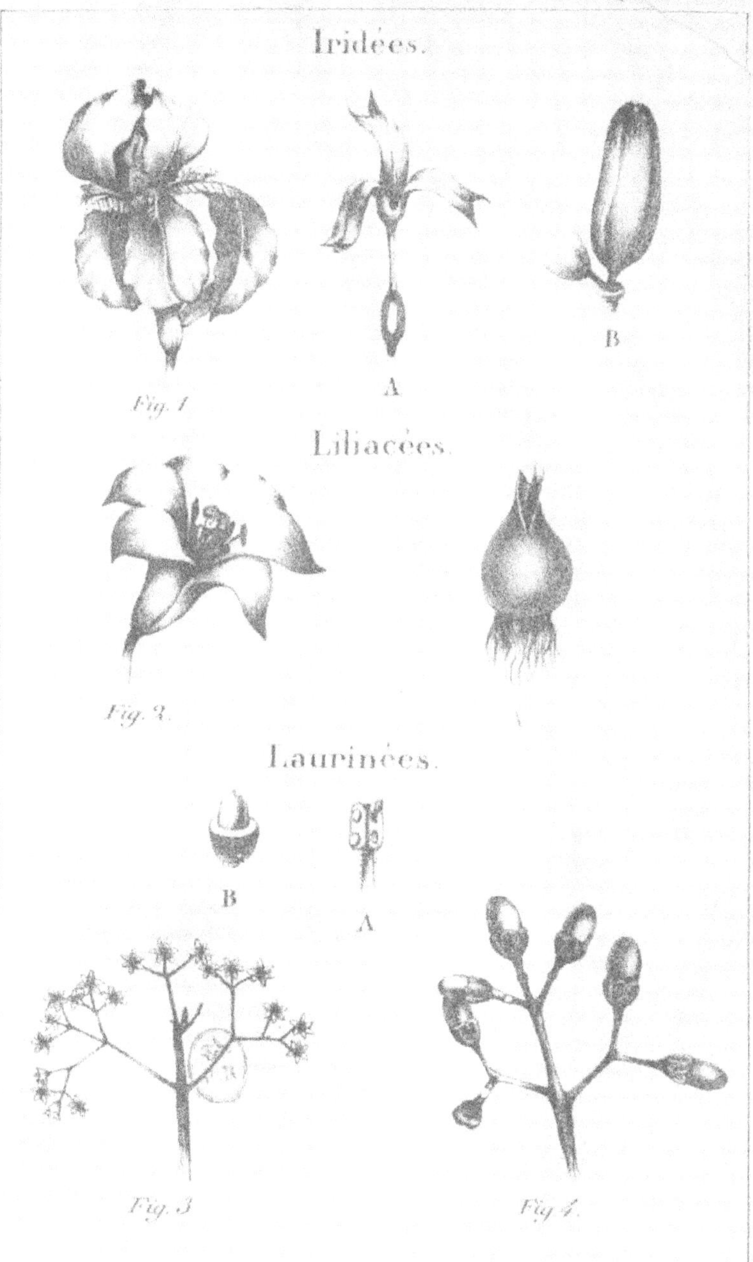

Iridées.
Fig. 1
A
B
Liliacées.
Fig. 2.
Laurinées.
B
A
Fig. 3
Fig. 4.

Jasminées

Fig. 2

A

Fig. 1.

Labiées.

Fig. 4

A

B

Personnées.

Fig. 3

A

B

Solanées.

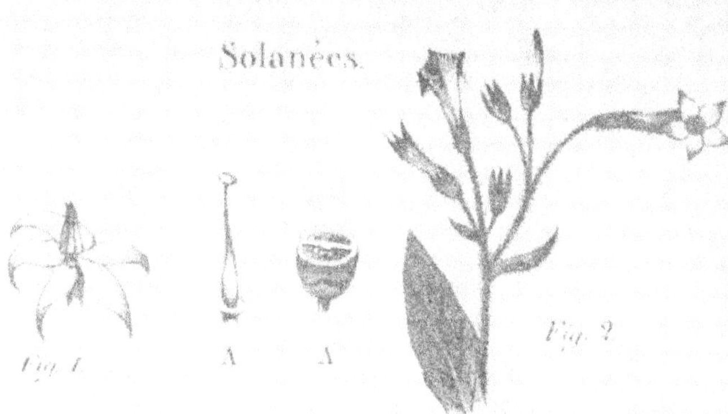

Convolvulacées.

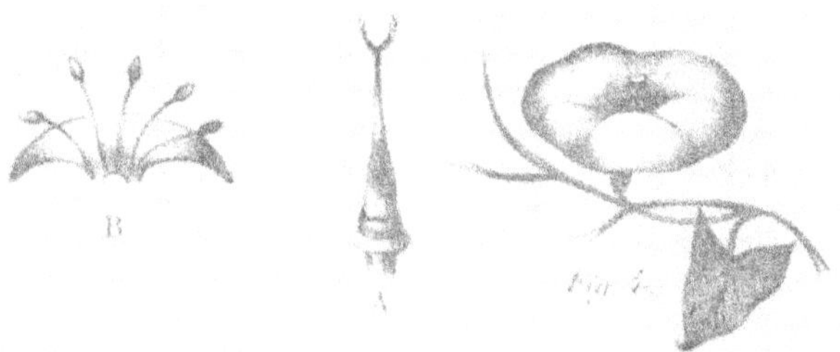

Borraginées.

Composées.

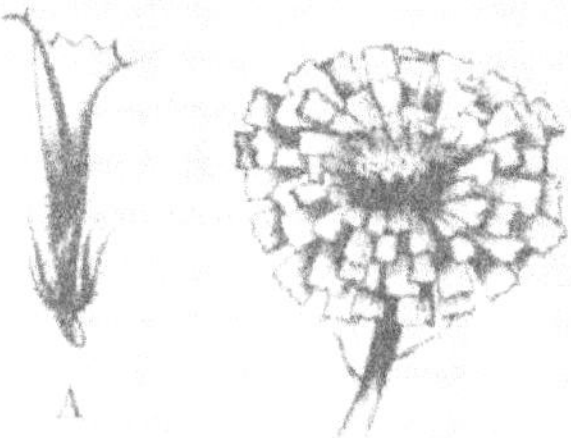

A

Fig. 1.

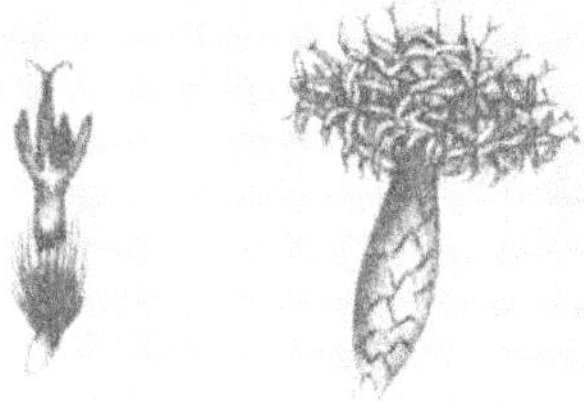

A

Fig. 2.

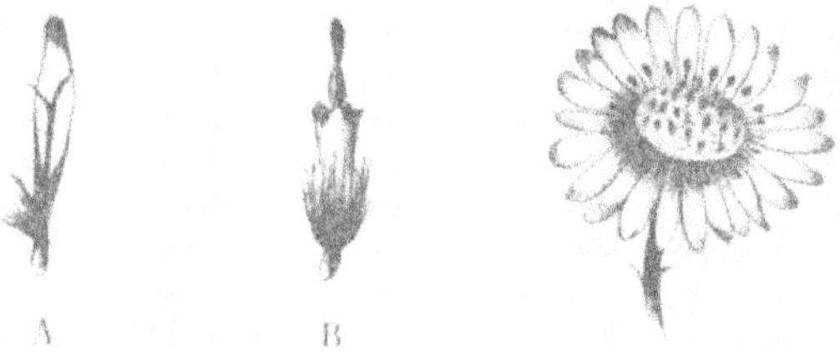

A

B

Fig. 3.

Rubiacées.

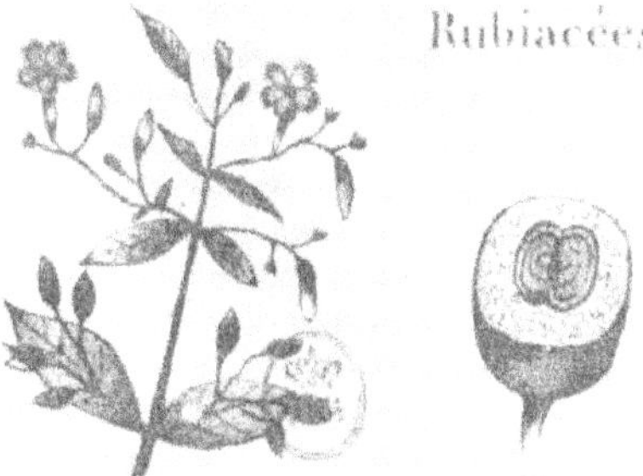

B

Fig. 4.

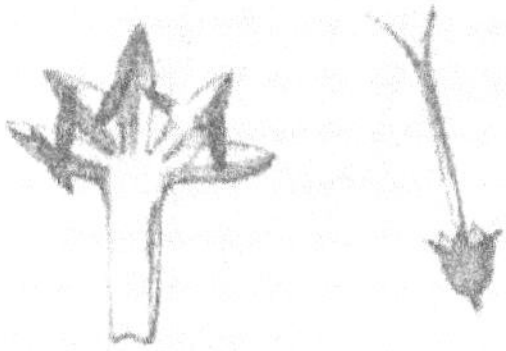

Fig. 5.

A

Metz. L. de Dupuy & Cie

CREUSAT, Libraire-éditeur.

Ombellifères.

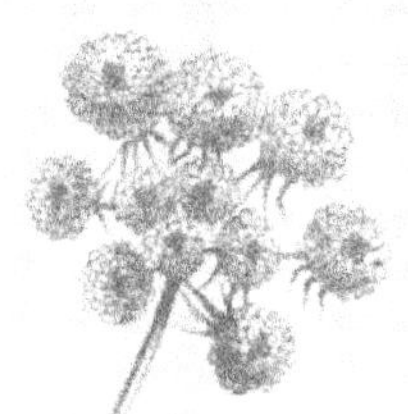

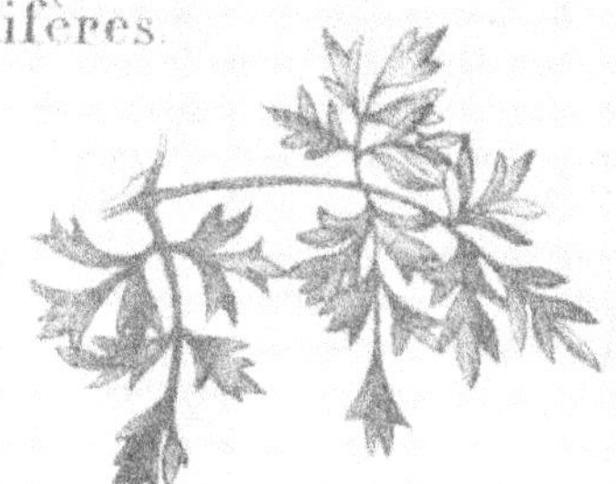

Fig. 1.

Fig. 2.

Ombellifères.

B

A

Renonculacées.

Fig. 3.

Renonculacées.

A

Fig. 4.

Metz, L. de Dupuy & Cie

CURMER, Libraire-éditeur

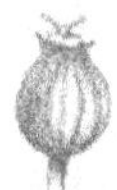

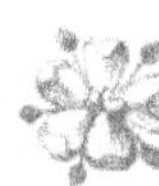

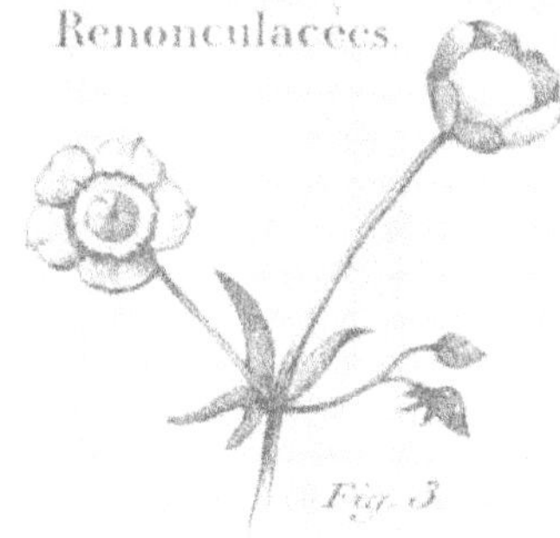

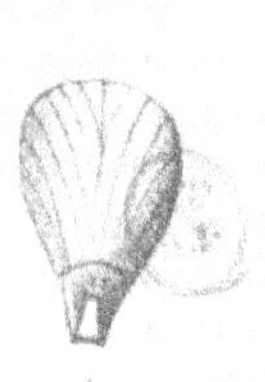

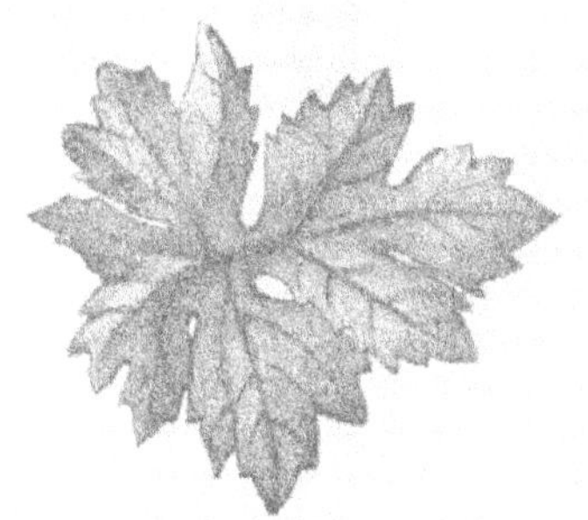

Papavéracées.

Crucifères.

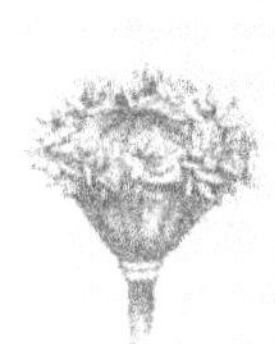

Fig. 1

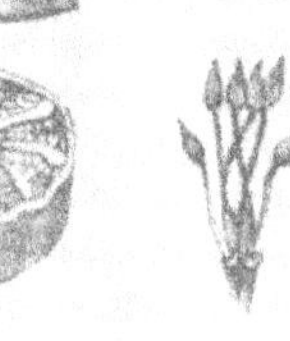

Fig. 2

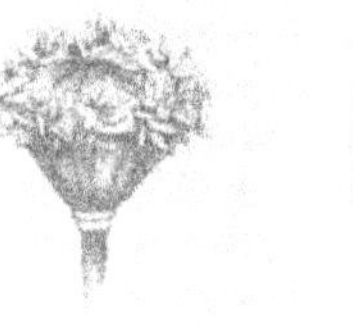

A

Fig. 3

Crucifères.

Malvacées.

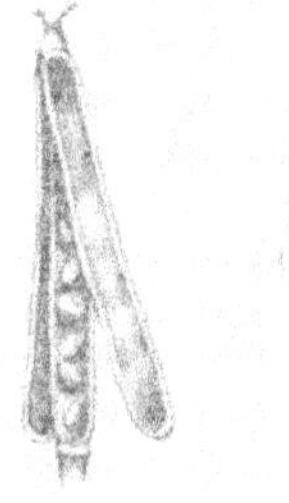

B

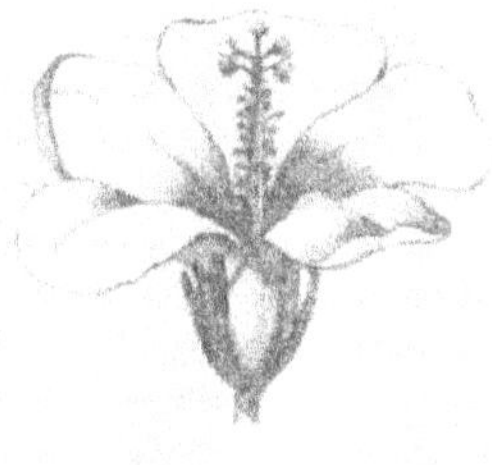

Fig. 4

A

Caryophyllées.

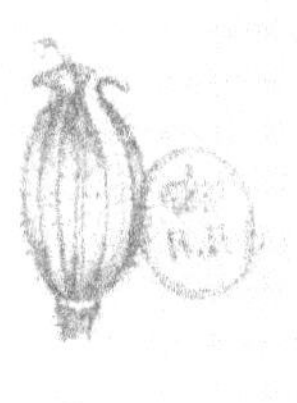

A

B

Fig. 5

Myrtées.

Fig. 1

A

Cactiers.

Fig. 2

Rosacées.

Fig. 3

Rosacées.

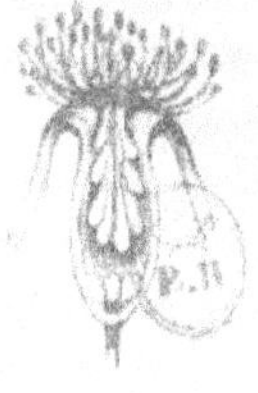

Fig. 4

Fig. 5

Fig. 6

Légumineuses.

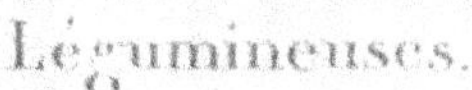

Fig 1.

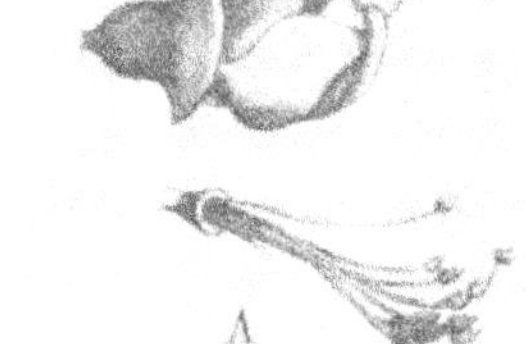

A

Fig. 2.

Fig. 3.

Térébenthacées.

Fig 4.

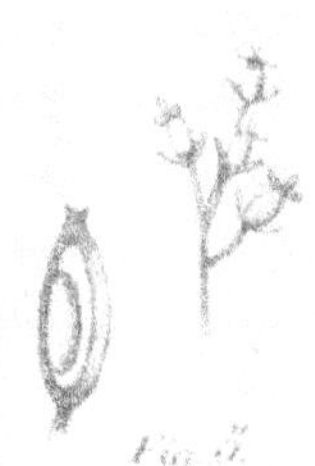

Fig. 5.

Fig. 6.

A

B

C

Rhamnoïdes.

Fig 8.

Fig 7.

Fig. 9.

Imp. Ed. Dupuy & C.ie   CRÉMAT, Libraire-Éditeur.

Cucurbitacées

Euphorbiacées

Urticées.

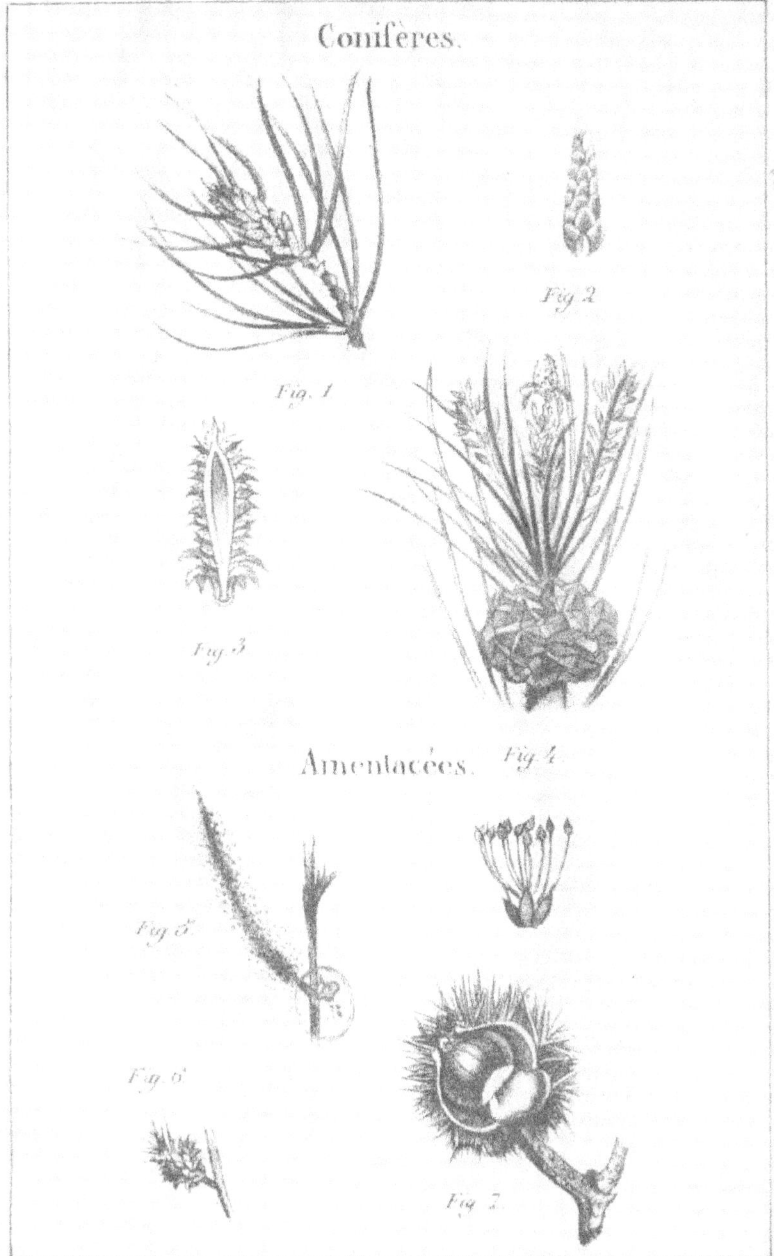

Conifères.
Fig. 2
Fig. 1
Fig. 3
Fig. 4
Amentacées.
Fig. 5
Fig. 6
Fig. 7

ÉLÉMENS
D'HISTOIRE NATURELLE.

ZOOLOGIE.

3 *Divisions* dans l'étude du RÈGNE ANIMAL.

1re DIVIS. ANATOMIE COMPARÉE : Elle a pour objet la structure, les formes des divers organes du corps, et leurs rapports réciproques, soit dans le même animal, soit dans les différentes classes d'animaux.

2e DIVIS. PHYSIOLOGIE COMPARÉE : Elle nous fait connaître l'action respective des organes les uns sur les autres, ou, en d'autres termes, les *fonctions* différentes qu'ils remplissent selon la part qu'ils prennent à l'entretien de la vie dans le même animal et dans les différentes classes d'animaux.

3e DIVIS. ZOOLOGIE DESCRIPTIVE : Elle traite spécialement de la *classification* des animaux, et des caractères propres à les distinguer ; de leurs instincts, de leurs mœurs, de l'utilité qu'on en retire.

PREMIÈRE DIVISION. — ANATOMIE COMPARÉE.

On distingue dans les *animaux* :

1° DES PARTIES ÉLÉMENTAIRES, formant comme la base de leur structure : se montrant dans tous leurs organes sous des combinaisons variées, et en différentes proportions.

2° DES ORGANES ou parties de formes et de structure différentes, résultant des divers modes de combinaison des parties élémentaires.

PARTIES ÉLÉMENTAIRES.

On les divise en : PARTIES SOLIDES OU TISSUS, et PARTIES LIQUIDES OU HUMEURS.

TISSUS : Ainsi nommés parce qu'ils ont une sorte de *texture*, résultant de l'arrangement de fibres diversemens combinées. Ces fibres ont elles-mêmes pour base de leur composition certaines matières ou *élémens* que nous font connaître les analyses des chimistes. On distingue les tissus d'après les élémens qui les composent, et leur mode de structure en *trois tissus générateurs*, des combinaisons desquels on peut faire dériver tous les autres, savoir : *le tissu* CELLULAIRE, *le tissu* NERVEUX, *le tissu* MUSCULAIRE.

Humeurs : Le *sang*, la *sueur*, la *bile*, la *salive*, etc. (Nous n'en parlerons que dans la physiologie, à l'occasion des fonctions des organes qui les fabriquent.)

I. TISSU CELLULAIRE.

Le tissu cellulaire est ainsi nommé parce qu'il est composé de *cellules* ou de mailles qui forment par leur entrelacement la trame et comme le canevas des organes. Il offre une grande analogie avec le même tissu dans les plantes. (*Voyez la Botanique.*) L'élément chimique qui lui sert de base, est la *gélatine* (1). — Le tissu cellulaire se présente : à l'état de *simplicité*, et à l'état de *combinaison*.

A. A l'état de simplicité (tissu cellulaire *proprement dit*), il unit les organes, autour desquels on le trouve formant une enveloppe spongieuse, lâche, semblable à la plus fine ouate, ou à la mousse de savon.

B. A l'état de combinaison il constitue trois tissus principaux, savoir : Le tissu *osseux*, id. *fibreux*, id. *membraneux*.

1. Le tissu osseux et cartilagineux (*os*, *cartilages*, *cornes*,) résulte du dépôt de parties terreuses (*sels calcaires*), et de matière gélatineuse dans un réseau celluleux. — Les cartilages sont moins durs, plus élastiques que les os.

2. tissu fibreux (*tendons*, *ligamens*, etc.) : c'est du tissu cellulaire disposé en filamens allongés, très-serrés, et qui par là ont acquis beaucoup de solidité et de ténacité, tout en conservant de la flexibilité et de l'élasticité. C'est l'analogue de la *fibre* dans les tiges des végétaux.

3. Le tissu membraneux : c'est encore le même tissu, formant, au lieu de fibres, des lames minces, flexibles, entrelacées, et constituant des espèces de toiles charnues qu'on nomme *membranes*. Il présente quatre modifications importantes :

a. Les *membranes séreuses* : Minces, lisses, transparentes, blanchâtres, et dont la surface est constamment humectée par un liquide qu'elles transpirent à l'état de vapeurs. Elles forment généralement une enveloppe à toutes les viscères ou organes intérieurs.

b. La *membrane cutanée* ou la peau qui sert d'enveloppe au corps, offre, réunis dans les différentes couches minces qui la composent, les divers tissus qui servent de base aux organes. C'est pourquoi nous renvoyons l'examen détaillé de sa structure à l'article où nous traitons du *sens du toucher* dont elle est le siége.

c. La *membrane muqueuse*, espèce de peau interne, se continuant d'une manière insensible avec la peau externe, et pénétrant par différentes ouvertures naturelles dans les cavités qu'offre nos viscères dont elle tapisse l'intérieur, comme les séreuses en tapissent l'extérieur. La membrane qui tapisse l'intérieur de la bouche ou des narines, nous en offre un exemple sensible. Elle tranche sur la peau par sa couleur rouge ou rosée ; néanmoins, comme elle a beaucoup d'analogie avec elle dans sa structure, nour en parlerons en même temps.

d. Le *tissu vasculaire*, constitué par l'enroulement des membranes en tuyaux ou

---

(1) La *gélatine*, substance incolore, inodore, insipide, se prenant en gelée quand elle se refroidit après avoir été dissoute dans l'eau bouillante. On la retire des os pour faire des bouillons, de la colle-forte.

canaux destinés à charrier le sang et les autres liquides nécessaires à la nourriture du corps. C'est ce qu'on nomme *les vaisseaux*.

4. Le TISSU GLANDULEUX : Il forme les GLANDES, c'est-à-dire des organes destinés à fabriquer certaines humeurs, comme *la bile*, *la salive*, etc., qu'ils rejettent au moyen de petits conduits ou *canaux excréteurs*. Ces glandes offrent beaucoup de différences entre elles ; cependant elles ont en général une texture molle, grenue, c'est-à-dire composée de petits grains réunis par du tissu cellulaire.

II. TISSU MUSCULAIRE ou FIBRINEUX.

Ce tissu est formé de *fibres* ou de filamens ayant pour base de leur composition chimique un principe particulier nommé *fibrine* (1). Ces fibres sont le plus souvent réunies en faisceaux formant des masses charnues, rouges, qu'on appelle MUSCLES (vulgairement *la chair* des animaux, ou la partie que l'on mange).

III. TISSU NERVEUX.

Il s'offre sous trois états différens : 1° Sous l'aspect d'une pulpe molle, blanche ou grisâtre, remplissant certaines cavités formées par les os (le CERVEAU qui est renfermé dans *le crâne*, la MOELLE dans *la colonne vertébrale*) ; 2° sous la forme de petites pelottes nommées GANGLIONS ; sous celle de petites fibres réunies entre elles, et formant des cordons blanchâtres (LES NERFS) qui se distribuent dans toutes les parties du corps.

Un des principes chimiques qui existent en plus grande proportion dans ce tissu, c'est *l'albumine* (1)

LES PARTIES ÉLÉMENTAIRES que nous venons de décrire, en prenant pour terme de comparaison l'homme ou les animaux parfaits, ne se présent pas *toutes* et avec les *mêmes* . caractères dans les différentes classes d'animaux. En traitant de chacune d'elles, nous aurons soin d'indiquer les principales modifications qu'elles sont susceptibles d'offrir.

ORGANES DES ANIMAUX.

On donne le nom D'APPAREIL à l'ensemble des organes qui concourent chacun par une action *propre*, à une même fonction *générale*. — On distingue dans l'animal *trois classes d'appareils* : Les deux premières sont communes aux animaux et aux plantes, la troisième particulière aux animaux, savoir :

1° APPAREIL ou ORGANES DE NUTRITION : Ceux au moyen desquels l'animal se *nourrit* et se répare.

2° APPAREIL ou ORGANES DE REPRODUCTION : Ceux en vertu desquels l'animal se *reproduit*.

3° APPAREIL ou ORGANES DE RELATION (c'est-à-dire qui ont pour fonction d'établir entre l'animal et les objets qui l'entourent des *rapports* plus ou moins étendus) : Organes DE LA SENSIBILITÉ ou de la faculté de sentir ; — DE LA MOTILITÉ, ou faculté de se mouvoir.

---

(2) *L'albumine* est une substance glaireuse, blanchâtre, se durcissant par la chaleur. C'est elle qui forme le *blanc de l'œuf*, le liquide des membranes séreuses, etc.

(1) *La fibrine*, quand elle est dégagée de toute combinaison étrangère, est blanchâtre, inodore, insipide, flexible, ne se dissolvant pas dans l'eau bouillante, comme la gélatine. C'est la partie filamenteuse de la viande. Sa couleur rouge est due au sang qui l'imbibe.

§. ORGANES DE NUTRITION.

Il constitue TROIS APPAREILS principaux, savoir :

1. L'APPAREIL DE LA DIGESTION, ou l'ensemble des organes destinés à recevoir et à élaborer les substances à l'aide desquelles l'animal se nourrit.

2. L'APPAREIL RESPIRATOIRE, ou l'ensemble des organes destinés à *revivifier* le fluide nutritif du corps, en le soumettant au contact de l'air.

3. L'APPAREIL DE LA CIRCULATION, ou l'ensemble des organes qui ont pour usage de porter dans toutes les parties du corps, au moyen de canaux, le liquide nécessaire à son entretien (*le sang*), et de l'y reprendre pour le soumettre de nouveau au contact de l'air.

APPAREIL DIGESTIF ou ORGANES DE LA DIGESTION.

L'appareil digestif, considéré dans sa forme la plus générale, nous représente un tube renflé dans quelques-unes de ses parties, à deux orifices, l'une pour l'entrée, l'autre pour la sortie des alimens.

L'appareil digestif offre à considérer dans l'homme :

1° DES PARTIES ESSENTIELLES. Ce sont, à partir de l'orifice supérieur : *la bouche, le pharynx, l'estomac, les intestins.*

2° DES PARTIES ACCESSOIRES, ou *appendices glanduleux.* Ce sont, dans le même ordre, *les glandes salivaires, le pancréas, les amygdales, le foie, la rate.*

PARTIES ESSENTIELLES du TUBE DIGESTIF.

1. LA BOUCHE ou *cavité buccale.* Cavité de forme ovalaire, limitée en arrière par le *voile du palais.* C'est ainsi qu'on appelle un prolongement de la membrane du palais, qui forme de chaque côté de l'entrée du gosier deux replis latéraux en arcades (*les piliers du voile du palais*), au milieu desquels pend une languette qui descend sur la langue (*la luette*). *Pl.* 5.

(C'est en faisant connaître le *squelette* que nous parlerons des *dents.* (*Voyez plus loin.*)

2. LE PHARYNX, ou *arrière-bouche.* Sorte de cavité ou de sac à deux ouvertures, faisant suite à la cavité buccale, et formant la partie supérieure du canal alimentaire, dont l'arrière-bouche n'est en quelque sorte qu'un renflement. Elle est en communication antérieurement avec la bouche et les cavités nasales; inférieurement elle aboutit à deux ouvertures; l'une antérieure est l'entrée du *larynx.* (*Voyez* Organes respiratoires); l'autre postérieure fait suite au canal digestif.

3. L'OESOPHAGE. Tuyau charnu traversant la poitrine, adossé à l'épine du dos,

s'étendant depuis la partie inférieure du pharynx jusqu'à l'orifice supérieur de l'estomac. (*Pl.* 3.)

4. L'ESTOMAC. Espèce de poche ou réservoir membraneux, en forme de cornemuse, situé transversalement à la partie supérieure du ventre, vers le point correspondant à ce qu'on appelle vulgairement *le creux de l'estomac*, et communiquant avec l'œsophage par son orifice d'entrée, avec les intestins par son orifice de sortie. (*Pl.* 3 *et pl.* 5.)

5. LES INTESTINS. Ils forment un long tube membraneux, replié sur lui même en nombreuses circonvolutions qui remplissent la presque totalité du ventre, et atteignent sept fois la longueur du corps. Ils se composent de *deux parties distinctes*, savoir :

A. L'INTESTIN GRÊLE : la portion la plus étroite et la plus longue du tube digestif, faisant immédiatement suite à l'estomac, et formant un paquet considérable de circonvolutions presqu'entièrement libres, ou flottantes dans la cavité ventrale. (*Pl. 5, et pl.* 5.)

B. LE GROS INTESTIN : Offrant un plus grand diamètre que les précédens qu'il *circonscrit*; montant d'abord le long du flanc droit, se recourbant ensuite en arc de cercle, et se dirigeant transversalement vers le côté gauche, le long duquel il descend parallèlement à sa première direction pour aboutir *au rectum.* C'est ainsi qu'on nomme la dernière partie du canal intestinal qui vient se terminer à l'orifice inférieur. (*Pl.* 5.)

Nous venons de considérer le tube digestif quant à la *forme* et à la *position* de ses différentes parties ; relativement à sa STRUCTURE, elle est à peu près uniforme dans toute son étendue : une membrane *muqueuse* le tapisse intérieurement ; une couche de fibres musculaires entoure la muqueuse ; enfin, une membrane *séreuse*, après avoir tapissé les parois intérieures de la cavité ventrale, se réfléchit sur le tube intestinal, et forme différens replis destinés à maintenir le paquet des intestins.

PARTIES ACCESSOIRES ou DÉPENDANCES DU TUBE DIGESTIF.

1. LES AMYGDALES. Ce sont deux espèces de glandes ovoïdes, situées dans l'enfoncement que laissent entre eux les *piliers du voile du palais*, et formant avec eux les côtés de l'entrée du gosier.

2. LES GLANDES SALIVAIRES. On en compte plusieurs : les deux *glandes parotides* placées sous la peau, dans une excavation située entre l'oreille et la mâchoire, et s'ouvrant dans la bouche par un canal situé dans l'épaisseur des joues ; les glandes *sous-maxillaires* et *sublinguales*, situées sous la langue, entre les branches de la mâchoire.

3. LE PANCRÉAS. Glande d'un blanc-grisâtre, de forme allongée, située transver-

salement derrière l'estomac, dans la courbure du *duodénum* (commencement de l'intestin grêle), où aboutit son canal excréteur.

4. Le FOIE. Glande très-volumineuse, d'un rouge brun, de forme irrégulière, étendue transversalement dans la partie supérieure du flanc droit qu'elle occupe tout entier sans dépasser cependant les côtes, s'appuyant par son extrémité gauche contre l'estomac. (*Pl.* 3.) La *bile* s'amasse dans une petite poche située dans la face inférieure du foie, d'où elle coule dans le duodénum par un conduit particulier. (*Pl.* 3.)

5. LA RATE. Organe mou, spongieux, d'un rouge obscur, de forme irrégulière, d'un volume assez variable; aplatie de dehors en dedans, et située dans la partie supérieure du flanc gauche, entre les dernières côtes et l'estomac.

L'appareil digestif *considéré dans les diverses classes d'animaux*, offre un grand nombre de modificat ons principalement relatives :

1° A SA LONGUEUR. C'est dans la classe des MAMMIFÈRES (*quadrupèdes*), que le canal digestif a généra ment le plus de longueur; on le voit diminuer successivement dans la classe des OISEAUX, dans celle des REPTILES et des POISSONS qui viennent après. Parmi ces derniers, il en est même dont le tube digestif forme un canal droit, s'étendant directement de la bouche à l'anus. Ce caractère se retrouve dans un très-grand nombre des espèces animales qui appartiennent aux classes inférieures. — En principe général, le plus ou moins de longueur du canal alimentaire est en rapport avec l'espèce d'aliment dont se nourrit l'animal: chez les *carnivores*, il est plus court; chez les *herbivores* plus long, plus ample, parce que l'aliment devant subir une transformation plus complète pour se convertir en la propre chair de l'animal, a besoin pour cela de séjourner plus long-temps dans les viscères de la digestion.

2° A SA STRUCTURE. Le même rapport se retrouve entre l'espèce de nourriture et la disposition des replis et des dilatations du canal intestinal. Ainsi les MAMMIFÈRES RUMINANS (1), ont quatre estomacs distincts; les trois premiers (la *panse*, le *bonnet*, le *feuillet*), aboutissent à un point commun, de telle sorte que l'aliment peut passer à volonté, de l'œsophage dans l'un des trois. Le quatrième, nommé *caillette*, est le seul complètement développé tant que l'animal tette. Dans la même classe des MAMMIFÈRES, d'autres animaux offrent une complication

---

(1) Ce sont des animaux qui ramènent dans la bouche les alimens qu'ils ont avalés une première fois pour les remâcher de nouveau. Exemple : le *bœuf*.

analogue dans l'estomac. Ainsi, dans les espèces de l'ordre des *hippopotames*, des *tapirs*, ce viscère est divisé en plusieurs poches par des étranglemens. Dans les grands poissons nommés *cétacés* (le *dauphin*, le *marsouin*, etc.), on trouve quatre estomacs à la suite l'un de l'autre. — Dans la classe des OISEAUX, les alimens, avant d'arriver à l'estomac, passent par deux poches nommées *jabots*, formées par le renflement de l'œsophage; puis ils arrivent dans le véritable estomac nommé *gésier*, qui n'est pas mince et membraneux comme dans les mammifères, mais musculeux et très-épais. Le canal intestinal se termine par un orifice commun aux excrémens et aux œufs (*cloaque*) —. Dans un grand nombre de REPTILES et de POISSONS, l'estomac ne se distingue pas du reste du tube digestif, qui est souvent uniforme dans toute son étendue. Dans la classe des INSECTES, on retrouve, selon qu'ils se nourrissent de chair et de végétaux, des modifications analogues à celles qui existent chez les mammifères *herbivores* et *carnivores*.

APPAREIL RESPIRATOIRE ou ORGANES DE LA RESPIRATION.

Les organes de la RESPIRATION présentent 3 modifications principales chez les animaux:

A. Chez les animaux qui ont un appareil d'organes spécialement destinés à l'accomplissement de cette fonction, elle s'opère :

1° *Pour les animaux qui vivent dans l'air*, PAR LES POUMONS, organes spongieux formés d'un amas de petites cellules dans lesquelles l'air s'introduit pour agir sur le sang qui y est apporté par les vaisseaux sanguins : les *mammifères*, les *oiseaux*.

2° *Pour les animaux qui vivent dans l'eau* et ne respirent que l'air contenu dans ce liquide, PAR LES BRANCHIES, espèces des feuillets membraneux, ou de lames minces disposées comme les dents d'un peigne, et de manière à ce que l'air puisse agir sur le sang des vaisseaux qui s'y ramifient à l'infini. EXEMPLE : les *poissons*, les *mollusques*. (*Animaux à coquilles* l'huître, l'escargot, etc.)

B. Chez les animaux qui n'ont pas d'organes spéciaux pour l'accomplissement de cette fonction, elle s'opère au moyen de petits canaux nommés TRACHÉES, qui portent l'air dans toutes les parties intérieures du corps. EXEMPLE : les *insectes*.

I. RESPIRATION PULMONAIRE.

Considéré CHEZ L'HOMME, l'appareil respiratoire se compose essentiellement : (*Pl. 3 et 4.*)

1° D'un canal destiné à conduire l'air dans la poitrine. — On y considère plusieurs parties, savoir : (*Pl. 3, fig. 2.*)

A. LE LARYNX : c'est le commencement du canal aérifère ; il s'ouvre dans le gosier, derrière la racine de la langue, et se compose de plusieurs pièces cartilagineuses réunies entre elles par des ligamens et par des muscles qui leur impriment divers mouvemens. Un de ces cartilages, nommé l'*épiglotte*, a la forme d'une languette ovale, et sert, lors du passage des alimens, à empêcher qu'ils ne tombent dans le canal aérifère, dont il peut, en s'abaissant, boucher l'ouverture. Celle-ci, nommée la *glotte*, est comprise entre deux ligamens (*cordes vocales*) qui lui donnent la forme d'une fente allongée et susceptible de s'élargir plus ou moins par le mouvement des cartilages.

B. LA TRACHÉE-ARTÈRE, tuyau membraneux faisant suite au larynx et descendant le long du cou, au-devant de l'œsophage jusque dans la poitrine, où il se partage en deux tuyaux plus petits, LES BRONCHES ; celles-ci s'écartent pour se porter chacune dans un des poumons, où elles se divisent en ramifications successivement plus petites, et finissent par aboutir, en s'amincissant de plus en plus, aux *vésicules pulmonaires*. — Le conduit aérifère est formé d'une membrane *muqueuse* au dedans, au dehors d'une membrane *fibreuse* que soutiennent des *anneaux cartilagineux* placés à intervalles les uns des autres, et qui s'amincissent de plus en plus dans les bronches, où ils finissent par disparaître.

2° D'organes destinés à *recevoir l'air* qui est apporté par le conduit de la respiration (*les poumons*) : (*Pl. 4, fig. 2.*)

LES POUMONS sont deux organes spongieux, élastiques, plus légers que l'eau, grisâtres avec des taches bleuâtres ; d'un volume égal à celui de la poitrine qu'ils remplissent exactement ; séparés l'un de l'autre par le *cœur*, et par un repli de la membrane *séreuse* qui, après avoir tapissé les côtes, se réfléchit sur les poumons, formant ainsi un sac sans ouverture, et dont les parois sont contiguës (c'est ce qu'on nomme les *plèvres*.) — Les poumons sont séparés du canal digestif par une cloison transversale nommée le *diaphragme*. C'est une espèce de toile musculo-membraneuse qui s'attache au bord inférieur de la circonférence de la poitrine. Elle est percée de plusieurs ouvertures pour le passage de l'œsophage, des vaisseaux et des nerfs. — Le *tissu propre* des poumons paraît se composer d'un grand nombre de petites *vésicules* membraneuses, ou cellules, dont chacune communique à l'une des dernières ramifications des bronches. Sur les parois de ces vésicules se distribuent les plus fines ramifications des vaisseaux sanguins qui pénètrent dans les poumons.

Les principales modifications qu'offre la *respiration pulmonaire* dans les différentes dans les différentes classes d'animaux, consistent en ce que :

1° DANS LES MAMMIFÈRES, l'appareil respiratoire est généralement conforme à ce qu'il est dans l'homme : ils ont constamment deux poumons.

2° Dans la classe des oiseaux, les rameaux des bronches ne se terminent pas tous aux poumons ; il en est qui conduisent l'air dans de petits sacs aériens, ou vésicules membraneuses situées dans le ventre, dans le tuyau des plumes, et même dans l'intérieur des os. Il n'existe plus de séparation entre la cavité du ventre et celle de la poitrine ; enfin, on voit à la partie inférieure de la trachée-artère, au point où elle se divise, un *second larynx* composée de pièces cartilagineuses, de ligamens et de muscles.

3° Dans les reptiles, les cellules des poumons, moins nombreuses et plus amples que dans les classes précédentes, forment des espèces de sacs allongés qui s'étendent quelquefois jusqu'au bassin, car il n'y a pas de *diaphragme* entre la poitrine et le ventre. Dans l'ordre des *serpens*, on ne trouve qu'un poumon.

4° Dans les autres classes d'animaux, la respiration n'est plus *pulmonaire*, hormis chez un certain nombre de mollusques.

II. RESPIRATION BRANCHIALE.

Les organes de la *respiration branchiale* se présentent sous un grand nombre de formes diverses.

1° Dans les poissons, les branchies sont des lames ou des filamens membraneux, suspendus comme une frange ou comme les barbes d'une plume, à quatre *arceaux* ou osselets courbes qu'on trouve dans une cavité située aux deux côtés de la tête, laquelle communique au dehors par une ouverture recouverte d'une espèce de couvercle osseux nommé *opercule*, ou d'une simple membrane percée de trous. L'opercule peut s'ouvrir ou se fermer à l'aide d'une membrane s'insérant à sa surface intérieure, et se plissant comme le cuir d'un soufflet (*membrane des ouies* ou *branchiostège*.) De nombreux vaisseaux forment par leurs ramifications, comme un réseau sanguin sur les lamelles des branchies.

2° Dans les autres classes d'animaux qui respirent par des branchies, (les mollusques, en grande partie, les crustacés, la plupart des vers), l'appareil branchial est très-diversifié. Il s'offre sous la forme de filamens, de lames, de franges, de houppes, etc. Sa position varie beaucoup aussi ; tantôt il est renfermé dans l'intérieur du corps, tantôt extérieur. Il est des crustacés dont les pieds ou nageoires portent des branchies.

III. RESPIRATION TRACHÉALE.

Les trachées sont de petits tubes ou canaux formés d'une lame mince, élastique, roulée en spirale comme les vaisseaux qui portent le même nom dans les plantes (voyez la *Botanique*), et s'enfonçant dans le tissu de tous les organes, où ils se ramifient. Ils communiquent au dehors par des ouvertures situées en assez grand nombre de chaque côté du corps (les *stigmates*), et servent de conduits à l'air qui va se mettre en contact avec les humeurs. La classe des insectes offre l'exemple de ce mode de respiration.

APPAREIL CIRCULATOIRE ou ORGANES DE LA CIRCULATION.

Le mot circulation désigne, dans son acception la plus générale, le mouvement ou le transport des humeurs nutritives à travers les *vaisseaux*, sortes de tubes qui se distribuent dans toutes les parties du corps, et dans lesquels les humeurs circulent, à l'aide de l'impulsion que leur donne le *cœur* : organe musculeux et creux, aboutissant commun de l'appareil circulatoire, et faisant mouvoir le sang par un mécanisme analogue à celui d'une pompe aspirante et foulante. Nous allons considérer cet appareil, 1° chez l'homme; 2° chez les animaux.

L'appareil circulatoire *considéré dans l'homme*, offre deux divisions ou systèmes principaux, savoir :

LA GRANDE CIRCULATION, ou l'ensemble des vaisseaux qui portent le sang, du cœur dans tous les organes, et le ramènent des organes dans le cœur.

LA PETITE CIRCULATION ou l'ensemble des vaisseaux qui portent le sang du cœur dans les poumons, et le ramènent des poumons dans le cœur.

A. GRANDE CIRCULATION ou CIRCULATION GÉNÉRALE.

Les organes de la *grande circulation* sont :

1° LE CŒUR, situé entre les deux poumons, a la forme d'un cône irrégulier, dont la base est tournée en haut et en arrière, le sommet en bas et en avant contre les côtes gauches. Il est à peu près de la grosseur du poing, et a pour enveloppe une espèce de sac ou de gaine (*le péricarde*), formée de deux membranes superposées, l'une *fibreuse* en dehors, l'autre *séreuse*, et se réfléchissant sur le cœur, auquel elle adhère intimement. Le cœur offre quatre cavités : deux supérieures plus petites, à parois minces, occupent la base, et se nomment *oreillettes*. Deux autres inférieures, plus grandes, ont des parois épaisses formées de fibres musculeuses entrecroisées; ce sont les *ventricules*. Chaque oreillette communique avec le ventricule situé au-dessous.

2° LES ARTÈRES, tubes ou vaisseaux qui conduisent *le sang* du cœur dans tous les points du corps, naissent de la base du ventricule gauche par un canal ou tronc commun nommé *l'aorte*, qui se dirige d'abord en haut le long de l'épine du dos, puis se recourbe pour descendre le long du tronc jusqu'en bas des reins, où il se partage en deux grosses branches. Dans les diverses parties de son trajet, l'aorte fournit à la tête, à la poitrine, au ventre, aux membres, des branches qui se divisent elles-mêmes en rameaux de plus en plus décroissans, jusqu'au point où ils se terminent en petites ramuscules capillaires, qui finissent vu leur extrême ténuité, par échapper à la vue. — Les artères sont composées de trois membranes ou tuniques superposées.

3° LES VEINES, tubes ou vaisseaux qui rapportent au cœur *le sang* qu'ils ont reçu des *artères*, et prennent naissance dans toutes les parties du corps par des extrémités capillaires semblables à celles des artères, avec lesquelles elles s'abouchent. Ces rasmuscules forment, en se réunissant, des rameaux croissant successivement de volume, puis se réunissant en un petit nombre de branches, qui aboutissent toutes elles-mêmes à un double tronc : 1° la *veine-cave supérieure*, qui reçoit toutes les veines de la tête, du cou, des membres supérieurs, et aboutit à l'oreillette droite ; 2° la *veine-cave inférieure*, qui, après avoir traversé le ventre, recevant dans son trajet les veines qui viennent des membres inférieurs, du tube intestinal et du foie (système de la *veine-porte*), pénètre dans la poitrine, et se termine aussi à l'oreillette droite. Les veines se composent de trois tuniques superposées comme dans les artères.

4° LES VAISSEAUX LYMPHATIQUES, beaucoup plus petits que les veines, destinés à charrier la *lymphe* et le *chyle*, prennent naissance à la surface des intestins (*vaisseaux chylifères*), ou dans le tissu des autres organes (*vaisseaux lymphatiques proprement dits*) par des radicules ténues, qui forment, par leurs entre-croisemens, des espèces de réseaux ou de petites glandes pelotonnées (*ganglions lymphatiques*), puis se réunissent en plusieurs troncs, qui aboutissent la plupart à un tronc commun, le *canal thoracique*, versant la lymphe dans une grosse veine de la poitrine. Les parois de ces vaisseaux se composent de deux enveloppes seulement.

B. PETITE CIRCULATION ou CIRCULATION PULMONAIRE.

Les organes de la *petite circulation* sont :

1° L'ARTÈRE PULMONAIRE, qui naît du ventricule droit du cœur, puis se divise presqu'aussitôt en deux branches se dirigeant chacune vers le poumon opposé, dans lequel elles se divisent en ramifications extrêmement multipliées et successivement décroissantes.

2° LES VEINES PULMONAIRES naissent dans le tissu des poumons, des dernières extrémités de l'artère pulmonaire, avec laquelle elles s'abouchent par des radicules qui forment, en se réunissant, des rameaux et des branches de plus en plus volumineuses. Ces branches finissent par se rassembler en quatre troncs (deux pour chaque poumon), qui sortent du milieu de ces organes, et viennent s'ouvrir dans l'oreillette gauche.

Les HUMEURS en circulation dans les vaisseaux sont :

1° Dans les *vaisseaux sanguins* (artères et — LE SANG, qui lorsqu'il cesse de circuler, se sépare bientôt de lui-même en deux parties, l'une, le *sérum*, liquide jaunâtre, transparent, formé principalement d'*albumine* et de quelques sels en dissolution dans l'eau ; l'autre, le *caillot*, formant au milieu du sérum une sorte de croûte mollasse, rouge, essentiellement composée de *fibrine* et d'une matière colorante rouge. Quand on examine au microscope le sang, au moment où il sort du corps, on y découvre une multitude de petits globules rouges nageant dans un liquide transparent (le *sérum*), et formés d'un noyau blanchâtre de fibrine, ayant pour enveloppe la matière colorante. — Le sang contenu dans les *artères* ne s'offre pas sous le même aspect que celui des *veines* : le premier est d'un rouge vermeil et écumeux ; le second, plus épais et d'un rouge noirâtre.

2° Dans les *vaisseaux lymphatiques*. — LA LYMPHE, liquide transparent, incolore, visqueux, principalement formé d'albumine. — Le *chyle* est une lymphe plus consistante, blanchâtre ou rosée, semblable à du lait, de saveur douce.

Modifications que subit l'appareil cir-culatoire dans les *diverses classes d'animaux.*

1. MAMMIFÈRES ET OISEAUX : Point de modifications importantes. La *circulation pulmonaire* est *complète*, c'est-à-dire qu'aucune partie du sang veineux ne rentre dans la grande circulation qu'après avoir traversé les poumons.

2. REPTILES : Le tronc commun des veines n'envoie qu'une branche au poumon, le reste passe directement dans le système artériel : de sorte que la circulation pulmonaire est *incomplète;* le cœur est le plus souvent à deux cavités seulement, une oreillette et un ventricule.

3. POISSONS : La circulation *branchiale* est *complète*. Le cœur à deux cavités seulement. C'est dans ces quatre premières classes seulement que le sang est constamment rouge.

4. MOLLUSQUES : La circulation est *complète;* le cœur tantôt unique (à deux cavités), tantôt multiple (plusieurs cavités qui ne sont point adossées comme chez les mammifères). Il en est de même de certains crustacés. L'espèce de lymphe qui leur tient lieu de sang est blanche.

5. VERS OU ANNÉLIDES : Ont encore des vaisseaux et une sorte de circulation, mais point de cœur. Leur sang est quelquefois coloré en rouge.

6. INSECTES : Sont privés totalement d'organes circulatoires.

On peut regarder comme une dépendance de l'appareil circulatoire les *organes urinaires*, propres aux quatre premières classes d'animaux, et qui paraissent destinés à dépurer le sang, en le privant, par une élaboration particulière, de certains principes qu'ils en font sortir à l'état d'*urine*. — Ces organes se composent :

1. DES REINS (vulgairement *rognons*) : Ce sont deux glandes de chaque côté de l'échine, au-dessous du dos, et dans lesquelles se fabrique le liquide urinaire.

2. DES URETÈRES : Ce sont deux tuyaux qui servent à conduire ce liquide des reins dans la vessie.

3. DE LA VESSIE : Espèce de poche membraneuse située dans le bas-ventre, et servant de réservoir à l'urine, qui en sort par un canal nommé l'*urèthre*.

---

§ II. APPAREIL DE RELATION, OU ORGANES DE LA SENSIBILITÉ ET DE LA LOCOMOTION.

Les organes qui composent cet appareil sont de deux sortes :

1° Ceux qui appartiennent à la faculté de *se mouvoir* (organes LOCOMOTEURS).

2° Ceux qui appartiennent à la faculté de *sentir* (organes SENSITIFS).

APPAREIL LOCOMOTEUR ou ORGANES DE LOCOMOTION.

Les organes *locomoteurs*, c'est-à-dire qui ont pour fonction d'exécuter les mouvemens que commande la volonté, se distinguent en :

Organes *passifs* des mouvemens (*les os*, etc)

Organes *actifs* des mouvemens (*les muscles*.)

A. ORGANES PASSIFS DES MOUVEMENS.

Étudiés *dans l'homme*, les organes passifs du mouvement constituent LES OS, parties dures placées sous les muscles, et dont l'ensemble constitue le *squelette*. Nous considérons : 1° leur *structure* ; 2° leur *assemblage* ou mode d'union ; 3° leurs *usages* ; 4° les différentes parties du squelette.

1° STRUCTURE. Les os commencent à être mous, flexibles, semblables à du cartillage. Sous cet état ils sont presqu'entièrement formés de gélatine endurcie. À mesure que l'individu se développe, un sel terreux (le *phosphate de chaux*) se dépose dans les interstices de cette trame gélatineuse, et lui donne la dureté de l'os. L'ossification n'est guère parfaite avant plusieurs années.

Les os *longs* (comme ceux des membres), renferment dans leur intérieur, un canal ou cavité cylindrique remplie d'un corps gras nommé la *moelle*. Les os *plats* (comme ceux du crâne), offrent un tissu aréolaire ou celluleux renfermé entre deux lames minces.

2° ASSEMBLAGE. Les os s'assemblent entre eux, et prennent appui l'un sur l'autre par des surfaces qui correspondent et que l'on nomme *articulations*. Ces surfaces sont maintenues dans leurs rapports mutuels, par des plaques cartilagineuses intermédiaires, par des *ligamens*, espèces de cordons fibreux; par des *capsules*, sorte de sacs membraneux, laissant suinter un liquide séreux qui facilite le glissement des articulations l'une sur l'autre. Celles qui ne doivent exécuter aucun mouvement sont quelquefois unies par des dentelures qui s'engrènent les unes dans les autres; celles qui doivent permettre les mouvemens en tous sens, offrent ordinairement *une tête* ou partie arrondie, reçue dans une cavité.

3° USAGE. Les os protégent plusieurs viscères importans ; ils servent comme de leviers aux muscles qui prennent sur eux leurs attaches, et opèrent en les déplaçant les mouvemens du corps. Enfin ils fournissent un appui, une charpente aux parties molles du corps.

4° *Différentes parties* DU SQUELETTE. On y considère LA TÊTE, LE TRONC, LES MEMBRES. (*Pl. 1.*)

A. LA TÊTE se compose :

1° DU CRÂNE, espèce de boîte osseuse renfermant le cerveau. On y distingue le *front*, *les tempes*, *le sinciput*, ou sommet du crâne, *l'occiput*, sa partie postérieure, placée immédiatement au-dessous de la *nuque*.

2° DE LA FACE, assemblage de plusieurs os formant :

a. **Les cavités** dans lesquelles sont logés les organes des sens, savoir : *Les orbites ;* ce sont les deux cavités destinées à loger les yeux. — *Les fosses nasales*, siége de l'odorat, et partagées en deux cavités par une cloison médiane et verticale. — *La cavité buccale*, siége du goût. — *Les cavités auditives*, propres aux organes de l'ouïe.

b. **Les deux mâchoires** dans lesquelles sont implantées *les dents.* (*Pl. 3, fig. 16.*) — On distingue dans une dent *la couronne*, c'est la partie qui est hors des gencives, et *la racine*, c'est la partie qui est reçue dans une cavité arrondie de la mâchoire nommée *l'alvéole.* On donne le nom *d'incisives* à huits dents tranchantes et taillées en biseau, qui garnissent le milieu des deux mâchoires ; celui de *canines* ou *laniaires* (de leur forme pointue qui les rend propres à déchirer), aux quatre dents qui viennent immédiatement après, au nombre de deux à chaque mâchoires ; enfin les *molaires* sont les vingt autres qui garnissent le fond de la bouche, destinées, par la forme de leur couronne, à broyer les alimens. — La dent est composée chez l'homme de deux substances : l'une *osseuse*, constituant la partie interne de la couronne et la racine entière ; l'autre formant une enveloppe vitreuse autour de la couronne ; c'est *l'émail.*

LE TRONC offre à considérer : *la colonne vertébrale ; les côtes* et *le sternum ; le bassin.*

1. On donne le nom de COLONNE VERTÉBRALE, (vulgairement *l'échine*) à une espèce de tige osseuse servant de support au tronc, et à laquelle les différentes parties du squelette viennent se rattacher. Elle est constituée par une série de trente-deux *vertèbres*, petits os de forme irrégulière empilés les uns sur les autres, et formant des espèces d'anneaux de la superposition desquels résulte une sorte d'étui ou de canal osseux dans lequel est logé la moelle. La première vertèbre supporte le crâne, qui s'articule avec elle.

2. Les vertèbres du dos, au nombre de douze, portent de chaque côté deux arcs osseux ; LES CÔTES, qui entourent la poitrine et viennent s'articuler à sa partie antérieure et moyenne avec une plaque osseuse, nommée le *sternum.*

3. Les cinq dernières vertèbres sont soudées entre elles et forment un os unique de forme triangulaire, *le sacrum*, avec lequel s'articule un petit os constitué de trois piéces mobiles, *le coccyx*, vulgairement l'os du *croupion.* — Le tronc se termine à sa partie inférieure, par LE BASSIN, espèce de ceinture ou de cavité osseuse qui contribue à former postérieurement *le sacrum*, latéralement, *les os des hanches* ou *os iliaques*, qui s'articulent avec le précédent et se réunissent en devant par deux branches osseuses qu'on nomme le *pubis.*

LES MEMBRES au nombre de quatre sont :

1° SUPÉRIEURS ou THORACIQUES.

Ils se divisent en os de l'épaule, du *bras*, de l'*avant-bras*, de la main.

1. *L'épaule* se compose de deux os, l'un plat, large, triangulaire, mobile, situé derrière les côtes en haut du dos, *l'omoplate* ; l'autre, allongé, grêle, situé en haut et en avant de la poitrine, s'articulant à angle obtus avec le précédent par son extrémité externe, avec le sternum par son extrémité interne, *la clavicule*.

2. *L'os du bras* ou *l'humérus*, long, cylindrique, forme supérieurement une tête arrondie reçue dans une cavité de l'omoplate ; inférieurement il s'articule avec les os de l'AVANT-BRAS.

3. Ceux-ci sont au nombre de deux, et placés l'un à côté de l'autre : *le radius* en dehors, *le cubitus* ou l'os du coude en dedans.

4. Ils s'articulent inférieurement avec le poignet, formé de huit petits os placés sur deux rangées (*le carpe*), et auquel aboutissent cinq os longs qui constituent le corps de la main (*métacarpe*). Les doigts se composent d'osselets nommés *phalanges*, et s'articulent chacun avec un os du métacarpe.

2° INFÉRIEURS ou ABDOMINAUX

Ils se divisent en os de la *cuisse*, de la *jambe*, du *pied*.

1. *L'os de la cuisse* ou *fémur*, le plus long, le plus volumineux de tous ; cylindrique, formant une tête reçue dans une cavité, s'articulant inférieurement avec l'os principal de la jambe.

2. L'os principal de la *Jambe* ou le *tibia*, long, triangulaire, fort, donne attache en dehors au *péroné*, os grêle descendant inférieurement jusqu'à l'articulation du pied, et constituant la *cheville interne*, tandis que l'*externe* est formée par le tibia. — Au devant de l'articulation de la cuisse avec la jambe est situé l'os *du genou* ou *la rotule*, aplati, irrégulièrement triangulaire.

3. Le tibia s'articule à son extrémité inférieure avec *le tarse*, première portion du pied, formée de sept os disposés sur deux rangées, et auquel succède le *métatarse* ou corps du pied, offrant cinq os longs qui donnent insertion aux *orteils* du doigt du pied. Ceux-ci, sont comme ceux de la main, constitués par plusieurs phalanges.

Les *organes passifs* du *mouvement*, considérés dans les DIVERSES CLASSES D'ANIMAUX, offrent plusieurs considérations relatives :

1° *A la présence ou à l'absence du squelette*. On divise sous ce rapport le règne animal en deux grandes sections : LES VERTÉBRÉS, animaux ayant une colonne vertébrale, et par suite un squelette (*mammifères, oiseaux, reptiles, poissons*) ; LES INVERTÉBRÉS, animaux sans colonne vertébrale et sans squelette (*mollusques, crustacés*, etc.)

2° *Aux modifications du squelette* dans les classes qui en sont douées.

LE SQUELETTE considéré dans les quatre classes de VERTÉBRÉS, offre des *modifications* :

1°

Dans

LA TÊTE.

La tête ne manque jamais dans aucun animal vertébré. Elle n'est plus comme chez l'homme, soutenue sur l'axe vertébral en partie par son propre poids, mais par de forts muscles et ligamens qui s'attachent à la partie postérieure du cou et de la tête. Elle est généralement composée du même nombre d'os, mais ses deux parties constituantes, *le crâne* et *la face*, sont ordinairement développées en raison inverse : plus la face grandit, moindre est le volume du crâne; dans les reptiles et les poissons, celui-ci semble être comme envahi dans les mâchoires. (*Pl. 5.*) La mâchoire supérieure, fixe dans les mammifères, est plus ou moins mobile dans les oiseaux, les poissons et dans un certain nombre de reptiles. — *Les dents*, proprement dites, n'existent que dans trois classes d'animaux : les mammifères, les poissons, les reptiles; et même parmi elles, quelques espèces en sont privées. Dans les oiseaux, ces organes sont remplacés par une enveloppe cornée qui revêt les mâchoires. Les trois sortes de dents ne se trouvent pas toujours réunies. Celles qui existent le plus constamment sont les *molaires*. Au contraire, dans un certain nombre de reptiles, de poissons, il y a, outre les dents maxillaires, des dents *palatines*, *linguales*, c'est-à-dire attachée au palais, à la langue, dans tous les points de la bouche. — La forme de ces organes est d'ailleurs susceptible d'un très-grand nombre de modifications qu'on fait servir de caractères distinctifs pour la distinction des espèces animales. (*Voyez la troisième partie.*)

2°

Dans

LE TRONC.

Les vertèbres offrent de grandes variations dans les formes et dans le nombre. Il y a des serpens qui en ont plus de trois cents : d'autres reptiles pas plus de dix. Dans plusieurs classes, certaines portions de la colonne épinière sont soudées entre elles comme l'est le sacrum chez l'homme. Le *coccyx*, très-développé chez plusieurs quadrupèdes, constitue *la queue*.

Les côtes manquent dans beaucoup de poissons, chez quelques reptiles. Leur nombre est variable. — Le *sternum* manque aussi dans les poissons, dans les serpens; chez les crocodiles, au contraire, il est en partie cartilagineux, et descend jusqu'au pubis. Chez les oiseaux il est très-large et forme une crête saillante (*le bréchet*). Ces animaux ont le bassin ouvert par-devant et très-allongé.

3°

Dans LES

MEMBRES.

Les membres sont au nombre de quatre dans la plupart des vertébrés, hors les poissons. Chez ceux qui ne se servent de leurs membres antérieurs que pour la marche, *la clavicule* manque. Au contraire, dans les oiseaux et chez quelques reptiles, cet os est double. Chez les premiers, les *os longs* contiennent, au lieu de moelle, de l'air dans leur canal intérieur. Le nombre des doigts, très-variable, est communément de deux à cinq. Dans les poissons, les membres sont remplacés par des *nageoires*.

Dans les autres classes d'animaux INVERTÉBRÉS, les parties dures, quand elles existent, ne sont pas toujours placées dans l'intérieur de l'animal. Quelquefois elles se développent à l'extérieur : c'est ce que l'on voit dans les mollusques, dans les crustacés, etc., recouverts de coquilles, de test, d'écailles, etc. (Voyez leur description dans la troisième partie.)

B. ORGANES ACTIFS DES MOUVEMENS ou MUSCLES.

Les muscles forment au-dessous de la peau plusieurs couches superposées. Considérés relativement :

A leur structure : Les muscles résultent d'un assemblage de fibres charnues réunies en faisceaux, et se terminant à leurs extrémités, soit par des espèces de cordons fibreux nommés *tendons*, soit par des membranes fibreuses (*les aponévroses*) qui leur servent de points d'attache sur les os.

A leurs formes : Les muscles varient beaucoup entre eux par leurs formes, selon le nombre, l'assemblage, la direction de leurs fibres. Il en est de *longs*, de *courts*, de *plats*, de *grêles*, de *larges*, de *ventrus* ou renflés par le milieu, etc.

A leur distribution : Leur nombre est de plus de deux cents pour chaque côté du corps de l'homme. — La face offre un grand nombre de petits muscles destinés aux mouvemens de cette partie. — La colonne épinière donne attache à une double couche de muscles destinés à la fléchir ou à la redresser ; les côtes ont des muscles plats destinés à les relever ou à les abaisser dans les mouvemens de la respiration. — La peau du ventre est doublée d'une double couche de muscles larges et plats, s'attachant par des aponévroses aux côtes de la colonne vertébrale, au bassin. — Les membres offrent plusieurs couches de muscles composés en général d'un *corps* ou partie renflée, terminée par des tendons.

ORGANES SENSITIFS.

Ils sont de deux sortes :

1° LES SENS ou *organes sensitifs externes.*

2° LE SYSTÈME NERVEUX, ou l'appareil interne *de la* SENSIBILITÉ, *de* L'INTELLIGENCE *et de la* VOLONTÉ. Il se compose :
- *a.* DES CENTRES NERVEUX (*cerveau et moelle*): organes sensitifs internes.
- *b.* DES NERFS : organes conducteurs de la *sensibilité* et de la *volonté.*

LES SENS ou organes destinés à nous faire connaître les qualités du corps qui nous environnent sont au nombre de cinq :
1. L'organe DU TOUCHER.
2. L'organe DU GOUT.
3. L'organe DE L'ODORAT.
{ Organes impairs, ayant pour siége la peau diversement modifiée.
4. L'organe DE LA VUE.
5. L'organe DE L'OUÏE.
{ Organes pairs, ayant une structure spéciale.

A. DE LA PEAU ou DE L'ORGANE DU TOUCHER.

Considérée dans l'homme, *la peau* forme autour du corps une enveloppe commune, composée de plusieurs couches minces de tissus organiques, qui sont du dehors au dedans :

1° *L'épiderme :* Pellicule transparente, insensible, plus ou moins épaisse selon les parties, formant comme un enduit desséché, propre à défendre le tissu nerveux de l'impression trop vive de l'air.

2° *Le tissu papillaire* ou *nerveux :* Placé au-dessous, ne constitue pas une membrane continue, mais résulte de l'épanouissement des extrémités des nerfs qui se distribuent dans la peau, et forment une multitude de petits mamelons ou *papilles* qui sont le siége de la sensibilité cutanée (*toucher*).

3° *Le corps muqueux :* Réseau mince, formé par les extrémités des vaisseaux sanguins et lymphatiques qui se ramifient dans la peau, et par du tissu cellulaire, dans les mailles duquel se dépose la matière colorante de la peau. (*Pigmentum.*) — Noire chez les nègres.

4° *Le derme :* Tissu cellulaire formé de fibres entrecroisées en tous sens, et comme feutrées. C'est la couche la plus épaisse et la plus solide de la peau, ou *le cuir*. Il est percé par les vaisseaux et les nerfs qui se ramifient au-dessus de lui.

5° *Parties accessoires : Les follicules* sont de petites glandes en forme de vessies, situées dans l'épaisseur de la peau, et versant à sa surface une humeur onctueuse. — C'est dans le tissu cellulaire qui unit la peau aux organes qu'elle recouvre, que s'accumule la *graisse*, formée de l'agglomération des petites vessies contenant un liquide huileux.

TÉGUMENT CUTANÉ INTERNE. La peau ne s'arrête pas à l'orifice des cavités naturelles, elle y pénètre, et en revêt la surface en se modifiant d'une manière analogue aux usages nouveaux qu'elle doit remplir. Sous cette forme, elle constitue LES MEMBRANES MUQUEUSES, ainsi nommées parce que leurs follicules exhalent sans cesse une mucosité qui facilite le passage des corps étrangers, et les garantit d'impressions trop vives. Elles diffèrent de la peau proprement dite par l'état spongieux du derme, par le développement des vaisseaux sanguins qui la colorent en rouge, et l'extrême minceur de l'épiderme, quelquefois tout-à-fait nul. — Au reste, les divers élémens organiques de l'appareil tégumentaire se trouvent en proportion inégale dans les différentes parties du corps, selon l'usage auquel ces parties sont spécialement destinées.

LA PEAU (présente des *modifications* importantes dans les diverses classes d'animaux :)

1° Dans LES MAMMIFÈRES. Elle est principalement caractérisée par le développement *des poils*, productions qui naissent dans le derme, et se composent *d'un bulbe*, sorte de petite vessie d'où part un filament creux, de nature cornée, diversement coloré (*crins*, *soies*, *laine*, *poils*, etc.) — Les productions cornées, connues sous le nom de *cornes*, *ongles*, *sabots*, etc., tirent leur origine d'amas de bulbes analogues à ceux qui fournissent la matière des poils

2° Dans LES OISEAUX. Elle est principalement caractérisée par *les plumes*, organes qui ont beaucoup d'analogie dans leur mode de production avec les poils, et qui naissent aussi d'un bulbe d'où part un tube corné portant les barbes.

5° Dans LES REPTILES. Tantôt, la peau est garnie *d'écailles* dures formées par l'épiderme, qui a pris la consistance de la corne; tantôt, elle est molle, nue, couverte d'un enduit visqueux dû au grand nombre de follicules qui s'y développent.

4° Dans LES POISSONS, La peau offre des variétés analogues de conformation. Chez un grand nombre elle est garnie *d'écailles*, petite lames de matière cornée, imbriquées, c'est-à-dire se recouvrant comme les tuiles d'un toit, et prenant naissance à la surface du derme, dans le corps muqueux qui les recouvre au dehors d'une couche de matière colorante, nacrée, ou nuancé de couleurs métalliques. L'épiderme est très-mince ou à peu près nul ; une humeur visqueuse qui lubréfie la surface du corps semble en tenir lieu. — Ces écailles sont quelquefois remplacées par des plaques osseuses, par de petits tubercules durs ou par des aiguillons. — Dans d'autres espèces, la peau est lisse, l'épiderme apparent.

5° Dans LES ARTICULÉS. Ainsi nommés parce qu'ils offrent des espèces d'anneaux entrecoupés d'étranglemens, par lesquels les différentes parties de leur corps semblent être comme articulées les unes avec les autres (insectes, crustacés, etc.), la peau est alternativement molle et dure. Elle est molle, flexible, à l'endroit où s'articulent les différentes pièces ou articles qui composent le corps. Elle est dure dans le reste. Cet état d'endurcissement est dû à une substance cornée ou calcaire qui se dépose soit dans l'épiderme, soit dans le derme, et se solidifie en se desséchant. Les couches les plus intérieures du derme restent membraneuses. Du reste, le degré de consistance du tégument cutané varie beaucoup dans la même espèce, selon son état plus ou moins avancé de développement. *Les ailes* peuvent être regardées comme des appendices de la peau.

6° Dans LES MOLLUSQUES, Il est impossible de distinguer entre eux les élémens organiques de la peau, qui est caractérisée par sa mollesse, son état muqueux ou visqueux, et qui doit aux fibres musculaires avec lesquelles elle est intimement unie, la faculté qu'elle a de se resserrer dans tous ses points. Une autre particularité non moins remarquable de son organisation, c'est la propriété dont elle jouit de laisser suinter à sa surface une matière calcaire qui, déposée par couches successives, forme *les coquilles*. (Voyez *la troisième partie*, page 64.)

B. LE SENS DU GOUT.

a.

Considéré

dans L'HOMME.

Il a pour siége principal LA LANGUE, organe formé de muscles recouverts d'une membrane muqueuse dont l'épiderme est très-fin, les vaisseaux sanguins nombreux, et les papilles nerveuses très-développées. La langue s'attache par sa racine ou partie postérieure à un os en forme d'arc, situé au milieu des chairs, au-dessus du larynx, à la partie supérieure du cou où on peut le sentir (*l'os hyoïde*). La membrane du palais participe aussi aux sensations du goût.

b.
Considéré
dans
les diverses
classes
d'animaux.

1. DANS LES MAMMIFÈRES : L'organe du goût présente une organisation analogue à celle qu'il a dans l'homme. Dans quelques espèces les papilles sont revêtues d'une sorte d'étui corné recourbé et pointu, rendant la langue semblable à une râpe. (EXEMPLE : *les chats.*)

2. DANS LES OISEAUX : La langue est traversée par un os qui la rend en partie immobile : la pointe seule est flexible.

3. DANS LES REPTILES : Elle présente des formes très-diverses. Il en est chez lesquels elle est partagée en deux pointes à son extrémité, et susceptible de s'allonger avec rapidité, ce qui l'a fait regarder comme un dard lançant le venin de l'animal, bien que réellement elle ne puisse faire aucun mal. (EXEMPLE : *les serpens.*)

4. Dans les autres classes d'animaux, la langue n'existe plus, ou elle est réduite à une espèce de saillie des tégumens de la bouche. Néanmoins, dans LES INSECTES, d'autres organes semblent destinés à un but analogue.

C. LE SENS DE L'ODORAT.

a.
Considéré
dans L'HOMME.

Il a pour siége une membrane muqueuse pourvue d'une grande quantité de vaisseaux et de nerfs, et enduite habituellement d'une humeur secrétée par les follicules (membrane *pituitaire* ou *olfactive*). Cette membrane tapisse une cavité osseuse formée par les os de la face (*fosses nasales*), et dont l'orifice antérieur aboutit aux narines, l'orifice postérieur à l'arrière-bouche. Cette cavité est partagée intérieurement par une cloison cartilagineuse, et présente antérieurement un prolongement saillant en partie formé de lames cartilagineuses (*le nez*).

---

b.
Considéré
dans
les différentes
classes
d'animaux

1. Dans LES MAMMIFÈRES, l'appareil de l'odorat et très-développé; le museau saillant et mobile acquiert quelquefois un développement considérable.

2. Dans LES OISEAUX, les narines sont percées à distance l'une de l'autre, près de la base du bec. Elles ne peuvent ni se resserrer, ni s'élargir, et sont recouverts en partie d'une petite écaille cartilagineuse.

3. Dans *la plupart* DES REPTILES, les organes de l'odorat, peu développés, n'offrent guère autre chose qu'un canal faisant simplement suite au canal aérifère.

4. Dans LES POISSONS, c'est un sac placé à l'extrémité du museau, et sans communication avec le gosier.

5. Dans *les animaux* INVERTÉBRÉS, on ne connait pas d'une manière bien précise les organes destinés à l'exercice de ce sens, bien que dans un grand nombre l'existence de l'odorat ne soit pas douteuse.

D. LE SENS DE LA VUE OU L'OEIL.

L'appareil de la vision *considéré* DANS L'HOMME se compose :

DE PARTIES ESSENTIELLES (globe de l'œil).

DE PARTIES ACCESSOIRES (glandes , muscles , etc.)

Le GLOBE de L'OEIL , logé dans l'orbite , est composé de trois membranes , qui sont de dehors en dedans :

(Pl. 4.)

1° LA SCLÉROTIQUE ou *cornée opaque* , fibreuse , opaque , épaisse ; percée antérieurement d'une ouverture circulaire , dans laquelle est enchâssée une autre membrane d'une transparence parfaite , *la cornée transparente* , qui n'est peut-être qu'une modification de la première.

2° LA CHOROÏDE , seconde membrane collée en dedans de la première , s'arrête à la cornée transparente et s'étend de champ derrière elle , formant dans l'intérieur du globe oculaire une espèce de cloison ou de voile , L'IRIS , percé à son centre d'un trou , LA PUPILLE. La surface antérieure de cette cloison présente des couleurs variées ; sa face postérieure est recouverte , comme tout le reste de la choroïde , d'une espèce de vernis ou d'enduit noirâtre qu'on aperçoit à travers le trou de la pupille.

3° LA RÉTINE , troisième membrane , a pour origine *le nerf optique* , qui perce la sclérotique à la partie du globe oculaire , et vient s'épanouir sous la forme d'un réseau blanchâtre , demi-transparent , sur la face interne de la choroïde.

4° *La cavité du globe de l'œil* est remplie par différentes humeurs , savoir : *a* L'HUMEUR VITRÉE , espèce de *gelée transparente* , occupant la partie postérieure de l'œil. *b* LE CRISTALLIN , espèce de noyau diaphane , circulaire , convexe , et semblable à une lentille de lunette ; il est situé derrière l'iris , et contenu dans une espèce de sac transparent excessivement mince. *c* L'HUMEUR AQUEUSE , liquide transparent , occupant l'espace compris entre le cristallin et la cornée transparente (c'est ce qu'on appelle *chambres de l'œil*).

PARTIES ACCESSOIRES de l'œil.

1. LES PAUPIÈRES : Partie de la peau qui forme au devant de l'œil deux voiles ou replis , contenant dans leur épaisseur un muscle mince destiné aux mouvemens de cette partie. La membrane muqueuse qui les double se réfléchit sur le devant de l'œil , où elle est d'une grande ténuité , et s'arrête à la cornée transparente.

2. LES MUSCLES DE L'ŒIL : La sclérotique donne attache à six petits muscles qui partent du fond de l'orbite , et meuvent l'œil en différens sens.

3. LES GLANDES DE L'ŒIL : À l'angle interne est un petit corps rougeâtre , situé au devant du repli de la muqueuse (*caroncule lacrymale*). — A droite et en haut de l'orbite est la GLANDE LACRYMALE , du volume d'une petite amande , et qui verse au devant de l'œil une humeur aqueuse (les larmes). — Les *points lacrymaux* sont deux petites ouvertures ou pores , servant d'orifices aux *conduits lacrymaux* , petits canaux membraneux logés dans les os du nez , et aboutissant à une poche membraneuse (le *sac lacrymal*). — Au sac lacrymal fait suite le *canal* du même nom , creusé dans les os du nez et aboutissant dans les fosses nasales.

4. LES SOURCILS ET LES CILS.

Les organes de la vision *considérés dans les diverses classes d'animaux*, offrent des modifications relatives :

A leur nombre.
> Doubles dans les animaux *vertébrés*.— Multiples dans les ARTI-CULÉS. — Nuls chez les MOLLUSQUES *sans tête*, etc.

A leur position.
> Dans les VERTÉBRÉS ils s'écartent en général d'autant plus l'un de l'autre, qu'on s'éloigne davantage des animaux supérieurs. Ils finissent par devenir tout-à-fait latéraux, de manière que beaucoup d'espèces ne peuvent voir le même objet que d'un seul côté à la fois.— Dans plusieurs MOLLUSQUES et CRUSTACÉS l'œil est situé à l'extrémité d'un appendice ou tige charnue. (Exemple : les cornes de la limace.) Dans les *articulés* au sommet et sur les côtés de la tête.

A leur forme et à leur structure.
> Dans les VERTÉBRÉS le globe de l'œil est tantôt plus convexe (OISEAUX), tantôt plus aplati (POISSONS).— La pupille a la forme d'une fente longitudinale chez les animaux qui voient dans l'obscurité. (Exemple : les *chats*.)— La forme du cristallin, la couleur de la choroïde sont aussi susceptibles de plusieurs variations.— Les oiseaux et quelques reptiles ont une troisième paupière douée d'une demi-transparence, et qui s'étend au devant de l'œil quand la lumière est trop vive ; ce qui donne à quelques espèces la faculté de fixer le soleil. Chez les POISSONS, au contraire, et dans quelques REPTILES, il y a absence de paupières. Dans les ARTICULÉS il y a deux sortes d'yeux : les *yeux lisses* ou *stemmates*, et les *yeux composés* formés d'une infinité de facettes.

E. LE SENS DE L'OUIE.

Considéré dans l'homme, le sens de l'ouïe, ou L'OREILLE se distingue en :

A. OREILLE INTERNE.
> Assemblage de plusieurs cavités creusées dans un des os latéraux de la tête (*l'os temporal*), et présentant une cavité principale (le *vestibule*), en communication avec plusieurs canaux contournés en spirale (*limaçon*, *canaux demi-circulaires*). — Ces cavités sont tapissées par une membrane très-fine, et contiennent, flottans dans une pulpe ou humeur épaisse semblable à une gelée, les divisions les plus fines du NERF ACOUSTIQUE.

B. OREILLE MOYENNE.
> Cavité creusée dans le même os ; située entre l'oreille *interne* et le conduit de l'oreille *externe* ; tapissée par une membrane muqueuse, qui y forme une espèce de sac, et communiquant avec l'arrière-bouche par un conduit membraneux. En dehors elle est séparée du conduit de l'oreille externe par une cloison mince, fibreuse : la *membrane du tympan*. On trouve en outre dans cette cavité quatre petits osselets articulés les uns à la suite des autres, et s'insérant par les deux extrémités de cette chaîne au tympan d'une part, de l'autre à une ouverture qui fait communiquer l'oreille moyenne avec le vestibule.

C.
OREILLE
EXTERNE.

Elle se compose du *conduit auditif*, canal osseux dans sa partie la plus profonde, cartilagineux dans le reste de son étendue, et s'élargissant pour constituer le *pavillon de l'oreille*. Cette partie est recouverte par la peau qui s'enfonce dans le conduit auditif, et passe au devant du tympan.

—————

Modifications
de l'oreille
dans
les différentes
classes
d'animaux.

1. Dans LES MAMMIFÈRES : L'organe de l'audition a beaucoup d'analogie avec celui de l'homme. Plusieurs espèces ont le pavillon très-développé ; dans quelques-unes il manque.

2. Dans LES OISEAUX ET DANS LES REPTILES : Point de pavillon auditif. La membrane du tympan, quand elle existe, est à fleur de tête. Plusieurs modifications importantes dans la conformation des parties internes.

3. Dans LES POISSONS : L'oreille se réduit à un simple vestibule contenu dans le crâne, sans communication avec l'extérieur.

4. Dans LES MOLLUSQUES ET LES CRUSTACÉS : L'organe de l'ouïe est réduit en quelque sorte à sa plus simple expression : une cavité vestibulaire dans laquelle plonge un nerf.

5. Quoique la plupart des INSECTES paraissent doués de la faculté de percevoir des sons, on ne connaît pas les organes destinés chez eux à cet usage.

II. DU SYSTÊME NERVEUX.

Considéré dans l'homme il présente :

1° Une partie centrale logée dans les cavités du crâne et de la colonne vertébrale (*cerveau* et *moelle*).

2° Des ramifications ou *nerfs* se distribuant dans toutes les parties du corps.

A. LE CERVEAU ou L'ENCÉPHALE, masse formée de substance nerveuse, d forme ovalaire, symétrique, et dans laquelle on distingue : (*Pl. 3 et 4.*)

1° Le CERVEAU PROPREMENT DIT : Il occupe la plus grande partie de la cavité du crâne, et présente dans sa partie supérieure une scissure ou séparation profonde qui le partage en deux moitiés égales nommées *hémisphères*, convexes en dehors, moulés sur le crâne, et présentant à leur surface des *circonvolutions* ou replis de la hauteur d'un pouce, séparés par des enfoncemens, et se contournant en un grand nombre d'ondulations.

2° Le CERVELET : Situé à la partie inférieure et postérieure du crâne, n'a que le quart environ du volume du cerveau. Il est divisé supérieurement en deux hémisphères ou lobes, par une rainure, et se continue en devant avec la moelle allongée.

3° La MOELLE ALLONGÉE OU PROTUBÉRANCE CÉRÉBRALE : La plus petite des parties de l'encéphale, est située au milieu de la base du crâne, entre le cerveau et le cervelet.

4° Les ENVELOPPES OU MEMBRANES DU CERVEAU au nombre de trois, savoir : 1° la *pie-mère*, espèce de réseau vasculaire très-fin, recouvrant immédiatement l'encéphale, et pénétrant dans toutes les scissures ; 2° l'*arachnoïde*, membrane séreuse intermédiaire, mince et transparente, enveloppant l'encéphale sans pénétrer dans ses divisions ; 3° la *dure-mère*, la plus externe et la plus épaisse, adhérente aux os du crâne, et formant quelques replis destinés à séparer le cerveau du cervelet, et les deux hémisphères.

B. LA MOELLE ÉPINIÈRE : Long cordon cylindrique formé de substance nerveuse, entouré de trois membranes propres à l'encéphale, et descendant depuis la protubérance cérébrale jusqu'à la partie inférieure du canal vertébral (*Pl. 4 fig. 1.*)

C. LES NERFS se distinguent en :

1° Nerfs cérébro-spinaux : S'implantant en quelque sorte, ou prenant naissance dans l'encéphale ou dans la moelle épinière. — Ils partent :

1° *De l'encéphale*, au nombre de onze paires, par des trous situés à la base du crâne. — Les principaux sont : les *nerfs olfactifs*, qui se distribuent à la membrane pituitaire ; les *nerfs optiques*, qui pénètrent dans l'orbite pour s'épanouir dans l'intérieur de l'œil, et former la rétine ; le *nerf lingual*, les *nerfs auditifs*.

2° *De la colonne vertébrale*, au nombre de trente-deux paires, par deux racines, une antérieure et une postérieure, se réunissant pour traverser les trous que laissent entre elles les vertèbres ; puis se divisant de nouveau en deux branches, antérieures et postérieures, qui se distribuent aux muscles et à la peau.

2° Nerfs ganglionnaires : Filets nerveux établissant communication entre les *ganglions*, petites masses arrondies, formées de substance nerveuse, et qu'on peut regarder comme le centre de petits appareils nerveux, nécessaires aux fonctions de la nutrition. — Les *nerfs ganglionnaires* sont de trois espèces ; 1° Ceux qui établissent la communication des ganglions entre eux ; 2° ceux qui établissent la communication entre les ganglions et les nerfs cérébro-spinaux ; 3° ceux qui se ramifient dans les viscères. — On réserve particulièrement le nom de *nerf grand sympathique* à un double cordon nerveux s'étendant de chaque côté de la colonne vertébrale, d'une extrémité à l'autre, et offrant une série de ganglions établissant un lien commun entre l'appareil nerveux ganglionnaire et l'appareil nerveux cérébro-spinal.

Modifications du système nerveux *dans les diverses classes d'animaux.*

1. Dans les vertébrés, le système nerveux forme, comme dans l'homme, une partie centrale ou axe cérébro-vertébral d'où partent les nerfs qui se distribuent dans le corps. Les modifications qu'on y observe tiennent principalement au développement de certaines parties des centres nerveux qui deviennent prédominantes, ou restent à l'état rudimentaire relativement à d'autres.

2. Dans les invertébrés, on voit, à mesure que l'on descend vers les animaux les plus inférieurs, les parties centrales devenir de moins en moins volumineuses ; le cerveau finit par n'être plus qu'un simple renflement analogue à ceux qu'offre le cordon de la moelle ; le système nerveux devient uniforme dans ses diverses parties, qui remplissent des fonctions analogues, de manière qu'une portion n'est pas plus nécessaire qu'une autre à l'entretien de la vie et que l'animal peut continuer à vivre quelque temps après qu'on lui en a retranché une partie.

Organes de reproduction. (*Voyez la Physiologie.*)

Appendice : **DES ANIMAUX IMPARFAITS** ou **ANIMAUX-PLANTES** (zoophites).

Dans la dernière classe d'animaux, qui forme en quelque sorte le passage du règne animal au règne végétal, on ne retrouve plus les différens appareils organiques que nous avons décrits ; ce n'est en quelque sorte que par des privations d'organes qu'ils peuvent être caractérisés. Ainsi la cavité digestive, qui ne semble même pas exister chez tous, se réduit ordinairement à un sac percé d'une seule ouverture. Point d'organes spéciaux pour la respiration ; absence complète de circulation. La plupart n'ont pas de nerfs ou du moins pas de substance nerveuse rassemblée en filets ; pas d'organes de sensations, et très-souvent absence des organes du mouvement, qui ne s'exerce que par la totalité du corps, formé d'un tissu muqueux homogène.

Rapports des organes entre eux.

1. Les divers appareils organiques d'un animal concourant tous à un même but, l'entretien de la vie, doivent nécessairement se subordonner les uns aux autres, de telle sorte que l'un d'eux ne peut être modifié d'une manière quelconque sans qu'à cette modification n'en corresponde une autre dans les autres organes.

2. C'est en se guidant d'après ce principe *de la corrélation des formes*, qu'étant donné un seul os d'un animal inconnu, on peut, à l'aide d'une analogie rigoureuse, décider à quelle espèce cet animal appartient. Le squelette, en effet, est un ensemble de parties qui se correspondent mutuellement, de telle sorte que l'une ne peut varier sans entraîner de variations dans l'autre. C'est ainsi que l'illustre Cuvier a pu, au moyen de quelques ossemens fossiles, reconstruire artificiellement le squelette entier d'animaux qui n'existent plus. Cette corrélation existe d'une manière non moins frappante entre les diverses portions de l'appareil digestif. Ainsi la forme des dents étant en rapport avec le genre de nourriture, décide de la structure de tout le genre digestif, et l'on peut deviner en général la forme propre à l'ensemble de cet appareil quand on connaît seulement l'une de ces parties.

3. Ajoutons que ce n'est pas seulement entre les différentes portions d'un même appareil que cette connexion a lieu, mais aussi entre les divers appareils du corps. Par exemple, l'animal qui, par la structure du tube digestif, est destiné à vivre de chair vivante, doit être armé de griffes, car le sabot de l'herbivore ne saurait servir à l'attaque ; il doit avoir l'odorat développé pour sentir au loin sa proie, une vue perçante pour la découvrir, une certaine énergie musculaire pour s'en rendre maître.— La physiologie nous fait découvrir les mêmes rapports entre les fonctions de la respiration, de la circulation, et celles de la locomotion, de la sensibilité, de la digestion.

Deuxième division. — **PHYSIOLOGIE COMPARÉE.**

Nous avons précédemment (*Botanique*), considéré la vie comme résultant de l'action des organes les uns sur les autres, ou en d'autres termes, de l'ensemble des *fonctions* mises en jeu par une cause inconnue (*force* ou *principe vital*). Ces fonctions, d'autant plus compliquées que l'organisation l'est elle-même davantage, se rapportent dans l'animal à trois grandes classes :

1° FONCTIONS DE NUTRITION, ou l'ensemble des phénomènes par lesquels l'animal convertit en sa propre substance les alimens dont il se nourrit.

2° FONCTIONS DE RELATION, ou l'ensemble des phénomènes qui ont pour but de mettre l'animal en rapport avec tout ce qui l'environne, en vertu de la SENSIBILITÉ (faculté de recevoir des impressions de douleur ou de plaisir), et de la MOTILITÉ (faculté de se mouvoir à son gré).

3° FONCTIONS DE REPRODUCTION : Phénomènes par lesquels l'animal se reproduit, et donne naissance à un être semblable à lui.

§ I. FONCTIONS DE NUTRITION.

Elles se composent d'un grand nombre d'actions organiques combinées, et qu'on peut ramener à trois classes principales, savoir :

1. **LA DIGESTION** : Fonction par laquelle l'aliment introduit dans l'appareil digestif se convertit en un fluide propre à nourrir le corps, ou à servir à son entretien.

2. **LA RESPIRATION** : Fonction par laquelle les fluides nourriciers, produits de la digestion, sont transportés dans les poumons, pour y subir le contact de l'air qui les rend propres à être *assimilés*, c'est-à-dire à se convertir en la propre substance de l'animal.

3. **LA CIRCULATION** : Fonction au moyen de laquelle le fluide nutritif ou le *sang*, vivifié par le contact de l'air dans les poumons, est conduit par des canaux particuliers nommés *vaisseaux*, dans tous nos organes, où il est repris par d'autres vaisseaux pour être soumis de nouveau au contact de l'air.

FONCTIONS DIGESTIVES.

LA DIGESTION peut être considérée :

Relativement *aux matériaux* qu'elle emploie (alimens), et relativement *au mécanisme* suivant lequel elle s'accomplit.

a. ALIMENS OU MATÉRIAUX *de la digestion.*

Les alimens sont tirés du règne végétal ou du règne animal, les minéraux ne fournissant que des assaisonnemens, des médicamens ou des poisons. — Comme l'aliment doit se convertir en la propre substance de l'animal, plus il aura de rapports avec elle, moins il aura de transformations à subir, et plus, à volume égal, il offrira de parties nutritives : d'où il suit que les végétaux nourrissent moins que la chair des animaux. Cependant il est des espèces destinées à se nourrir exclusivement de végétaux , *les herbivores* ; d'autres de chair , *les carnivores* ; enfin , il en est , comme l'homme , *d'omnivores* ; leur appareil digestif offrant une structure mixte entre les premiers et les seconds. Une chose remarquable c'est que les organes restent les mêmes dans leur essence, quelle que soit la nature de nos alimens.

b. Mécanisme de la digestion .— On la considère :

1° Dans les phénomènes *antérieurs* à la digestion :

a. *La préhension des alimens* : Action par laquelle les animaux portent ou appliquent les alimens à leur bouche.

b. *La mastication et l'insalivation* : Action par laquelle ils sont divisés par les dents et immectés par la salive.

c. *La déglutition* : Action par laquelle les alimens sont avalés et franchissent le gosier en descendant par l'œsophage jusqu'à l'estomac, aidés par les contractions des muscles de ces parties. Dans cet acte, *le voile du palais* s'appliquant sur l'ouverture postérieure des fosses nasales, et l'épiglotte bouchant le canal aérien , ne laissent au bol alimentaire d'autre issue que l'ouverture œsophagienne.

2° Dans les phénomènes digestifs *proprement* dits.

a. *Digestion stomacale* ou *chimification* : Les alimens parvenus dans l'estomac y séjournent , et y sont pénétrés par un suc qui les transforme en une pâte homogène (*le chyme*), poussée par le duodénum, à mesure qu'elle est formée, par les contractions des fibres musculaires des parois. Chez l'homme , la chimification commence environ une heure après l'ingestion des alimens et dure quatre à cinq heures , après un repas ordinaire.

b. *Digestion intestinale* ou *chylification* : La pâte chymeuse, arrivée dans *le duodénum* , première partie de l'intestin grêle , est pénétrée par *la bile* et par *le suc pancréatique* , fluide assez analogue à la salive, et que fournit la glande nommée *pancréas*. Ce nouveau travail organique a pour résultat la décomposition du chyme en *chyle* et en matières fécales qui forment le résidu solide de la digestion.

3° Dans les phénomènes *consécutifs* de la digestion :

Ces matières descendent le long du tube intestinal à l'aide des contractions de leurs fibres musculaires , retardées dans leur cours par *les valvules* ou replis que forme la muqueuse. Le chyle, pompé par les vaisseaux chyleux qui s'ouvrent dans le tube digestif, finit par disparaître dans le gros intestin , où l'on ne trouve plus que les matières fécales qui y séjournent plus ou moins de temps , et y acquièrent une odeur fétide.

On conçoit facilement , sans qu'il soit nécessaire d'entrer dans plus de détails , que les modifications de l'organe digestif *dans les diverses classes d'animaux* , entraînent des modifications correspondantes dans les fonctions de ces organes. Chez les mammifères ruminans, l'herbe, après avoir été mâchée , est avalée et introduite dans *la panse* , de celle-ci dans *le bonnet* ; ce n'est qu'après avoir été ramollie dans ces organes , qu'elle remonte par l'œsophage dans la bouche , afin d'y subir une nouvelle mastication , après laquelle elle descend immédiatement dans *le bonnet* sans passer par la panse. Chez les OISEAUX GRANIVORES, on trouve toujours dans *le gésier* de petits cailloux que l'animal avale pour seconder l'action de cet organe sur les graines qu'il doit broyer. Dans la plupart des REPTILES, *la chimification* est plusieurs jours, et jusqu'à des semaines entières à s'opérer. Au reste on ne peut rien dire de général sur les phénomènes nombreux de la digestion, qui présente les circonstance les plus variées dans les diverses tribus d'animaux. — Relativement à la manière dont ils boivent, les uns *avalent*, les autres *lappent*, ou ils exercent une véritable *succion*.

FONCTIONS RESPIRATOIRES.

Nous considérerons, 1° *le mécanisme de la respiration*; 2° *ses produits ou résultats*.

A. Le MÉCANISME de la RESPIRATION se compose de 2 actes:

1° *L'inspiration*: Lorsque le besoin de respirer se fait sentir, la poitrine se dilate, augmente de capacité; les poumons, qui sont contigus à ses parois, les suivent dans leurs mouvemens et se dilatent aussi; l'air se précipite alors par son propre poids dans les vésicules pulmonaires, et traversent la trachée-artère et les bronches, à peu près de la même manière qu'il entre dans un soufflet dont on écarte les branches. — Dans les inspirations ordinaires, l'agrandissement de la cavité pectorale n'est guère dû qu'au diaphragme, qui en se contractant devient plane de convexe qu'il était. Dans les inspirations les plus complètes les côtés sont soulevées par certains muscles qui s'insèrent sur elles.

2° *L'expiration*: L'inspiration étant accomplie, le diaphragme cesse de se contracter et remonte dans la poitrine; les muscles inspirateurs se relâchent, et les poumons reviennent sur eux-mêmes, en vertu de leur élasticité. L'air comprimé par suite du rétrécissement de la poitrine, traverse de nouveau, pour en sortir, les bronches et la trachée-artère, mais altéré par suite du phénomène de la respiration. — Dans les expirations forcées ou prolongées, comme dans le chant, la compression des poumons est augmentée par l'action de certains muscles qui abaissent les côtes.

b. Les PRODUITS ou *résultats* de la RESPIRATION sont:

1° *La sanguification* ou l'acte vital par lequel le sang veineux, en contact avec l'air, se change en sang artériel, et devient propre à l'entretien du corps. Cet acte est inconnu dans son essence; tout ce que l'on en sait, c'est que l'air en sortant des poumons, a perdu une portion considérable de son oxigène, absorbé par les surfaces respiratoires, et qu'il est chargé d'acide carbonique et d'une sérosité aqueuse ou vapeur animale qu'on aperçoit facilement dans un air trop froid.

2° *La calorification*, c'est-à-dire un développement de chaleur suffisant pour conserver au corps une température égale, quelle que soit celle qui l'environne. Quoique tous les physiologistes ne soient pas d'accord sur la source de cette chaleur, elle paraît cependant provenir essentiellement de l'absorption de l'oxigène dans la respiration. Quoi qu'il en soit, c'est à ce dégagement de calorique, qui maintient le sang à une température constante de 32 degrés Réaumur, que l'homme doit la faculté de supporter depuis 60 degrés au-dessous, jusqu'à 48 degrés au-dessus de zéro. La chaleur animale a pour effet l'évaporation des fluides qui s'exhalent sur la peau, à l'état de transpiration insensible, et quand le dégagement en est plus considérable, à l'état de gouttelettes ou de sueur. C'est par le refroidissement dû à cette évaporation que nous nous débarrassons de l'excédant de calorique nécessaire à l'entretien de notre température spéciale.

Modifications de la respiration dans les diverses classes d'animaux.

1. Dans les MAMMIFÈRES, la respiration est *simple*, c'est-à-dire bornée au poumon ; *complète*, c'est-à-dire que tout le sang qui circule dans le corps passe par les poumons pour y subir l'action de l'air.

2. Dans les OISEAUX, l'air se trouve deux fois en contact avec le sang : dans les poumons d'abord, puis dans les cellules aériennes qui pénétrent dans toutes les parties de leurs corps.

3. Dans les REPTILES, les mouvemens de la respiration ne se répètent que de loin en loin.

4. Dans les POISSONS, l'eau aérée que l'animal a avalée passe entre les feuillets des branchies, puis elle ressort par les ouïes.

5. Dans les INVERTÉBRÉS, le mécanisme de cette fonction est aussi varié que la structure même des organes qui l'exécutent. Tantôt l'air est respiré en nature, tantôt par l'intermède de l'eau. Les insectes respirent par toutes les parties intérieures du corps.

FONCTIONS CIRCULATOIRES.

Deux sortes de fluides en circulation :

1° *Les fluides de l'absorption :* Ceux qui puisés dans toutes les parties par les vaisseaux lymphatiques et les veines du corps, fournissent les matériaux de la nutrition.

2° *Le fluide de la nutrition*, qui provient des fluides de l'absorption, soumis à une élaboration particulière (*la sanguification*).

A. FLUIDES DE L'ABSORPTION.

Nous considérerons, 1° leur origine, ou les *matériaux* de l'absorption ; 2° le *mécanisme* de l'absorption.

MATÉRIAUX DE L'ABSORPTION.

Les fluides de l'absorption proviennent de 3 sources :

1° Des restes du sang qui a servi à la nutrition (*sang des veines*).

2° De la matière alimentaire élaborée par le travail de la digestion (le *chyle*).

3° De tous les sucs ou fluides qui entrent en général dans l'organisation du corps, et des molécules, qui, étant usées pour ainsi dire, se détachent des parties qu'elles forment pour faire place à d'autres (la *lymphe*).

MÉCANISME DE L'ABSORPTION.

1.
Absorption veineuse.

Les *veines* destinées à rapporter le sang au cœur, le saisissent par leurs extrémités les plus déliées dans les artères, avec les dernières divisions desquelles elles s'abouchent. Remontant ensuite des ramifications dans les troncs, ce sang, très-lent d'abord dans sa marche, s'accélère à mesure qu'il s'approche davantage du centre de la circulation. — Il paraît soutenu dans son cours, 1° par un reste de l'impulsion qui l'a chassé dans les artères; 2° par une action propre des capillaires et des veines elles-mêmes, dont les parois se resserrent sur le fluide qu'elles contiennent. Ces vaisseaux sont en outre munis intérieurement (particulièrement dans les parties où le liquide doit remonter contre sa pesanteur) de *valvules* ou replis formant des espèces de soupapes qui s'opposent à ce qu'il rétrograde.

2.
Absorption chylifère et lymphatique.

1. Le *chyle*, pompé par les vaisseaux *chylifères* ou *lactés* à la surface du tube digestif, et particulièrement de l'intestin grêle, est porté par cet ordre de vaisseaux, très-déliés à leur origine, dans plusieurs troncs communs aboutissant au canal thoracique.

2. La *lymphe*, pompée par les vaisseaux lymphatiques à la surface et dans l'intérieur de tous nos organes, circule dans ces vaisseaux, et aboutit, après mille détours flexueux, à des troncs communs qui se réunissent la plupart au *canal thoracique*. Ce vaisseau, parti du bas-ventre, perce le diaphragme et pénètre dans la poitrine, accolé à la colonne épinière, puis finit par verser la lymphe dans une grosse veine située derrière la clavicule gauche. — La lymphe, identique dans toutes les parties de ce système, quelle que soit la partie d'où elle provienne, subit probablement comme le chyle, une élaboration particulière dans les vaisseaux qui la charrient, ou dans les *ganglions* qui se trouvent sur leur passage. — Sa progression paraît tenir, soit à l'action propre de ses vaisseaux, soit à la capillarité ou à l'acte même de l'absorption, qui, pompant sans cesse un nouveau fluide, pousse celui qui était déjà dans les vaisseaux.

L'absorption, quoique moins active à la surface de la peau que sur les muqueuses, est cependant facile à constater. Ainsi, par exemple, certains remèdes déposés sur la peau dépouillée de l'épiderme, ou simplement frictionnés à sa surface, produisent les mêmes effets que s'ils étaient pris intérieurement. On observe que le poids du corps augmente quand on reste long-temps dans un air humide.

B. FLUIDE DE LA NUTRITION.

MÉCANISME DE LA CIRCULATION du sang dans l'homme :

1. Le sang veineux, ainsi formé par le mélange des fluides de l'absorption, est versé par les veines-caves supérieures et inférieures dans l'oreillette droite du cœur. Cette cavité, en se contractant, chasse le fluide dans le ventricule correspondant qui est alors vide et dilaté. Celui-ci se resserre à son tour, le pousse dans l'artère pulmonaire, qui le conduit dans les poumons pour y subir l'action de l'air. — Le reflux du sang, du ventricule dans l'oreillette, et de l'artère dans le ventricule, est rendu impossible par des *valvules* ou replis membraneux formant soupape, et s'abaissant à chaque contraction.

2. Le sang artériel revient des poumons dans l'oreillette gauche du cœur, où il est versé par les quatre veines pulmonaires. De l'oreillette il passe par le même mécanisme, dans le ventricule correspondant, et de là dans l'*aorte*, dont les divisions ou *artères* le conduisent dans le tissu de tous les organes. — Là, il est en partie assimilé par l'acte de la nutrition, en partie repris par les veines pour être reporté à l'oreillette droite, recommençant ainsi le circuit dont le cœur est en quelque sorte, le point d'intersection. Ce viscère peut donc être considéré comme formé de deux parties, ou de deux cœurs adossés l'un à l'autre, ayant chacun leur action indépendante, un mouvement de dilatation suivi d'un mouvement de contraction. La contraction de l'oreillette correspond nécessairement à la dilatation du ventricule correspondant, sans quoi le sang ne pourrait passer de la première de ces cavités dans la seconde. La même alternative d'action n'existe point du cœur droit au cœur gauche : les deux ventricules et les deux oreillettes se dilatent et se relâchent dans le même moment. — Pendant la contraction des ventricules, le cœur se déplace, et sa pointe vient frapper le côté gauche de la poitrine.

3. La progression du sang artériel est essentiellement due à l'impulsion qui lui est communiquée par l'action du cœur. Cette action se manifeste dans les artères par un ébranlement correspondant aux contractions de ce viscère, et par un gonflement dû à l'abord du sang : phénomènes qui constituent ce qu'on nomme *les battemens du pouls*. A cette influence principale, il faut joindre l'action des parois artérielles, douées d'une grande élasticité.

4. Les battemens de cœur, fréquens dans l'enfance, où ils donnent jusqu'à cent quarante pulsations par minute, diminuent ensuite avec l'âge, et varient de 60 à 80. Dans la vieillesse ils descendent encore au-dessous.

Les **modifications** que nous avons indiquées dans *les organes circulatoires* des animaux appartenant à différentes classes, indiquent suffisamment les modifications qu'y subissent *les fonctions* propres à ces organes. — On appelle animaux a sang froid, ceux qui ne produisent pas assez de chaleur pour conserver une température fixe, indépendante des variations de l'atmosphère, tels sont *les poissons*, dont la respiration est incomplète ; *les reptiles*, chez lesquels une partie seulement du sang veineux passe par les poumons.

APPENDICE AUX FONCTIONS DE NUTRITION.

DE LA NUTRITION PROPREMENT DITE ET DES SÉCRÉTIONS.

Le terme de nutrition ne s'applique pas seulement à l'ensemble des fonctions qui ont pour but de composer le fluide et de lui faire subir diverses préparations ; il désigne aussi, dans une acception plus spéciale, cette fonction par laquelle les divers organes du corps absorbent ou saisissent, dans le sang artériel, des élémens nécessaires à leur conservation, et les convertissent en leur propre substance. Il y a dans la nutrition deux actes distincts :

1° L'acte de composition ou d'assimilation, par lequel les organes se réparent en s'appropriant de nouveaux matériaux ;

2° L'ACTE DE DÉCOMPOSITION, par lequel ils laissent échapper une partie des matériaux qui les composaient, et que le mouvement vital a en quelque sorte usés (1).

Il en est de la *composition* comme de la *décomposition*, elle est différente dans chaque organe, parce que leur structure intime ou *parenchyme* n'est pas le même. En outre, elle varie selon l'âge, le tempérament, etc. Les organes qui reprennent les matériaux usés sont les veines et les vaisseaux lymphatiques. Pourquoi ces matériaux rentrent-ils dans la circulation avant d'être jetés hors de l'économie? C'est ce qu'on ne sait pas, les actes de la nutrition se dérobant en général à notre observation par leur nature moléculaire. — On a prétendu qu'au bout de sept ans ce renouvellement était complet dans le corps de l'homme; mais ces phénomènes, variables selon une foule de circonstances, ne sont pas de nature à être soumis au calcul.

LES SÉCRÉTIONS sont des fonctions par lesquelles certains organes fabriquent *des humeurs* ou fluides, dont ils puisent les matériaux dans le sang; soit que ces humeurs renfermant les débris de la nutrition, elles doivent être rejetées hors du corps, comme inutiles (*fluides excrémentitiels*); soit qu'elles aient divers usages dans l'économie (*fluides récrémentitiels*).

A.
Les principaux fluides RÉCRÉMENTITIELS **sont :**

1° Les *liquides séreux*, qui transpirent à la surface des membranes séreuses, dans les mailles du tissu cellulaire, etc.; ils concourent à la formation de la lymphe et du sang veineux.

2° La *graisse*, qui est sous forme d'un liquide jaunâtre, ou d'une huile contenue dans une multitude de petites vessies agglomérées dans le tissu cellulaire qui est sous la peau

Les organes qui sécrètent ces fluides sont connus sous le nom de *vaisseaux exhalans*. Ils sont insaisissables à nos sens, et leur existence n'est admise que par hypothèse.

B.
Les principaux fluides EXCRÉMENTITIELS **sont :**

Les *sécrétions urinaire*, *biliaire*, produits des reins et du foie. (Il en a déjà été question ailleurs.) — Quelques-uns de ces fluides sortent de l'économie qu'après avoir rempli certains usages; tels sont : les *larmes*, la *salive*, l'*humeur muqueuse*, etc., préparés par des glandes propres.

§ II. VIE DE RELATION, ou FONCTIONS DE LA SENSIBILITÉ ET DE LA LOCOMOTION.

L'animal n'étant pas comme le végétal, fixé au sol dans lequel il puise irrésistiblement les matériaux de sa nutrition, mais allant de sa propre volonté à la recherche de la nourriture de son choix, a dû être doué :

1° De la faculté de sentir l'impression que les corps font sur lui (sensibilité); en d'autres termes, se connaître lui-même, et connaître les objets qui l'entourent; car on ne peut vouloir ou rechercher un objet qu'on ne sent pas, ou dont on n'a pas conscience.

---

(1) Entre autres faits qui viennent à l'appui de cette théorie, on peut citer le suivant : Si l'on mêle de la *garance* aux alimens d'un animal, on voit bientôt ses os se teindre en rouge. Au bout d'un certain temps cette coloration disparaît, si l'on a discontinué l'usage de cette racine.

2° De la faculté de se transporter à son gré vers les objets qui doivent satisfaire ses besoins, et de se maintenir dans le milieu qui lui fournit un point d'appui, que ce soit le sol, l'air ou l'eau (*locomotivité*).

FONCTIONS DE LA LOCOMOTION.

Nous considérerons, 1° *la cause*; 2° *les agens*; 3° *le mécanisme* de la locomotion.

1. CAUSE de la *locomotion*. Les mouvemens des animaux n'ont rien de commun dans leur cause avec ceux des corps bruts. On les distingue, 1° *en volontaires*, c'est-à-dire ceux qui sont sous la dépendance de la volonté qui les suscite, les suspend à son gré; EXEMPLE : *la déglutition*, *la respiration*, *la marche*, etc.; 2° *involontaires*, ou s'opérant sans l'intervention de la volonté, par l'action d'une force vitale inconnue dans son essence; EXEMPLE : les mouvemens du cœur, ceux des fibres musculaires qui enveloppent les viscères, etc.

2. AGENS de la *locomotion*. *a*. *Les nerfs* : Quelle que soit la cause première du mouvement, qu'il émane de la volonté ou qu'il soit involontaire, il a pour intermède ou pour *conducteur* l'action des nerfs sur la fibrine musculaire. Il devient impossible dès l'instant où la communication de l'organe locomoteur avec le système nerveux est détruite. Par exemple, si l'on coupe les nerfs qui se distribuent à un membre, on paralysera ce membre, c'est-à-dire qu'on le privera de tout mouvement. Il n'est point, en quelque sorte, de fibre musculaire qui ne reçoive une ramification des filets nerveux.

b. *Les muscles* : L'organe général ou l'instrument du mouvement est *la fibre musculaire*, qui a pour propriété essentielle de se *contracter*, c'est-à-dire de se raccourcir sous l'influence des causes qui déterminent les mouvemens volontaires ou involontaires.

3. MÉCANISME de la *locomotion*. A peine la volonté a-t-elle commandé le mouvement, qu'aussitôt elle est transmise aux nerfs. Les nerfs opèrent sur les muscles qui doivent exécuter ce mouvement : les muscles, en se contractant, se raccourcissent et déplacent les os auxquels ils s'attachent. Parmi les différens mouvemens opérés par l'action de l'appareil musculaire sur le squelette, prenons pour exemple *la marche*. Le corps tend à se porter sur l'une des jambes qui reste immobile, pendant que l'autre se détache du sol par la flexion successive de ses articulations; puis les muscles qui avaient concouru à cette élévation du membre, se relâchent. Le corps s'inclinant alors en avant, *la verticale* ou la ligne qui descend du *centre de gravité* (1) se porte du membre immobile à celui qui vient d'agir, et qui va à son tour servir de point d'appui pendant que l'autre exécutera le même mouvement. — *La station*, loin d'être un état de repos est plus pénible que la marche, parce qu'elle exige l'action constante des *extenseurs*, qui empêchent le corps de se porter en avant.

---

(1) *La verticale*, ou cette ligne dans la direction de laquelle agit le poids d'un corps, est toujours perpendiculaire à la surface du globe; mais elle passe par des points différens de ce corps, selon sa position par rapport au sol. On nomme *centre de gravité*, le point par où toutes les directions de cette ligne se croisent. Pour qu'un corps soit en équilibre, il faut que la verticale qui descend du centre de gravité ne tombe pas en dehors des points sur lesquels ce corps s'appuie.

En décrivant chaque classe d'animaux, nous indiquerons les divers modes de progression qu'ils offrent (*vol, reptation, nager,* etc.)

FONCTIONS DE LA SENSIBILITÉ.

Nous étudierons les phénomènes de la sensibilité, 1° dans *les sens ;* 2° dans *le système nerveux.*

I. FONCTIONS DES SENS.

La sensation, c'est-à-dire cette manière de sentir qui provient de l'action des corps sur nos sens, se compose de trois actes successifs : 1° *l'impression* que le corps fait sur un sens ; 2° *la transmission* de cette impression au cerveau ; 3° *la perception* ou connaissance de cette impression.

A. LA VUE.

Ce sens nous fait connaître *la couleur* des corps, *leur grandeur, leur distance.* — Considérons le phénomène de la vision, 1° dans son agent ; 2° dans son mécanisme ; 3° dans son instrument.

1. *Agent de la vision* ou LUMIÈRE.

Nous n'avons rien à ajouter à ce que nous avons dit de ce fluide dans les notions de physique générale qui forment l'introduction de cet ouvrage. (Voyez la 1ʳᵉ partie, *Minéralogie.*)

2. MÉCANISME de la *vision.* Les rayons lumineux qui, partis des différens points, tombent sur la cornée, traversent les humeurs transparentes du globe oculaire, et vont représenter sur la rétine une image nette des objets. L'impression sensoriale est transmise par *le nerf optique* au cerveau, le centre commun de tous les phénomènes de la sensibilité. — Les rayons lumineux considérés dans l'œil figurent donc un cône dont la base correspond à la cornée, le sommet à un point de la rétine ; et comme ils se croisent en traversant cet organe, les images des objets sont peintes renversées. Si nous les voyons droits, c'est que nous les rapportons, non pas au point où ils font impression sur la rétine, mais dans la direction et à l'extrémité des rayons qu'ils y envoient. Remarquons d'ailleurs que les objets qui sont devant nous, se peignant tous également renversés dans notre œil, ne changent pas de rapport entre eux.

3. USAGE des différentes parties *de l'œil.* La disposition, les formes, les densités des différentes humeurs de l'œil, sont réglées sur l'usage qu'elles ont de *réfracter,* c'est-à-dire de rapprocher de plus en plus les rayons de lumière pour les concentrer sur la rétine. *Le cristallin* détermine surtout cet effet, et remplit le même office que la lentille dans une lunette d'approche, à laquelle on a comparé avec raison l'organe de la vision. De même que dans cet instrument, l'intérieur du globe oculaire est recouvert d'un vernis noirâtre qui rend l'image plus nette en absorbant tous les rayons inutiles à sa production. *L'iris* est, comme le diaphragme de la lunette, destiné par le petit diamètre de la pupille, à intercepter les rayons trop éloignés du centre. En outre, cette ouverture pouvant se resserrer ou s'agrandir tour à tour, laisse passer une plus ou moins grande quantité de lumière, selon qu'elle est plus ou moins vive. C'est à cette mobilité de l'iris que tient en partie la faculté dont jouit l'œil de distinguer à des dis-

tances très-différentes, bien qu'il ne puisse, comme nos lunettes, s'allonger ou se raccourcir selon la position des objets..

PARTIES ACCESSOIRES DE L'ŒIL : Les sourcils détournent ou arrêtent les gouttes de sueur qui s'écoulent du front ; la saillie qu'ils font, peut diminuer l'impression d'une lumière trop vive. — *Les cils* sont enduits d'une matière grasse propre à arrêter les corps étrangers qui pourraient tomber sur l'œil. — Les paupières protégent le globe oculaire, étendent au devant de lui, par leurs mouvemens continuels, les larmes destinées à l'humecter, et interceptent les rayons lumineux pendant le sommeil.—— Les orbites abritent l'organe de la vue contre l'action des corps étrangers.

On comprend facilement dans quels rapports doivent être parmi les différentes classes d'animaux, les modifications des fonctions visuelles avec les modifications des organes de la vision, que nous avons indiquées ci-devant.

B. L'OUIE.

C'est le sens à l'aide duquel nous percevons *le bruit* et *les sons*.

1. MÉCANISME de *l'audition*. Les sons proviennent de *vibrations* ou de certains frémissemens qui s'opèrent dans les molécules du corps, et se transmettent à l'air, qui les communique à l'oreille. — La membrane du *tympan* reçoit immédiatement les vibrations de l'air, et les communique, par l'intermédiaire des *osselets* et de l'air contenu dans *la caisse*, à la pulpe gélatineuse que contient l'oreille interne. Les filamens nerveux qui flottent dans cette pulpe reçoivent ces vibrations, et transmettent au cerveau l'impression d'où naît la sensation du son.

2. USAGE des différentes parties de *l'oreille*. LE TYMPAN se tend ou se relâche, suivant que les sons sont plus aigus ou plus graves. Il n'est pas absolument indispensable à l'audition, puisqu'on a quelquefois remédié à la surdité en le perforant ; mais l'ouïe en est moins parfaite. — LES OSSELETS remplissent le même office que l'*âme* dans les violons (1). — Le canal qui communique à l'arrière-bouche, paraît avoir pour usage de renouveler l'air contenu dans la cavité de *l'oreille moyenne* ou *caisse*. Cet air entre en vibration avec toutes les parties qui l'environnent, et entretient, par sa température toujours égale, l'élasticité des membranes auditives. — Quant à la disposition de *l'oreille interne* en cavités contournées et multipliées, elle a probablement pour but d'augmenter l'étendue de la surface qui perçoit les sons ; mais il est impossible de trouver dans l'arrangement de ses diverses parties un usage bien précis, ou quelqu'analogie avec nos instrumens d'acoustique. — LE CONDUIT AUDITIF est évidemment destiné à rassembler des ondulations sonores. L'humeur jaune, amère, qui l'enduit (*cérumen*), empêche les insectes d'y séjourner. — LE PAVILLON, à peu près inutile à l'audition chez l'homme, paraît destiné chez certains animaux, où il exécute des mouvemens très-sensibles, à réunir les sons à la manière d'un cornet acoustique.

Relativement aux fonctions de l'ouïe dans les différentes classes d'animaux, mêmes réflexions que précédemment à l'occasion des fonctions visuelles. (Voyez *modifications de l'organe de l'ouïe.*)

---

(1) Petite tige de bois destinée à transmettre les vibrations d'une table de l'instrument à l'autre.

C. LE TOUCHER.

Sens par le moyen duquel nous apprécions, 1° *la solidité* dans les corps, et toutes les propriétés qui n'en sont que des modifications; 2° *leurs formes* ; 3° *leur température*.

1. MÉCANISME du *toucher*. Le toucher peut s'exercer sur toute l'étendue de la peau; mais c'est *la main* qui est l'instrument spécial *du tact*, c'est-à-dire du toucher exercé avec l'intention de percevoir les propriétés dont la connaissance nous vient par ce sens. — C'est dans *les papilles nerveuses*, ou épanouissemens des nerfs qui se distribuent à la peau, que s'opère l'impression sensoriale, transmise de là par ces mêmes nerfs au cerveau, l'aboutissant commun de toutes les sensations du toucher. En effet, si l'on coupe, par exemple, les nerfs qui se rendent au bras, la main devient inapte à faire éprouver aucune sensation du toucher.

2. USAGE des différentes parties du *toucher*. L'exquise sensibilité des papilles nerveuses nécessitait la présence d'une enveloppe insensible qui pût amortir les chocs ou les impressions trop fortes ; tel est l'usage de l'*épiderme*, qui s'amincit ou s'épaissit selon que les parties qu'il recouvre ont besoin d'un tact plus fin ou d'une protection plus efficace. — Le nombre des doigts, la mobilité de leurs phalanges, la délicatesse de leur pulpe, à laquelle les ongles offrent un point de résistance, la facilité d'opposer le pouce aux autres doigts, font de la main de l'homme l'organe du tact le plus parfait, l'instrument le plus propre à se mouler en quelque sorte sur les corps, pour les saisir et apprécier leurs formes.

MODIFICATIONS *du toucher* dans les *diverses classes d'animaux*. Dans aucune espèce animale, le sens du toucher n'acquiert la perfection qu'il a chez l'homme. Parmi *les singes*, dont les membres sont organisés à peu près comme chez l'homme, et le pouce également opposables aux autres doigts, la peau devient calleuse en servant à la marche. Parmi d'autres mammifères, les doigts sont tantôt enveloppés dans un sabot corné, tantôt recouverts par d'énormes ongles ; recourbés sous les phalanges (*griffes*) ; réunis entre eux par une membrane, etc. Dans la plupart des espèces animales, la peau, recouverte de poils, d'écailles, de test, etc., ne peut transmettre aucune impression sensoriale. Mais le plus souvent certains organes suppléent à l'imperfection de la sensibilité cutanée. Ainsi, chez plusieurs reptiles et mammifères (notamment parmi les singes), *la queue* sert d'organe de préhension; Dans les ruminans, les lèvres ; dans d'autres ordres *le museau* ou *le groin*, *la trompe*, sont de véritables instrumens du toucher. Il en est de même *des poils*, *des moustaches* dans les chats ; *des barbillons* (nageoires situées près de la bouche), dans quelques poissons ; *des antennes* dans les insectes.

On peut considérer les deux autres sens, LE GOUT et L'ODORAT, comme des modifications du tégument cutané interne, appropriés à cette destination.

D. LE GOUT.

Sens par lequel nous percevons les *saveurs*.

Mécanisme de la sensation du *goût*.

1· Les corps pour être *sapides*, doivent être susceptibles de se dissoudre. On ignore du reste, la cause intime de la sapidité.

2. L'application d'un corps sapide sur les papilles nerveuses de la langue, y développe une impression qui, transmise au cerveau par le moyen des nerfs, constitue la sensation de la saveur.— Les lèvres, et surtout le palais, concourent aussi à la production de ce phénomène.—L'humeur fournie par *les glandes salivaires* a pour usage de dissoudre les particules sapides.

3. Si nous jugeons de l'énergie de cette sensation d'après le développement des organes qui lui donnent naissance, c'est chez les mammifères, et chez l'homme particulièrement, que le goût doit être le plus fin et le plus étendu.

E. L'ODORAT.

Sens par lequel nous percevons les *odeurs*.

Mécanisme et modifications de la sensation *d'odeur* :

1. Les émanations subtiles que laissent échapper les corps odorans (1), portées dans nos narines par l'air dans lequel elles sont répandues, y impressionnent d'une manière spéciale les papilles nerveuses de la membrane *pituitaire*. Cette impression communiquée au cerveau par *les nerfs olfactifs*, donne naissance à la sensation d'odeur. C'est à la partie supérieure, ou à la voûte des fosses nasales que s'opère l'impression olfactive.

2. Ce sens acquiert, dans plusieurs espèces de mammifères, un développement bien supérieur à celui qu'il a chez l'homme. En principe général, ce développement est en rapport direct avec l'ampleur des cavités nasales. Les oiseaux ont aussi, en général, l'odorat très-fin. Dans les autres classes de vertébrés, il présente une dégradation sensible. Il est assez difficile de juger de son degré de développement dans les invertébrés.

II. FONCTIONS DU SYSTÈME NERVEUX.

Ces fonctions sont *générales* ou *spéciales*.

A. FONCTIONS GÉNÉRALES.

1. Le système nerveux, considéré dans son ensemble, exerce sur tous les appareils d'organes une influence ou action propre, sans laquelle ils ne pourraient ni accomplir leurs fonctions, ni continuer à vivre. Cette influence, condition nécessaire à la production des actes vitaux, a le nom d'innervation. Les physiologistes modernes lui assignent communément, pour source ou point de départ, *les centres nerveux*.

Les *nerfs* ne sont que les conducteurs de l'innervation.

2. Relativement à la nature propre de l'agent nerveux, elle consisterait, selon le plus grand nombre, en un fluide impalpable, que plusieurs expériences tendraient à faire regarder comme ayant beaucoup d'analogie avec *le fluide galvanique*. (Voyez les notions préliminaires.) Ainsi, par exemple, on a vu qu'en coupant les nerfs qui se rendent du cerveau à l'estomac, on rendait la digestion

---

(1) On peut en citer des exemples étonnans : *le musc*, dont quelques grains suffisent pour remplir, pendant vingt années, un espace assez grand de leur odeur pénétrante.

impossible, et qu'en remplaçant le fluide nerveux par un courant de fluide galvanique, la chimification s'opérait.

B. FONCTIONS SPÉCIALES.

Elles sont de deux ordres :

1° *Fonctions de relation* : Ayant pour organes l'encéphale, la moelle épinière, les nerfs cérébraux et vertébraux. — Elles se subdivisent en fonctions *de la sensibilité, de la locomotion, de l'intelligence.*

2° *Fonctions de nutrition* : Ayant pour organes les nerfs ganglionnaires, le grand symphatique, etc.

1° FONCTIONS DE RELATION.

a. Fonctions de la SENSIBILITÉ.

1. Déjà nous avons fait remarquer qu'il ne fallait pas confondre *la sensation proprement dite* avec *l'impression* que les corps font sur nos sens, phénomène qui n'est pas du domaine de la sensibilité, puisqu'il n'est pas senti. Ce que nous disions des sens peut se dire aussi des impressions qui nous viennent du dedans, comme la faim, la soif, et en général tous les états de plaisir ou de douleur, de quelque point du corps qu'il nous viennent.

2. L'aboutissant commun de toutes les impressions organiques extérieures ou intérieures, le centre commun de la faculté de sentir ou de la sensibilité proprement dite, c'est *le cerveau*. Ce qui le prouve, c'est, 1° l'absence complète de toute sensation dans les circonstances où le cerveau ne peut exercer ses fonctions, comme le sommeil, le somnambulisme, certaines maladies de la tête, etc.; 2° l'impossibilité d'éprouver aucune sensation dans les sens, ou dans tout organe qui ne communique plus avec l'encéphale, parce que les nerfs qui s'y rendent sont coupés ou lésés. — La sensibilité est *spéciale* dans certains nerfs propres seulement à certaines fonctions (les nerfs *optiques, auditifs*, etc.); *générale* dans ceux qui appartiennent à la faculté commune de sentir.

b. Fonctions de la LOCOMOTION.

Les mêmes faits qui prouvent que l'encéphale est l'organe de la sensibilité physique, démontrent aussi qu'il est le point de départ de tous les mouvemens volontaires. En effet, dans les maladies qui paralysent le cerveau, dans les circonstances qui suspendent son action, les mouvemens deviennent impossibles. D'un autre côté, si toute communication entre l'encéphale et les organes du mouvement est interrompue par la lésion des nerfs qui établissent cette communication, il y a également impossibilité d'exécuter les mouvemens que commande la volonté.

c. Fonctions de l'INTELLIGENCE.

Le cerveau est, sinon la cause, du moins l'organe ou l'instrument des *facultés intellectuelles* (1). Entr'autres faits qui le prouvent :

1° Si le cerveau est altéré de quelque matière, il y a désordre dans la pensée, ou même impossibilité complète de penser.

---

(1) L'intervention nécessaire du cerveau dans les actes intellectuels, n'infirme en rien l'existence *de l'âme*, c'est-à-dire du principe immatériel, centre commun de tous les phénomènes intellectuels et moraux. Nous ne saurions développer ici cette assertion, sans sortir du but de cet ouvrage.

2° Le degré d'intelligence d'un individu est généralement en rapport avec le nombre et la profondeur des plis ou *circonvolutions* cérébrales, et avec l'étendue de son cerveau. Chez l'idiot, cet organe est très-petit.

3° De même les différences que montrent les animaux, sous le rapport de leurs facultés instinctives, sont toujours en raison du développement de leur encéphale.

4° L'homme, le plus intelligent des êtres créés, est aussi celui de tous les mammifères dont les circonvolutions cérébrales sont les plus nombreuses et les plus profondes. C'est également celui de tous les animaux dont le crâne est proportionnellement le plus grand et la face la plus petite. A mesure que les animaux deviennent plus stupides, la proportion inverse devient plus marquée. Le front, au lieu d'être droit comme dans la tête de l'Européen, s'incline de plus en plus en arrière, de manière à ce que l'angle facial (2) devient de plus en plus aigu, de droit qu'il était. (Voyez la *pl.* 5.)

2° FONCTIONS DE LA NUTRITION.

Elles ont pour instrument LES NERFS GANGLIONNAIRES, et particulièrement *le grand sympathique.* C'est sous l'influence de cet appareil que s'accomplissent les actions vitales propres aux différens viscères. Que l'on considère, avec certains physiologistes, le système nerveux ganglionnaire comme fabriquant un fluide spécial, ou, qu'avec d'autres, on le regarde comme destiné seulement à intercepter *l'influx cérébral,* à lui faire subir une modification particulière, toujours est-il que les fonctions auxquelles il préside sont soustraites à l'empire de la volonté.

FONCTIONS DES NERFS.

1. Les nerfs se distinguent selon les fonctions auxquelles ils président, en : *nerfs de la sensibilité*, *nerfs du mouvement*, *nerfs de la nutrition*.

2. Des trente-deux paires de nerfs qui naissent de la moelle épinière, les *antérieurs* paraissent présider à la sensibilité seulement ; les *postérieurs* au mouvement. (C'est ce qui explique pourquoi la sensibilité peut être abolie dans un membre, sans que le mouvement le soit, et *vice versâ.*)

3. Des onze paires de nerfs qui naissent du cerveau, les unes président *d'une manière spéciale* aux fonctions des sens ; les autres aux mouvemens de ces mêmes organes, à ceux de la *face*, etc.

MODIFICATIONS du *système nerveux* dans les *diverses classes d'animaux*.

1. A mesure qu'on s'éloigne de l'homme pour descendre dans l'échelle animale, le système nerveux semble perdre de plus en plus la suprématie qu'il exerce sur les autres appareils. Ainsi, des reptiles auxquels on avait ôté la cervelle, ont pu vivre et manger quelque temps.

2. Dans les dernières classes d'invertébrés, le système nerveux exerce une action uniforme dans toutes ses parties. Là, plus de centres encéphaliques, plus de fonctions spéciales. Si vous divisez l'individu en deux, chaque fragment continue à vivre de sa vie propre et à la manière du tout.

3. A un degré moins inférieur, l'encéphale est représenté par un ou plusieurs ganglions, centres nécessaires au jeu des divers appareils organiques.

---

(2) C'est ainsi qu'on nomme l'espace compris entre deux lignes, dont l'une descend perpendiculairement du front jusqu'au bord des deux incisives supérieures ; l'autre, dirigée horizontalement, coupe la première dans la direction de la base du crâne.

4. Ce n'est qu'en remontant plus haut que commence *la localisation* des fonctions, c'est-à-dire que chaque partie du système nerveux a ses attributions particulières. Cette séparation devenant de plus en plus marquée, on finit par reconnaître des nerfs *pour la sensibilité* ; d'autres *pour le mouvement*, une troisième classe pour les actes de *la nutrition*.

5. Nous avons déjà parlé des limites dans lesquelles s'exercent, chez les animaux, les fonctions de la sensibilité et de la locomotion. Relativement aux *facultés intellectuelles*, nulles chez un très-grand nombre, bornées chez les autres, elles élèvent entre l'homme et la brute une barrière éternelle. Mais, à défaut d'intelligence, cette brute a reçu *l'instinct*, impulsion divine qui ne le trompe jamais, et lui fait accomplir, sans connaissance des procédés qu'elle emploie, les plus merveilleux travaux.

APPENDICE AUX FONCTIONS DE L'APPAREIL DE RELATION. — *DE LA VOIX.*

SIÈGE de la *voix.*

1. La production de la voix est due aux vibrations que l'air éprouve en traversant le larynx à la sortie des poumons. En effet, si la trachée-artère, ouverte par une blessure, laisse échapper l'air, la voix est impossible.

2. C'est à l'ouverture même de la glotte, aux deux ligamens dits *cordes vocales* inférieures, qui ceignent cette ouverture, que le son est produit. On peut détruire, en effet, les autres parties du larynx, sans qu'il y ait abolition de la voix.

MÉCANISME de la *voix.*

On a comparé l'organe vocal à un instrument *à vent* et *à anche*, dont les deux lames, libres seulement par leur bord supérieur, seraient représentées par les ligamens de la glotte (cordes vocales). En effet, lorsque l'air de l'expiration est poussé des poumons dans la trachée, puis dans le larynx, les muscles de cette partie se contractent, et donnent aux ligamens de la glotte assez de tension pour briser cet air et le faire vibrer ; vibrations d'où résulte la voix. — L'homme seul a une voix *articulée*, c'est-à-dire formée de sons, qu'on nomme *voyelles*, unis et modifiés à l'aide de certains mouvemens de la langue et des lèvres, dont résultent les *consonnes*.

MODIFICATIONS de la *voix.*

1. On démontre en physique que *la force* d'un son dépend *de l'étendue* des vibrations du corps sonore, et *le ton*, *du nombre* de vibrations produites dans un temps donné par ce corps. — Ces principes servent à expliquer jusqu'à un certain point, les modifications de la voix. Ainsi, *son intensité* est en raison de la quantité d'air poussé par l'expiration dans le larynx. — Relativement *aux tons* et aux causes qui font varier le *timbre*, les opinions des physiologistes sont encore partagées.

2. La voix, instrument de communication de la pensée chez les êtres intellectuels et moraux, est nécessairement bornée chez les animaux à l'expression circonscrite de leurs instincts. Ses modifications dans chaque espèce sont du reste relatives à celles de la structure des organes qui en sont l'instrument. Nous les indiquerons dans l'histoire de chacune d'elles. — Chez les oiseaux chanteurs, c'est le larynx inférieur qui est le siége de la voix.

§ III. FONCTIONS DE REPRODUCTION.

Les animaux considérés sous le rapport des germes ou des produits auxquels ils donnent naissance, se distinguent en :

1. OVIPARES : Dont les petits naissent renfermés dans un œuf.

2. VIVIPARES : Donnant naissance à des petits vivans.

3. On nomme *ovovivipares* ou *faux vivipares*, ceux dont les petits naissent dans des œufs qui restent assez long-temps dans le corps de la mère pour y éclore ; EXEMPLE : les vipères, plusieurs poissons, etc.

1° GÉNÉRATION OVIPARE.

Nous étudierons les phénomènes de la génération ovipare dans les oiseaux, qui nous en offrent le type.

1. *L'œuf* de l'oiseau, au moment où il se détache de *l'ovaire* (espèce de poche intérieure contenant les germes), descend le long d'un canal nommé *oviducte*, sous la forme d'une vessie, dans laquelle flotte, au milieu du jaune, le germe ou embryon. C'est dans l'oviducte que l'œuf se revêt d'une enveloppe glaireuse (le blanc), et d'une *coque* dure. Peu d'heures après qu'il a été pondu, et que la mère a commencé à couver, l'embryon se développe : ses organes se dessinent successivement. Sur la fin de l'incubation, il se nourrit avec le jaune. Lorsqu'il est prêt à éclore, il rompt sa coque avec la pointe de son bec.

2. L'incubation n'est pas nécessaire dans toutes les classes d'animaux. Elle n'a pas lieu chez ceux à sang froid.

3. Chez un certain nombre d'ovipares, les œufs sont mous et membraneux au moment de la ponte ; souvent agglomérés en grand nombre les uns contre les autres.

4. Tantôt le fœtus a, en sortant de sa coque, la forme qu'il conservera toujours (oiseaux, poissons), tantôt il subit une série de métamorphoses ou de mues avant d'arriver à l'état parfait. (Voyez l'*Histoire des reptiles*, *des insectes*.)

2° GÉNÉRATION VIVIPARE.

Phénomènes de la génération vivipare.

1. Dans les animaux vivipares, le germe détaché de l'ovaire séjourne et prend son accroissement dans une poche musculeuse (*la matrice*) que la mère porte dans le ventre, et qui s'étend au fur et à mesure que l'embryon grossit. — Celui-ci flotte au milieu d'un liquide contenu dans une espèce de sac membraneux qui l'enveloppe.

2. Le nouvel être n'ayant pas autour de lui, comme dans l'œuf, une substance propre à sa nourriture, la tire de sa mère au moyen du cordon ombilical. Ce cordon, qui l'attache à la matrice, contient une veine et deux artères qui portent le sang de la mère au fœtus, et de celui-ci à la mère. Il n'y a du reste, pendant la vie fœtale, ni digestion ni respiration. Un trou de communication existe entre les deux oreillettes du cœur, et le fluide de la nutrition ne traverse pas les poumons. Après un séjour plus ou moins long dans la matrice (*grossesse*, *gestation*), le fœtus naît à un état plus ou moins parfait, et a besoin d'être nourri pendant un certain temps du lait de sa mère.

On ne trouve pas des sexes séparés, c'est-à-dire des mâles et des femelles dans toutes les classes d'animaux. Il en est chez les lesquels ils sont réunis ; EXEMPLE : certains mollusques (l'huître) ; et même quand on arrive aux animaux les plus simples, plus de distinction de sexe. Une partie quelconque de l'individu, séparée du reste du corps, peut reproduire cet individu tout entier ; ou bien on voit pousser à sa surface des espèces de bourgeons ou de germes, qui reproduisent un nouvel être par une véritable germination.

TROISIÈME DIVISION.— **ZOOLOGIE DESCRIPTIVE.**

La multitude d'êtres que renferme le règne animal fait concevoir la nécessité d'adopter, de même que pour l'étude des plantes, une CLASSIFICATION ou méthode générale de distribution propre à nous mettre à même de distinguer les animaux entre eux, et à nous faire connaître les rapports qui les lient. — Trois choses à considérer dans la classification du règne animal :

1° LA DISTRIBUTION MÉTHODIQUE : Les animaux sont classés d'après les principes de *la méthode naturelle.* (Voyez première partie, considérations générales.)

Les caractères zoologiques, qui servent de base aux divisions, reposent sur les différences d'organisation. Ces différences, bien qu'intérieures pour la plupart, se manifestent constamment à l'extérieur, par suite de la correspondance étroite qui lie les divers appareils organiques.

2° LA SUBORDINATION DES CARACTÈRES, c'est-à-dire le degré relatif d'importance qu'il faut leur attribuer dans la série des divisions qui constituent les *classes, ordres, genres, espèces.* — Pour les divisions les plus générales du règne animal, on a donné la prééminence au système nerveux. — *Les classes* ou divisions du second degré empruntent leurs caractères aux organes de la nutrition et de la reproduction. — *Les ordres*, subdivisions des classes, et *les genres*, subdivisions des ordres, sont établis sur des différences d'organisation généralement en relation avec la manière de vivre de l'animal, et offrant un ensemble de rapports communs qui donnent à toutes les espèces qui y sont comprises un air de ressemblance. — *Les espèces* sont des réunions d'individus offrant entre eux une telle ressemblance qu'on pourrait les regarder comme issus du même être.

3° LA NOMENCLATURE. Elle repose sur les bases adoptées en Botanique. (*Voyez la Botanique.*)

TABLEAU DE LA CLASSIFICATION DES ANIMAUX.

CLASSES.

ANIMAUX,

VERTÉBRÉS. — *Un seul type:* système nerveux supérieur au canal intestinal; forme paire; squelette à l'intérieur; sang rouge:

- Des mammelles; vivipares. . . . . **1 MAMMIFÈRES.**
- Sans mammelles ovipares:
  - Poumons.
    - Des plumes; des ailes; un bec. . . . . **2 OISEAUX.** *(SANG-CHAUD.)*
    - Ni plumes; ni ailes; ni bec. . . . . . . **3 REPTILES.** *(SANG FROID.)*
  - Pas de poumons; branchies: pas de membres. . . . . **4 POISSONS.**

INVERTÉBRÉS.

Type des animaux MOLLUSQUES: Système nerveux placé aux deux côtés du canal digestif; forme binaire; circulation complète; peau molle; nue ou couverte d'un test (coquille). . . . . **5 MOLLUSQUES.**

Type des animax ARTICULÉS: Système nerveux inférieur au canal intestinal; forme binaire; parties dures à l'extérieur:

- Organes circulatoires.
  - Sang rouge; pas de membres articulés. **6 ANNÉLIDES.**
  - Sang blanc; branchies; membres articulés. . . . . . **7 CRUSTACÉS.**
- Trachées.
  - Pas d'ailes; pas d'antennes; tête confondue avec la poitrine; membres articulés. . . . . . **8 ARACHNIDES.**
  - Corps composé d'une suite d'anneaux semblables; portant chacun une ou deux paires de pattes. . . . . **9 MYRIAPODES.**
  - Corps divisé en trois parties distinctes: Tête, thorax, abdomen; membres articulés; le plus souvent des ailes. . . **10 INSECTES.**

Type des animaux RAYONNÉS: Système nerveux disposé circulairement autour du canal intestinal; forme radiaire; organes circulatoires et respiratoires nuls ou douteux. . . . . **11 RAYONNÉS.**

Nota. Quoique nous ayons suivi dans ce tableau la classification de G. Cuvier, la plus généralement adoptée aujourd'hui, nous avons cru devoir, pour plus de simplicité, dans un ouvrage aussi élémentaire que celui-ci, laisser dans *une seule classe* les mollusques et les rayonnés, dont cet illustre naturaliste fait deux grandes divisions du règne animal, divisions réparties en plusieurs *classes*, subdivisées elles-mêmes en plusieurs *ordres*.

VERTÉBRÉS.

Caractères généraux : Forme paire ou symétrique ; à l'intérieur, un squelette articulé, présentant une tige centrale composée d'une série d'os empilés (*vertèbres*), logeant le tronc commun des nerfs (*moelle*), et se terminant supérieurement par un renflement (*le crâne*), qui renferme l'organe central de la sensibilité (*cerveau*). Les quatre *sens spéciaux* sont logés dans la tête. — Quatre membres au plus. — Sang rouge. Appareil circulatoire constant. — Deux mâchoires horizontales. — Sexes séparés.

PREMIÈRE CLASSE.

MAMMIFÈRES [1].

Caractères généraux des mammifères (porte-mamelles). — Vivipares. — Cerveau volumineux et d'une structure compliquée. — Des poumons, un cœur à deux ventricules. Sang rouge et chaud. Une cloison membraneuse entre le ventre et la poitrine (*diaphragme*). — Terrestres, volans ou aquatiques. De là, tous les modes de locomotion (marche, saut, vol, natation). — Régime varié (*omnivore, carnivore* ou *herbivore*).

Cette diversité dans le régime établit entre les mammifères les différences les plus tranchées, et comme elle s'annonce toujours par des modifications correspondantes dans les organes de la mastication et du toucher, on a imaginé de tirer de la forme *des dents* et *des pieds* les caractères des subdivisions ou ORDRES établis dans cette classe.

MAMMIFÈRES à doigts			
ONGUICULÉS (*à ongles*). — Dents	De trois sortes. — Pouces séparés et opposés aux autres doigts :	Aux mains seulement	1 BIMANES.
		Aux mains et aux pieds	2 QUADRUMANES.
		Aux pieds seulement	3 CARNASSIERS.
	Moins de 3 sortes. — Absence :	Des laniaires seulement	4 RONGEURS.
		Des incisives et des laniaires	5 ÉDENTÉS.
ONGULÉS (*à sabot*). — Sabot au nombre de :		Un, ou plus de deux	6 PACHYDERMES.
		Deux	7 RUMINANS.
Réunis en NAGEOIRES. — Deux membres seulement.			8 CÉTACÉS.

---

(1) On nomme *Mammalogie* la partie de la Zoologie qui a pour objet l'étude des mammifères.

ORDRE PREMIER. — **BIMANES.**

Cet ordre est composé d'un *genre unique :* L'HOMME. — L'homme offre à considérer :

1° Ses caractères organiques *distinctifs :*

Il est le seul animal à la fois *bimane* et *bipède.* — Seul, il offre des dents incisives *verticales* à la mâchoire inférieure, avec un menton saillant.

2° Son développement physique et moral :

L'enfant en venant au monde a 18 pouces (terme moyen). — Les dents, dites *de lait,* commencent à pousser quelques mois après la naissance, puis elles tombent successivement vers 7 ans, pour être remplacées par d'autres. — Un des plus petits individus connus, mort à 57 ans, n'avait que 2 pieds 5 pouces 6 lignes. Parmi les plus grands, on en cite qui avaient au-dessus de 8 pieds. — L'enfant naissant n'a qu'un instinct, celui de chercher le lait maternel. Du reste, il ne voit ni n'entend. — il commence à bégayer vers un an ; ne marche que plus tard. — Inférieur à beaucoup d'animaux en force, sans armes offensives ou défensives, l'homme, par la conformation de ses mains, est le plus adroit des êtres vivans : par son intelligence, il est le roi de la nature. Sa faiblesse même, l'impossibilité où il est pendant long-temps, de subvenir à ses besoins, sont pour lui un avantage de plus, en le contraignant à recourir à ses facultés intérieures et à la société de ses semblables, qui fait sa véritable force, et qui est le secret de sa perfectibilité.

3° *Les variétés* de l'espèce :

L'espèce humaine, quoiqu'unique, offre cependant certaines *variétés* ou conformations héréditaires qu'on appelle RACES. On peut les rattacher à trois types principaux, savoir :

LA RACE BLANCHE OU CAUCASIQUE : Ovale régulier, cheveux longs et flexibles, variant du blond au noir ; angle facial droit. (*Arabes, Indous, Tartares* proprement dits, *Européens.* (*Pl.* 5, *fig.* 3.)

2° LA RACE JAUNE OU MONGOLIQUE : Visage plat ; angle facial moins ouvert ; pommettes saillantes ; yeux étroits et relevés obliquement ; cheveux rares et durs ; teint olivâtre. (*Mongols, Mantchoux, Kalmouks, Chinois, Japonais.*) (*P.* 6, *fig.* 2.) — Plusieurs naturalistes font une race distincte des *Malais,* qui habitent l'Archipel indien et la mer du sud. Mais on peut les regarder comme un rameau détaché de la race caucasique mélangée à la mongole. (*les Lapons, les Esquimaux.*)

3° LA RACE NÈGRE OU ÉTHIOPIQUE : Teint noir ; cheveux crépus et laineux ; museau saillant ; nez épaté ; lèvres saillantes ; angle facial aigu. (*Nègres* des côtes occidentale, orientale et méridionale de l'Afrique, depuis le Sénégal jusqu'à la mer Rouge.) (*Pl.* 6, *fig.* 1.) — On appelle *Mulâtres,* les hommes de couleur olivâtre nés d'un nègre et d'un blanc. — La peau et les cheveux subissent, chez quelques individus, une sorte d'étiolement et de décoloration complète, qui leur a fait donner le nom d'*Albinos.*

ORDRE DEUXIÈME.— **LES QUADRUMANES.**

Caractères de l'ordre : Des mains aux quatre membres ; des ongles —
Trois sortes de dents. Cet ordre comprend deux familles : *les singes* et *les
makis.*

1° LES SINGES.

Conformation : Formes se rapprochant plus ou moins de celles de
l'homme. — De longs bras. — Queue plus ou moins longue, quelquefois *prenante*, c'est-à-dire susceptible de saisir les objets comme une
main ; quelquefois nulle. — Huit incisives sans intervalle. — Chez plusieurs, des *abajoues*, espèces de poches placées sous les joues, et qui
leur servent à renfermer les vivres dont ils font provision.

On divise les singes en deux tribus, savoir :

1. LES SINGES PROPREMENT DITS OU DE L'ANCIEN MONDE, originaires des pays inter-tropicaux. — Narines ouvertes par-dessous et très-rapprochées. (*Pl. 6, fig.* 4, *pl. 8, fig.* 4.)

    A. Les uns ont le museau court, la tête ronde, les bras très-longs, pas de queue. — *Les orangs* (homme des bois), à poils roux. — *Les jockos*, à poils noirs. — *Le gibbon.*

    B. Les autres ont une queue non prenante. — *Les guenons.* — *Les babouins.* — *Les mandrilles.* — La plupart très-féroces.

2. LES SINGES DU NOUVEAU-MONDE OU SAPAJOUS. — Narines ouvertes sur les côtés.

    A. *Sapajous proprement dits :* Museau court, tête plate, queue prenante.

    B. *Alouattes* (singes *hurleurs*), museau alongé, tête pyramidale ; cou très-gros, ce qui est dû à un développement de l'os hyoïde, donnant à leur voix un retentissement énorme.

    C. *Les ouistitis :* Tête ronde, face plate, queue non prenante. Petits animaux vivant comme les écureuils et se nourrissant principalement d'insectes.

MŒURS ET INSTINCTS. *Les singes* ne peuvent garder long-temps la position verticale.
Organisés pour grimper, ils vivent de préférence dans les forêts, où on les
trouve en troupes ordinairement guidées par un chef. Ils se nourrissent de fruits,
de racines, d'insectes. Les femelles mettent bas un ou deux petits, qu'elles savent
défendre contre les animaux les plus féroces avec des bâtons ou des pierres. Naturellement défians, les singes ne s'approchent guère des lieux cultivés que
poussés par leur gourmandise et par leur penchant au vol. Tous sont étrangers
à l'Europe. A l'état de domesticité, ces animaux nous égaient par leur pétu-
lance, leur adresse. On en a vu d'élevés à rincer les verres, tourner la broche,
servir à table. S'ils perdent alors la férocité propre à un grand nombre d'entre
eux, ils restent fourbes, gourmands, voleurs et colères.

2° LES MAKIS.

Museau pointu (ce qui les a fait nommer *singes à museau de renard*).
Queue nulle ou prenante ; incisives séparées par un intervalle ; mem-

bres postérieurs plus longs que les antérieurs (ce qui les rend plus propres au saut qu'à la course.

A. Les INDRIS , animaux très-agiles et qu'on dresse à Madagascar comme des chiens de chasse.

B. Les LORIS ou SINGES PARESSEUX , à mouvemens excessivement lents ; ne marchant que de nuit.

C. Les AIE-AIES , dont tous les mouvemens paraissent être pénibles. Cette famille est originaire d'Afrique , et principalement des îles avoisinantes.

ORDRE TROISIÈME. — LES CARNASSIERS.

Caractères de l'ordre : Pouces libres aux membres postérieurs seulement ; trois sortes de dents ; régime carnivore en général. — Cet ordre se partage en quatre familles offrant des différences très-tranchées.

1º LES CHÉIROPTÈRES (CHAUVES-SOURIS).

Conformation : Repli de la peau étendue entre les quatre membres et les doigts des pieds antérieurs : disposition qui permet le vol à un grand nombre. Pelage d'un rat ; des mammelles sur la poitrine ; yeux très-petits ; nez tantôt à peine visible , tantôt surmonté de replis membraneux , affectant les formes d'un trèfle , d'un fer de lance , d'un fer à cheval , et donnant à leur physionomie un aspect hideux. (*Pl.* 9, *fig.* 2.) — Ils se partagent en deux tribus , savoir :

1. *La tribu* DES CHAUVES-SOURIS. Doigts des pieds très-allongés , dépourvus d'ongles , à l'exception du pouce , et réunis par une membrane. — Les *roussettes* (*chiens volans*), les plus grandes de toutes ; insectivores ; de l'Inde, de l'Égypte. — *Les vampires* de l'Amérique méridionale. — *Les oreillards* , qui ont les oreilles de la grandeur du corps. — *Les chauves-souris communes* , à longue queue comprise dans la membrane.

2. *La tribu* DES GALÉOPITHÈQUES (*chats volans*), les plus grands des chéiroptères. Doigts des mains onguiculés. La membrane s'étend jusqu'aux côtés de la queue, disposition qui ne permet pas le vol ; ils vivent sur les arbres.

MŒURS ET INSTINCTS : Ces animaux rampent avec peine sur leurs pieds de derrière , qui ne leur servent guère habituellement qu'à s'accrocher à quelque voûte obscure , où ils restent suspendus , la tête en bas , dans leur moment de repos. C'est même dans cette position que certaines espèces passent le temps de l'hibernation, enveloppées de leurs ailes comme d'un manteau , ou blotties dans des trous où elles restent , sans prendre de nourriture , froides , immobiles et respirant à peine , jusqu'au retour du printemps. — Ce sont des animaux nocturnes , ne se montrant que pendant le crépuscule , moment où on les voit poursuivre les insectes , dont ils font généralement leur nourriture (sauf quelques espèces, vivant plutôt de fruits sucrés). — *Les vampires* qui sucent le sang des animaux , et même , dit-on , de l'homme endormi. — Les femelles mettent bas communément deux petits , qu'elles allaitent en les tenant embrassés contre leur poitrine. — Les chéiroptères sont répandus dans les diverses parties du globe.

2° LES INSECTIVORES.

Conformation : Point de membranes pour le vol ; doigts libres aux quatre pieds ; dents molaires hérissées de pointes, au lieu d'être tranchantes comme dans les carnivores.

1. Les hérissons : Corps couvert de piquans ; se roulant en boule quand on les attaque.

2. Les musaraignes (souris des sables) : Corps poilu. Les plus petits des mammifères.

3. Les taupes : Museau alongé en groin ; pattes de devant élargies en forme de pelle, pour fouir la terre. Point d'oreilles externes. Yeux très-petits.

Mœurs et instincts. Ces animaux vivent le plus souvent dans des terriers construits avec beaucoup d'art, offrant plusieurs issues et des chambres séparées par des cloisons. Ils ne sortent guère que la nuit pour aller à la recherche des insectes. Dans nos contrées, la plupart passent l'hiver dans l'engourdissement. *Les hérissons*, très-voraces, tuent des animaux plus forts qu'eux. — *Les taupes* font de grands dégâts dans les jardins, où elles coupent les racines pour pratiquer des issues dans leurs terriers. — On en trouve dans presque tous les pays.

3° LES CARNIVORES.

Caractères généraux : Incisives ordinairement au nombre de six à chaque mâchoire ; canines très-fortes ; molaires le plus communément *tranchantes*, jamais hérissées de pointes ; appétit carnassier très-prononcé. — Cette famille se divise en trois tribus, savoir ;

A. *La tribu* des plantigrades : Cinq doigts à tous les pieds, dont la plante appuyant en entier sur le sol, est dégarnie de poils. — Animaux hibernans.

B. *La tribu* des digitigrades : Animaux marchant sur l'extrémité des doigts. — Cette tribu renferme les quadrupèdes les plus sanguinaires. (*Pl. 7 , fig.* 3.)

C. *La tribu* des amphibies : Pieds palmés, c'est-à-dire enveloppés par une membrane en forme de nageoire.

A. *Plantigrades.*

1. Les ours, animaux omnivores, se nourrissant de substances végétales par préférence ; aussi ont-ils peu de molaires tranchantes. Ils sont solitaires ; le mâle et la femelle n'habitent même pas ensemble. Ils passent l'hiver endormis dans des trous. — Les principales espèces sont : *l'ours brun*, qui vit dans les montagnes et dans les forêts d'Europe. Il niche quelquefois très-haut sur les arbres. *L'ours noir* de l'Amérique septentrionale, et dont le poil sert de fourrure, la chair de gibier. — *L'ours polaire* (ours maritime), du Groëland, etc. ; son poil est blanc. Il poursuit les phoques et autres animaux marins. On a fait des récits exagérés sur sa voracité. — La voix de l'ours est une sorte de grondement.

2. Les blaireaux : Corps gros en arrière, bas sur jambes. Sous la queue une poche qui contient une humeur grasse très-fétide. Animaux nocturnes. — *Le blaireau* habite l'Europe. Il est long de deux pieds à deux pieds et demi, non compris la queue. Son poil, grisâtre en dessus, noir en dessous, avec une

bande noirâtre de chaque côté de la tête, sert à faire des pinceaux fins, des brosses.

3. LES GLOUTONS : Ces animaux, à peu près de la grosseur du blaireau, doivent leur nom à leur voracité. Ils se rendent maîtres des plus grands animaux, en sautant sur eux de dessus les arbres.

4. LES COATIS, animaux nocturnes des parties chaudes de l'Amérique, remarquables par un groin très-prolongé, mobile en tous sens.

B. *Digitigrades.*

1. LES MARTES : Corps très-alongé, bas sur ses jambes, ce qui leur donne la facilité de s'introduire dans les plus petites ouvertures. — On les partage en plusieurs sous-genres :

a. *Les Putois* : Les plus sanguinaires de tous ; ils répandent une odeur infecte. On classe dans ce sous-genre : *l'hermine*, rousse en été, blanche en hiver, avec le bout de la queue noir ; elle fournit une fourrure recherchée. — *Le furet* : de couleur jaunâtre. — *Le putois commun* : brun, avec des taches blanches à la tête.

b. *Les martes proprement dites* : Museau moins court et moins gros que les putois ; de ce nombre sont : *les fouines* : brunes avec le dessous de la gorge blanchâtre ; c'est, ainsi que le putois, la terreur des basses-cours. — *La marte-zibeline*, célèbre par sa fourrure, habite les montagnes les plus glacées ; elle est brune, avec des taches grises à la tête. — *Les loutres*, animaux aquatiques, à pieds palmés, à queue aplatie, à moustaches très-fortes.

2. LES CHIENS : Cinq doigts aux pieds de devant, quatre à ceux de derrière ; langue douce ; point d'ongles *rétractiles* comme les chats. (Voyez plus bas) ; ce sont :

a. *Le chien domestique* : On sait combien il varie pour la taille, la forme, la couleur (*chien de berger, dogue, basset, lévrier, braque, barbet*. Plusieurs variétés sont des produits dégénérés par l'état de domesticité.) Cet animal a suivi l'homme partout où il a pénétré. Il ne se trouve plus à l'état sauvage. Il a terminé sa croissance à deux ans, et n'en dépasse guère 20.

b. *Le loup* : A queue et oreilles droites, vit ordinairement de charogne. Le *loup commun* est brun-fauve. — *Le renard* : A queue touffue, à museau pointu, répand une odeur repoussante. Il creuse des terriers. Le *renard commun* est roux. — *Le chacal*, animal vorace, habitant en grandes troupes une partie de l'Asie et de l'Afrique.

3. LES CIVETTES : Ont à peu près la forme des martes ; elles portent sous le ventre une poche dans laquelle suinte la matière odorante employée, sous ce nom, comme parfum. L'espèce d'où on la retire est grise, avec des bandes noirâtres, de la grosseur d'un chat.

4. LES HYÈNES : Jambes de devant plus longues que celles de derrière ; quatre doigts à tous les pieds ; langue rude, poils du dos hérissés. Animaux voraces, nocturnes, habitant les cavernes, et se nourrissant de cadavres. Ils vivent en Afrique.

3. LES CHATS : Tête arrondie ; mâchoires courtes ; canines très-fortes ; langue rude ; ongles crochus et *rétractiles*, c'est-à-dire susceptibles de se relever en arrière quand l'animal n'en fait pas usage. Ce genre renferme les carnassiers les plus redoutables par leur force, leur ruse et leur appétit sanguinaire ; ils voient de nuit : ce sont :

1. *Le lion* : De couleur fauve ; remarquable par la crinière qui revêt le cou du mâle. Le plus fort et le plus courageux des carnassiers. Il vit en Afrique.

2. *Le tigre* : Grande espèce à poils ras, marqué de taches ou de raies foncées. — *Le tigre royal*, aussi grand que le lion, originaire d'Asie, de couleur fauve, avec des raies noires en travers. Le plus cruel des mammifères. Il peut dépasser un cheval à la course. — *La panthère d'Afrique* : A taches en forme d'anneaux. — *Le léopard* : A taches en forme de roses, c'est-à-dire formées de l'assemblage de cinq ou six petites taches. — Le *lynx*, *le chat-cervier*, *le guépard*, espèces analogues.

3. *Le chat domestique* a pour souche commune *le chat sauvage*, plus gros d'un tiers environ, d'un gris fauve, habitant les forêts. Le chat ne vit guère plus de douze à quinze ans. A dix-huit mois il a acquis tout son développement. Sa domesticité ne paraît pas remonter à une époque très-reculée. La variété la plus remarquable par ses longs poils, ordinairement blancs, est originaire d'*Angora*, en Natolie

C. *Amphibies.*

Corps alongé ; poil ras ; pieds-nageoires ne pouvant servir qu'à ramper. Animaux marins ne venant à terre que pour se reposer ou pour allaiter leurs petits. — On les distingue en deux genres : (*Pl.* 9, *fig.* 1.)

1. LES PHOQUES (*veau, lion marin*) : Corps terminé en pointe comme les poissons ; tête semblable à celle du chien ; museau garni de moustaches. Ils se nourrissent de poissons, et mangent dans l'eau, où ils peuvent plonger long-temps. On les apprivoise. — Le *phoque commun* est long de trois à cinq pieds, d'un gris-jaunâtre.

2. LES MORSES : Diffèrent des phoques par la tête ; mâchoire supérieure armée de deux canines en forme de *défenses*, dirigées vers le bas, et ayant jusqu'à deux pieds de longueur. — La seule espèce connue (*vache marine, cheval marin*) habite la mer glaciale. Elle a jusqu'à 20 pieds de long ; son poil est ras, jaunâtre. On la recherche pour son huile et pour l'ivoire de ses défenses.

4° LES MARSUPIAUX.

Conformation et mœurs : La particularité la plus remarquable qu'offrent ces animaux, c'est la production prématurée de leurs petits, chez lesquels on ne distingue aucun organe lors de leur naissance, et qui, incapables de mouvemens, restent attachés aux mamelles de leurs mères jusqu'à ce qu'ils soient arrivés au point de développement qu'offrent les autres animaux à leur sortie de la matrice. Dans la plupart des femelles ces mamelles sont placées dans une sorte de sac ou de poche formée par un repli de la peau du ventre, et où l'on voit, à la moindre alarme, les petits se réfugier long-temps encore après qu'ils ont commencé à marcher. Dans les espèces sans poche, les petits sont d'abord suspendus sous le ventre de leur mère ; plus tard ils montent sur son dos, où ils se tiennent en enroulant leur queue autour de la sienne. Leur nombre est variable. — La plupart des marsupiaux vivent solitaires sur des arbres, dans des terriers, dans des roches sur les bords de la mer, selon que leur organisation les rend propres à grimper, à sauter, à fouir la terre; car, par une anomalie peu commune, ces animaux, qui ont entre eux la plus grande ressemblance, diffèrent cependant beaucoup par les pieds et par les dents. — Ils sont insectivores, ou frugivores, herbivores, originaires de la Nouvelle-Hollande et de l'Amérique méridionale.

1. LES SARIGUES : (*Pl.* 8, *fig.* 2.) Animaux nocturnes, insectivores, *pédimanes*, c'est-à-dire se servant du pied de derrière, qui offre un pouce opposable aux autres doigts, comme des mains, pour grimper.— De la grosseur d'un rat à celle d'un chat.

2. LES PHALANGERS : Principalement frugivores, vivant sur des arbres. — Une espèce, *le phalanger volant*, peut se soutenir en l'air quelques instans, à l'aide d'une membrane étendue entre ses pattes, et qui lui sert comme de para-chûte.— En général de la taille d'un chat.

3. LES KANGUROOS sont dépourvus de canines, ce qui les rapproche des rongeurs. Leur régime est herbivore. Comme leurs membres antérieurs sont très-courts en comparaison des postérieurs, ils ne marchent que difficilement à quatre, et sautent sur leurs pieds de derrière. Leur queue volumineuse leur sert aussi de point d'appui. Ces animaux vivent en troupes.— Le *kanguroo* *géant* atteint quelquefois six pieds de hauteur. Les autres espèces sont en général de la taille d'un lièvre.

ORDRE QUATRIÈME. — LES RONGEURS.

Caractères généraux : Pas de dents canines; quatre grandes incisives, qui leur servent à ronger les substances végétales les plus dures. Train de derrière plus élevé que celui de devant, en sorte qu'ils sautent plutôt qu'ils ne marchent. — Animaux extrêmement féconds; timides; se creusant des terriers, ou bâtissant des huttes dans lesquelles ils passent l'hiver. (*Pl.* 7, *fig.* 6.)

Les principaux *genres* ou *sous-genres* de l'ordre des rongeurs sont :

1. LES ÉCUREUILS : Caractérisés par une queue longue et poilue. Ils grimpent et nichent sur les arbres, se nourrissent de fruits. — *L'écureuil commun* est roux. La fourrure connue sous le nom de *petits-gris*, provient de certaines espèces de l'Amérique méridionale, dont le poil devient d'un gris bleuâtre en hiver.

2. LES POLATOUCHES ou *écureuils volans* ont des membranes étendues entre les pattes et qui faisant l'office de parachute, leur donnent plus de facilité pour se précipiter d'un arbre sur l'autre.

3. LES MARMOTTES : Corps trapu, bas sur jambes, queue courte. Passant l'hiver en léthargie dans des trous profonds; vivent en société. — *La marmotte des Alpes*, grise, grosse comme un lapin.

4. Les loirs : Queue longue et touffue. Vivant sur les arbres comme les écureuils ; engourdis pendant l'hiver — *Le loir ordinaire* est gris, brun, grand comme un rat.

5. Les rats : Queue longue, écailleuse. (*La souris ordinaire, le rat, le mulot*)

6. Les gerboises (*rats à deux pieds*) : Pieds de devant très-courts relativement à ceux de derrière, qui servent à l'animal de point d'appui pour sauter. De la grosseur d'un rat à celle d'un lapin.

7. Les castors : Queue aplatie, recouverte d'écailles ; doigts des pieds de derrière palmés ; de fortes moustaches ; poils variant du brun au noir et du fauve au blanc ; longueur de deux à trois pieds sur un pied de hauteur ; une troisième paupière transparente, descend sur l'œil quand l'animal travail dans l'eau ; sous la queue, une poche contenant une espèce d'onguent très-odorant dont on se sert en médecine. — Les castors, qui vivent en société dans les solitudes de l'Amérique méridionale, construisent sur les bords des fleuves des huttes de forme ronde et plusieurs pieds de diamètre, où ils passent en famille le temps des frimats. Avec leurs dents, ils coupent les branches qui doivent leur servir de pieux ; avec leurs pieds ils gâchent la terre et le limon destinés à la maçonnerie ; avec leurs mains ils construisent. — Ces animaux se nourrissent de racines et d'écorce d'arbres. Leur pelage est recherché pour le feutrage fin. — Le castor, de plus en plus rare en Europe, y vit solitaire au fond d'un terrier sur le bord des eaux.

8. Les porcs-épics, reconnaissables aux longs piquans dont leur corps est armé, habitent le midi de l'Europe.

9. Les lièvres *proprement dits*, vivent isolés, et couchent à terre dans les plaines.
   — *Les lapins* vivent en troupes dans les bois, où ils se creusent des terriers.

10. Le cochon d'Inde : Corps ramassé, poil court et luisant, ordinairement de trois couleurs. On l'élève en domesticité, parce que son odeur chasse, dit-on, les rats. Il est originaire de l'Amérique.

Ordre cinquième. — LES ÉDENTÉS.

Pas de dents incisives ; quelques-uns privés en même temps de canines ; d'autres n'ont pas de dents du tout. — Animaux généralement remarquables par une certaine lenteur dans les mouvemens, provenant d'une disposition particulière dans leurs membres ; habitant en général les terriers, dont ils ne sortent que la nuit pour chercher leur nourriture qui se compose principalement d'insectes. — La plupart vivent dans l'Amérique méridionale.

On les divise en trois tribus : (*Pl.*, 6 *fig.* 6.)

1° LES TARTIGRADES.

Membres antérieurs très-longs ; museau court. Un seul genre, *les paresseux*, de l'Amérique méridionale, marchent péniblement en se traînant sur leurs coudes et vivent sur les arbres, d'où ils se laissent tomber pour s'éviter le travail d'en descendre. — *L'aï*, gros comme un chat, gris. — *L'unau*, double, brun.

2° LES ÉDENTÉS ORDINAIRES

A museau pointu , comprennent plusieurs genres :

a. LES TATOUS : Corps recouvert d'écailles dures ou écussons , longs de quelques pouces à deux ou trois pieds ; se roulant en boule quand on les attaque.

b. LES FOURMILLIERS : Pas de dents ; langue vermiforme , susceptible de s'allonger beaucoup , enduite d'une humeur visqueuse à laquelle les fourmis viennent se prendre quand l'animal l'insinue dans leurs trous.

c. LES MONOTRÈMES : Seuls des mammifères , leurs petits naissent renfermés dans un œuf. Ils ne se trouvent qu'à la Nouvelle-Hollande. — De ce nombre sont les *ornithorinques*, dont le museau ressemble au bec d'un canard. Leurs pieds palmés , leur queue aplatie , indiquent que ce sont des animaux aquatiques.

ORDRE SIXIÈME. — LES PACHYDERMES.

Caractères généraux : Animaux ongulés ne se servant de leurs pieds que comme de soutiens ; herbivores , mais non ruminans ; peau épaisse , poil rare ; le plus souvent trois sortes de dents. — Cet ordre renferme les plus gros mammifères connus.

LES PACHYDERMES se partagent en trois classes :

1. LES PROBOSCIDIENS OU ÉLÉPHANS : Cinq doigts à tous les pieds : nez prolongé en en une trompe longue , charnue , mobile , douée à son extrémité d'un tact fin , servant d'organe de préhension. Pas de canines, pas d'incisives ; elles sont remplacées à la mâchoire supérieure par deux longues défenses se recourbant en en haut. Grandes oreilles plates ; peau grisâtre , rude. — *Les éléphans* vivent 200 ans ; nagent bien. On trouve une espèce en Asie , l'autre en Afrique. Réduits en domesticité , ils se montrent adroits, intelligens , dociles, reconnaissans.

2. PACHYDERMES ORDINAIRES.

3 ou 4 doigts : rarement deux. — Les principaux genres sont :

(*Pl. 7, fig. 4.*)

a. LES HIPPOPOTAMES : Corps énorme sur des jambes très-courtes ; tête volumineuse ; peau dépourvue de poils ; trois sortes de dents ; quatre doigts à tous les pieds , qui sont comme fourchus. Animaux féroces et stupides , vivant dans les fleuves de l'Afrique.

b. LES COCHONS : Canines sortant de la bouche en se recourbant ; museau terminé par un boutoir propre à fouiller la terre , poils roides (*soies*) ; quatre doigts , dont les deux moyens ongulés et fourchus touchent terre. — *Le sanglier* est la souche de nos cochons domestiques. Ses petits s'appellent *marcassins* ; la femelle du cochon *truie*. Elle porte deux fois par an. Cet animal vit environ 20 ans ; il croît jusqu'à 5 ou 6 ans. Sa voracité n'épargne pas même ses petits.

c. LES RHINOCÉROS : Volumineux quadrupède ; bas sur jambes ; nez surmonté d'une ou de deux cornes ; pieds non fourchus , trois doigts ; cuir très-épais. Animaux féroces , stupides , vivant dans les lieux humides , en Afrique , etc.

3. SOLIPÈDES : Un seul doigt renfermé dans un sabot à tous les pieds. — Cette famille ne renferme qu'un genre, *le cheval*, caractérisé par des canines très-petites, séparées des molaires par un intervalle vide (*les barres*); par six incisives à chaque mâchoire, creusées d'une fossette qui s'oblitère avec l'âge (à 8 ans. On dit alors que le cheval *ne marque plus*).— Trois espèces principales dans ce genre, savoir :

(*Pl. 7, fig. 2.*)

a. LE CHEVAL *proprement dit*, paraît avoir pour primitive patrie la partie de l'ancien continent qui s'étend depuis le Volga jusqu'à la mer de Tartarie. Inconnu dans le Nouveau-Monde avant l'invasion des Européens. — Les chevaux sauvages qu'on trouve encore aujourd'hui en Amérique, en Barbarie, proviennent d'individus anciennement échappés à la domesticité. Ils voyagent par bandes nombreuses, qui ont leur chef, leur discipline, et savent se défendre contre les animaux féroces. Ils sont généralement plus petits, ont les oreilles plus longues que nos chevaux domestiques. — L'usage de monter ce quadrupède, né dans la Scythie, paraît avoir été inconnu des premiers Grecs, qui ne l'employaient qu'attelé à un char.— Chaque pays a ses races de chevaux, appropriées aux besoins des peuples qui les habitent. Les plus renommés sont : *l'arabe*, qui fait 18 à 20 lieues par jour ; *l'anglais*, excellent coureur ; *l'andalou*, renommé par sa beauté. L'Allemagne fournit aussi de très-bonnes races. La France a les chevaux *normands* pour la voiture, *les limousins* pour la cavalerie légère, etc. — La jument porte 11 mois ; le cheval ne dépasse guère 30 ans.

b. L'ANE, originaire de l'Asie, où on le trouve encore en troupes innombrables. On connaît ses usages. Le *mulet* provient du croisement de ces races.

c. LE ZÈBRE, semblable à l'âne par la forme, s'en distingue par des raies blanches et noires disposées transversalement.

ORDRE SEPTIÈME. — LES RUMINANS.

Caractères généraux : 2 doigts renfermés dans 2 sabots (*bisulques*); herbivores ; incisives supérieures remplacées par un bourrelet calleux. — Les principaux genres sont : (*Pl. 5, fig. 11.*)

SANS CORNES.

1. LES CHAMEAUX : Des canines courtes ; un petit sabot adhérant seulement à la dernière phalange : forme disgracieuse ; cou long ; poil roux ou brun. Deux loupes de graisse sur le dos dans *le chameau à bosses*, originaire de l'Asie ; une seule dans *le dromadaire*.— Animaux très-sobres et qui peuvent rester plusieurs jours sans boire, ce qui tient probablement à ce qu'un de leurs estomacs est garni de cellules servant de réservoir à l'eau. On les emploie comme bêtes de somme pour traverser les déserts. — *Les lamas*, plus petits et sans bosse, servent en Amérique aux mêmes usages. Il en est qui fournissent une laine très-fine.

2. LES CHEVROTAINS : Canines sortant de la mâchoire supérieure chez le mâle. Formes élégantes. — Espèce principale : *le musc*, grand comme un chevreuil, vit au Thibet. Le mâle porte dans une poche située sous le ventre le parfum qui porte son nom.

3. Les cerfs : tête surmontée, dans le mâle, de proéminences osseuses (*bois*) pleines, dont la forme varie selon l'âge, les espèces ; couvertes pendant un temps d'une peau qui se dessèche et tombe. Les bois eux-mêmes se séparent au bout de quelque temps ; il en repousse d'autres, qui subissent chaque année les mêmes révolutions. — Corps svelte ; jambes minces ; pas de canines. — Animaux très rapides à la course, vivant généralement dans les forêts. — Plusieurs espèces, savoir :

a. L'élan : Bois aplati, très-large ; poil cendré.

b. Le renne : Bois en forme de palmes élargies, *dans les deux sexes* ; brun en hiver, blanchit en été. Elevé en troupeaux par les Lapons, qui en font des bêtes de trait, se revêtent de leurs fourrures, mangent leur chair, boivent leur lait. (*Pl.* 7. *fig.* 7.)

c. Le daim : Bois aplati supérieurement ; brun en hiver ; taché de blanc en été ; plus petit que le cerf. Vit en Europe. On fait avec sa peau des gants, des culottes, etc.

d. Le cerf *commun* : Brun ou fauve ; bois rond, poussant la deuxième année, tombant au printemps, repoussant pendant l'été ; le nombre de ses branches ou *andouillers* indique l'âge de l'animal. La femelle s'appelle *biche* ; le petit *faon*. Habite les forêts de l'Europe.

e. Le chevreuil : Plus petit ; gris fauve ; de petits bois en fourche, tombant en automne, repoussant en hiver. Commun dans nos forêts.

4. Les girafes : De l'intérieur de l'Afrique ; cornes *qui ne tombent pas*, et revêtues en tout temps d'une peau velue ; cou extrêmement long ; jambes hautes, principalement celles de devant. Cet animal atteint avec sa tête 18 pieds de hauteur.

5. Les antilopes : Cornes cylindriques, offrant diverses inflexions ; ces animaux ressemblent aux cerfs. — Espèce principale : *la chamois*, de la grandeur d'une chèvre ; poil brun. On emploie la peau, après lui avoir fait subir une préparation qu'on nomme *chamoisage*. Le chamois vit en Europe, sur les montagnes. (*Pl.* 7, *fig.* 8.)

6. Les chèvres : Cornes dirigées en haut et en arrière ; communément une barbe sous le menton. — *Les chèvres sauvages*, souche de nos races domestiques, habitent en troupes les montagnes de la Perse. — Il y a de nombreuses variétés de *chèvres domestiques* : celles du *Thibet* sont surtout célèbres par leur laine, dont on fabrique des cachemires. — Le mâle s'appelle *bouc*.

6. Les moutons : Pas de barbe ; cornes dirigées en arrière et se recourbant en spirale. Les variétés les plus intéressantes sont : le mouton d'Espagne, à laine fine (*mérinos*), *le mouflon* d'Asie, souche de nos bêtes à laine. Le mâle s'appelle *bélier*, la femelle *brebis*, les jeunes *agneaux*. Ils fournissent la laine, le suif, etc. (*Pl.* 7, *fig.* 9.)

7. Les bœufs : Cornes dirigées de côté, et se recourbant en avant en croissant. — *Le bœuf ordinaire*, bien connu. — *Le buffle* : Poil noir, larges cornes ; fournit un cuir très-fort ; vit en Italie, en Asie, en Afrique, dans les lieux marécageux.

ORDRE HUITIÈME — LES CÉTACÉS.

Caractères généraux: Forme extérieure des poissons; pas de membres postérieurs; les antérieurs remplacés par des nageoires; corps dépourvu de poils et terminé par une nageoire horizontale. Leur voix est un rugissement. Ils vivent dans les mers, et, comme ils respirent par des poumons, ils sont obligés de venir à la surface de l'eau pour accomplir cet acte.

Les cétacés forment deux familles, savoir:

1° LES CÉTACÉS HERBIVORES: Munis de dents à couronne plate; poils au bout du museau; deux mamelles sur la poitrine. — Cette famille forme trois genres:

a. LES LAMANTINS (vache marine, sirène, etc.): Corps oblong, 15 pieds de longueur, nageoires terminées par des rudimens d'ongles leur servant à porter leurs petits et à ramper. Ils vivent dans la mer Atlantique, vers l'embouchure des rivières; viennent souvent paître les végétaux sur le rivage. On mange leur chair.

b. LES DUGONGS, LES STELLÈRES, animaux analogues dont on ne connaît qu'une espèce.

a. LES DAUPHINS: Dents coniques; museau prolongé en une espèce de bec; abondans dans toutes les mers, où ils vivent en troupes. — *Le grand dauphin* a plus de 15 pieds de longueur. — *Les marsouins,* espèce voisine.

b. LES CACHALOTS: Tête égalant le tiers ou la moitié du corps, et renfermant dans de grandes cavités séparées par des cartilages, une matière blanche, huileuse, connue sous le nom *d'adipocire* ou *blanc de baleine,* et dont on fait des bougies. La tête d'un cachalot a fourni jusqu'à 24 barils d'adipocire et 400 d'huile. La matière odorante connue sous le nom *d'ambre gris,* et qu'on emploie en parfumerie, etc., se trouve dans les intestins des cachalots. Ces animaux peuvent atteindre jusqu'à 100 pieds de long.

2° LES CÉTACÉS ORDINAIRES: Particulièrement caractérisés par la faculté dont ils jouissent de rejeter, en jets bruyans, au moyen d'une ouverture qu'ils ont au-dessus de la tête (*les évents*), l'eau qu'ils avalent en engloutissant leur proie. Ils vivent de poissons et de zoophites qu'ils avalent par milliers. — Les principaux genres sont:

b. LES BALEINES égalent les cachalots en longueur et pour le volume de la tête; leur gueule a jusqu'à 20 pieds d'ouverture; leur mâchoire supérieure est garnie de fanons, lames de substance cornée, longues de plusieurs pieds, au nombre de 8 ou 900. (C'est la matière flexible qu'on emploie sous le nom de *baleine.*) Sous leur peau, d'un *gris ardoisé,* est une couche de graisse épaisse de plusieurs pieds, et dont on peut retirer 120 tonneaux d'huile chez un seul individu. Ces animaux ne se nourrissent que de vers, de mollusques, de petits poissons. — On ne les trouve plus guère que dans la mer du nord, où des flotilles vont tous les ans à leur poursuite. Cette pêche, qui offre des dangers, se fait au moyen de harpons de fer attachés au bout d'un câble qu'on lance sur l'animal. Elle a pour objet principal l'huile qu'on en retire de leur lard, et les fanons ou baleines qui garnissent leur mâchoire.

DEUXIÈME CLASSE.

OISEAUX (¹).

Caractères généraux de la classe : Vertébrés à sang chaud, à circulation et respiration doubles ; un bec ; des plumes ; des ailes.

Conformation : Les *ailes*, propres au vol seulement, offrent néanmoins les différens os qui constituent les membres antérieurs chez les mammifères ; elles supportent de longues plumes roides qui suivent le mouvement des os, et se déploient en éventail. Les extrémités inférieures présentent : *a.* Une cuisse toujours cachée sous la peau qui recouvre le ventre. *b.* Une jambe plus ou moins longue, selon les espèces. *c.* Un seul os long, nommé *tarse*, représente le talon et le coude-pied, et se meut verticalement sur les doigts, ordinairement au nombre de quatre. L'action des muscles qui s'insèrent à ses parties, et combinée de manière que le simple poids du corps fait fléchir les doigts, ce qui permet à ces bipèdes de dormir sur un ou sur deux pieds. Le bec est une sorte d'étui corné, appliqué extérieurement sur les os des mâchoires (*mandibules*); il est quelquefois surmonté, à sa racine, d'une membrane charnue qu'on appelle *cire*. Point de conque extérieure pour l'oreille. — On donne aux plumes différens noms, selon la place qu'elles occupent : *pennes caudales* ou *rectrices*, celles de la queue, parce qu'elles dirigent l'oiseau dans son vol ; *pennes rémiges*, celles des ailes, parce qu'elles fendent l'air comme des rames. Les *tectrices* sont de petites pennes qui recouvrent la base des pennes, des rémiges et des rectrices. — Les germes naissent non développés, et constamment renfermés dans un œuf à coquille calcaire. — Le plumage des femelles offre ordinairement des teintes moins brillantes que celui du mâle.

Mœurs et instincts. Par la vivacité avec laquelle son aile frappe l'air, l'oiseau trouve un point d'appui dans ce fluide, qui ne peut se déplacer avec la même rapidité. — Les plumes tombent et se renouvellent une ou deux fois par an (*la mue*), ordinairement après la ponte. — Ces animaux ont la vue perçante ; l'odorat et le goût, à ce qu'on peut conjecturer, assez développés ; l'ouïe net ; le toucher à peu près nul par l'interposition des plumes. — Le régime est *granivore*, *carnivore* ou *omnivore*.

---

(1) On donne le nom d'*ornithologie* à la branche de la zoologie qui traite des oiseaux.

2. On sait avec quelle admirable industrie les oiseaux construisent leurs nids, avec quelle tendre sollicitude la femelle couve ses œufs, élève et défend ses petits. Le nid est toujours construit sur le même plan dans les mêmes espèces. Le nombre des œufs est d'un ou de deux dans les grandes espèces, de vingt à vingt-cinq dans les petites. La plupart ne font qu'une ponte dans l'année. Il est des oiseaux qui, au sortir de l'œuf, vont aussitôt, sous la conduite de leur mère, chercher leur nourriture; un plus grand nombre est forcé de rester plus long-temps au nid, où les parens leur apportent la nourriture. Dans ce dernier cas les oiseaux vivent par couples; dans le premier, un mâle à plusieurs femelles, seules chargées de l'éducation de la famille.

On appelle *migrations des oiseaux* les voyages qu'un grand nombre d'espèces entreprennent à certaines époques de l'année, pour passer d'un pays dans un autre. Ces voyages paraissent surtout être déterminés par l'appréhension des frimas, et par celle du manque de nourriture. Au temps voulu, on voit des troupes nombreuses se réunir en un point fixe; puis, après quelques jours donnés pour s'attendre, prendre la volée d'un commun accord, sous la conduite d'un chef, et dans un ordre parfait. La nouvelle patrie qu'elles abordent est presque toujours la même chaque année. Le nombre des espèces qui voyagent isolément est beaucoup moins considérable.

TABLEAU ANALYTIQUE DES ORDRES DANS LA CLASSE DES OISEAUX.

Doigts postérieurs.			
	Un. — 3 en avant	Libres. — Bec et ongles crochus.	I. OISEAUX DE PROIE. . . .
		Les deux externes soudés entre eux, en tout ou en partie. — Tarses médiocres.	II. PASSEREAUX.
	Deux, et deux antérieurs.		III. GRIMPEURS.
	Un ou pas. — 3 antérieurs réunis par des membranes	En partie : Tous les trois. . .	IV. GALLINACÉS.
		Les deux externes seulement; Tarses très-longs.	V. ÉCHASSIERS.
		En totalité.	VI. PALMIPÈDES.

ORDRE PREMIER. — LES OISEAUX DE PROIE.

Caractères généraux : Quatre doigts, trois devant, un derrière; ongles forts et crochus (griffes, serres); bec crochu dont la pointe se recourbe en bas; bas de la jambe emplumé. Animaux très-voraces, carnivores; vivant par couples sur des rocs, dans les forêts. La femelle est plus grande d'un tiers que le mâle. Ils forment deux familles.

1. LES VAUTOURS : Tête et une partie du corps dépourvus de plumes ; yeux à fleur de tête. Animaux lâches, exhalant une odeur fétide, se nourrissant principalement de charogne ; se servant plutôt de leur bec que de leurs griffes. *Le vautour, brun, fauve ; le grand vautour,* noirâtre, long de plus de 4 pieds, sur 10 au moins d'envergure. — Habitent les hautes montagnes des deux continens.

2. LES GRIFFONS : Tête et cou emplumés ; des soies roides sous le bec et sur les narines. Une espèce, de la taille du grand vautour, attaque les chèvres, les chamois, et même, dit-on, les hommes endormis. Ils habitent l'Afrique, les Alpes.

4°

LES DIURNES : Yeux dirigés de côté ; le plus souvent une cire ; pennes fortes ; vol puissant. — Les principaux genres sont :

3. LES FAUCONS : Tête et cou couverts de plumes. Saillie du sourcil au-dessus de l'œil qui paraît enfoncé. — Animaux courageux ; à vue perçante ; se nourrissant de proies vivantes.

On les divise en deux sections.

a. FAUCONS *proprement dits :* Mandibule supérieure échancrée de chaque côté ; ailes longues. — Espèces principales : *Le faucon* ordinaire, grand comme une poule, habite le nord. C'est l'espèce qu'on dresse pour la chasse nommée la *fauconnerie.* — *Le hobereau, la cresserelle,* etc.

b. LES AIGLES (*pl.* 12, *fig.* 2) : Bec très-fort, courbé à sa pointe seulement ; tarses très-courts ; les plus puissans des oiseaux de proie. — Principales espèces : *L'aigle commun ; impérial ; l'aigle pêcheur,* qui se tient sur le bord des fleuves et vit principalement de poissons. — Ces oiseaux vivent dans les deux continens. — *Les autours et les éperviers, les milans, les buses.* — *Le messager* ou *secrétaire,* oiseau d'Afrique, dont les tarses sont doubles des précédens ; bec crochu, garni d'une cire jaune ; huppes de poils derrière le cou. Il poursuit les reptiles à la course dans les lieux arides, et se nourrit principalement de serpens qu'il tue avec son pied, qui est très-fort.

4. LES CHOUETTES OU LES CHATS-HUANS, et les HIBOUS ou DUCS, qui n'en diffèrent que par l'aigrette de plumes que porte leur tête. — Éblouis par la lumière solaire, ces animaux ne vont à la recherche de leur proie qu'à l'heure du crépuscule ; c'est alors qu'on les voit fondre silencieusement sur les petits oiseaux, sur les rats, sur les taupes. Pendant le jour ils se tiennent blottis dans des décombres ou dans de vieux troncs d'arbres. — *Le hibou commun* a 15 pouces de longueur ; les parties supérieures d'un roux clair et variées de brun et de gris cendré.

2°

LES NOCTURNES : Grosse tête ; gros yeux ronds dirigés en avant ; entourés d'un cercle de plumes ; cire poilue. — Ce sont : (*Pl.* 10, *fi.* 1.)

ORDRE DEUXIÈME. — LES PASSEREAUX.

Caractères généraux : Quatre doigts, un derrière, trois devant, dont les deux externes réunis en tout ou en partie ; bas de la jambe emplumé ; ongles et bec droits ; tarses courts et grêles ; femelles plus petites. — Ils vivent par couples ; se nourrissent de grains, de fruits, d'insectes. — Cet ordre se partage en cinq familles.

A. LES DENTIROSTES.

Mandibule supérieure échancrée de chaque côté vers la pointe. — Insectivores et frugivores. — Les principaux genres sont : (*Pl.* 10, *fig.* 2.)

1. LES PIES-GRIÈCHES : Bec conique, comprimé par les côtés, droit jusqu'à la pointe, où il forme un crochet ; voix aiguë, désagréable. Ils poursuivent les petits oiseaux, et défendent courageusement leurs petits contre les gros. — La *pie-grièche commune* est de la taille d'une grive ; grise dessus, blanche dessous ; à ailes et queue noires.

2. LES GOBE-MOUCHES : Bec déprimé horizontalement, poilu à sa base, crochu à sa pointe ; ils chassent aux insectes. *Le gobe-mouche gris* est le plus commun.

3. LES MERLES ET LES GRIVES : Bec comprimé et arqué sans crochet à la pointe ; insectivores. — *Le merle commun*, noir avec le bec jaune, s'apprivoise et répète les airs qu'on lui apprend. — *Les grives* ont le plumage marqué de petites taches noires ou brunes. — *Le moqueur*, merle de l'Amérique, imite le ramage des autres oiseaux.

4. LES LORIOTS : Bec semblable à celui des merles ; ailes plus longues ; pieds plus courts. — *Le loriot d'Europe* mâle est d'un beau jaune.

5. LES LYRES, Oiseaux remarquables par les grandes plumes de leur queue, courbées en lyre. (*Pl.* 13, *fig.* 3.)

6. LES BEC-FINS : Groupe de petits oiseaux à bec droit, menu, semblable à un poinçon ; insectivores. — Principales espèces : *les fauvettes*, parmi lesquelles on range le *rossignol*, d'un roux cendré, et que son chant a rendu célèbre. — *La fauvette proprement dite*, d'un brun cendré au-dessus, blanchâtre dessous. — *Le roitelet*, le plus petit des oiseaux d'Europe. — *Les hoche-queue*, etc.

B. LES FISSIROSTRES.

Bec court, aplati horizontalement, fendu profondément ; insectivores. — Les principaux genres sont : (*Pl.* 4, *fig.* 10.)

1. LES ALOUETTES : Ongle du pouce plus long que les autres ; oiseaux granivores qui nichent à terre. — *L'alouette des champs*, brune dessus, blanche dessous, à vol perpendiculaire. Chair savoureuse.

2. LES MÉSANGES : Bec menu, conique, poilu à sa base ; petits oiseaux très-vifs, voletant sans cesse. — *La charbonnière*, olivâtre dessus, jaune dessous ; tête noire. — *La mésange à tête bleue, huppée*, etc.

3. LES BRUANS : Bec conique, court, droit ; mandibule supérieure rentrant dans l'inférieure. — *Le bruant commun*, dos fauve, taché de noir ; tête et dessous du corps jaune. — *L'ortolan* renommé par sa saveur.

4. LES MOINEAUX : Bec conique, plus ou moins gros à la base ; granivores, voraces. Ce genre comprend plusieurs sous-genres : LES PINÇONS, LES LINOTTES et CHARDONNERETS. *Le chardonneret ordinaire*, brun dessus, blanchâtre dessous, le masque rouge ; apprend à chanter et à faire des tours. *Le tarin commun*, verdâtre. *Le serin des Canaries*, qu'on élève pour l'agrément de son chant. — LES GROS BECS. — LES BOUVREUILS. *Le bouvreuil ordinaire*, cendré dessus, rouge dessous, à calotte noire, apprend à chanter et à parler.

5. LES ÉTOURNEAUX : Bec droit, déprimé vers sa pointe. *L'étourneau commun*, noir, taché de blanc ou de fauve, avec des reflets ; insectivores ; apprend à chanter. — LES BECS-CROISÉS.

6. LES CORBEAUX : Bec fort, aplati sur les côtés ; narines recouvertes par des plumes roides dirigées en avant. Ces oiseaux ont l'odorat très-fin. Ils ont l'habitude de prendre et de cacher les choses mêmes qui leur sont inutiles, comme des pièces d'argent, etc. — *Le corbeau commun*, entièrement noir ; gros comme un coq ; sent les cadavres d'une lieue. *La corneille*, d'un quart plus petite. — On classe dans des sous-genres : LES PIES, LES GEAIS, un des oiseaux qui ont le plus de penchant à imiter toute sorte de sons.

7. LES OISEAUX DE PARADIS : Belles espèces de la zône torride, et dont le plumage nuancé des plus brillantes couleurs, sert à faire des panaches, des aigrettes, etc. Il est de la grosseur d'un merle.

C. LES CONIROSTRES.

Bec conique ; fort, sans échancrure ; granivores : (*Pl.* 10, *fig.* 3.)

1. LES HIRONDELLES : Espèces diurnes, remarquables par l'extrême longueur de leurs ailes et par la rapidité de leur vol. *L'hirondelle de fenêtre*, noire dessus, blanche dessous ; *l'hirondelle de cheminée* ; *l'hirondelle de rivage*, qui s'engourdit pendant l'hiver.

2. LES ENGOULE-VENTS : À plumage gris et brun. L'air, en s'engouffrant dans leur large bec, y produit un bourdonnement particulier. Oiseaux nocturnes.

D. LES TÉNUIROSTRES.

Bec grêle, alongé, sans échancrure, droit ou arqué. (*Pl.* 10, *fig.* 5.)

LES COLIBRIS : Oiseaux d'Amérique, remarquables par leur petitesse et par l'éclat chatoyant de leur plumage. Leur langue extensible est divisée en deux filets qui leur servent à sucer le nectar des fleurs. De ce nombre est *l'oiseau-mouche*, dont le plus petit est de la grosseur d'une abeille

E. LES SYNDACTILES.

Doigt interne à peu près aussi long que celui du milieu : tous deux soudés ensemble jusqu'à l'avant-dernière articulation. (*Pl.* 10, *fig.* 6.)

1. LES MARTINS-PÊCHEURS OU ALCYONS : Oiseaux des deux continens, nichent dans les trous des rivages et se nourrissent de poissons. L'espèce d'Europe, grande comme un moineau, a le plumage verdâtre et noirâtre avec une bande bleue sur le dos.

2. LES CALAOS : Oiseaux d'Afrique et des Indes, remarquables par un énorme bec dentelé, surmonté de proéminences quelquefois aussi grandes que lui. Leur port est celui des corbeaux. Ils font la guerre aux petits oiseaux et aux reptiles, etc.

ORDRE TROISIÈME. — **LES GRIMPEURS.**

Caractères généraux : Deux doigts par-devant, deux par derrière, frugivores ou insectivores, selon la forme de leur bec. (*Pl.* 10, *fig.* 8.)

Les principaux genres sont :

1. LES PICS : Bec long, droit, anguleux, comprimé en coin à son extrémité, et qui leur sert à fendre l'écorce des arbres pour y saisir les larves d'insectes, ou à creuser, dans les vieux troncs, des trous pour y déposer leurs œufs. Leur langue est susceptible de s'alonger beaucoup ; leur queue leur sert d'arc-boutant quand ils grimpent. Leur plumage est nuancé de vives couleurs. — Principales espèces : *le pic noir, le pic vert,* grand comme une tourterelle.

2. LES COUCOUS : Bien connus par leur chant et par l'habitude singulière où est la femelle, d'aller pondre ses œufs dans le nid d'autres oiseaux. *Le coucou d'Europe* est gris-ardoisé.

3. LES TOUCANS : Oiseaux d'Amérique, caractérisés par leur énorme bec presque aussi volumineux que leur corps, et qui pèserait plus, s'il n'était celluleux intérieurement. Ils se nourrissent de fruits et d'insectes, qu'ils jettent en l'air pour les laisser tomber dans le gosier. (*Pl.* 12, *fig.* 1.)

4. LES PERROQUETS : Bec gros, dur, arrondi, entouré à sa base d'une membrane, recourbé à l'extrémité de la mandibule supérieure qui dépasse l'inférieure ; plumage nuancé de vives couleurs. Ils habitent les forêts de la zône torride, se nourrissent de fruits ou de graines qu'ils portent à leur bec avec leurs pattes. On les apprivoise et on leur apprend à répéter des mots.

ORDRE QUATRIÈME. — **LES GALLINACÉS.**

Caractères généraux : Le plus souvent quatre doigts : trois en avant, réunis par une courte membrane, un en arrière qui manque quelquefois ; bec court, la mandibule supérieure en voûte, quelquefois une cirrhe s'étendant jusqu'à la pointe du bec ; tarses assez élevés, garni dans quelques espèces d'une sorte d'éperon pointu (*ergot*). — Grands oiseaux à vol court, mais assez bons coureurs ; ils couvent à terre sans faire de nid (hors les pigeons) ; leurs pontes sont nombreuses, renouvelées plusieurs fois l'année leurs petits marchent en sortant de la coquille. Ils sont granivores et vivent dans tous les climats.

Principaux ordres :

1. LES PAONS : Huppe ou aigrette sur la tête ; tectrices caudales très-longues, terminées par des taches en forme d'œil, nuancées des plus vives couleurs, et susceptibles de s'étaler en éventail. Originaires des Indes.

2. LES DINDONS : Remarquables par des appendices charnues qui pendent le long du cou, et par une autre qui surmonte la tête et s'enfle quand l'animal éprouve des affections vives (*caroncules*). Ses plumes tectrices peuvent aussi se redresser et *faire la roue* comme chez le paon. *Le dindon domestique* a été apporté d'Amérique au quinzième siècle.

3. LES PINTADES : Originaires d'Afrique, ont le crâne surmonté d'une proéminence osseuse en forme de casque, le cou nu, le plumage ardoisé avec des taches blanches. On l'élève en domesticité.

4. LES FAISANS : Joues nues en partie et recouvertes d'une peau rouge : rectrices longues, en forme de toit. Ce sont : (*Pl. 7. fig.* 10.)

   a. LE COQ ET LA POULE *ordinaires*, dont les différentes espèces varient beaucoup pour le plumage et la grosseur.— La poule ne couve qu'une fois par an 18 à 25 œufs qu'elle pond jour par jour. Elle défend ses petits avec courage contre ses ennemis.

   b. FAISANS *proprement dits :* Dans l'espèce qu'on élève en Europe pour le manger, le mâle est d'un fauve doré, maillé de vert, avec la tête et le cou enfoncés : la femelle brunâtre. *Le faisan doré de la Chine* est remarquable par la beauté de son plumage. *L'argus*, faisan de l'Asie, a les pennes des ailes extrêmement longues et couvertes de taches en forme d'yeux.

5. LES TÉTRAS : Une place dégarnie de plumes et rouge au-dessus de l'œil.— Ce sont :

   a. LES COQS *de bruyère :* Jambes emplumées, pas d'ergot. La plus grande espèce surpasse le dindon pour la taille, a le plumage ardoisé. Sa chair est excellente. *La gélinotte*, qui appartient au même groupe, est à peu près de la grosseur de la perdrix ; son plumage est varié de brun, de blanc, de gris et de roux.

   b. LES PERDRIX : Pattes nues, munies d'un ergot chez le mâle ; des sourcils rouges.— *La perdrix grise*, à bec et pieds cendrés. *La perdrix rouge*, à bec et pieds rouges. Dans le même sous-genre on classe *les cailles*. La chair de toutes ces espèces est très-estimée.

6. LES PIGEONS : Quatre doigts entièrement divisés ; bec renflé, un peu courbé à l'extrémité. Ils vivent par couples, nichent sur les arbres. Ces animaux dégorgent, dans le bec de leurs petits, la nourriture qu'ils leur donnent.— *Le ramier*, *la tourterelle*, plus petite, sont des espèces sauvages habitant les forêts. Cette dernière s'élève en volière. (*Pl.* 10, *fig.* 9.)

ORDRE CINQUIÈME. — LES ÉCHASSIERS.

Caractères généraux : Trois doigts par-devant, ordinairement un par-derrière ; tarses très-élevés, grêles, dépourvus de plumes ; cou et bec très-longs ; queue communément courte ; ailes longues (hors une famille) ; mue double dans plusieurs espèces ; marche très-grave ou d'une célérité extrême. Ils peuvent rester des heures entières sur une seule patte ; se tiennent généralement sur le bord des eaux, où ils se nourrissent de poissons, de vers, etc. Cet ordre se partage en cinq familles : les *brévipennes*, les *pressirostres*, les *cultirostres*, les *longirostres*, les *macrodactyles*.

1. LES BRÉVIPENNES : Caractérisés par la brièveté de leurs ailes, qui ne leur permet pas de voler. — Ce sont :

1. LES AUTRUCHES : Les plus gros oiseaux connus. La grande espèce, qui vit dans les sables de l'Afrique, atteint jusqu'à 10 pieds de hauteur, se nourrit d'herbages et de graines. Les plumes de sa queue et de ses ailes, servent à faire d'élégans panaches. Poursuivie, l'autruche lance des pierres en arrière avec vigueur ; elle peut défier tous les animaux à la course. (*Pl.* 13, *fig.* 1.)

2. LE CASOAR, qui lui est inférieur en grosseur, a des plumes semblables à du crin, une espèce de casque osseux sur la tête. (*Pl.* 11, *fig.* 2.)

2. LES PRESSIROSTRES : Bec plus court que dans les autres échassiers, comprimé. — Les genres principaux sont. (*Pl.* 11, *fig.* 1.)

1. LES OUTARDES : Ressemblent par la forme de leur corps aux gallinacés, par la longueur de leur cou et de leurs jambes aux échassiers. *La grande outarde* est fauve, avec des lignes noires ; elle niche dans les blés. C'est un excellent gibier.

2. LES PLUVIERS : Bec renflé au bout, comprimé. — *Les pluviers proprement dits* vivent en troupes, près des lieux humides ; c'est un bon gibier. *Le pluvier doré* est noirâtre, pointillé de jaune.

3. LES VANNEAUX : Se distinguent à peine des précédens. L'espèce d'Europe est noirâtre, grande comme un pigeon, savoureuse. Ce sont, ainsi que les précédens, des oiseaux de passage.

4. LES HUÎTRIERS : A bec plus long, ouvrent les coquilles pour manger les animaux qui y sont contenus. L'espèce d'Europe est noire, de la grosseur d'un canard.

3. LES CULTIROSTRES : Bec en couteau, long, tranchant, pointu.

1. LES GRUES : La plupart ont la tête et le cou nus. *La grue commune*, haute de quatre pieds au moins, est cendrée.

2. LES CIGOGNES : Grands oiseaux pour lesquels on a, en certains pays, beaucoup de vénération, parce qu'ils détruisent les reptiles. *La cigogne blanche*, la plus commune, fait son nid de préférence sur les tours et sur les toits les plus élevés. Ce sont, comme les précédens des oiseaux voyageurs.

4. LONGIROSTRES : Bec long et grêle. — Ce sont :

> LES BÉCASSES : De gros yeux placés en arrière. *La bécasse ordinaire* a le plumage varié en dessus de taches et de bandes grises, rousses et noires. — Dans un sous-genre contigu, on place *les ibis*, dont une espèce, grosse comme une poule, blanche, était l'objet d'un culte chez les Égyptiens. — *Les courlis*; Une espèce grosse comme un chapon, brune, vit en Europe et se mange.

5° Dans la famille des MACRODACTYLES, caractérisés par la longueur de leurs doigts, sont plusieurs genres qu'il nous importe assez peu de connaître : *les flamans* (*pl.* 11. *fig*. 4), auxquels un bec de forme singulière, des jambes et un cou très-longs, donnent un aspect bizarre, *les poules d'eau*, dont l'espèce commune est brune dessus, grise dessous.

ORDRE SIXIÈME. — **LES PALMIPÈDES** (*Oiseaux nageurs*).

Caractères généraux : Pieds entièrement palmés ; tarses courts ; plumage épais, différant dans les femelles ; mue le plus souvent double. — Habitent les mers, les fleuves, etc.; placent leurs nids au milieu des plantes aquatiques ; se nourrissent de poissons, de vers, etc.

On les divise en quatre familles, savoir : (*Pl.* 11, *fig*. 5.)

1° LES PLONGEURS : A ailes très-courtes, ne quittent pas la surface des eaux, marchent difficilement. *Les manchots* des mers du sud, dont les ailes ressemblent à des nageoires, *les pingouins*, etc. (*Pl.* 11, *fig*. 3.)

2° LES LONGIPENNES : A ailes très-longues, et qu'on trouve en pleine mer sur toutes les latitudes. *Les pétrels* ou oiseaux de tempête, parce qu'à l'approche du mauvais temps, ils suivent en troupes les vaisseaux. — *Les albatrosses* ou *moutons du cap*, à plumage blanc ; de la grosseur d'une oie. (*Pl.* 13, *fig*. 2.)

3° LES TOTIPALMES : Quatre doigts réunis par une seule membrane. Les seuls des palmipèdes qui se perchent sur les arbres. — De ce nombre sont *les pélicans*, remarquables par le volume considérable de leur bec, dans lequel ils tiennent en réserve de l'eau ou des provisions. Le pélican ordinaire, d'un blanc légèrement rosé, est de la grosseur d'un cygne. (*Pl.* 11, *fig*. 5.)

4° LES LAMELLIROSTRES : Bec large, épais, garni sur ses bords d'une rangée de lames en forme de dents ; ailes de longueur médiocre. Habitent généralement les eaux douces.

> LES CANARDS ET LES OIES : Divisions du même genre, diffèrent principalement entre eux par les jambes et le cou, moins longs dans les premiers. Les uns et les autres viennent chacun d'une espèce sauvage. *Le canard sauvage* se trouve dans le nord des deux continens, d'où il émigre en troupes nombreuses qui viennent s'abattre dans les pays tempérés, sur les étangs, où on leur fait la chasse. *Le canard domestique* a pris en six mois tout son accroissement. Il ne peut se passer d'eau. Des œufs soustraits au nid d'un canard sauvage et couvés par une poule donnent des canetons, qu'il est facile d'habituer peu à peu à la domesticité. Ces animaux prennent toutes sortes de couleurs dans nos basse-cours.
>
> Dans des sous-genres contigus, on place :
>
> LES CYGNES : Au long cou, avec un bec aussi large en avant qu'en arrière. L'espèce à bec rouge fait l'ornement de nos bassins. Oiseaux volant très-bien. Ils se nourrissent de poissons d'herbages, etc. — *Les macreuses*, gibier recherché. L'espèce commune est noire. — *Les eiders*, oiseaux célèbres par le duvet précieux qu'ils fournissent (*édredon*). Leur plumage est blanchâtre, à calotte, ventre et queue noirs.

TROISIÈME CLASSE.

REPTILES (1).

Conformation : Vertébrés ovipares ; sang rouge et froid ; cœur à un ventricule seulement ; circulation pulmonaire incomplète ; peau nue ou couverte d'écailles ; membres très-courts ou nuls ; sens peu parfaits ; pas de conque à l'oreille ; formes générales bizarres, très-diverses ; œufs glaireux ou a coque dure.

Mœurs et instincts : Animaux généralement tristes, solitaires, à habitudes paresseuses. Les uns passent les premiers temps de leur existence, les autres leur vie entière dans l'eau. Il en est de carnivores et d'herbivores. La plupart avalent leur proie sans la mâcher. Ils peuvent rester long-temps sans prendre de nourriture. Il en est de venimeux et de très-innocens. Les reptiles ne couvent pas leurs œufs. Un certain nombre d'entre eux subissent des *métamorphoses*, c'est-à-dire que leurs petits n'ont pas toujours en naissant la forme qu'ils conservent plus tard. On nomme *têtards* ceux qui naissent avant d'être complètement développés et organisés, à peu près comme des poissons. (*Pl. 14, fig. 2.*) En outre, il en est de sujets à une espèce de *mue* ou changement de peau. Leur voix est en général une espèce de sifflement ; quelques-uns n'en ont pas. Les espèces des pays froids et tempérés sont engourdies pendant l'hiver. Ces animaux peuvent reproduire certaines parties de leur corps (la queue, les pattes), quand on leur a coupées. Ils ont la vie très-dure. On en a vu donner encore des signes des signes d'existence après qu'on leur avait enlevé le cœur, la tête même.

TABLEAU ANALYTIQUE DES ORDRES DANS LA CLASSE DES REPTILES

PEAU	A carapace ou à écailles.—Cœur à deux oreillettes :	Quatre pattes.—Paupières.—Ongles.	Une carapace.—Pas de dents. . . . . . I. Chéloniens ou *tortues.*
			Des écailles.—Des dents. . . . . II. Sauriens ou *lézards.*
		Pas de pattes.—Pas de paupières. . . . III. Ophidiens ou serpens.	
	Nue (sans carapace ni écailles).—Deux à quatre pattes sans ongles. . . . . IV. Batraciens ou *grenouilles*		

Ordre premier. — LES CHÉLONIENS ou TORTUES.

Caractères généraux : (*Pl. 14, fig. 5.*) Corps ovale, court, renfermé dans un test osseux qui ne laisse passer que la tête, les pattes et la queue, et est formé de deux pièces : la supérieure bombée (*carapace*) ; l'inférieure, plus ou moins plate, ne tenant à la paupière que par les côtés (*le plastron*). Cette enveloppe osseuse est tantôt recouverte par la peau, tantôt par des lames cornées qu'on emploie dans les arts sous le nom *d'écaille*. — Yeux munis de paupières ; mâchoires dépourvues de dents et en forme de becs

---

(1) On nomme *Erpétologie* la branche de la Zoologie qui traite des reptiles

cornés, tranchans, se recourbant en se croisant les unes sur les autres. — Le cou, susceptible de s'allonger beaucoup, est revêtu, comme la tête, d'une peau écailleuse.— Animaux inoffensifs et stupides. — Cet ordre ne renferme qu'une famille, qui se partage en trois sections : les tortues *de terre, d'eau douce et de mer*.

A. TORTUES DE TERRE. Carapace bombée ; jambes arrondies par le bout comme des moignons, à doigts très-courts, armés d'ongles, et pouvant, ainsi que la tête, rentrer entièrement dans les boucliers. — *La tortue grecque*, espèce commune en Sardaigne, etc., se distingue à sa carapace recouverte de plaques carrées et jaunes, avec des stries sur les bords. Elle atteint de 5 à 10 pouces de long et vit près de 60 ans. On la mange.

B. TORTUES D'EAU DOUCE. Carapace moins bombée ; doigts plus ou moins palmés. Se nourrissent de poissons, d'insectes. Principales espèces : *la tortue d'eau douce d'Europe* (émyde), à carapace noirâtre, semée de points jaunâtres disposés en rayons. Il en est dont le plastron est divisé en deux battans réunis par une charnière, et entre lesquels l'animal peut se renfermer à volonté comme dans une boîte (*émyde à boîte*). — *Les tortues molles* (tryonix ou à trois ongles), ont les plastrons recouverts, en l'absence d'écailles, d'une peau molle et très-épaisse. Elles atteignent de grandes dimensions.

C. TORTUES DE MER. (*Chélonies.*) Pieds très-alongés, aplatis en nageoires. Leur enveloppe ne peut les contenir entièrement. Principales espèces : *La tortue franche* ou *tortue verte* : A écailles verdâtres, atteint 6 à 7 pieds de long, et jusqu'à 800 livres de poids. On la voit paître en troupes nombreuses les plantes marines. Elle dépose ses œufs sur le sable. Sa chair est bonne à manger.— *Le caret*, un peu moins grande que la précédente, porte 15 écailles fauves et brunes, qui se recouvrent comme des tuiles. Sa chair est désagréable, ses œufs délicats. C'est elle qui fournit la plus belle écaille du commerce.

ORDRE DEUXIÈME. — **LES SAURIENS** OU **LÉZARDS.**

Caractères généraux : Corps alongé, terminé par une queue plus ou moins longue, porté sur quatre ou plus rarement sur deux pattes courtes, généralement armées d'ongles ; peau écailleuse ou chagrinée ; pas de carapace ; des dents, des paupières. Ils changent d'épiderme à chaque printemps ; se nourrissent d'animaux vivans ; déposent leurs œufs dans la terre ou dans le sable ; moins de lenteur que les précédens.— Cet ordre se divise en plusieurs familles, dont les principales sont :

A. LES CROCODILIENS. Les plus grands des sauriens ; queue aplatie sur les côtés ; pieds de derrière palmés ; dents pointues ; trois paupières ; corps recouvert d'écailles dures, carrées, surmontées d'une crête sur le dos et sur la queue.— Animaux carnivores, propres aux pays chauds ; habitant les eaux douces. Il noient leur proie, et la laissent putréfier avant de la manger.— *Le crocodile*, dont une espèce atteint jusqu'à 30 pieds de long.— *Les caïmans* ou *alligators*. (*Pl. 14, fig. 4.*)

B. LES LACERTIENS. Écailles de la peau tuberculeuse en dessus, aplaties en dessous, et disposées par anneaux ou par bandes transversales ; langue mince, se bifurquant en deux filets , et qu'ils lancent hors de la mâchoire avec une extrême vivacité.— Animaux tout-à-fait innocens ; les plus agiles des sauriens.— *Les lézards proprement dits*, caractérisés par leurs formes sveltes , par une queue longue , cylindrique, composée d'anneaux qui se détachent facilement. Ils ont 5 à 15 pouces de long. Insectivores.

C. LES IGUANIENS. Formes analogues à celles des animaux précédens ; langue non extensible , épaisse , échancrée seulement à son extrémité.— *Les iguanes* de l'Amérique méridionale sé distinguent par une rangée d'épines aplaties ou de crêtes qu'ils portent sur le dos , et par une sorte de goitre, ou repli de la peau , pendant sous la gorge. Une espèce acquiert jusqu'à 4 à 5 pieds de longueur. Leur chair est délicate.— *Les dragons* sont des iguaniens , dont les côtes , au lieu de se contourner en cercle autour de la poitrine , s'étendent en ligne droite, et soutiennent des prolongemens de la peau , en forme d'ailes analogues à celles des chauves-souris , mais qui ne s'étendent pas d'une patte à l'autre , et ne permettent pas le vol; elles peuvent seulement soutenir l'animal lorsqu'il saute d'une branche à l'autre.— Animaux innocens; insectivores ; nageant fort bien ; de petite taille. (*Pl.* 15, *fig.* 5.)

D. LES CAMÉLÉONS. Peau grisâtre, chagrinée ; dos tranchant ; quatre pattes ; queue; langue vermiforme qu'ils dardent avec rapidité sur les insectes dont ils font leur proie ; 12 à 15 pouces de longueur. Ces animaux peuvent changer de couleur , ou du moins refléter diverses teines jaunes , pourprées , etc., selon les affections qu'ils éprouvent. Ils jouissent aussi de la faculté de se gonfler au point de doubler de diamètre ; faculté qu'ils doivent au volume de leurs poumons qui occupent , quand ils sont pleins d'air , une grande partie du tronc. Ils vivent dans les forêts des pays chauds, perchés sur des arbres. (*Pl.* 14, *fig.* 5.)

ORDRE TROISIÈME. — **LES OPHIDIENS ou SERPENS.**

Caractères généraux : Corps très-alongé, cylindrique, sans pattes ; gueule fendue profondément; pas de paupières ; des dents aigües et des crochets à venin dans un certain nombre de genres ; langue longue , ordinairement fourchue et sortant avec vitesse de la bouche. Ces animaux changent une fois par an d'épiderme, qu'ils quittent d'une seule pièce. Leur progression s'opère au moyen des replis ou sinuosités qu'ils font sur le sol. Il en est d'aquatiques. On les trouve dans les pays chauds ; ils vivent dans des lieux obscurs. Il en est d'ovipares et d'ovovivipares. On les divise en trois familles : les *anguis*, les *serpens proprement dits*, les *serpens nus.*

A. LES ANGUIS.	Animaux faibles , innocens , de petite taille , qu'on pourrait , si ce n'était l'absence des pattes , classer parmi les sauriens ; leur corps est recouvert d'écailles qui se recouvrent comme des tuiles.— *Les orvets*, jolis petits ophidiens , insectivores , vivant dans des trous ; se roidissant tellement contre la main qui les saisit , qu'on les voit fréquemment se rompre, ce qui leur a fait donner le nom de *serpens de verre*. L'espèce commune en Europe atteint environ un pied de long , a des écailles d'un jaune argenté en dessus , noirâtres dessous ; queue de la longueur du corps.

1° Celle des *double-marcheurs* : Ainsi nommée parce que leur tête étant toute d'une venue avec le reste du corps, il peuvent marcher également en avant et en arrière. Les mâchoires ne sont pas disposées de manière à permettre la dilatation de la gueule. Tels sont les *amphisbènes* qui ont d'un à deux pieds de longueur et la forme d'un ver de terre.

2° Celle des *vrais serpens* : Espèces dans lesquelles les mâchoires sont susceptibles de s'écarter à un tel point que l'animal peut avaler une proie beaucoup plus grosse que lui ; leur peau est souvent recouverte de de grandes écailles en forme de plaques ; on les distingue en espèces *non venimeuses* et espèces *armées d'un venin*.

a. *Les boas :* Il en est qui atteignent plus de 30 pieds de longueur. Ils se nourrissent de grands quadrupèdes qu'ils commencent par étouffer, par broyer en quelque sorte dans leurs replis, puis qu'ils avalent en entier, quelque soit leur volume. Tant que dure le pénible travail de cette déglutition et de la digestion qui la suit, l'animal reste immobile et dans une torpeur profonde. C'est un moment favorable pour l'attaquer.

b. *Les couleuvres :* Se distinguant des espèces dont nous venons de parler par des plaques doubles ou par paires sous la queue. Leur tête est généralement aplatie, ovale, couverte de grandes plaques en forme de losange et se recouvrant comme des tuiles. Leur langue, semblable à celle des lézards, ne lance pas de venin comme on le croit vulgairement. Ces animaux n'ont aucun moyen de nuire. Naturellement doux, ils sont susceptibles de se familiariser avec l'homme. Ils se nourrissent, selon leur taille, d'insectes, de reptiles, de poissons. — Espèces principales : *les pythons*, de l'Amérique équinoxiale, atteignent à peu près la taille des boas. — Les petites espèces (*couleuvres proprement dites*), ne dépassent pas celle des orvets. — *La couleuvre à collier*, la plus commune en France, doit son nom à trois taches blanches qu'elle porte derrière la tête ; le reste du corps est cendré, avec des taches noires le long des flancs ; les écailles relevées en arrête. Elle est commune dans les prés, dans les eaux dormantes. Elle vit de grenouilles, d'insectes, etc. Sa taille est d'un à trois pieds. Elle nage avec facilité. On la mange dans plusieurs provinces. — *La couleuvre verte et jaune* grimpe après les arbres et fait la guerre aux petits oiseaux. — *La lisse* est roux-brun, marbrée en dessous, avec deux rangs de petites taches noirâtres sur le dos.

10

B. LES SERPENS *proprement dits.* Cette famille se divise en deux tribus:

1. ESPÈCES NON VENIMEUSES On en fait deux genres principaux : (*Pl. 15.*)

2.

ESPÈCES VENIMEUSES portant à la mâchoire supérieure deux dents recourbées (*crochets à venin*) que l'animal redresse à volonté, et qui sont percées d'un canal par où s'écoule le venin. Cette humeur est fabriquée par une glande située à la base des crochets. — On en fait deux genres principaux : (*Pl. 14, fig. 1.*)

a. *Les crotales* ou *serpens à sonettes* : Ainsi nommés du bruit que font les unes sur les autres les plaques de la queue. Ils atteignent 6 pieds de longueur. Leur morsure cause la mort d'un homme en quelques instans. Ils habitent l'Amérique septentriônale.

b. *Les vipères* : Relativement à la forme du corps et à la disposition des écailles, elles ressemblent complètement aux couleuvres ; mais elles en diffèrent par la présence de *crochets à venin*. Il est des espèces, dans les pays chauds, qui atteignent 5 à 6 pieds de long. Tel est le *naïa* ou *serpent à lunettes*, ainsi nommé d'une tache brune en forme de lunettes qu'il porte sur le cou. Cet animal jouit de la singulière faculté de rentrer la tête dans le cou, considérablement élargi au moyen de ses côtes, qui se relèvent et soulèvent sa peau en cet endroit. — *La vipère commune*, longue de 17 pouces à 2 pieds, brunâtre en dessus, avec une ligne noire en zig-zag, et deux rangées de taches noires de chaque côté, ardoisée en dessous. On la rencontre aux environs de Paris, dans les lieux boisés et rocailleux. Elle se nourrit de reptiles, de souris, etc. Sa morsure, sans être mortelle pour l'homme, peut cependant occasionner de graves accidens. (*Pl. 15, fig. 1.*)

C. LES SERPENS NUS : Ainsi nommés, parce que leur peau est lisse et dépourvue d'écailles.

ORDRE QUATRIÈME. — **LES BATRACIENS.** (*Grenouilles.*)

Caractères généraux : Reptiles caractérisés par l'absence d'écailles ou de carapace, et par les métamorphoses qu'ils subissent. Au sortir de l'œuf, le batracien se nomme *têtard* ; il a le corps mollasse, de forme ovale, terminé par une longue queue en nageoire ; il est dépourvu de pattes, respire par des branchies, et vit dans l'eau. (*Pl. 14, fig. 2.*) Parvenu à l'état de *batracien parfait*, il a quatre pattes à doigts distincts et sans ongles en général. Il se nourrit de vers, d'insectes, etc., vit dans les lieux humides, plus rarement sur les arbres. Il pond des œufs mous, réunis en chapelet, et qu'il dépose au fond de l'eau, où ils se gonflent beaucoup. — Les principaux genres sont :

1. *Les grenouilles* : N'ont pas de queue à l'état parfait. Dans les pays tempérés, elles s'enfoncent pendant l'hiver dans des trous, où elles vivent sans manger et sans respirer. — *Les crapauds* s'en distinguent par les espèces de verrues ou de tubercules qui recouvrent leur peau grisâtre ou olivâtre, tandis que celle des grenouilles proprement dites, est d'un beau vert tacheté de noir, avec trois raies jaunes sur le dos. Les œufs de ces reptiles sont réunis en cordons, qui ont quelquefois plus de 20 pieds de longueur. — Chez les *pipa* (espèces de crapauds exotiques), le mâle étend les œufs lorsqu'ils sont pondus, sur le dos de la fe-

melle, dont la peau se tuméfie en cet endroit, et forme autour de ces œufs une espèce de cellule dans laquelle le têtard se développe et subit toutes ses métamorphoses.

2. *Les salamandres* : Forme générale des lézards. Plusieurs espèces vivent en Europe. Elles sont ou *terrestres* ou *aquatiques*. Celles-ci repoussent plusieurs fois de suite le même membre, quand on le leur coupe. Une autre propriété non moins singulière, c'est de pouvoir être prises dans la glace et d'y passer assez long-temps sans périr. *La salamandre commune* est noire, avec de grandes taches d'un jaune vif; dans le danger, elle laisse suinter, de tubercules situés sur ses côtés, une liqueur laiteuse, amère, qui empoisonne les petits animaux. C'est un préjugé de croire qu'elle peut résister aux flammes.

QUATRIÈME CLASSE.
POISSONS [1].

Conformation : Vertébrés ovipares, à sang rouge et froid; respiration branchiale; cœur à un ventricule; peau nue et écailleuse. Deux mâchoires mobiles garnies de dents. Formes très-diverses. — Une nageoire verticale à l'extrémité du corps, et à la place des membres, deux paires de nageoires *dorsales* et *ventrales*, soutenues par des appendices osseux ou cartilagineux (*rayons*), tantôt longs et pointus (*rayons épineux*), tantôt formés de plusieurs pièces articulées (*rayons mous*). — Outre les nageoires paires qui représentent les membres, il en est d'autres qu'on désigne par le nom de la partie du corps qu'elles occupent. Quelquefois on voit des rayons sans membranes; d'autres fois des membranes sans rayons. Quelques espèces sont totalement dépourvues de ces appendices. Ce qu'on nomme communément *arêtes*, ce sont les côtes, qui sont longues et grêles, et certaines parties des vertèbres (*apophyses*), qui se prolongent beaucoup. Les poissons pondent leurs œufs mous. Leur cerveau est très-petit.

Mœurs et instincts. Animaux entièrement conformés pour la natation, et trouvant dans la résistance de l'eau qu'ils frappent alternativement à droite et à gauche de leur nageoire *caudale*, un point d'appui qui leur permet de se lancer en avant. Les nageoires paires paraissent plus particulièrement destinées (sauf quelques exceptions) à maintenir l'équilibre du corps, et à l'empêcher de se porter plutôt d'un côté que de l'autre. Un grand nombre d'espèces portent au-dessous de l'épine, du côté du dos, une vessie remplie d'air (*vessie natatoire*), qui, par les divers degrés d'expansion ou de compression dont elle est susceptible, diminue ou augmente le poids spécifique de l'animal, et lui permet de monter ou de descendre dans l'eau. Les poissons n'ont pas d'organes vocaux. *Les barbillons* ou filamens, situés aux environs de la bouche, ont été regardés comme organes du tact. Les autres organes des sens paraissent peu développés. Ce sont des animaux stupides, dont la fécondité est telle, qu'on a compté plusieurs centaines de mille d'œufs chez un seul individu. Ils se nourrissent généralement de poissons plus petits qu'eux, ou de mollusques, d'insectes. On

---

(1) La partie de la Zoologie qui traite des poissons a reçu le nom spécial d'*Ichthyologie*.

en voit entreprendre des migrations par bandes immenses, d'une mer à une autre. Ils se meuvent avec une grande vélocité. Un saumon peut franchir environ huit lieues en une heure.

TABLEAU ANALYTIQUE DES ORDRES DANS LA CLASSE DES POISSONS.

POISSONS				
OSSEUX.	Rayons de la nageoire *dorsale* et des nageoires *ventrales* épineux en partie.			I. ACANTHOPTÉRYGIENS.
	Rayons des nageoires *mous* (hors quelquefois le premier de la *dorsale* et des *pectorales*.)—Nageoires *ventral*.	En arrière, à distance des *pectorales*. . . .	MALACOPTÉRYGIENS.	II. ABDOMINAUX.
		En devant; peu en arrière des *pectorales*..		III. SUBBRACHIENS.
		Sans nageoires *ventrales*.		IV. APODES.
	Branchies en forme de houppes ou d'aigrettes.			V. LOPHOBRANCHES.
	Mâchoires soudées au crâne.			VI. PLECTOGNATES.
CARTILAGINEUX.	A branchies *libres*.			VII. STURIONIENS.
	A branchies *fixes*.	Bouche transverse sous le museau.		VIII. SÉLACIENS.
		Bouche ronde au bout du museau.		IX. CYCLOSTOMES.

ORDRE PREMIER. — ACANTHOPTÉRYGIENS.

Caractères communs : Caractérisés par des épines qui tiennent lieu de premiers rayons aux nageoires dorsales, ou qui les soutiennent seules quand il en existe deux. Quelquefois même à la place d'une première dorsale, on n'observe que quelques épines libres. Il y en a aussi, pour l'ordinaire, une pour chaque ventrale. — Cet ordre forme dans Cuvier quinze familles, dont nous ne citerons que les principales :

A. *Famille des* PERÇOIDES : Corps oblong, à écailles dures ou raboteuses: opercule dentelé ou épineux :
Les perches : Opercule à deux ou trois pointes. — *Perche commune :* Verdâtre, à larges bandes noirâtres ; dorsales rouges. Vit dans les eaux pures.

B. *Famille des* JOUES CUIRASSÉES : Développement particulier des os des joues, qui donne à la tête un aspect singulier :
Les trigles ou *grondins :* (du bruit qu'ils font quand on les retire de l'eau), Une grosse tête, de forme cubique. — *Le rouget commun :* Poisson de couleur rouge, et que l'on mange.

C. *Famille des* SQUAMMIPENNES : Ainsi nommés des écailles qui recouvrent les nageoires :
Les chætodons : Dents semblables à du crin. Une espèce a l'instinct de lancer des gouttes d'eau sur les insectes qui se tiennent près du rivage, pour les faire tomber dans ce liquide et s'en nourrir.

D. *Famille des* SCOMBRES : Poissons à petites écailles; à corps lisse ; à nageoire caudale très-vigoureuse :

1. *Les maquereaux* : Corps en fuseau; dos bleu, marqué de raies noires dans *le maquereau commun*, excellent poisson qui habite nos côtes océaniques.

2. *Les thons* : Thorax recouvert d'écailles plus grandes et moins lisses que le reste du corps. *Le thon commun*, qu'on pêche dans la Méditerranée, dépasse 15 pieds.

E. *Famille des* PECTORALES PÉDICULÉES : (Nageoires pectorales supportées par un prolongement en forme de bras.)

Les baudroyes : Peau sans écailles ; tête faisant à elle seule les deux tiers du corps , épineuse en plusieurs points. *La baudroye commune*, à figure hideuse , atteint 4 à 5 pieds de longueur. Il est des espèces qui peuvent, à l'aide de leurs nageoires , ramper et vivre hors de l'eau trois ou quatre jours. Ce sont des poissons voraces.

F. *Famille des* LABROÏDES : Mâchoires couvertes de lèvres charnues ; corps oblong , écailleux :

Les filons peuvent avancer subitement leur bouche en une espèce de tube , à l'aide duquel ils saisissent les poissons au passage.

ORDRE DEUXIÈME. — MALACOPTÉRIGIENS ABDOMINAUX.

Caractères communs : Nageoires placées sous le ventre , en arrière des pectorales. — Ce sont la plupart des *poissons d'eau douce.*— Cet ordre renferme cinq familles :

A. *Famille des* CYPRINS: Corps écailleux; bouche peu fendue , le plus souvent sans dents; les moins carnassiers des poissons. — Genre principal :

Les cyprins : De grandes écailles ; une seule nageoire dorsale ; bouche petite ; langue lisse ; pas de dents dans la bouche , mais de grosses dents servant à la mastication dans le pharynx. Vivent de graines , d'herbages, de limon.— on place dans des sous-genres : *a* LES CARPES , caractérisées par une dorsale longue , ayant une épine plus ou moins grande pour deuxième rayon. *La carpe commune* peut atteindre jusqu'à 4 pieds de long. *La dorade de la Chine* : Petit poisson d'un beau rouge doré , qu'on élève pour l'ornement des bassins. *b* LES BARBEAUX : A dorsale courte , avec une forte épine pour deuxième ou troisième rayon , et quatre barbillons. *Le barbeau commun* , à tête oblongue , peut atteindre jusqu'à 10 pieds de longueur. *c* LES TANCHES : Très - petites; écailles ; pas d'épines aux dorsales. *La tanche commune* , courte et grosse , d'un brun jaunâtre , vit dans les eaux stagnantes. On la mange. *d.* LES ABLES : pas d'épines à la dorsale ni de barbillons. *L'ablette*, est un des poissons dont les écailles , enduites d'une matière nacrée , servent à fabriquer les fausses perles. *e* LES GOUJONS : Des barbillons ; dorsale courte , sans épine. Vivent en troupes dans les eaux douces.

B. *Famille des* ÉSOCES : Poissons voraces ; plusieurs remontent dans les rivières. — Genres principaux :

> 1. *Les brochets* : Langue et arceaux des branchies hérissés de dents qui manquent aux mâchoires. Vessie natatoire très-grande. Museau oblong. — Un des poissons les plus voraces et les plus destructeurs.
>
> 2. *Les exocets* : Remarquables par la grandeur de leurs *pectorales*, qui peuvent les soutenir quelques instans en l'air : faculté dont ils profitent pour échapper aux poissons voraces.

C. *Famille des* SILUROÏDES : Pas de véritables écailles ; peau nue ou couverte de grandes plaques osseuses. — Genre principal :

> *Les silures* : Le premier rayon de la pectorale est une forte épine qui fait une blessure dangereuse. — *Le silure électrique du Nil* fait éprouver à celui qui le touche une commotion électrique.

D. *Famille des* SAUMONS : Corps écailleux ; dorsales sans épines ; poissons voraces, remontant presque tous dans les rivières. — Genres principaux :

> *Les saumons* proprement dits : A chair rouge à taches brunes irrégulières, viennent en grandes troupes des mers arctiques, d'où ils entrent dans les rivières au printemps. Il en est de plus de 7 pieds de long. — *La truite*, espèce du même genre, moindre de taille, à peau tachetée, vit dans les eaux vives. LES ÉPERLANS, sous-genre voisin, leur ressemblent beaucoup pour la forme, mais leur peau est sans taches. On en connaît qu'une espèce, petite, d'un éclat argenté, excellente à manger. — LES OMBRES, autre sous-genre, ont les écailles plus grandes, la bouche peu fendue. *L'ombre commune* a la première dorsale aussi haute que le corps, qui est bleuâtre, rayé de noir. Sa chair est de bon goût.

E. *Famille des* CLUPES : Corps bien écailleux ; une partie seulement remonte dans les rivières. — Genres principaux :

> 1. *Les harengs* : Partent tous les ans en été des mers du nord, et descendent en troupes innombrables sur les côtes occidentales de France. On équipe des flotilles entières pour leur pêche. Les meilleurs sont ceux que l'on prend le plus au nord. — *La sardine*, moindre que le hareng, appartient à un sous-genre voisin, et atteint jusqu'à 3 pieds de longueur. On la prend dans les rivières, où elle remonte au printemps.
>
> 2. *Les anchois* : Genre voisin, à gueule encore plus fendue, à museau pointu : *L'anchois vulgaire*, long de quelques pouces, se pêche dans la Méditerranée. C'est un assaisonnement recherché.

ORDRE TROISIÈME. — MALACOPTÉRYGIENS SUBRACHIENS.

Caractères généraux : Nageoires ventrales attachées aux os de l'épaule sous les pectorales.

A. *Famille des* GADES : Caractérisée par des ventrales attachées sous la gorge et terminées en pointe ; des nageoires molles ; des écailles peu volumineuses. — Genre unique, divisé en plusieurs sous-genres, savoir :

a. *Les morues :* longues de 2 à 3 pieds, à dos tacheté de jaunâtre et de brun, habitent la mer du nord, où des flotilles se rendent chaque année pour les prendre. b. LES MERLANS, à la différence des morues, n'ont pas de barbillons. *Le merlan commun*, des côtes de l'Océan, a un pied de longueur environ, le dos gris-roussâtre, le ventre argenté.

c. *Les merluches :* Deux nageoires dorsales, pas de barbillons. *Le merlus ordinaire*, long d'un à deux pieds, à dos gris-brun. Salé et séché dans le nord, il prend le nom de *stock-fisch*, qu'on donne aussi à la morue sèche.

d. *Les lottes :* Deux nageoires dorsales, des barbillons. *La lotte commune*, longue d'un à deux pieds, jaune, marbrée de brun, presque cylindrique, remonte dans les eaux douces. On estime sa chair.

B. *Famille des* POISSONS PLATS OU à *corps comprimé*. Cette famille comprend un grand genre :

Les pleuronectes : Présentant une disposition unique dans les vertébrés : c'est le défaut de symétrie de la tête, où les deux yeux sont du même côté, qui est ordinairement brun, tandis que l'autre est blanchâtre. Le reste du corps participe légèrement à cet anomalie. Ces poissons n'ayant pas de vessie natatoire, quittent peu le fond ; ils nagent obliquement, le côté des yeux en dessus.— On en forme plusieurs sous-genres. a. LES PLIES, qui ont les yeux à droite, la forme rhomboïdale. (*La plie franche ou carrelet, la limande.*) b. LES TURBOTS : Yeux à gauche ; corps presque aussi haut que long. (*Pl.* 17, *fi.* 2.) c. LES SOLES : Bouche contournée et garnie de dents du côté opposé aux yeux seulement. Ces différentes espèces fournissent un aliment recherché.

ORDRE QUATRIÈME. — MALACOPTÉRYGIENS APODES.

Caractères généraux : Pas de nageoires ventrales.—Cet ordre renferme une famille unique :

Famille des ANGUILLIFORMES: Forme alongée ; peau épaisse et molle : écailles presqu'imperceptibles. — Genres principaux :

1. *Les anguilles :* Corps long et grêle ; peau grasse et épaisse. On connaît plusieurs espèces d'*anguilles proprement dites.* Ces poissons vivent dans des trous qu'ils pratiquent dans la vase et d'où ils ne sortent que la nuit. *Le congre commun* est une grosse anguille de mer, longue de 5 à 6 pieds. On l'estime peu pour la table. — Dans un sous-genre voisin, on classe les MURÈNES, dont la plus connue, très-commune dans la Méditerranée, atteint 5 pieds de plus de longueur ; son corps est marbré de brun et de jaunâtre. Sa morsure est souvent cruelle. Il est des espèces qui ont des dents aiguës sur deux rangs à chaque mâchoire.

2. *Les gymnotes :* Poissons d'eau douce, n'ont ni nageoires dorsales, ni caudales. *La gymnote électrique* de l'Amérique méridionale, atteint 5 à 6 pieds de longueur. Elle donne des commotions électriques tellement fortes, qu'elles abattent de grands quadrupèdes. Cette propriété, qu'elle doit à un appareil organique particulier, lui sert à tuer, même à distance, les poissons dont elle veut faire sa proie.

ORDRE CINQUIÈME. — LOPHOBRANCHES.

Caractères généraux : Branchies en forme d'aigrettes ou de petites houppes rondes ; corps recouvert d'écussons qui le rendent anguleux.

Les genres principaux sont :

1. *Les hipocampes* ou *chevaux marins :* Poissons de la Méditerranée, dont le tronc, plus élevé que la queue, a été comparé en petit à l'encolure d'un cheval. Leur queue n'a pas de nageoire.

2. *Les pégases :* Petits poissons de la mer de Indes, ainsi nommés de leurs nageoires pectorales étalées en forme d'ailes ou d'éventail.

ORDRE SIXIÈME. — PLECTOGNATES.

Caractères généraux : Mâchoire soudée au crâne ; pas de nageoires ventrales ; opercules cachés sous une peau épaisse : squelette très long à devenir osseux. Cet ordre comprend deux familles :

A. *Famille des* GYMNODON-
TES : Mâchoires garnies,
en places de dents, de
lames d'ivoire.— Princi-
paux genres :

1. *Les diodons* ou *orbes épineux :* Peau recouverte de gros aiguillons pointus. Ces animaux
peuvent se gonfler en avalant de l'air : dans
cet état ils présentent l'aspect d'une boule
hérissée qui flotte à la surface de l'eau. L'espèce commune a plus d'un pied de diamètre.
—Habitent généralement les mers des pays
chauds.

2. *Les tétrodons :* Jouissent de la même propriété. Leurs épines sont plus petites. Une
espèce est électrique. Il en est qui passent
pour venimeuses.

B. *Famille des* SCLÉRODERMES:
Museau conique terminé
par une petite bouche ar-
mée de dents ; peau rude,
recouverte d'écailles ou
de plaques dures :

Les coffres ont , en places d'écailles , des espèces de plaques osseuses, soudées en compar-
timens réguliers et constituant une sorte de
carapace qui enveloppe tout le corps hors les
nageoires , la queue et la bouche. Ils ont peu
de chair ; des dents coniques ; le corps de
forme triangulaire ou quadrangulaire.

ORDRE SEPTIÈME. — STURIONIENS

Caractères généraux : Poissons cartilagineux , à branchies libres ;
ouïes à un seul orifice, très-ouvert.— Cet ordre comprend le genre ESTUR-
GEON : A corps alongé, de la forme des squales , mais s'en distinguant par
des écussons osseux, disposés en rangées horizontales ; la tête est cuirassée
de même ; la bouche petite , dépourvue de dents , placée sous le museau ,
qui porte des barbillons. Ces poissons remontent de la mer dans les rivières , où on les pêche. Leur chair est agréable. Leur vessie natatoire
sert à faire *la colle de poisson.* On mange leurs œufs préparés sous le
nom de *caviar.*— *L'esturgeon commun* a 6 ou 7 pieds de long ; le *sterlet*
ou *petit esturgeon* 2 pieds ; le grand 12 à 15.

ORDRE HUITIÈME. — SÉLACIENS.

Caractères généraux : Poissons cartilagineux ; à branchies fixes ; à
bouche transversale sous le museau.

Les squales : Corps alongé ; museau proéminent ; queue grosse ; plusieurs sont vivipares. On classe dans un sous-genre : LES REQUINS : A dents tranchantes, pointues, le plus souvent dentelées sur leurs bords. *Le requin proprement dit* atteint jusqu'à 25 pieds de longueur. On le trouve dans toutes les mers. Il est redouté par sa férocité. (*Pl. 17, fig. 1.*)

2. *Les marteaux :* Remarquables par la forme aplatie de leur tête, dont les côtés se prolongent transversalement en branchies qui les font ressembler à un marteau.

3. *Les scies :* Forme générale des squales. Principalement remarquables par un bec ou museau en forme d'épée, et armé de chaque côté de dents pointues. L'espèce commune a 12 à 15 pieds de long.

4. *Les raies :* Corps aplati horizontalement et semblable à un disque. Pectorales très-amples ; petites dents serrées. On mange plusieurs espèces. La plus estimée est la *raie bouclée.* — On classe dans un sous-genre LES TORPILLES, de forme circulaire, célèbres par par les propriétés électriques qu'elles possèdent.

ORDRE NEUVIÈME. — LES CYCLOSTOMES.

Caractères généraux : Corps alongé, terminé par une lèvre circulaire ou demi circulaire. Ni ventrales, ni pectorales ; squelette imparfait. — Principal genre : LES LAMPROIES : Leur peau se relève au-dessus et au-dessous de la queue en une crête qui tient lieu de nageoire ; la langue a deux rangées longitudinales de petites dents, et se porte en avant et en arrière, ce qui permet à l'animal d'opérer la succion. C'est même ainsi qu'il attaque les grands poissons. *La grande lamproie,* longue de 2 à 3 trois pieds, marbrée de brun sur un fond jaunâtre, est un aliment recherché. Elle remonte au printemps dans les fleuves. On mange aussi deux espèces plus petites qui habitent les rivières.

INVERTÉBRÉS.

Caractères généraux : Point de colonne vertébrale ; point d'os proprement dits ; les membres, quand ils existent, sont au moins au nombre de six. L'existence des sens n'est pas constante. Les mâchoires, en nombre indéterminé, se meuvent latéralement. Beaucoup manquent d'organes circulatoires. Les sexes ne sont pas toujours séparés.

CINQUIÈME CLASSE.

MOLLUSQUES.

Caractères généraux : Animaux plus ou moins symétriques, sans squelette articulé ; corps mou, enveloppé d'une membrane ou peau de forme variable (*le manteau*) dans l'épaisseur ou à la surface duquel se dépose le plus souvent une seconde enveloppe calcaire (*la coquille*), d'une ou plusieurs pièces. Circulation complète, à sang blanc ; respiration aquatique ou aérienne. Système nerveux offrant un certain nombre de ganglions, dont le principal (le cerveau) est situé au-dessus de l'œsophage.

Conformation: Peau molle, toujours humide et visqueuse, très-sensible; souvent plus ample qu'il ne serait nécessaire pour recouvrir simplement le corps, et formant des replis (d'où lui vient le nom de *manteau*); souvent aussi se creusant en forme de sac, s'étendant en nageoires, ou formant un tuyau, un disque. Couleur généralement pâle, d'un jaune ou blanc sale, quelquefois offrant des couleurs très-vives. Forme variable à l'infini, et principalement relative au lieu que l'animal habite. La tête n'est pas toujours distincte; elle présente, 1° *les tentacules*, appendices de forme variable; généralement rétractiles, c'est-à-dire susceptibles de rentrer en eux-mêmes, et qui sont les organes principaux du tact. 2° La bouche, de forme variable, souvent munie d'appendices particuliers. 3° Les yeux manquant dans un certain nombre de mollusques; sessiles ou pédiculés, c'est-à-dire placés sur des tentacules. 4° Dans la première classe, huit ou dix appendices qui servent à la préhension et à la locomotion. On ne sait rien de positif sur l'existence des autres sens, qui paraissent manquer dans le plus grand nombre. Il en est qui offrent les sexes séparés, il en est d'hermaphrodites; quelques-uns sont ovovivipares, les autres sont ovipares. Outre les fibres musculaires qui entrent dans la structure de la peau, et la rendent susceptible de se contracter dans tous les sens, les mollusques ont de véritables muscles qui s'insèrent, soit à la surface interne de cette peau, soit à la coquille, et déterminent la locomotion générale. On nomme *pied* une sorte de disque, à l'aide duquel rampent certains mollusques, et qui résulte du prolongement de la peau et de sa couche musculaire à la partie inférieure du corps. Il en est qui offrent aussi des nageoires, des lobes, des appendices particuliers en forme de bras. Ces divers organes se modifient selon le mode de locomotion propre à l'animal (natation, reptation). (*Pl.* 18, *fig.* 1.)

2. On appelle mollusques ᴛᴇsᴛᴀᴄés ceux dont le corps est protégé par un test ou *coquille*; mollusques ɴᴜs, ceux qui n'ont d'autre abri que leur *manteau*, ordinairement, dans ce cas, plus dur et plus épais que dans les premiers. Les coquilles sont formées de carbonate de chaux (*voyez la Minéralogie*) et d'une matière animale de nature muqueuse. Leur coloration très-variée, est due à quelques oxides métalliques. Elles se composent de lames ou de couches minces qui transsudent des pores du manteau, et se déposent successivement les unes en dedans des autres. (*Voyez la page suivante.*)

Mœᴜʀs ᴇᴛ ɪɴsᴛɪɴᴄᴛs. Les mollusques se classent, sous le rapport de leur habitation: 1° En *marins*, habitant soit la haute mer, où on les trouve voguant sans cesse, soit sur les rivages, dans les fonds ou sur les rochers. Ils peuvent vivre à de grandes profondeurs. 2° En *fluviatiles*, habitant les rivières, les lacs, etc., rampant sur les plantes aquatiques, sur le fond, mais jamais à de grandes profondeurs. 3° En *terrestres* qu'on trouve dans les jardins, dans les bois; se cachant dans la terre, dans les fentes des rochers, etc.— Les mollusques sont des êtres faibles, incapables d'attaquer, n'ayant guère pour moyen de défense que leur test calcaire.

On considère LES COQUILLES relativement à:

1° *Leur volume ou capacité: Coquilles engaînantes:* Contenant l'animal tout entier; *recouvrantes:* Couvrant seulement sa partie supérieure comme un bouclier.

2° *Leur composition:* COQUILLES BIVALVES; quand elles sont formées de deux panneaux ou *valves,* articulées entre elles par une charnière; UNIVALVES, formées d'une seule valve.

1° Les coquilles UNIVALVES considérées relativement:

A. *A leurs formes:* Offrent un grand nombre de variations; elles sont *symétriques* ou *non,* c'est-à-dire offrant la forme d'un cône contourné sur lui-même en spirale; *turriculées,* quand la spire est à angle aigu et se contourne en un cône alongé; *turbinées,* quand le dernier tour de spire enveloppe les autres; *discoïdes,* quand les tours de spire sont sur le même plan; *tubuleuses, naviculaires, cylindriques,* etc.

B. *A leurs parties constituantes:* Sont *polythalames* ou *pluriloculaires,* quand elles offrent à l'intérieur plusieurs cavités fermées par des cloisons; *monothalames* ou *uniloculaires,* quand elles ne renferment qu'une cavité simple.— Dans les *coquilles spirées,* on remarque une ouverture (*la bouche*), dans laquelle on distingue un bord *gauche,* situé du côté de l'axe de la coquille; un bord *droit* du côté opposé. Cet axe est tantôt fictif, ou représenté par un espace vide en forme de cône, étendu de la base au sommet (*l'ombilic*); tantôt plein et occupé par une colonne torse ou lisse (*la columelle.*)

C. *A leur superficie:* Offrent des *sillons,* des *stries,* des *côtes,* des *épines,* etc.

A. *A leurs formes:* Sont *équivalves* ou *inéquivalves, closes* ou *baillantes, lenticulaires, globuleuses,* etc.

B. *A leurs parties constituantes:* Offrent à remarquer, 1° *les bords* des valves; 2° leurs moyens d'*union.* Ils consistent: a. *Dans la charnière,* partie du bord supérieur qui offre des dents et des cavités dans lesquelles ces dents s'emboîtent. b. *Dans les ligamens élastiques:* Paquet de fibres trèsdures, s'attachant à l'une et l'autre valve qu'elles tendent toujours à ouvrir, effet qui a pour antagoniste l'action des muscles *adducteurs,* qui fixent l'animal à sa coquille et la ferment à son gré.

2° Les coquilles BIVALVES considérées relativement:

C. *A leur superficie:* Sont *lamelleuses, épineuses, tuberculeuses, lisses,* etc.

D. *A leur habitation:* Sont *adhérentes,* par différens moyens, aux corps sur lesquels elles se fixent, ou *libres,* l'animal pouvant changer de lieu à volonté. Il est des espèces *tubicolés,* c'est-à-dire habitant dans un tube accessoire aux valves. Il n'en est point de *terrestres.*

Certains mollusques ont leur coquille, ou du moins certaines pièces dures *dans l'intérieur* du manteau.

TABLEAU ANALYTIQUE DES ORDRES DANS LA CLASSE DES MOLLUSQUES (1.

(*Classes* de G. Cuvier.)

MOLLUSQUES à tête	DISTINCTE ; à tentacules	Très-longs, servant de pieds ou de bras. . .		I. CÉPHALOPODES.
		Nuls ou très-courts	Nageant à l'aide de membranes.	II. PTÉROPODES.
			Rampant à l'aide d'un disque charnu.	III. GASTÉROPODES.
	NON-DISTINTE ; à tentacules	Nuls ou peu distincts.		IV. ACÉPHALES.
		Charnus, mous garnis de filamens.		V. BRACHIOPODES.
		Cornés et articulés.		VI. CIRRHOPODES.

ORDRE PREMIER. — CÉPHALOPODES.

Caractères généraux : Corps renfermé dans le manteau comme dans un sac, d'où sort une tête ronde, munie de deux yeux, et surmontée de longs appendices charnus (*tentacules*), espéces de bras ou de pieds, dont la surface est armée de suçoirs à l'aide desquels l'animal se cramponne fortement sur les rochers. Au centre de ces tentacules est la bouche, formée de deux mâchoires cornées, semblables au bec d'un perroquet. Une sorte de tube charnu, situé devant le cou, donne passage aux excrétions. Ces mollusques nagent la tête en arrière, et marchent dans toutes le directions, la tête en bas et le corps en haut. Chez plusieurs, les côtés s'étendent en forme de nageoires. Ils habitent tous la mer, se nourrissent de crustacés de mollusques, etc.; sont voraces et cruels. Ils rendent une espèce de liqueur très-foncée, qu'ils emploient à troubler la transparence de l'eau, pour échapper quand ils sont poursuivis, à la vue de leurs ennemis. Leur chair se mange. —Coquille univalve, très-variée dans sa forme : extérieure ou interne ; ordinairement libre.

(1) On donne à cette partie de la Zoologie, le nom de CONCHYOLOGIE. M. de Blainville a proposé celui de MALACOLOGIE.

GENRES PRINCIPAUX :

1. LES POULPES : Sac de forme ovale ; huit tentacules très-longs , réunis à leur base par une membrane , et leur servant pour nager , pour ramper ou pour saisir leur proie. Pas de coquille. On les trouve dans toutes les mers.

2. LES ARGONAUTES : Deux tentacules élargis à leur extrémité en une large membrane ; une coquille très-mince en forme de chaloupe, et dans laquelle l'animal se place pour voguer sur les eaux , s'aidant de ses tentacules membraneux , qu'il redresse à volonté comme des voiles , et d'autres comme de rames. A l'approche d'un danger , le mollusque navigateur rentre tous ses bras dans sa coquille et descend au fond de l'eau. Quand la mer est calme, on les voit nager en troupes à sa surface. (*Pl.* 18 , *fig* 2.)

3. LES CALMARS : Ont dans leur dos une lame cornée , en forme d'épée ou de lancette : pas de coquilles. Dix tentacules , dont deux beaucoup plus longs leur servent pour se tenir à l'ancre.

4. LES SEICHES : Dix tentacules dont deux beaucoup plus longs ; corps ovale, bordé dans toute sa longueur d'une sorte de nageoire membraneuse ; pas de coquille ; dans l'intérieur du dos , une pièce calcaire , ovale, aplatie , lamelleuse , employée dans les arts , sous le nom d'*os de seiche* , *biscuit de mer*, pour polir l'ivoire , etc.— La couleur brune employée en peinture sous le nom de *sépia* , provient de la liqueur que rejettent ces mollusques. On croit aussi que la *bonne encre de Chine* se fabrique avec la même substance ou avec la liqueur d'un poulpe. Les œufs de seiche sont ordinairement collés les uns aux autres en espèces de grappes, qu'on appelle *raisins de mer*. L'espèce commune dans nos mers , a plus d'un pied de longueur. (*Pl.* 18, *fig.* 5.)

5. LES NAUTILES , semblables aux poulpes , ont une coquille contournée en spirale, plurilocnlaire. L'animal loge dans la dernière cellule.

On rapproche des genres précédens , plusieurs genres de mollusques testacés, dont on n'a encore trouvé que les coquilles , à l'état fossile : tels sont *les bélemnites* , *les cornes d'Ammon* , etc. (Voyez première partie, *Géologie*.)

ORDRE DEUXIÉME. — LES PTÉROPODES.

Dans les mollusques de cette classe , les organes du mouvement consistent en deux nageoires situées de chaque côté de la bouche. Comme ils n'ont ni pieds ni bras , ils ne peuvent ni marcher ni ramper ; on les trouve toujours libres et nageant au milieu des eaux , à la surface desquelles ils viennent pendant le calme. Les uns ont une coquille mince et transparente , les autres en sont dépourvus. Ils se fixent quelquefois aux corps flottans , tels que certaines plantes marines , et les embrassent avec leurs nageoires. Ce sont des mollusques de petite taille.— Principaux genres : Les *clios*, s *hyales.*

ORDRE TROISIÈME. — **GASTÉROPODES** (1).

Caractères généraux : Animaux rampant sur une sorte de pied ou de disque charnu, placé sous le ventre ; tête distincte, portant de deux à six tentacules petits, très-mobiles, ne servant qu'au tact. De très-petits yeux diversement situés. Coquille extérieure (c'est le plus grand nombre des cas), intérieure ou nulle. Presque toujours d'une seule pièce ; conique ou en spirale ; souvent fermée par un *opercule* (espèce de couvercle mince). Les uns sont *terrestres* et respirent l'air en nature, les autres *aquatiques.* — Principaux genres :

1. LES LIMACES : Corps alongé, quatre tentacules rentrant sur eux-mêmes, et dont les deux plus longs portent les yeux ; mâchoire supérieure en forme de croissant dentelé, qui leur sert à ronger les substances végétales ; corps garni d'une sorte de manteau coriace. Ils respirent l'air par un trou situé au côté droit de cette espèce de bouclier. Dans quelques espèces, une concrétion calcaire, plate, dans l'intérieur de ce manteau.

2. LES HÉLICES OU ESCARGOTS (*colimaçons*) : Mollusques terrestres, à coquille ordinairement globuleuse, avec une ouverture en forme de croissant, et des tours de spire dans lesquels s'enroulent les viscères. Les parties de leur corps se reproduisent quand elles ont été coupées. On mange le *grand escargot*, commun dans les vignes, dans les jardins.

3. On range dans des genres voisins, qui ont avec les précédens pour caractère commun l'*absence des branchies*, plusieurs mollusques particulièrement connus par leurs coquilles, qui figurent dans les collections des conchyologues (les *bulimes*, les *maillots*, les *agatines*, les *lymnées*, les *auricules*, les *planorbes*).

On range dans cette division des mollusques à coquilles généralement univalves, en spirale ou coniques, avec des branchies en dents de peigne et une bouche en forme de trompe. Tels sont :

1. LES POURPRES, dont une espèce fournissait *la pourpre* des anciens, matière colorante contenue dans un vésicule, et qui, d'abord blanche, ne rougit que par son exposition à la lumière. L'ouverture de leur coquille se prolonge en un canal par lequel l'animal fait passer un tube qui sert de canal à l'eau des branchies.

3. LES PORCELAINES : Mollusques dont le manteau est assez ample pour recouvrir la coquille, qu'il revêt en même temps d'une nouvelle couche d'une autre couleur.

4. Nous nous bornerons à nommer plusieurs autres genres, dont on recherche les coquilles pour l'éclat de leurs couleurs ou la beauté de leurs formes : (les *ampullaires*, les *mélanies*, les *janthines*, les *nérites*, les *cônes*, les *porcelaines*, les *volutes*, les *olives*, les *mitres*, les *buccins*, les *tonnes*, les *harpes*, les *casques*, les *vis*, les *rochers*, les *fuseaux*.)

C'est dans cette division que l'on range aussi *la fripière* (du genre TOUPIE), remarquable par son habitude de coller sur sa coquille, divers corps étrangers, comme des cailloux, etc.

Pas de branchies, une cavité pulmonaire :

Branchies en forme de dents de peigne :

---

(1) Cette division nombreuse qui constitue la TROISIÈME CLASSE *des mollusques* de Cuvier, est partagée par ce grand naturaliste, en 8 ORDRES ; ce sont *les pulmonés, les nudibranches, les inférobranches, les tectibranches, les hétéropodes, les pectinibranches, les scutibranches, les cyclobranches.*

Les gastéropodes de cette division ne marchent point, sont dépourvus de pieds ; ils habitent des coquilles en forme de tubes plus ou moins réguliers, dont le commencement seul est en spirale. Ces coquilles se fixent sur divers corps. Tels sont les VERMETS.

LES OSCABRIONS, qui viennent après, ont, le long du dos, une rangée d'écailles testacées qui n'en occupent pas toute la largeur ; leurs branchies s'offrent sous la forme de petits feuillets disposés le long du bord du manteau. ils habitent la mer.

ORDRE QUATRIÈME. — ACÉPHALES.

Caractères généraux : Point de tête distincte ; bouche sans dents, cachée entre les replis du manteau, qui est ordinairement ployé en deux, comme la couverture d'un livre, ou bien ouvert par un bout seulement, comme un sac. Point d'yeux. Branchies le plus souvent sous forme de feuillets placés des deux côtés du manteau. Hermaphrodites, aquatiques et marins pour la plupart ; habitant presque tous une coquille bivalve. Les acéphales testacés ou *bivalves* sont *fixés ou libres.* Les premiers adhèrent aux rochers par leur coquille, ou par un *byssus* (faisceau de fils sortant de la base du pied et collés par leurs extrémités.) Les seconds se déplacent à l'aide d'un pied charnu qu'ils alongent ou raccourcissent à leur gré, ou bien ils se meuvent dans la mer, en frappant l'eau de leurs valves qu'ils écartent ou rapprochent subitement. — Principaux genres :

1. LES HUITRES : Point de pied ; coquille inéquivalve, feuilletée.. — Se fixent aux rochers, et même les unes sur les autres. C'est là qu'on recueille l'*huitre vulgaire*, qu'on élève dans des viviers. Sa fécondité est prodigieuse. On la mange crue. (*Pl.* 18, *fig.* 1.)

2. LES ARONDES : L'espèce la plus célèbre est *l'aronde aux perles*, à peu près demi-circulaire, verdâtre en dehors ; tapissée en dedans de *nacre de perles*, et contenant *des perles* produites par cette matière nacrée, qui par suite de quelque maladie ou de quelque accident, n'ayant pu se coller à la coquille, s'épanche et forme ces globules. La pêche des *perles orientales*, les plus recherchées, se fait dans le golfe persique, à Ceylan, par des plongeurs habitués à rester long-temps sous l'eau. On emploie la nacre pour toute sorte de bijoux ou objets de luxe. (*Pl.* 19. *fig.* 1.)

3. LES JAMBONNEAUX : Coquilles en forme d'éventail à demi-ouvert. Le *byssus* de plusieurs espèces, brillant et fin comme de la soie, sert à fabriquer des étoffes précieuses.

4. LES MOULES : Il y en a d'eau douce et de mer: Enfermées dans une coquille à valves triangulaires, bombées, elles sont comme attachées à l'ancre sur les rochers, à l'aide d'un byssus. La *moule commune*, extrêmement abondante le long de nos côtes, est souvent suspendue aux rochers, aux pieux, en longues grappes. On la mange crue ou cuite.

5. LES SOLENS (vulgairement *manches de couteau*) : Ont la coquille alongée et étroite. Le pied qui sort par l'extrémité antérieure est conique, et sert à l'animal à s'enfoncer dans le sable quand il redoute quelque danger.

6. Les **pholades** : Habitent des conduits qu'elles creusent dans les pierres, dans les rochers, et d'où elles ne peuvent plus sortir quand elles ont grossi. C'est, dit-on, à l'aide d'un acide qu'elles rejettent, qu'elles peuvent ramollir la pierre de manière à la percer.

7. Les **tarets** : Corps très-alongé, vermiforme ; à valves courtes, tranchantes en avant, ne se rapprochant pas aux extrémités ; muni en outre de deux petites pièces dures, mobiles, et qui paraissent propres à couper le bois. Ces animaux, en effet, percent les bois plongés sous l'eau, et s'y établissent dans l'intérieur d'un tube qu'ils fabriquent eux-mêmes. L'espèce commune, longue d'environ 6 pouces, fait de grands dégats dans les ports, en ruinant les vaisseaux, etc. Plus d'une fois elle a menacé la Hollande de sa destruction, en attaquant les digues qui font toute sa sûreté.

8. Parmi les mollusques bivalves, dont les coquilles figurent dans les collections des conchyologues, on peut citer : *Les marteaux* (ainsi nommés de leur forme), *les tridacnes* ou *bénitiers* (qui atteignent jusqu'à 6 pieds de grandeur), les *peignes*, les *gryphées*, les *vénus*, les *lucines*, les *bucardes*, les *tellines*, les *cames*, les *arches*, les *pétoncles*, les *myes*, les *isocardes*.

Les **acéphales sans coquille**, en très-petit nombre constituent quelques genres, dont les principaux sont :

1. Les **biphores** : Corps cylindroïde, ou en forme de tube ouvert aux deux bouts ; manteau transparent, et laissant voir les viscères au travers. Pendant leur jeunesse, ils restent unis, et nagent en longues chaines disposées dans un ordre varié, mais constant dans chaque espèce. Ils sont souvent phosphorescents. Ils habitent l'Océan, la Méditerranée.

2. Les **ascinies** : Fixés aux rochers, et sans mouvemens, lancent de l'eau assez loin quand on les inquiète. Quelques espèces sont remarquables par la longue tige qui les supporte.

3. Les **botrylles** : De forme ovale, vivent au nombre de dix ou douze sur divers corps où on les trouve réunis en étoiles. C'est sur des plantes marines ou sur d'autres mollusques qu'on les trouve fixés.

4. Les **pyrosomes** s'agglomèrent en très-grand nombre pour former un grand cylindre creux qu'on voit nager dans la mer, et qui répand pendant la nuit un éclat phosphorique.

Ordre cinquième — **BRACHIOPODES.**

Ce sont des mollusques sans tête apparente, renfermés dans un manteau ouvert par devant, et qui ont, en place de pieds, deux tentacules ou bras charnus, garnis de nombreux filamens. Ils sont tous revètus de coquilles bivalves et fixes. (Les *lingules*, les *térébratules*, les *orbicules*.)

Ordre sixième. — **LES CIRRHOPODES.**

Mollusques enveloppés d'un manteau, d'une coquille ordinairement multivalve, et portant le long du ventre des *cirrhes* ou filets tentaculaires, de substances cornée, rangés par paires, et divisés par articulations comme les pattes des crustacés. Cependant ces animaux sont toujours fixés. — Les ANATIFS (*pousse-pieds*) ont une coquille formée de 5 à 7 pièces, et portée à l'extrémité d'un long tube charnu. — Les BALANES habitent une coquille en forme de cône tronqué, formé de plusieurs pans susceptibles d'écartemen:, et dont l'ouverture se ferme par deux ou quatre valves mobiles. Les rochers de nos côtes en sont couverts.) *Pl. 19, fig. 3.*)

ANIMAUX ARTICULÉS.

Caractères généraux : Animaux symétriques, dont le corps est entouré d'anneaux articulés presque toujours durs, tantôt emboîtés l'un dans l'autre, tantôt réunis par des membranes flexibles ou par une vé.itable jointure. Ces anneaux fournissent des points d'appui nécessaires aux mouvemens, qui offrent toutes les modifications nécessaires aux vertébrés (marche, course, saut, natation, vol.) Les mâchoires, quand elles existent, se meuvent, non plus de haut en bas, mais de droite à gauche. Ce sont des pièces cornées ordinairement au nombre de deux paires : l'une supérieure (*mandibules*), l'autre inférieure (*mâchoires* proprement dites.) D'autres pièces qui couvrent les mâchoires en avant et en arrière, se désignent sous le nom de *lèvres :* l'une supérieure (*labre*), l'autre inférieure (*lèvre* proprement dite.) Celle-ci supporte communément deux filets articulés, semblables à des antennes (*les palpes* ou *antennules*); les mâchoires en offrent aussi de semblables : ce sont des organes de tact. Dans d'autres espèces, qui ne se nourrissent pas de substances solides, la bouche a tantôt la forme d'une *trompe* charnue renfermant un suçoir, tantôt celle d'un tube articulé ou *bec*, servant de gaîne à un suçoir; tantôt enfin c'est un suçoir filiforme, sans gaîne, divisé en deux articles, et roulé en spirale sur lui-même (*langue.*) Le tube digestif est muni de ses deux orifices. L'appareil circulatoire le plus souvent incomplet ou nul. L'appareil respiratoire se compose de branchies ou de trachées communiquant au dehors par des trous (*stygmates*) placés aux deux côtés du corps. Forme générale et volume du corps très-variables. Les membres sont au nombre de plus de quatre, ou n'existent pas du tout (cas le plus rare.) Ils sont formés, tantôt de soies roides, tantôt de plusieurs pièces cornées, articulées, qui portent le nom de hanche, cuisse, jambe et *tarse*, lui-même composé de plusieurs articles. Dans un grand nombre existent des appendices membraneux propres au vol (*ailes* des insectes); les organes des sens sont nuls ou de formes très-variées. Le tact réside essentiellement dans de petits appendices mobiles et articulés, placés au devant de la tête (*les antennes.*) Un grand nombre d'articulés passent par différens états avant d'arriver à celui qu'ils doivent définitivement garder (*métamorphoses.*) Il se divisent, ainsi qu'on l'a vu précédemment, en CINQ CLASSES que nous allons étudier successivement.

SIXIÈME CLASSE.

ANNÉLIDES (*vers à sang rouge.*)

Caractères généraux : Corps plus ou moins alongé, mou, offrant un nombre considérable d'anneaux, ou du moins de plis transversaux ; membres remplacés par des soies roides et mobiles, ou nuls. (Dans ce cas l'animal rampe, en contractant et allongeant alternativement les diverses parties de son corps.) La tête ne se distingue du reste du corps que par l'appareil buccal, qui est tantôt un disque élargi, percé à son centre, susceptible d'adhérer avec force aux corps ; et offrant ainsi un point d'appui à l'animal dans la progression ; tantôt un tube alongeable ou *protractile*, en forme de trompe. La respiration se fait par des branchies en forme de panaches ou de ramuscules, attachées à la tête ou le long du corps. Dans un petit nombre seulement ces organes ne sont pas apparents ; et la respiration paraît se faire par la peau. Ces animaux vivent dans la vase, dans la terre humide, ou nagent dans la mer. Plusieurs espèces habitent dans des tubes ouverts par les deux bouts, et formés de matière calcaire qui a transsudé de leur peau, ou de grains de sable, de fragmens de coquilles agglutinés entre eux. A la différence des mollusques tubicoles, les annélides n'adhèrent pa. à leur tube. Cette classe ne renferme qu'un petit nombre de *genres* ; les principaux sont :

1. LES SERPULES : Habitent des tubes cylindriques de quelques lignes de diamètre, qui recouvrent, en s'entortillant, les coquilles, les pierres, les objets sous-marins. Elles ont des branchies d'un beau rouge. (*Pl.* 19, *fig.* 1.)

2. LES AMPHITRITES : Transportent leurs tuyaux avec elles ; leur tête armée d'espèces de lames rangées en dents de peigne, et de couleur dorée. Elles habitent aussi la mer.

3. LES ARÉNICOLES : Habitent le sable des bords de la mer. L'espèce commune est rougeâtre, longue d'un pied. Les pêcheurs s'en servent comme d'appat.

4. LES APHRODITES : Se reconnaissent aux deux rangées d'écailles membraneuses qui recouvrent leur dos ; leur corps est de forme aplatie, plus court que dans les autres annélides. Une espèce qu'on trouve sur nos côtes, *l'aphrodite hérissée*, ovale, longue de 6 à 8 pouces, offre sur ses côtés des groupes d'épines et des faisceaux de soie brillant des plus vives couleurs.

5. Les sangsues : Ont aux deux extrémités un disque applati, qui en se fixant aux corps par une sorte de succion, leur sert de point d'appui dans la marche. Au centre de l'extrémité antérieure est la bouche, armé dans la *sangsue médicinale* de trois de trois dents tranchantes, à l'aide desquelles l'animal entame la peau. On lui voit sur la partie antérieure du corps dix petits points noirs qu'on regarde comme des yeux. Les sangsues vivent dans les mares d'eau douce, et quelquefois dans les eaux vives. Elles sont hermaphrodites, et pondent des œufs en paquet. Une espèce beaucoup plus grande fait des blessures dangereuses (*sangsue des chevaux*). — Les lombrics (vers de terre) se classent immédiatement après des sangsues. — Les dragonneaux ont le corps délié comme un crin, long de plusieurs pouces ; ils habitent les eaux douces.

— À BRANCHIES (margin)

SEPTIÈME CLASSE.

CRUSTACÉS.

Caractères généraux : Corps divisé en *tête*, *thorax* (poitrine), *abdomen* (ventre) ou ce qu'on désigne à tort, dans ces animaux, sous le nom de queue.) Ordinairement la tête est soudée avec le thorax); la peau recouverte d'une croûte ou test dur, calcaire, formé par une excrétion de la peau, et qui se renouvelle à certaines saisons ; plusieurs paires de mâchoires transversales ; des antennes le plus souvent au nombre de quatre ; des yeux tantôt portés sur un pédicule, mobile, tantôt sessiles, c'est-à-dire enchassés dans le test ; des branchies, le sang blanc, une circulation double. — Membres articulés, c'est-à-dire formés de pièces mobiles les unes sur les autres, et s'insérant au thorax. Ils sont de deux sortes : les pieds proprement dits, ou *pieds ambulatoires*, servant à la marche, et les *pieds-mâchoires*, ou membres antérieurs, qui ont été comme refoulés sous la bouche, et deviennent des mâchoires auxiliaires. La *queue* ou *abdomen* offre en outre des appendices ou fausses pattes, à l'aide desquelles la femelle retient ses œufs. — Les crustacés vivent plusieurs années ; ils sont carnassiers, ovipares ou ovovivipares. Il en est qui subissent plusieurs transformations après leur sortie de l'œuf. Les uns sont conformés pour la marche, qui a presque toujours lieu de côté ou à reculons ; les autres pour la natation ou pour le saut. Il en est de terrestres, de marins et d'eau douce. Leur forme et leur volume sont très-variés : il en est de microscopiques ; il en est de très-gros.

Les crustacés forment *deux divisions* établies sur la présence ou l'absence de la carapace.

1°. Les crustacés décapodes : Cinq paires de pieds, dont la première est ordinairement terminée en pince ou serre, d'une telle force dans quelques individus, qu'on en a vu soulever une chèvre. Corps enveloppé d'une forte carapace; yeux mobiles. — C'est parmi eux qu'on trouve les plus grands crustacés; le corps de quelques *langoustes* atteint jusqu'à un mètre de de longueur. Quoique vivant la plupart dans l'eau, les *crustacés décapodes* ne périssent pas sur le champ à l'air. Leurs membres repoussent promptement. Ce sont des animaux voraces et carnassiers.

Les crabes : Genre nombreux, à queue (*abdomen*) courte, replovée sous le thorax dans l'état de repos, sans nageoires au bout. Ils habitent les bords de la mer, dont ils s'éloignent quelquefois. Dans les crabes nageurs, le dernier article des pieds de derrière est aplati en nageoire. Il en est de grands; il en est de très-petits, et qui habitent dans les coquilles de moules. Plusieurs espèces se mangent. (*Pl.* 20 , *fig.* 2.)

Les écrevisses : A queue non replovée sous le thorax pendant le repos, aussi longue au moins que le corps, composée de sept segmens, offrant à son extrémité des lames ou appendices natatoires. (C'est au moyen de cette queue que les crustacés nagent.) Les pattes de devant ou pinces très-developpées leur servent à la fois d'organes de préhension et de locomotion. Les pieds-mâchoires sont allongés et étroits, en forme de palpes. — *L'écrevisse commune* se trouve dans les eaux douces d'Europe, sous des pierres, dans des trous dont elle ne sort que pour chercher sa nourriture, qui consiste en insectes, en petits mollusques, etc. Elle vit plus de vingt ans; sa mue a lieu à la fin du printemps. A la naissance, l'écrevisse, très-molle, reste abritée sous la queue de sa mère, jusqu'à ce que son corps soit endurci. Les *hermites* ou *pagures* : A queue molle, habitent des coquilles univalves, vides de leurs mollusques. Une des espèces les plus connues, *l'hermite Bernard*, a l'une de ses serres, avec laquelle il forme l'entrée de sa coquille, beaucoup plus grosse que l'autre. On le trouve dans toutes les mers d'Europe. Il est long d'un pouce environ. — *Les chevrettes*, dont l'espèce la plus connue, *crevette des ruisseaux*, ne dépasse guère un demipouce. On la mange. Il y a une espèce marine.

2° Les crustacés arthrocéphales : A tête distincte, articulée sur le thorax; sept paires de pattes; corps faiblement crustacé; yeux sessiles. Les *cloportes* (vulgairement porcelets de Saint-Antoine), petits animaux ovalaires, grisâtres, qu'on trouve dans les caves, sous les pierres, etc. — *Les cyames*, à corps linéaire. — *Les chevrettes*, les *thalitres* (vulgairement *puces de mer*, de leur aptitude au saut.) Les *phyllosomes*, ainsi nommés de la forme de leur corps, presqu'aussi mince qu'une feuille, transparent.

Crustacés a corps mou, protégés par une pièce cornée en forme de bouclier ou de coquille bivalve; des pieds natatoires, dont le nombre va quelquefois jusqu'à cent; le plus communément un seul œil sessile (*monocles.*) Tous aquatiques : la plupart d'eau douce. Presque microscopiques.

HUITIÈME CLASSE

ARACHNIDES.

Caractères généraux : Tête non distincte du thorax, qui est le plus souvent formé d'un seul anneau ; abdomen mou, plus ou moins globuleux ; ordinairement fixé au thorax par une sorte de pédicule. Pattes généralement très-longues, terminées par deux crochets sur les côtés du thorax, au nombre de huit dans la plupart des espèces. Pas d'antennes ; des yeux multiples, lisses, situés sur la partie antérieure du thorax, et s'offrant sous la forme de points luisans. Les tégumens sont en général plutôt coriaces, que cornés. L'appareil circulatoire complet ; l'appareil respiratoire formé de tranchées ou de sacs pulmonaires, communiquant à l'extérieur par des ouvertures situées sous le ventre (*stigmates.*) La bouche est tantôt organisée en suçoir, tantôt munie de plusieurs paires de mâchoires. Ceux qui sont dans le premier cas vivent en parasites sur d'autres animaux, sur le fromage, sur diverses plantes ; les autres se nourrissent d'insectes qu'ils saisissent vivans. Les sexes sont séparés ; la génération ovipare. Ils n'éprouvent pas de métamophoses, mais de simples mues. Ils sont en général de petite taille. Leur type est l'*araignée.* — Les arachnides offrent trois familles principales :

1°
La famille
des
ARANÉIDES
ou
FILEUSES:

LES ARAIGNÉES : Corps généralement velu ; palpes en forme de petits pieds, sans pince au bout ; mandibules terminées par un un crochet mobile, ayant, près de son extrémité très-pointue, une petite fente pour la sortie d'un venin renfermé dans une glande. Abdomen mobile, muni de quatre à six mamelons percés d'une multitude de petits trous, pour le passage des fils soyeux que l'animal en fait sortir comme d'une filière. Au sortir de ces mamelons ou réservoirs, ces fils sont gluans et ont besoin de subir un certain degré de dessication à l'air. Telle est leur finesse, que réunis ils ne forment cependant qu'un seul fil d'araignée ! Les espèces sédentaires s'en fabriquent une toile dont la disposition varie dans chacune d'elles, et dont elles se servent comme de piéges pour prendre les insectes qui leur servent de nourriture : les araignées *coureuses*, épient leur proie ou la poursuivent. Les unes et les autres la piquent de leur dard, et distillent dans la plaie leur venin, qui agit si promptement, qu'une seule piqûre d'araignée de moyenne taille, fait périr une mouche en quelques instans. Les grandes espèces de l'Amérique méridionale donnent même la mort à de petits oiseaux, et ne sont pas sans inconvéniens pour l'homme. — Ces flocons blancs, qu'on voit voltiger dans les champs en automne (*fils de la vierge*), sont produits par diverses espèces de jeunes araignées. Les femelles se servent aussi de leur soie pour construire des cocons destinés à renfermer les œufs. On est parvenu à fabriquer avec cette soie, des gants et des bas : essai plus curieux qu'utile.— Ces animaux, très-cruels, se dévorent souvent entre eux. On ne connait pas positivement la durée de leur vie. Subissent plusieurs mues. — *Les mygales* de l'Amérique méridionale atteignent, dans une espèce, un pouce et demi de longueur.— *L'épéire fasciée*, commune au midi de la France, sur le bord des ruisseaux, est longue d'environ un pouce. — La piqûre d'une espèce de *lycose*, nommée *tarentule* (de Tarente, en Italie), occasionnait, suivant un préjugé fabuleux, des accidens très-graves, suivis de mort, si l'on ne parvenait à les dissiper au moyen de la musique et de la danse. (*Pl.* 20, *fig.* 3.)— *Les argyronètes* sont aquatiques et vivent dans nos eaux dormantes. — *L'araignée des caves* (espèce du genre *ségestrie*), velue, d'un noir gris, est en France à peu près la seule espèce dont la piqûre puisse développer quelques légers accidens.

Suite des ARANÉIDES *ou* FILEUSES.

1. LES SCORPIONS : Ont le corps alongé, composé d'anneaux, terminé par une longue queue armée à son extrémité d'un dard, sous l'extrémité duquel sont deux trous servant d'issue à un venin. Les palpes très-grands, se terminent par une pince semblable à celle des crustacés. Ces animaux vivent dans les pays chauds, sous des pierres. Ils font périr les insectes dont ils veulent se nourrir avec l'aiguillon de leur queue, qu'ils dirigent en tous sens. La femelle porte ses petits sur son dos pendant les premiers jours.— L'espèce d'Europe, brune, longue d'un pouce environ, n'occasionne pas par sa piqûre, des accidens aussi graves qu'on l'avait cru. (*Pl.* 20, *fig.* 4.)

2° *La famille des* PÉDIPALPES :

3. LES FAUCHEURS : Espèces d'araignées caractérisées par des pieds très-longs et très-déliés, et qui remuent encore après qu'ils ont été séparés du corps.

4. LES MITES (*cirons*, *tiques*) : Genre d'animaux très-petits, presque microscopiques ; à corps mou ; six ou huit pattes. Ils offrent beaucoup de variétés dans les formes et dans le genre de vie. Les uns sont errans : on les rencontre sous les pierres, les écorces des arbres, dans la terre, dans les eaux, dans le vieux fromage, la farine, etc.; les autres vivent en parasites sur la peau ou dans la chair d'autres animaux, et y développent des maladies. La gale, selon quelques observateurs, proviendrait d'une mite (*acarus* ou *sarcopte*). (*Pl.* 20, *fig.* 5.)

3° *La famille des* HOLÈTRES :

NEUVIÈME CLASSE.

MYRIOPODES (*mille pieds*).

Caractères généraux : Corps alongé, composé d'une série d'anneaux semblables, donnant chacun attache à une ou deux paires de pattes proprement dites, très-rapprochées l'une de l'autre, et terminées généralement par un seul crochet. Le nombre de ces pieds et celui des anneaux augmentent avec l'âge. L'abdomen n'est pas distinct du thorax. La tête porte

deux antennes , deux yeux , une bouche garnie de mâchoires. Ils respirent
par des trachées. Ils habitent dans la terre , sous les pierres , etc.— Cette
classe renferme deux genres :

1. LES IULES : Corps généralement crustacé et cylindrique , à pieds très—courts ,
au nombre de deux paires à chaque anneau. Ils marchent très—lentement et peuvent se rouler en boule comme les cloportes , auxquels ils ressemblent d'ailleurs.
La plus grande espèce , propre à l'Amérique , atteint 7 pouces de long.

2. LES SCOLOPENDRES : Ont le corps déprimé , membraneux ; chaque anneau recouvert d'une plaque cartilagineuse , porte ordinairement une paire de pieds
Ces animaux sont carnassiers , fuient la lumière , courent très-vite. Les habitans
des pays chauds redoutent les grandes espèces , à cause du venin qui sort des
deux crochets dont leur bouche est armée. La *scolopendre mordante* de l'Amérique , est longue de 4 à 6 pouces , brune. (*Pl.* 20 , *fig.* 6.)

DIXIÈME CLASSE.

INSECTES.

1. CARACTÈRES ORGANIQUES : Corps divisé en trois parties : *Tête* ,
thorax, abdomen. La tête porte deux antennes ; des yeux composés
ou *à facettes* , quelquefois accompagnées d'yeux *lisses* (voyez l'Anatomie comparée.) La bouche est quelquefois en forme de *trompe* ,
de *bec* , tantôt pourvu d'organes propres à broyer les alimens (*mâchoires* et *mandibules*). Le thorax donne attache *aux ailes* , quand
elles existent , et *aux pattes. Les ailes* , au nombre de deux ou de
quatre , sont des expansions membraneuses, minces et réunies entre
elles par des *nervures* (petits tubes cornés renfermant des trachées).
Selon qu'elles s'insèrent au second ou au troisième anneau du thorax , on les dit *antérieures* ou *supérieures* , et *postérieures* ou *inférieures. Les pattes* offrent quatre parties articulées entre elles : *la
hanche , la cuisse , la jambe , le tarse* ou pied , composé lui-même
de deux à cinq articles , et souvent terminé par un ou plusieurs crochets. *L'abdomen* a ses anneaux percés sur les côtés de *stygmates*
(orifice extérieur des trachées) , et souvent terminé par des appendices de forme variable (pinces , tarières , crochets , etc.) Pas d'organes circulatoires proprement dits; un simple vaisseau ou tube
dorsal. Des trachées pour organes respiratoires. (Voyez l'Anatomie
comparée.) L'enveloppe tégumentaire des diverses parties du corps
présente en général une solidité assez grande : c'est elle qui sert de
point d'appui aux muscles ; elle est formée de la réunion de plusieurs
segmens ou anneaux , au nombre de trois dans le thorax (*protho-
rax , mésothorax , méthathorax*) , de huit ou dix le plus souvent

dans l'abdomen.— Sexes séparés ; génération ovipare. Dans le plus grand nombre, des instrumens de sensation.

2. MÉTAMORPHOSES (*Pl.* 21, *fig.* 2 *à* 6) *:* Ces animaux n'ont presque jamais, à leur sortie de l'œuf, la forme qu'ils doivent conserver, mais avant d'arriver à l'état d'*insectes parfaits*, ils subissent plusieurs changemens ou métamorphoses. Les *insectes ailés* s'offrent d'abord sous l'aspect d'un ver mou, dépourvu de pattes (*larve*), ou à pattes très-courtes, placées aux extrémités antérieure ou postérieure du corps (*chenille*, larve des papillons). Les unes et les autres changent plusieurs fois de peau (*mue*), avant de passer au second état, celui de *nymphe* ou de *chrysalide* (nymphe des papillons). Avertie par un merveilleux instinct de l'époque où elle doit éprouver cette métamorphose, la larve se renferme le plus souvent dans une *coque* ou *cocon* qu'elle fabrique avec divers matériaux, mais surtout avec une espèce de soie qu'elle tire à l'aide de filières creusées dans les lèvres, d'organes analogues aux glandes salivaires. L'insecte, à l'état de *nymphe*, offre déjà toutes les parties de l'animal parfait, mais resserrées et comme emmaillotées dans un tégument plus ou moins épais. Après un temps plus ou moins long, passé dans cet état d'immobilité léthargique, la nymphe se fend ; il en sort, comme d'un étui, un insecte ailé et parfait.— On appelle insectes *à demi-métamorphoses*, ceux dont les ailes ne poussent que quelque temps après la naissance. Il en est *sans métamorphoses*.

LA CLASSE DES INSECTES, la plus nombreuse du règne animal, a été partagée en plusieurs ORDRES, dont les caractères distinctifs se tirent de la considération des ailes, des pattes, de la bouche, des antennes.

ORDRE PREMIER. — **COLÉOPTÈRES.**

Caractères généraux : Quatre ailes différentes, dont deux supérieures en forme d'étui corné (élytres) ; les deux inférieures membraneuses et repliées en travers sous les premières. Antennes à dix ou onze articles ; bouche munie de mâchoires ; deux yeux à facettes.— La femelle périt après avoir pondu ses œufs, qu'elle dépose suivant les habitudes de la larve qui doit en éclore, dans les eaux dormantes, dans la terre, sur les plantes, etc. La larve est vermiforme, à six pattes courtes. C'est sous cet état que les coléoptères vivent le plus long-temps et occasionnent le plus de dégâts. On les trouve sur les plantes, sous les pierres, dans les vieux troncs, dans les matières en décomposition.— On les répartit en *quatre sections*.

1re *Section :* Cinq articles à tous les tarses (COLÉOPTÈRES PENTAMÈRES).

13

I. *Famille des* CARNAS- — 1. CARABES : Répandent souvent une odeur fétide, et
SIERS : Six pattes ; rejettent, quand ils sont en danger, une humeur
antennes filiformes. caustique. Ils se cachent sous les pierres, etc.—Dans
Terrestres ou *aqua-* un sous-genre, on place *les brachynes* qui lancent,
tiques; ces derniers quand on les inquiète, une vapeur blanchâtre accom-
ont des pieds élargis pagnée d'une petite détonation.
en nageoires.—Ani-
maux voraces faisant — 2. GYRINS (vulgairement *tourniquets, puce d'eau*) : Na-
la chasse aux insec- gent à la surface des eaux tranquilles en tournoyant
tes. — Principaux sans cesse avec la plus grande rapidité.
genres :

II. *Famille des* SERRI- — 1. TAUPINS (*scarabées à ressort*) : Peuvent sauter et
CORNES : Antennes s'élever perpendiculairement lorsqu'ils sont sur le dos.
dentées en scie, en Une espèce de l'Amérique méridionale, longue de
peigne, ou formant plus d'un pouce, porte de chaque côté du thorax
l'éventail ; quatre une tache jaune qui répand une lueur tellement forte,
palpes ; élytres re- que les Indiens s'en servent pour s'éclairer pendant
couvrant l'abdomen. leurs travaux et leurs voyages.
— Principaux gen-
res : — 2. LES LAMPYRES (*vers luisans*) : Se font surtout remarquer par la propriété dont ils jouissent d'être toujours
lumineux dans l'obscurité ; propriété qui tient à la
présence d'une matière phosphorescente située sous
les derniers anneaux de l'abdomen. Ils n'ont que des
élytres très courtes; les espèces des pays chauds seules
sont ailées et volent.

— 3. VRILLETTES : Petits insectes habitant l'intérieur des
maisons, où ils font beaucoup de dégâts à l'état de
larves, en perçant les meubles, les livres, de petits
trous ronds. Ils s'appellent en frappant les boiseries
avec leurs mandibules ; ce qui produit un petit bruit
semblable aux battemens d'une montre.

III. *Famille des* CLAVICORNES : Antennes plus grosses vers le bout ou terminées
en massues ; quatre palpes ; abdomen recouvert par les élytres.— *Principal genre : des nécrophores*, qui creusent sous le cadavre des taupes,
un trou assez profond pour les y enterrer, afin de les faire servir de nourriture à leurs larves :

V. *Famille des* PALPICORNES : Antennes terminées en massue, composée de
six à neuf articles. — *Principal genre:* LES HYDROPHYLES : Insectes aquatiques. *L'hydrophyle brun*, long d'un pouce et demi, nage et vole très-
bien. Il a la pointe du sternum très-aiguë et susceptible de blesser, si
on le saisit sans précaution. Sa femelle file une sorte de coque dans laquelle elle dépose ses œufs, et qui flotte sur l'eau.

VI. *Famille des* LAMELLICORNES : Antennes terminées en dents de peigne ou
lamelles disposées comme un éventail ; quelquefois fournies par une série d'articles qui s'emboîtent les uns dans les autres.— *Principaux gen-*

res : LES SCARABÉES, parmi lesquels plusieurs espèces portent des cornes à la tête. *Les hannetons* appartiennent à ce genre. — LES LUCANES OU CERFS VOLANS (*pl. 23, fig. 3*), caractérisés par leur énormes mandibules, assez semblables à des bois de cerf. — *Les bousiers*, dont une espèce renferme ses œufs dans des boules de fiente qu'elle enfouit dans un trou.

1. *Dans la section des* COLÉOPTÈRES HÉTÉROMÈRES (quatre articles aux pieds postérieurs, cinq aux autres), nous ne trouvons à citer que LES CANTHARIDES, qui, appliquées sur la peau, y font naître des ampoules. L'espèce employée pour faire lever les vésicatoires, est d'un vert doré, longue de 6 à 10 lignes. (*Pl. 23, fig. 1.*)

2. *Dans la section des* COLÉOPTÈRES TÉTRAMÈRES (quatre articles à tous les tarses) sont : LES CHARANÇONS, dont la tête se prolonge antérieurement en forme de trompe. Ils font de grands dégats dans le blé. — LES CAPRICORNES : Remarquables par la longueur de leurs antennes

3. *Dans la section des* COLÉOPTÈRES TRIMÈRES (trois articles à tous les tarses). — LES COCCINELLES : Petits insectes à corps hémisphérique, orné de vives couleurs (vulgairement *bêtes à Dieu*).

ORDRE DEUXIÈME. — **ORTHOPTÈRES.**

Caractères généraux (*pl. 13, fig. 1*) : Quatre ailes ; élytres molles, à nervures ; ailes postérieures membraneuses, plissées dans leur longueur, le plus souvent en éventail ; des mâchoires ; corps alongé et généralement moins consistant que celui des coléoptères. — Insectes à demi-métamorphoses ; tous terrestres. La plupart se nourrissent de plantes et sont très-voraces. — On les divise en deux sections,

Première section : ORTHOPTÈRES COUREURS.

Pieds uniquement propres à la course, semblables entre eux ; élytres couchées horizontalement sur l'abdomen. — Genres principaux :

1. LES FORFICULES OU PERCE-OREILLES : Élytres sémi-crustacées, non réticulées, très-courtes ; ailes postérieures en éventail, dépassant les élytres ; abdomen long et terminé par deux appendices cornés, mobiles, en forme de tenailles, et dont l'animal se sert pour sa défense. Il est faux qu'il s'introduise dans les oreilles comme on le croit vulgairement.

2. LES SPECTRES : Insectes à formes très-singulières, corps souvent linéaire ou filiforme, élytres très-courtes. — *Les phyllies*, ont le corps très-aplati et d'un vert pâle, d'où leur vient leur nom.

Deuxième section : ORTHOPTÈRES SAUTEURS.

Pieds postérieurs très-longs, et disposés pour le saut. — Faculté de produire par le frottement de leurs cuisses contre les élytres, un son qu'on appelle leur chant. — Genre unique : *Les sauterelles* qu'on répartit en plusieurs sous-genres savoir :

1. LES GRILLONS *proprement dits :* dont une espèce (*le cricri*), habite l'intérieur des maisons, près des lieux où l'on fait du feu.

2. LES COURTILIÈRES (*taupes-grillons*) : Remarquables par leurs pieds antérieurs élargis, dentelés, dont ils se servent pour couper les racines ou creuser des conduits souterrains à un demi-pied sous terre.

3. LES SAUTERELLES *proprement dites :* Elytres et ailes en toît. *La sauterelle tachetée*, longue d'un pouce et demi, verte, mord fortement. Elle est armée d'une tarière.

4. LES CRIQUETS : Pieds postérieurs plus longs que le corps ; tête ovoïde, antennes filiformes ; les ailes sont souvent colorées de diverses nuances bleues, rouges, etc. Ils volent assez haut. Certaines espèces connues sous le nom de *sauterelles de voyage*, émigrent souvent par bandes innombrables, qui portent la dévastation dans les contrées où elles s'arrêtent. — On mange ces insectes dans plusieurs parties de l'Afrique. — *Le criquet de passage*, commun en Pologne, est ordinairement vert, avec des taches, long de deux pouces et demi.

ORDRE TROISIÈME. — **HÉMIPTÈRES.**

Caractères généraux : Quatre ailes : dans la plupart, des élytres moitié crustacées, moitié membraneuses, se croisant presque toujours ; dans d'autres, entièrement membraneuses, opaques ou colorées, ou transparentes et veinées. Les seuls des insectes à élytres qui aient, en place de mâchoires, une sorte de bec ou de tube recourbé sous la poitrine, et servant de gaîne à un suçoir ou aiguillon formé par la réunion de trois soies roides. Enveloppe tegumentaire ordinairement crustacée. — Ils sont généralement à *demi-métamorphoses.*

PRINCIPAUX GENRES :

1. CIGALES : Elytres transparentes et veinées. Les mâles rendent un son monotone appelé chant, au moyen de deux membranes élastiques placées dans le ventre, et sur lesquelles frottent des parties dures. Elles vivent dans les pays chauds, sur les arbres, dont elles sucent la séve. La femelle perce avec une tarière, les branches mortes pour y déposer leurs œufs. — *La cigale de l'Orne*, longue d'environ un pouce, jaunâtre, fait couler de cet arbre, en le piquant, la substance médicinale nommée *manne.*

2. PUCERONS : Elytres inclinés en toits, bec très-distinct (trois fois plus long que le corps dans *la puceron du chêne.*) Plusieurs espèces, en piquant les plantes pour en sucer la séve, y font naître des excroissances de forme variable, que l'on trouve sur les feuilles de tilleuls, de peupliers, etc., et qui renferment par fois des familles entières de pucerons.

PRINCIPAUX GENRES :

3. COCHENILLES (*pl.* 22, *fig.* 5) : Petits insectes de forme arrondie vivant fixés sur plusieurs espèces d'arbres, où ils subissent toutes les métamorphoses, et offrant l'aspect de petites galles ou excroissances (d'où leur vient le nom de *Gallinsectes*). La femelle seule a un bec ; le mâle seul a deux ailes, qui se recouvrent horizontalement, et l'abdomen terminé par deux longues soies ; il est plus petit que la femelle. Celle-ci, arrivée à l'état d'insecte parfait, prend un accroissement qui lui fait acquérir le volume d'un pois : son abdomen se remplit d'œufs qui restent fixés au-dessous de son ventre ; mais bientôt elle meurt immobile à la même place, et sa peau desséchée sert de coque aux œufs, d'où ne tardent pas à éclore de petites larves. — *La cochenille du Nopal* vit sur cette plante, dont on fait au Mexique de nombreuses plantations (*nopaleries*), et sur laquelle on récolte, trois ou quatre fois par an, ces petits insectes d'un brun rougeâtre, qu'on vend après les avoir desséchés, sous le nom de *graines d'écarlate*, une des couleurs les plus précieuses pour la teinture. C'est avec elle qu'on prépare le *carmin.* — *La cochenille du chêne vert* ou *kermès*, la *cochenille de Pologne* font aussi l'objet d'un commerce assez important. Les PUNAISES appartiennent à cet ordre.

ORDRE QUATRIÈME. — **NÉVROPTÈRES.**

Caractères généraux (*pl.* 22, *fig.* 6) : Quatre ailes membraneuses, transparentes, réticulées ou à réseau très-fin, généralement de la même grandeur ; des mâchoires. Forme générale alongée ; tégumens presque toujours mous. Yeux à facettes, le plus souvent accompagnés de deux ou trois yeux lisses. Larves à six pattes.

PRINCIPAUX GENRES :

1. LIBELLULES OU DEMOISELLES : Reconnaissables à leurs formes sveltes, à la couleur éclatante de leurs ailes. Leurs larves et leurs nymphes vivent dans l'eau.

2. ÉPHÉMÈRES : Ne vivent *à l'état parfait* que quelques heures. La femelle pond ses œufs dans l'eau, où la larve et la nymphe passent un ou deux ans. Ces insectes voltigent en troupes parfois si nombreuses, qu'après leur mort le sol en est tout couvert.

3. FOURMILIONS : Sont ainsi nommés d'un grand nombre de fourmis qu'ils détruisent pendant qu'ils sont à l'état de *larve*. Celle-ci est grisâtre, elle a des mandibules en forme de cornes, qui lui servent de pinces. Quoique pourvue de six pattes, elle marche presque toujours à reculons. Elle creuse une espèce d'entonnoir, au fond duquel elle se cache pour saisir les insectes qui tombent dans ce petit précipice.

4. THERMITES (*fourmis blanches*) : Vivent principalement à l'état de larves, en sociétés nombreuses, dans des galeries très-étendues qu'ils creusent sous terre. Les uns sont chargés de la défense de l'habitation, et se tiennent à son entrée ; les autres exécutent les travaux de construction, qui occasionnent de grands dégâts dans les charpentes, etc.

5. PHRIGANES : A l'état de larves sont aquatiques, et se construisent des espèces de fourreaux qu'ils composent de fragmens de bois, de coquilles, de sable, liés au moyen de fils de soie qu'ils font sortir de réservoirs intérieurs. L'insecte a quelque ressemblance avec un papillon. (*Pl.* 22, *fig.* 7.)

ORDRE CINQUIÈME. — **HYMÉNOPTÈRES.**

Caractères généraux (*pl.* 23, *fig.* 2) : Quatre ailes membraneuses, veinées principalement dans le sens de la longueur, mais non réticulées ; les inférieures plus courtes, couchées horizontalement sur le corps. Des mâchoires. Abdomen pédiculé, terminé chez les femelles par une tarière ou par un aiguillon. Yeux composés, accompagnés de trois yeux lisses. — Métamorphoses complètes. — Dans l'état parfait, presque tous vivent sur des fleurs, plusieurs en sociétés. Dans plusieurs genres, la femelle dépose ses œufs dans des espèces de nids ou trous creusés à l'aide de leur tarière, ou dans le corps d'autres insectes, principalement des chenilles et des chrysalides.

1. CYNIPS : Tête petite, thorax gros et élevé, abdomen renfermant une tarière en scie, à l'aide de laquelle l'insecte fait une entaille aux plantes pour y placer ses œufs. Les sucs de la plante s'épanchent à l'endroit qui a été piqué, y forme une excroissance généralement dure et sphérique, connue sous le nom de *noix de galle*, et qui, mêlée à une solution de vitriol vert (*sulfate de fer*), forme la base de l'encre et de la teinture en noir. Les œufs renfermés dans ces tumeurs s'y développent et en sortent par des trous ronds, après y avoir subi toutes leurs métamorphoses, ou seulement une partie. — L'espèce dont *la galle* s'emploie le plus, vit sur un chêne du levant, est d'un fauve pâle couvert d'un duvet blanchâtre. (*Pl.* 23, *fig.* 2.)

2. FOURMIS : Vivent en sociétés nombreuses, dans lesquelles on compte trois classes d'individus : les *femelles*, les *mâles*, ailés les uns et les autres ; les *neutres*, privés d'ailes, constituant presqu'en totalité la population des galeries souterraines, ou des monticules que ces insectes construisent ; chargés de la recherche des provisions et de l'éducation des *larves*, que l'on désigne vulgairement sous le nom d'*œufs de fourmis.*

3. GUÊPES : Vivent en sociétés composées de *mâles*, de *femelles*, et de *neutres*. Celles des deux dernières sortes fabriquent, avec des parcelles de vieux bois ou d'écorce, une sorte de pâte analogue à celle du papier ou du carton, puis elles s'en servent pour construire des gâteaux composés de cellules dans lesquelles elles pondent leurs œufs. Les guêpiers sont ordinairement placés dans de vieux troncs d'arbres, sous des toits, dans la terre, etc. Vers l'approche de la mauvaise saison, lorsque les guêpes jugent qu'elles ne pourront plus suffire à la conservation de leurs larves, elles en font un massacre général. La *guêpe-frelon* est longue d'un pouce ; *la guêpe commune* d'environ 8 lignes, noire avec des bandes jaunes aux anneaux de l'abdomen ; la tête jaune avec un point noir au milieu. Ces insectes sont armés d'un aiguillon très-fort et venimeux, avec lequel ils font des piqûres fort douloureuses. (*Pl.* 22, *fig.* 3.)

4. ABEILLES (*mouches à miel*, *pl.* 22, *fig.* 4) : Une ruche est composée de trois sortes d'abeilles : *une femelle* unique, appelée *reine*, deux fois plus grosse que les autres ; *des mâles* ou *faux bourdons*, au nombre de huit cents environ pour une ruche, privés d'aiguillon ; enfin, quinze à seize mille *abeilles neutres* ou *ouvrières*. Ce sont elles qui se partagent tout le travail. Les unes vont pomper sur les fleurs, à l'aide de leur trompe, les sucs sucrés et le pollen, dont elles composent le miel et la cire ; les autres, sédentaires, recueillent ces matériaux, leur font subir dans leur estomac une élaboration particulière, puis les dégorgent et les pétrissent avec leurs pattes, et en construisent ces gâteaux, dont chaque cellule, régulièrement hexagonale, contient un miel demi-fluide. Une membrane mince, dont l'insecte a eu soin de boucher l'entrée des alvéoles, empêche le liquide de couler au dehors. C'est dans les cellules que *l'abeille-reine* pond ses œufs. Lorsque la ruche devient insuffisante pour contenir sa population agrandie, on en voit partir, sous la conduite d'une nouvelle reine, un essaim qui va chercher une demeure nouvelle. On se sert alors de divers moyens pour attirer cet essaim dans une ruche vide. Lorsque l'abeille femelle est fécondée, les mâles sont tous massacrés par les ouvrières armées de forts aiguillons. — Les *bourdons*, insectes plus gros, appartenant à la même famille, fabriquent aussi dans des demeures souterraines, des espèces de gâteaux, dont ils remplissent les vides avec le miel qu'ils préparent.

ORDRE SIXIÈME. — LÉPIDOPTÈRES (*Papillons*).

Caractères généraux : Quatre ailes veinées, membraneuses, revêtues d'écailles colorées, farineuses ; pas de mâchoires ; une trompe roulée en spirale (*langue*). — Métamorphoses complètes. Les larves se nomment *chenilles* ; les nymphes sont immobiles, ordinairement renfermées dans une coque soyeuse ; quelquefois suspendues par la queue ou par des fils. — Les les lépidoptères se nourrissent du suc des fleurs. (*Pl.* 22, *fig.* 9.)

1re *Famille :* PAPILLONS DIURNES.

(*Papillons proprement dits.*) — Volent le jour. — Antennes terminées en massue ; quelquefois recourbées en crochet. — Principaux genres :

a. PAPILLONS PROPREMENT DITS : Remarquables par leur taille et la variété de leur coloris. (EXEMPLE : *les chevaliers troyens*, *chevaliers grecs*, *le machaon* ou *grand porte-queue.*)

b. DANAÏDES : A ailes rondes, entières ; papillons blancs ou de couleur de soufre.

c. VANESSES : Dont la chenille est armée d'épines. (EXEMPLE : *le morio*, *le paon du jour*, etc.)

d. NYMPHALES : A couleurs brillantes, changeantes dans plusieurs espèces, à ailes dentelées, ornées de figures d'yeux (*le mars*, etc.)

e. PLÉBÉIENS : Les plus petits papillons diurnes. (EXEMPLE : *l'argus*, etc.)

2e *Famille :* PAPILLONS CRÉPUSCULAIRES :

Volent le soir. — Antennes en fuseau. — Principal genre :

SPHINX : Volant avec beaucoup de rapidité au-dessus des fleurs, en faisant entendre un bourdonnement. (*Le sphinx tête de mort*, une des plus grandes espèces en France.)

3ᵉ *Famille :* PAPILLONS NOCTURNES :

Volent la nuit. — Antennes en forme de soie. Genre unique, *les phalènes*, divisés en nombreux *sous-genres :*

a. LES BOMBYX (*pl.* 21, *fig.* 2 à 6) *proprement dits :* Auquel appartient *le bombyx du mûrier*, blanchâtre, avec deux ou trois raies transverses et une tache en croissant sur les ailes supérieures. Cet insecte, avant d'éclore, a d'abord été renfermé dans un petit œuf (ce qu'on nomme *la graine* du ver à soie). Il en sort au bout de six mois environ, sous la forme d'une petite chenille blanchâtre, à corps ras (*le ver à soie*), qui se nourrit de feuilles de mûrier, change de peau plusieurs fois, à mesure qu'elle grossit ; puis, après 25 ou 30 jours, file ce tissu serré de soie fine, dont elle forme un ovoïde creux (*le cocon*) dans lequel elle s'enferme. Lorsque le fil de soie sort à travers la filière placée sur les lèvres, des glandes qui lui servent de réservoir, il est mou, comme gommeux, mais il se sèche à l'instant à l'air. Telle est sa ténuité et l'art avec lequel il est entrelacé, qu'une coque peut en fournir 7 à 900 pieds de longueur. *La chrysalide*, après 18 ou 20 jours d'immobilité, perce le cocon à sa pointe et se montre à l'état de papillon ou d'insecte parfait, qui cherche un autre individu de son espèce pour se reproduire. La femelle meurt après avoir pondu ses œufs, le mâle avant elle. — On n'attend pas ordinairement que la chrysalide ait percé son cocon, mais on la fait périr en mettant ses cocons dans un four. On les dévide ensuite pour en retirer la soie *écrue*, qui, le plus souvent jaune, a besoin de subir une opération pour prendre sa couleur, à moins qu'elle ne soit naturellement blanche, qualité que l'on recherche beaucoup. Le bombyx du mûrier, originaire de la Chine, avait été transporté en Europe sous Justinien (555). Sa culture passa en Italie au temps des premières croisades, et plusieurs siècles après en France. — *Le bombyx processionnaire*, de couleur cendrée comme sa chenille, qui vit en société sur le chêne, se file sur une toile, puis plus tard une espèce de sac, offrant intérieurement plusieurs cellules qui lui servent d'abri commun avec les autres individus de son espèce. Ces chenilles sortent tous les soirs en longues pressions, qui forment, par leur arrangement, des triangles réguliers.

b. LES TORDEUSES roulent les feuilles autour d'elles avec leur soie, pour s'en faire une demeure.

c. LES TEIGNES, à l'état de chenille, rongent les étoffes, etc., et se fabriquent avec leurs débris des fourreaux dans lesquels elles se retirent.

On peut citer encore dans cette famille : *Les phalènes proprement dites, les noctuelles, le paon de nuit,* etc.

Ordre septième. — RHIPIPTÈRES.

Insectes singuliers par leurs formes et leurs habitudes : de grands ailes membraneuses, plissées en éventail, précédées de deux appendices alongés, mobiles, crustacés, en forme de petites élytres. Antennes presque filiformes; des mâchoires, de gros yeux; l'abdomen terminé par des appendices analogues à ceux des hémiptères. — Leurs larves vivent en parasites sur d'autres insectes, et y subissent leurs métamorphoses.

Ordre huitième. — DIPTÈRES.

Caractères généraux : Deux ailes membraneuses, étendues, veinées, ayant presque toujours au-dessous d'elles deux appendices mobiles, en forme de balanciers. Enveloppe générale peu consistante ; bouche en forme de trompe, logeant un suçoir intérieur, à l'aide duquel l'animal entame les substances dont il se nourrit. Pattes longues, grêles, cinq articles aux tarses, que terminent deux crochets. — On appelle *ailerons* ou *cuillerons* deux petites pièces membraneuses disposées, comme les valves d'une coquille, au-dessous des balanciers. Métamorphoses complètes. Les larves sont *apodes* ou sans pieds. C'est leur peau qui, en se durcissant, sert de coque à la nymphe.

PRINCIPAUX GENRES :

1. Cousins : Une longue trompe servant de gaine à un suçoir formé de cinq aiguillons dentelés qui laissent distiller, dans la peau qu'ils percent, une liqueur vénéneuse. Cet hôte incommode de l'air a son berceau à la surface des eaux tranquilles. La femelle fécondée se pose sur une une feuille qui surnage, et c'est sur cette frêle embarcation qu'elle pond deux à trois cents œufs, qui collés les uns aux autres, forment comme une petite île flottante, d'où naissent au bout de deux ou trois jours, de petites larves se mouvant avec beaucoup d'agilité dans l'eau. A l'époque de la transformation en insecte parfait, la nymphe fend sa coque et s'élève dans les airs.

2. Oestres : Ont le port de la mouche, mais leur corps est plus velu et coloré par bandes comme celui du bourdon. Les larves vivent pour la plupart dans la peau des mammifères herbivores, et pénètrent même dans leur estomac en s'attachant à la langue du quadrupède qui lèche la partie du corps où elles sont posées. Quand elles ont pris tout leur accroissement, elles descendent en suivant les intestins, sortent du corps et se changent en chrysalides. On trouve rarement l'insecte à l'état parfait.

3. Taons : Grosses mouches qui percent la peau des chevaux pour en sucer le sang. — Tipules : Petits moucherons semblables aux cousins. — Mouches communes, etc.

Ordre neuvième. — SIPHONAPTÈRES.

Bouche conformée à peu près de même que dans les diptères; pattes postérieures disposées pour le saut; corps très-comprimé; métamorphoses complètes. A l'état parfait, ces insectes vivent toujours sur des quadrupèdes on des oiseaux. — *Genre unique* : LA PUCE. Dans l'espèce qu'on nomme *chique* ou *puce pénétrante*, le ventre de la femelle, distendu par les œufs, acquiert le volume d'un pois, tandis que l'animal est lui-même de la taille de la *puce commune*. (*Pl. 23, fig. 4.*)

Ordre dixième. — **PARASITES.**

Insectes *aptères* (sans ailes), comme les précédens ; les uns ont des mâ-choires, les autres un suçoir ; ils n'éprouvent pas de véritables métamor-phoses. — Genre principal : LES POUX, parasites à suçoir (*Pl. 22, fig.* 8.)

Ordre onzième. — **THYSANOURES.**

Il se distinguent autres insectes aptères par les filets, ou l'espèce de queue fourchue qu'on remarque à l'extrémité de l'abdomen. Leur bouche est mu-nie de mâchoires ; le corps couvert de poils ou d'écailles. Pas de métamor-phoses. Ils vivent sous les pierres, sur les arbres, etc., et se servent de leurs filets comme organes du saut.

ONZIÈME CLASSE.

RAYONNÉS (*Zoophytes*).

Caractères généraux : Êtres nombreux qui ne se rapprochent que par les privations d'organes qu'on trouve dans les autres classes d'animaux, et par la disposition de leurs parties, réunies chez la plupart en rayons autour d'un point central. Cette conformation leur a valu le nom d'*animaux* ou de *zoophtes* (animaux-plantes), à cause de la ressemblance qu'elle leur donne avec des fleurs, et aussi pour la simplicité de leur organisation, qui les place en quelque sorte aux limites des deux règnes. Le plus souvent il n'y a aucun vestige de système nerveux, d'organes circulatoires et respiratoires. Le tube intestinal, rarement muni de deux orifices, est souvent nul, la nu-trition ne s'effectuant alors que par absorption. Point de tête, point d'yeux, point de membres articulés. — On les divise en cinq ordres :

Ordre premier. — **ÉCHINODERMES.**

Caractères généraux : Animaux revêtus d'une peau coriace ou calcaire armée de pointes articulées, mobiles, généralement percée d'un grand nombre de trous par lesquels sortent des centaines de tentacules rétractiles servant à la locomotion. La bouche est souvent munie de pièces calcaires remplaçant les mâchoires. Il y a des organes pour la digestion, pour la res-piration, et même pour une circulation partielle.

1. ASTÉRIES (*étoiles de mer*, *pl.* 23, *fig.* 6) : Corps aplati, divisé en cinq rayons, au centre desquels est un orifice destiné à l'entrée et à la sortie des alimens. Chaque rayon est percé du même côté, de petits trous pour le passage des pieds, et muni de petites épines mobiles. Toute la surface est aussi percée de pores qui laissent passer de très-petits tubes, par lesquels l'animal aspire probablement l'eau. Il se nourrit de vers, de crustacés, et reproduit avec la plus grande promptitude les rayons qu'il perd. (Principaux genres : *astéries proprement dites, ophiures, euryales* ou *têtes de Méduse, encrines* portées sur des tiges articulées.)

Cet ordre comprend plusieurs familles :

2. ÉCHINIDES (*oursins, hérissons de mer*) : Corps revêtu d'un test calcaire ; le plus souvent globuleux, percé d'une infinité de petits trous disposés par rangées régulières pour le passage des pieds, et muni de piquans articulés sur des tubercules. La bouche est garnie de cinq dents enchassées dans une espèce de charpente calcaire. Ces animaux vivent surtout de petits coquillages. Leurs mouvemens sont très-lents. Les *oursins proprement dits* (*pl.* 23, *fig.* 5), fournissent plusieurs espèces comestibles.

3. HOLOTURIES : Corps alongé, ouvert aux deux extrémités, revêtu d'une peau coriace qu'ils contractent avec une grande force ; des pieds rétractiles.

4. Les échinodermes *sans pieds* ou *tentacules locomoteurs* sont en petit nombre. Plusieurs vivent enfermés dans le sable des mers.

ORDRE DEUXIÈME. — **INTESTINAUX** (*Vers intestinaux*).

Caractères généraux : Animaux d'une organisation extrêmement simple, qui n'habitent et ne peuvent se propager que dans l'intérieur du corps d'autres animaux. Il est certain pour la plupart qu'ils produisent des œufs ; Mais leur présence dans les organes n'en est pas moins difficile à concevoir. y prennent-ils naissance spontanément, viennent-ils du dehors, ou naissent-ils avec l'individu ? questions non résolues.

PRINCIPAUX GENRES :

1. FILAIRES : A corps filiforme ; habitant quelquefois en paquets l'intérieur des organes. — *Le ver de Médine*, commun dans les pays chauds, s'introduit sous la peau de l'homme, où il atteint jusqu'à 10 pieds de longueur.

2. ASCARIDES : Vers cylindriques, très-communs dans les intestins de l'homme. (Vulgairement *lombrics*.)

3. STRONGLES : A corps cylindrique. — *Le strongle géant* a la grosseur du petit doigt ; il est long de deux pouces ; se loge dans le corps des moutons, des chevaux et même de l'homme.

4. TOENIAS (*vers solitaires*) : Corps aplati, semblable à un ruban, composé d'articulations ; tête armée de quatre petits suçoirs. Ils peuvent atteindre 20 pieds de longueur dans nos intestins.

5. HYDATIDES : Ressemblent à de petites vessies pleines d'eau ; se nichent dans le parenchyme des organes.

ORDRE TROISIÈME.— **ACALÈPHES.**

Caractères généraux : Animaux gélatineux, souvent translucides et ornés de vives couleurs; habitent les eaux de la mer; les uns *fixes* s'attachent par leur base aux corps qu'elle renferme; les autres *libres* nagent dans tous les sens par les contractions ou les dilatations de leur corps ou à l'aide d'appendices de formes très-variées.

PRINCIPAUX GENRES.

1. LES MÉDUSES : Corps libre, hémisphérique, ressemblant au chapeau d'un champignon; garni à sa surface inférieure de tentacules de formes et de grandeurs très-diverses.

2. PHYSALIES : Leur corps consiste en une vessie oblongue, portant supérieurement une sorte de crète saillante qui fait l'office de voile quand l'animal nage. A la surface inférieure, sont des appendices charnus garnis de nombreux filamens. On prétend que l'attouchement de ces animaux brûle comme celui de l'ortie, d'où leur vient le nom d'*ortie de mer*.

ORDRE QUATRIÈME. — **POLYPES.**

Caractères généraux : Petits animaux gélatineux, dont le corps alongé, contractile, constitue une espèce de sac (canal alimentaire), à une seule ouverture (la bouche), munie de filamens tentaculaires. La plupart peuvent croître par bourgeons ou gemmes. Ils forment ordinairement des êtres composés, adhérens les uns aux autres. On les range en deux divisions principales.

A. POLYPES A CORPS NU. —Corps charnu ou gélatineux, qui n'est recouvert ou soutenu par aucune partie dure.

1. ACTINIES : Corps charnu, souvent brillant de vives couleurs; bouche munie de tentacules disposées sur plusieurs rangs comme les pétales d'une fleur, d'où vient leur nom vulgaire d'*anémones de mer*. Elles se nourrissent de mollusques ou de petits poissons qu'elles saisissent avec leurs tentacules. Elles repoussent les parties qu'on leur enlève et peuvent se reproduire par division. Quand le temps est mauvais, ces zoophites rentrent leurs tentacules et se contractent sur eux-mêmes. (*Pl.* 25, *fig.* 6.)

2. LES HYDRES (*polypes a bras*) : Corps transparent, gélatineux, diversement coloré. Zoophites célèbres par la propriété dont ils jouissent de reproduire indéfiniment les parties qu'on leur coupe, de telle sorte qu'on peut les multiplier à volonté en les divisant. Ils se reproduisent eux-mêmes par tous les points de leurs corps, au moyen d'espèces de gemmes qui poussent comme les bourgeons sur les tiges.— Habitent les eaux dormantes.

B. POLYPES A POLYPIERS: Animaux composés ou réunis par un corps commun gélatineux, au moyen duquel ils vivent de la même vie ; revêtus extérieurement ou soutenus intérieurement par des espèces de supports pierreux ou cornés (*polypiers*), se ramifiant souvent comme des abrisseaux. — Ils constituent trois familles :

1. POLYPES A TUYAUX (*pl. 14, fig.* 5) : Habitant des tubes traversés par le corps commun, et ouverts aux extrémités pour laisser passer les polypes. (EXEMPLE : *les tubipores, les sertulaires.*)

2. POLYPES A CELLULES : Habitant chacun une petite cavité, et ne communiquant avec les autres, que par les pores dont sont percées les parois de leurs cellules ou par une membrane extérieure très-mince. (EXEMPLE : *les corallines*, à tiges articulées, ramifiées, portées sur des espèces de racines. — On n'a pu encore découvrir leurs polypes. — Habitent les rivages de la mer.

3. POLYPES CORTICAUX : Réunis par une substance charnue ou gélatineuse, dans les cavités de laquelle ils sont fixés, et qui enveloppe un axe ou support commun. — Ce sont : *a. Les cératophytes* : Axe intérieur fixe, d'apparence cornée ou ligneuse. (EXEMPLE : *les gorgones.*) *b. Les litophytes* : Axe intérieur fixe, pierreux. (EXEMPLE : *les madrépores, le corail*, à axe non articulé.) *Le corail du commerce*, d'un beau rouge, sert à faire des bijoux, se pêche dans la Méditerranée. Son écorce est rougeâtre, crétacée. (*Pl.* 14 , *fig.* 4.) *c. Les polypes nageurs* : Axe pierreux non fixé. (EXEMPLE : *les pennatules* ou *plumes de mer*, nageant par l'action commune de tous les polypes. *d.* Dans une dernière division, on place les polypes sans aucun axe pierreux ou corné. (EXEMPLE : *les éponges* : Corps marins fibreux, prenant toutes sortes de formes.) On les pêche principalement dans l'Archipel grec. (*Pl.* 15 , *fig.* 17.)

La dernière classe du règne animal, LES INFUSOIRES, renferme des animalcules qu'on ne peut apercevoir qu'au miscroscope. On les observe principalement dans les liquides où ont séjourné des matières animales ou végétales. Leur organisation offre différens degrés de complication. — Tels sont les *vibrions* (*anguilles du vinaigre*) ; les *rotifères*, qui tournent sans cesse : les *monades*, semblables à des points ou molécules, se mouvant avec vitesse.

FIN DE LA ZOOLOGIE.

EXPLICATION

DES PLANCHES DE LA ZOOLOGIE.

PLANCHE I.—*Anatomie.*

Squelette d'homme, **A** *les orbites*, **B** la mâchoire *supérieure*, **C** la mâchoire *inférieure*, **DD** la *colonne vertébrale*, **E** le *sternum* (os qui occupe le devant de la poitrine, entre les côtes), **F** *les côtes*, **G** *l'omoplate* ou os de l'épaule, **T** la *clavicule*, **H** le *sacrum* (os postérieur du bassin, percé de trous pour le passage des nerfs. **L** os des hanches ou *iliaques*, **M** *l'humerus* (os des bras), **N** le *cubitus* et le *radius* (os de l'avant-bras), **O** os du *carpe* ou poignet, **O** *bis*, os du *métacarpe* donnant attache aux os des doigts ou *phalanges*, **P** le *femur*, os de la cuisse, **Q** la *rotule* (os du genou), **R** le *tibia* et le *péroné* (os de la jambe), **S** os du *Tarse*, **S** *bis* os du *métatarse*, donnant attache aux *phalanges*.

PLANCHE II.—*Anatomie.*

Figure d'écorché (homme auquel on a enlevé la peau pour laisser voir les muscles qui sont au-dessous).—La moitié droite du corps représente la couche superficielle des muscles, ou celle qui se trouve immédiatement sous la peau; la moitié gauche représente une couche plus profonde.

PLANCHE III.—*Anatomie.*

Individu auquel on a ouvert le crane pour laisser voir le *cerveau.*—A la poitrine, pour laisser voir le *cœur.*—C, les *poumons.*—B, le ventre pour laisser voir l'*estomac* E—le foie **D**, les intestins F.

PLANCHE IV.—*Anatomie.*

Fig. 1. Coupe verticale du crâne et de la colonne vertébrale, qui permet de voir le *cerveau* proprement dit, **A**,—Le *cervelet* **B**.—La *moëlle alongée*, **C**.—Le globe de *l'œil* tenant encore au nerf oblique.—La *moëlle épinière*, FF.— *Fig.* 2. La *trachée artère*, **A**.—Les *poumons*, BB. Le *cœur*, et les troncs qui en partent C.

PLANCHE V.—*Anatomie.*

Le canal intestinal depuis son orifice jusqu'à son extrémité. **A**, la *Langue.*— **B**, le *voile du palais.*—C, l'*œsophage.*—D, l'*estomac ouvert.*—E, le *Duodénum.*—F, la *vésicule biliaire.*—GG, l'*intestin grêle.*—H, le *gros intestin.* —T, le *rectum.*

Planche VI.—*Caractères des Mammifères.*

Fig. 1. Tête de nègre. — *Fig.* 2. Tête de mongole. — *Fig.* 3. Tête d'Européen.—*Fig.* 4. Tête de singe (orang-outang).—*Fig.* 5. Tête de cheval. — *Fig.* 6. Tête d'édenté.

Planche VII.—*Mammifères.—Caractères.*

Fig. 1. Patte de plantigrade.—*Fig.* 2. Patte de solipède. — *Fig.* 3. Patte de digitigrade.—*Fig.* 4. Patte de pachyderme. — *Fig.* 5. Patte de ruminant. — *Fig.* 6. Patte de rongeur.—*Fig.* 7. Bois de rhenne.—*Fig.* 8. Corne de chamois.—*Fig.* 9 Corne de bélier d'Islande.—*Fig.* 10. Dents d'homme. A, *incisives*; B, *canines*; C, *petites et grosses molaires.*

Planche VIII.—*Mammifères.*

Fig. 1. Orang-outang.—*Fig.* 2. Sarigue.

Planche IX.—*Mammifères.*

Fig. 1. Phoque.—*Fig.* 2. Chauve-souris.

Planche X.—*Oiseaux. Caractères.*

Fig. 1. Bec de chouette. — *Fig.* 2. Bec de pie-grièche.—*Fig.* 3. Bec d'engoulevent.—*Fig.* 4. Bec de l'oiseau de paradis.—*Fig.* 5. Bec de colibri.—*Fig.* 6. Bec de Calao.—*Fig.* 7. Bec de Martin-pêcheur.—*Fig.* 8. Patte de pic.—*Fig.* 6. Bec de pigeon.—*Fig.* 10. Patte de faisan.

Planche XI.—*Oiseaux. Caractères.*

Fig. 1. Bec du vanneau.—*Fig.* 2. Tête de casoar.—*Fig.* 3. Patte de pingouin. —*Fig.* 4. Bec de flammand.—*Fig.* 5. Bec du pélican.

Planche XII.—*Oiseaux.*

Fig. 1 Le toucan.—*Fig.* 2. L'aigle.

Planche XIII.—*Oiseaux.*

Fig. 1. L'autruche.—*Fig.* 2. Le pétrel.—*Fig.* 3. Le porte-lyre.

Planche XIV. —*Reptiles.*

Fig. 1. Crochet du venin. — *Fig.* 2. Têtard. — *Fig.* 3. Caméléon. — *Fig.* 4 Crocodile.—*Fig.* 5. Tortue.

Planche XV.—*Reptiles.*

Fig. 1. Vipère hébraïque. — *Fig.* 2. Le boa constrictor (devin). — *Fig.* 3. Iguane.

Planche XVI.—*Poissons.*

Fig. 1. Coffre.—*Fig.* 2.—Torpille électrique.—*Fig.* 3. Scie.

Planches XVII.—*Poissons.*

Fig. 1. Requin.—*Fig.* 2. Turbot.—*Fig.* 3. Baleine (mammifère).

Planche XVIII.—*Mollusques.*

Fig. 1. Intérieur de l'huître : AA, le manteau ; B, les muscles qui rapproche les deux valves ; C, l'orifice du canal alimentaire ; D, les branchies ; E, les tentatules de la bouche.—*Fig.* 2. L'argonaute. — *Fig.* 3. Sèche A l'animal ; B, l'os de la sèche.

Planche XIX.—*Mollusques.*

Fig. 1. Aronde aux perles.—*Fig.* 2. Encrinite fossile.—*Fig.* 3. Anatife.

Planche XX.—*Insectes.*

Fig. 1. Serpulaire (Annélide).—*Fig.* 2. Crabe (Crustacé). *Fig.* 3. Tarentule (arachnide)—*Fig.* 4. Scorpion (crustacé)—*Fig.* 5. Acarus ou sarcopte de la gale vu au microscope (insecte).—*Fig.* 6. Lithobie à tenailles (myriapode). *Fig.* 7. Diverses formes d'antennes grossies. A, antenne filiforme et velue ; B, antenne en massue, formée de feuillets ; C, antenne en chapelet ; D, antenne coudée et en massue.—*Fig.* 8. Organisation de la bouche : A, les mâchoires supérieures ou *mandibules* ; B, les mâchoires proprement dites et portant des palpes ; C, la lèvre inférieure portant des palpes ; D, tête de staphylin (coléoptère), offrant toutes ces parties en place.—*Fig.* 8, *bis.* A, pinces de la forficule ; B, aiguillon du scorpion ; C, peigne d'un scorpion ; D, une des dentelures isolés ; E, abdomen du hanneton montrant l'orifice des stigmates.

Planches XXI.—*Insectes.*

Fig. 1. Division du corps d'un insecte (le criquet) : *a*, la tête, offrant les antennes et les yeux : *b*, le premier anneau du thorax (corselet) portant la première paire de pattes ; *c*, le second anneau portant la deuxième paire d'ailes ; *d*, le troisième anneau portant la troisième paire de pattes ; *e*, l'abdomen et ses anneaux, terminés par une pince ; *f*, la cuisse ; *g*, la jambe ; *h*, le tarse à 4 articles et terminé par 2 crochets.—*Fig.* 2. Le papillon du ver à soie.—*Fig.* 3. Le cocon du ver à soie.—*Fig.* 5. La nymphe ou chrysalide du ver à soie. — *Fig.* 6. Autre nymphe (du paon de jour),

Planche XXII.—*Insectes.*

Fig. 1. Orthoptère (sauterelle).—*Fig.* 2. Aile d'orthoptère.—*Fig.* 3. Guêpe.— *Fig.* 4. Abeille-reine.—*Fig.* 4, *bis.* Abeille-ouvrière.—*Fig.* 5. Cochenille ; A, mâle ; B, femelle.—*Fig.* 6. Aile de névroptère.—*Fig.* 7. Larve de frigane dans son étui.—*Fig.* 8. Le pou.—*Fig.* 9. Papillon (machaon porte-queue).

Planche XXIII.—*Insectes, Zoophites.*

Fig. 1. Cantharide.—*Fig.* 2. B, larve de cynips ; A, le cynips lui-même, grossi ; C, la noix de galle qu'il habite.—*Fig.* 3. Lucane cerf-volant.—*Fig.* 4. La puce.—*Fig.* 5. Oursins.—*Fig.* 6. Actinie. —*Fig.* 7. Eponge.

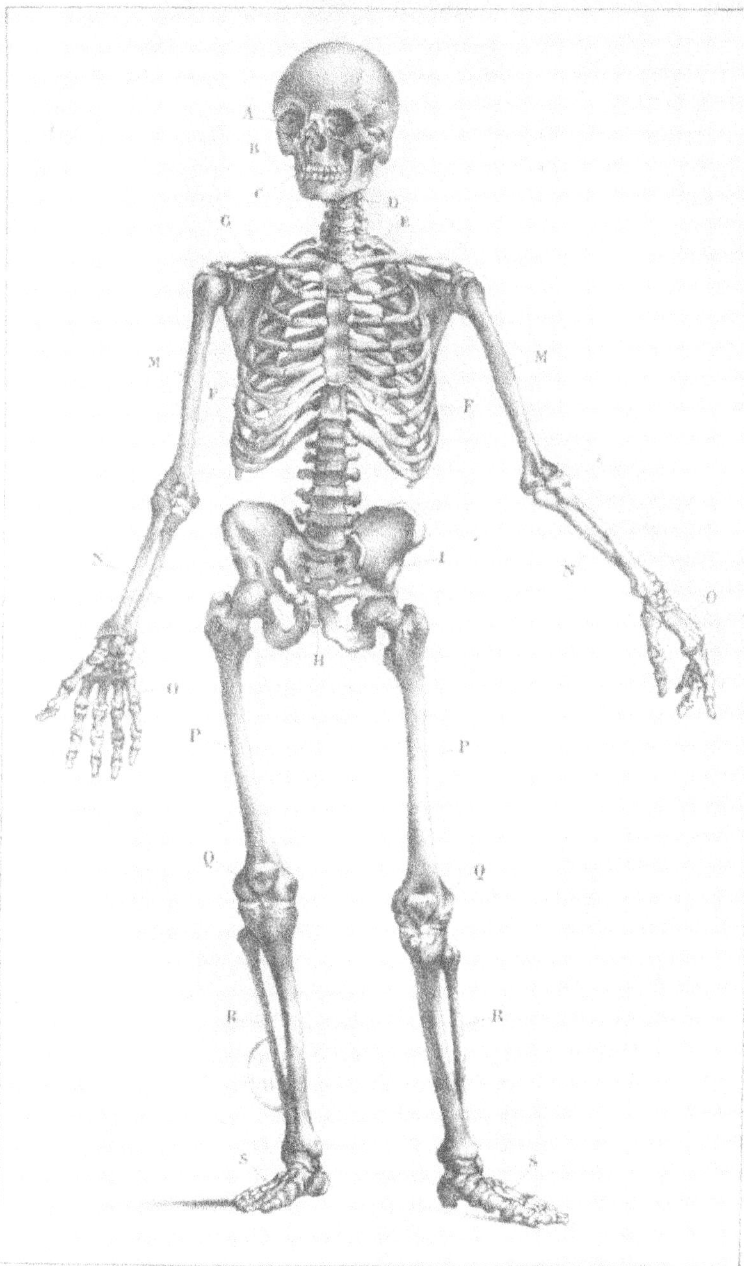
A
B
C
D
E
G
M
F
F
F
M
N
I
N
O
O
H
O
P
P
P
Q
Q
R
R
S
S

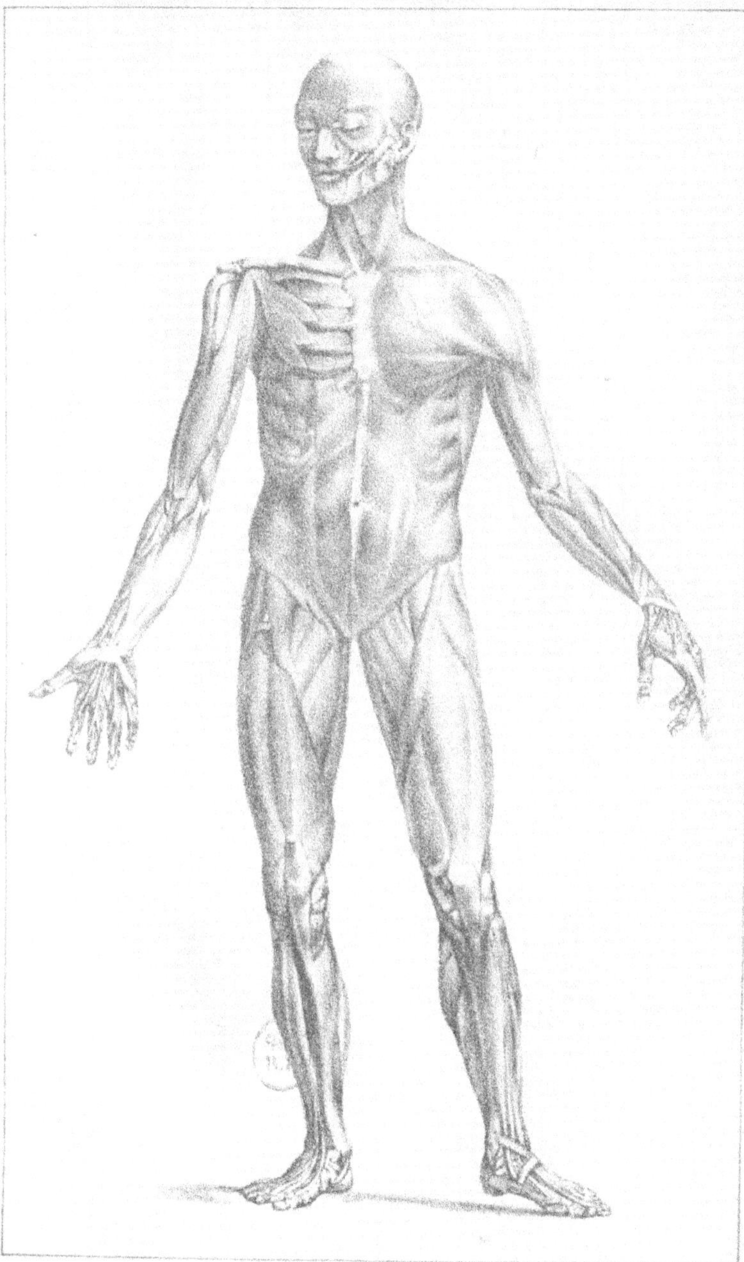

Metz, L. de Dupuy & Cie.

CHEUSAT, libraire éditeur

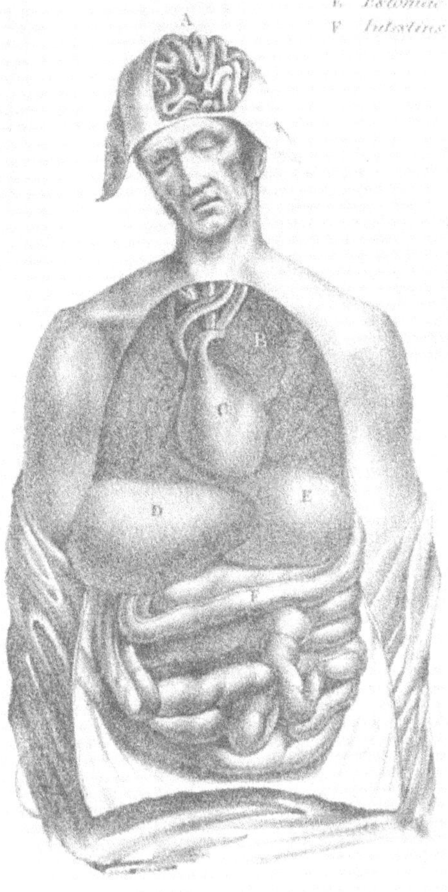

Metz. L. de Dupuy & C.ie   CREUSAT, Libraire-éditeur

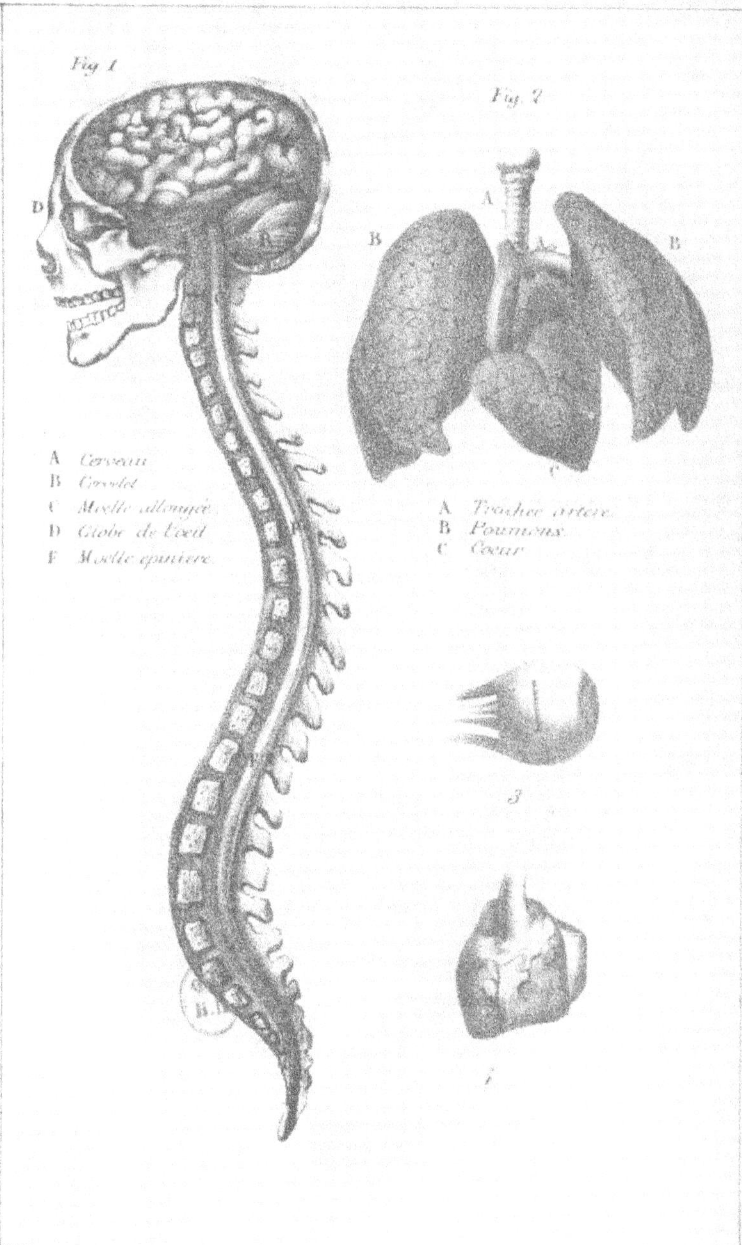

Fig. 1
Fig. 2
A Cerveau
B Cervelet
C Moelle allongée
D Globe de l'œil
E Moelle épinière
A Trachée artère
B Poumons
C Cœur
3
4

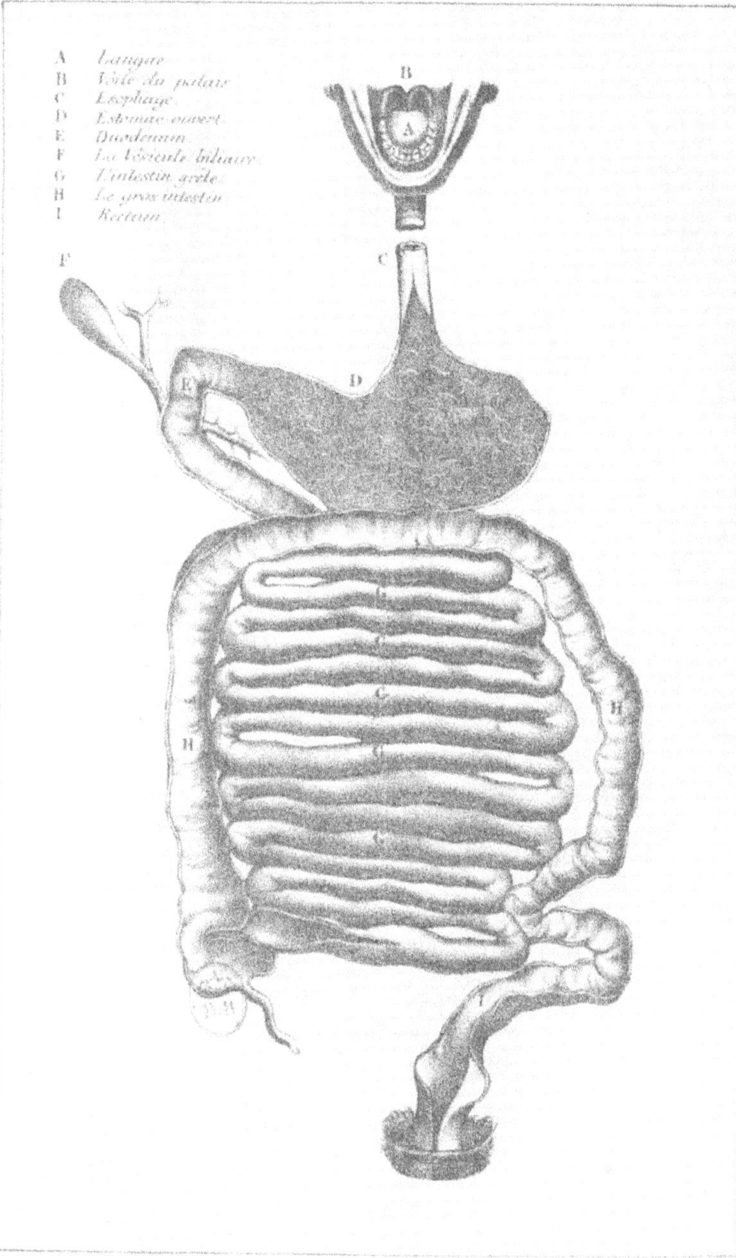

A   Langue
B   Voile du palais
C   Œsophage
D   Estomac ouvert
E   Duodénum
F   La vésicule biliaire
G   L'intestin grêle
H   Le gros intestin
I   Rectum

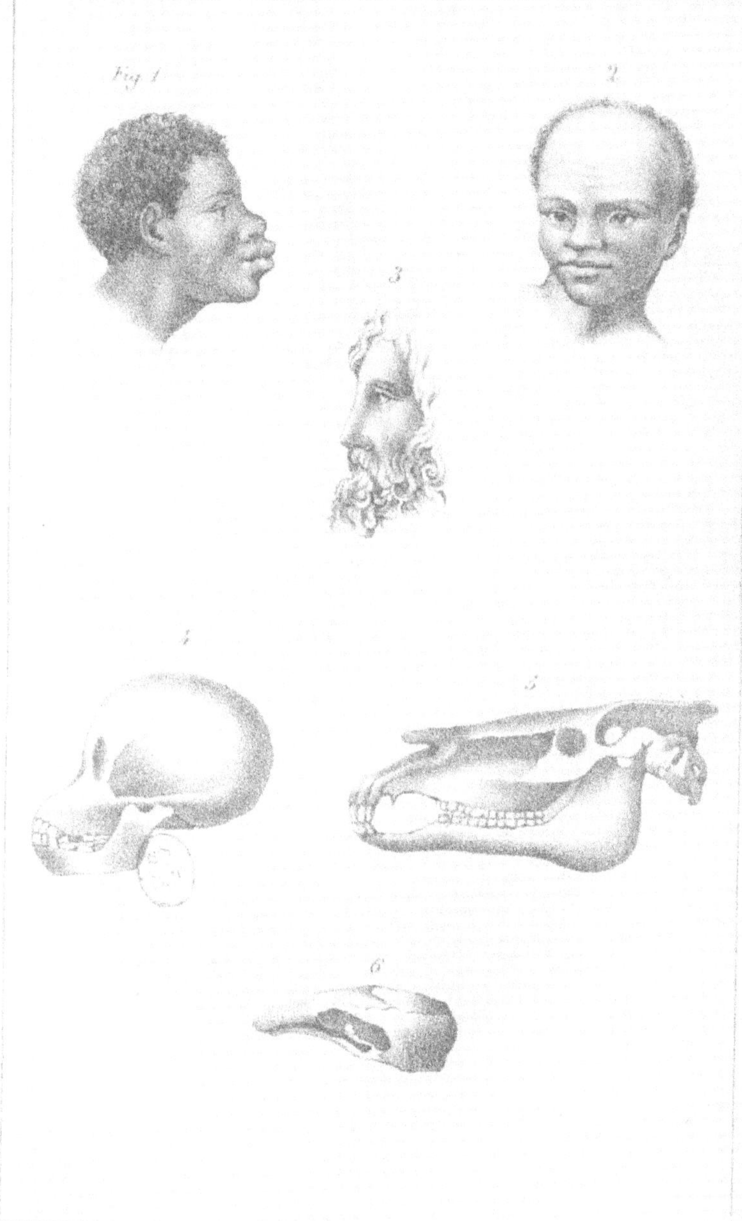
Fig. 1
2
3
4
5
6

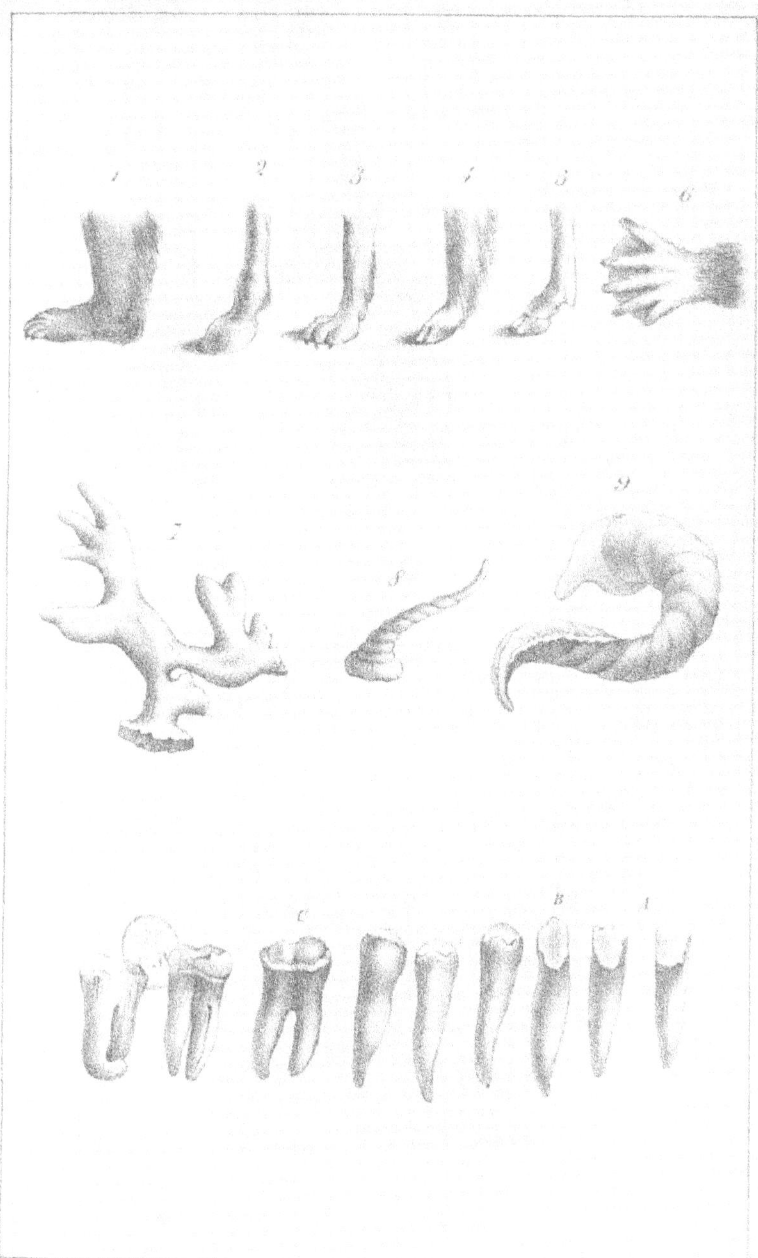

Fig. 1
Fig. 2

1.

2.

CREUSAT, Libraire, éditeur.

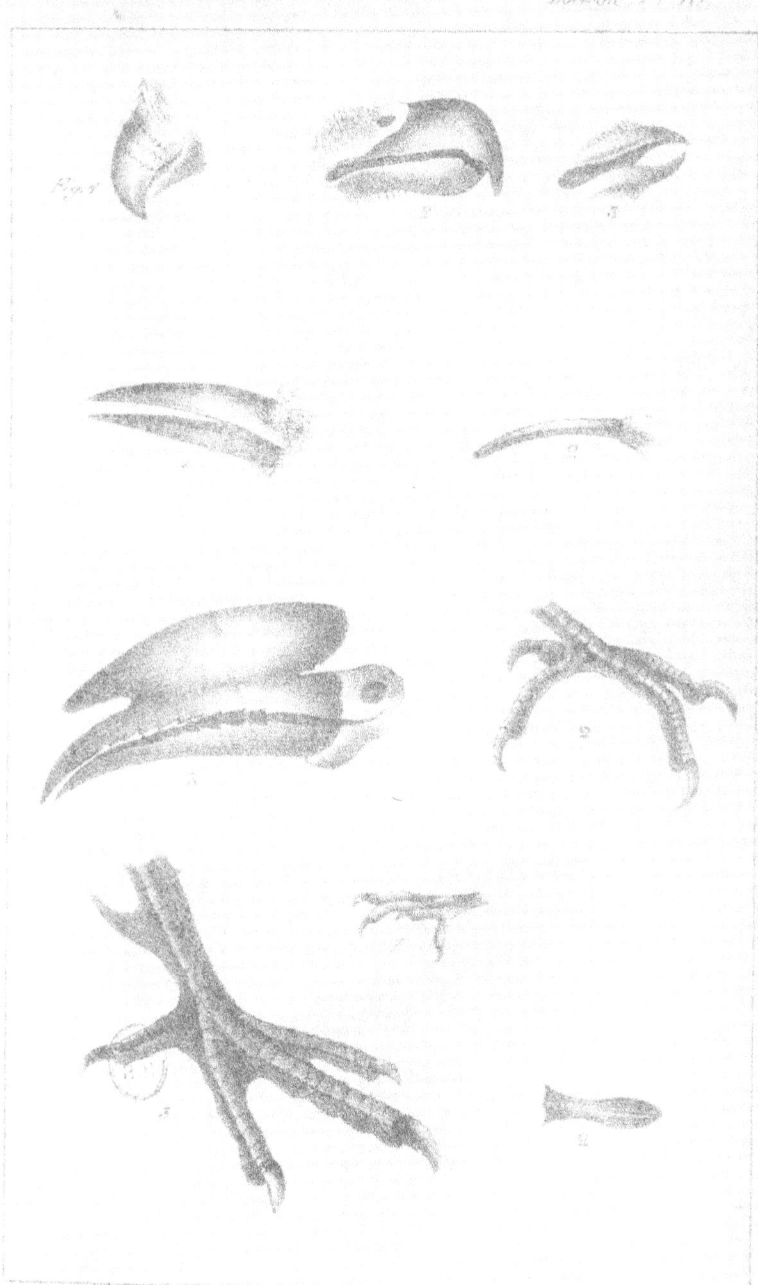

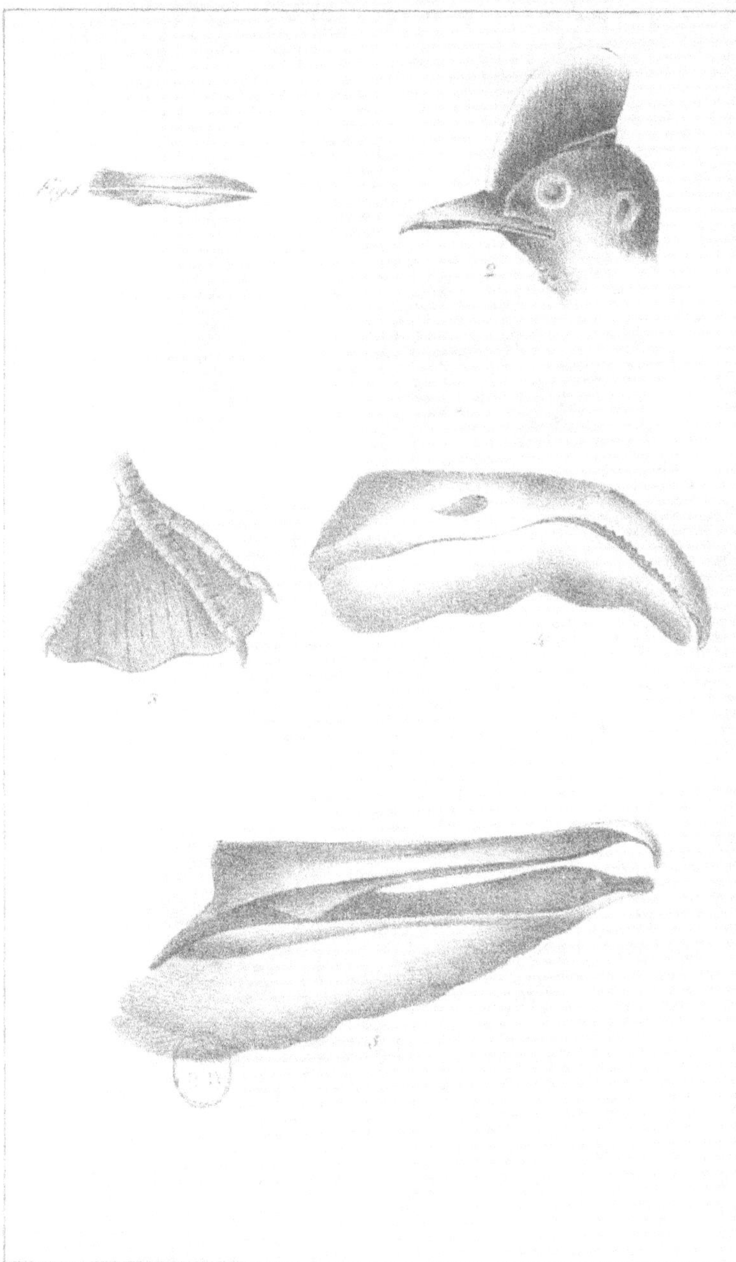

Met. Laffil de Dupuy — CHEUSAT Libraire Editeur

Fig. 1.
2.

Fig. 1
2
3

Fig. 1
2
3
4
5

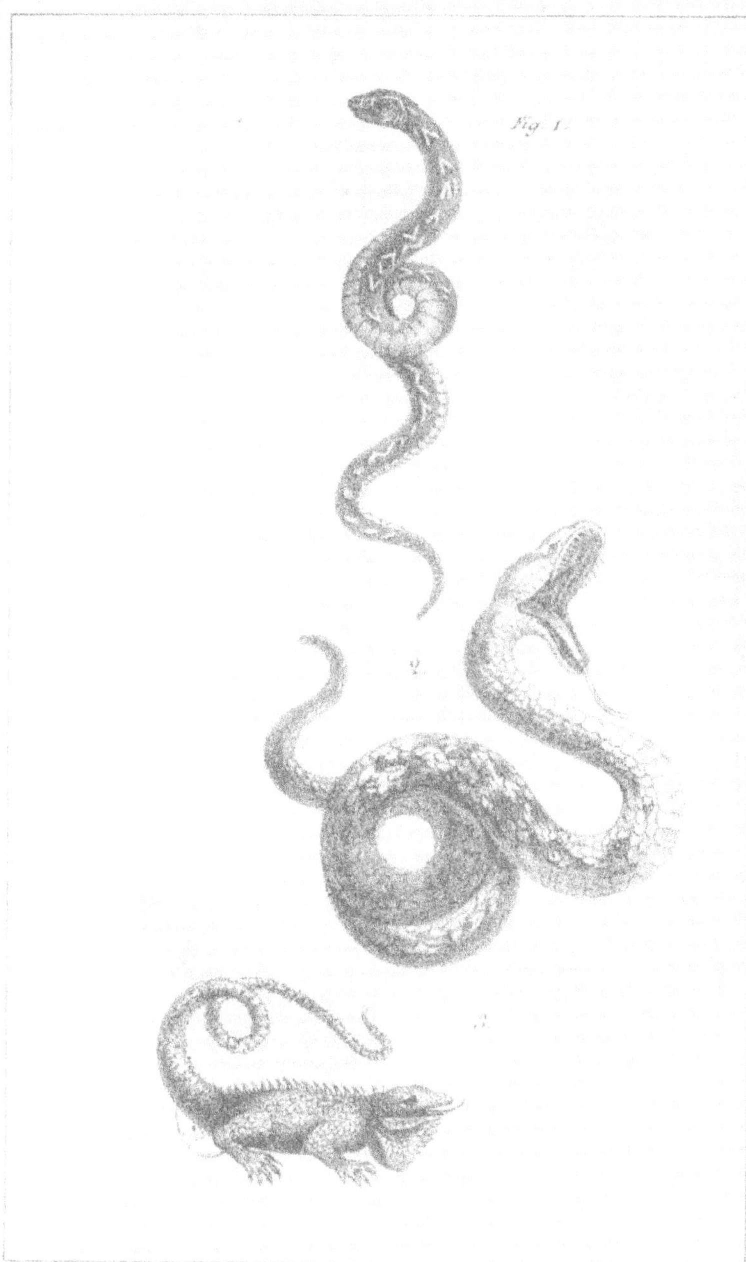
Fig. 1.
2.
3.

Fig. 1.
Fig. 3.
Fig. 2.

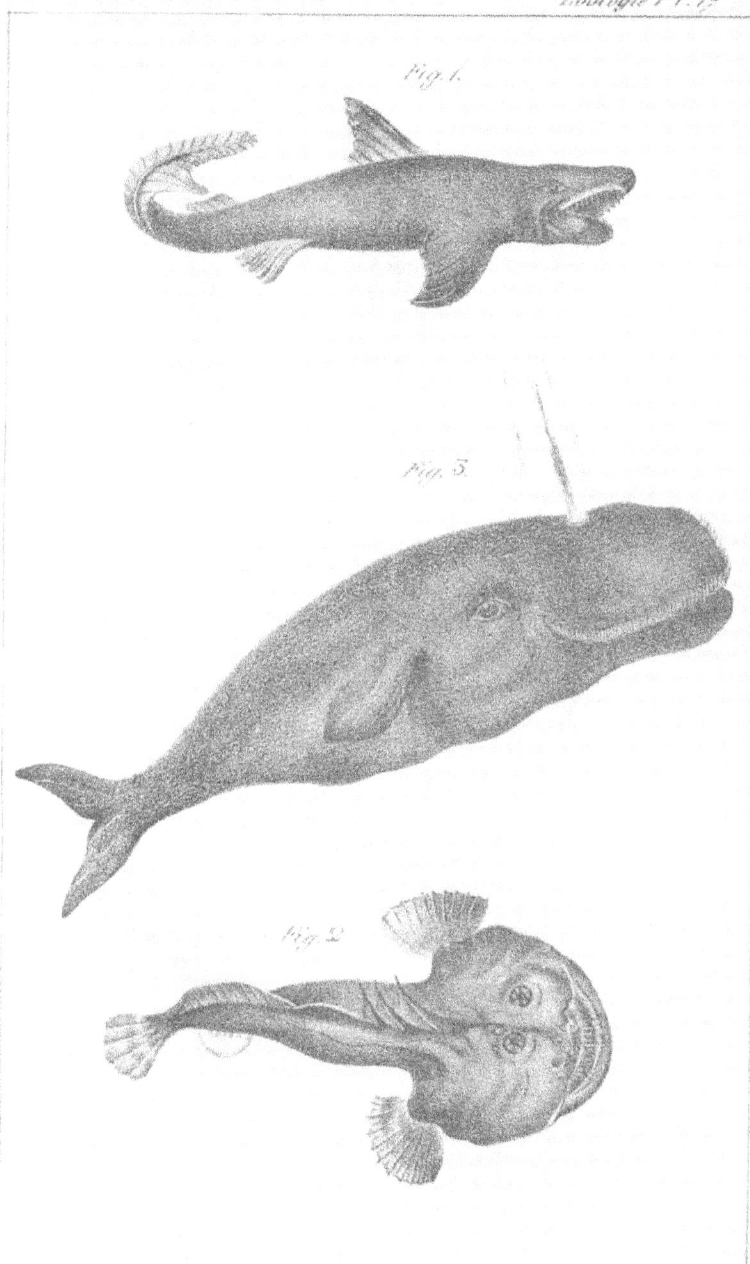
Fig. 1.
Fig. 3.
Fig. 2.

Fig. 1.
Fig. 2.
Fig. 3.

Fig. 1

Fig. 2

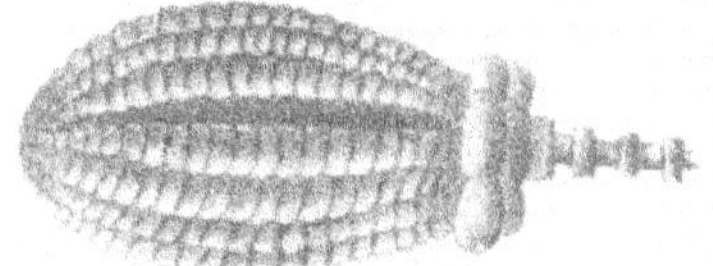

Fig. 3

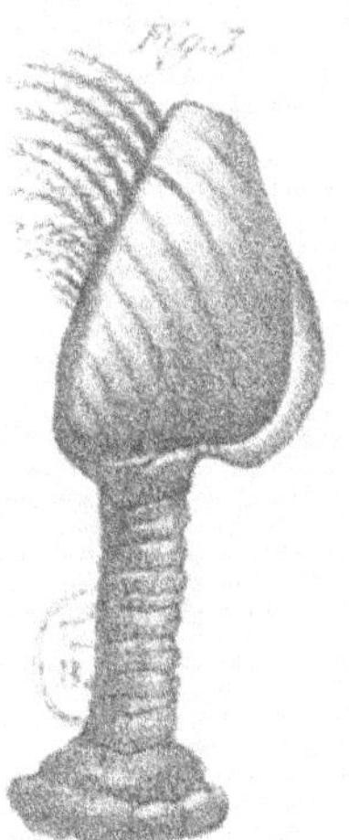

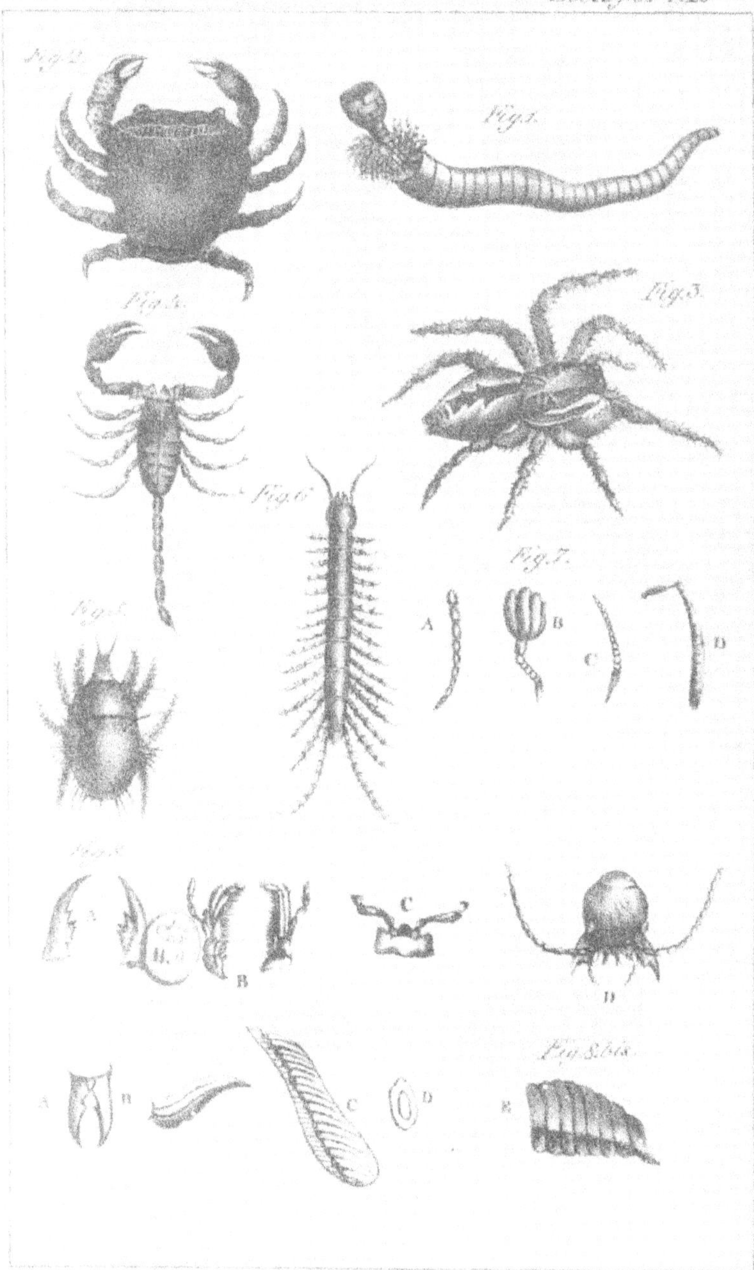

Fig. 2.
Fig. 1.
Fig. 5.
Fig. 3.
Fig. 6.
Fig. 7.
Fig. 4.
A
B
C
D
Fig. 8.
A
B
C
D
A
B
C
D
E
Fig. 8 bis.

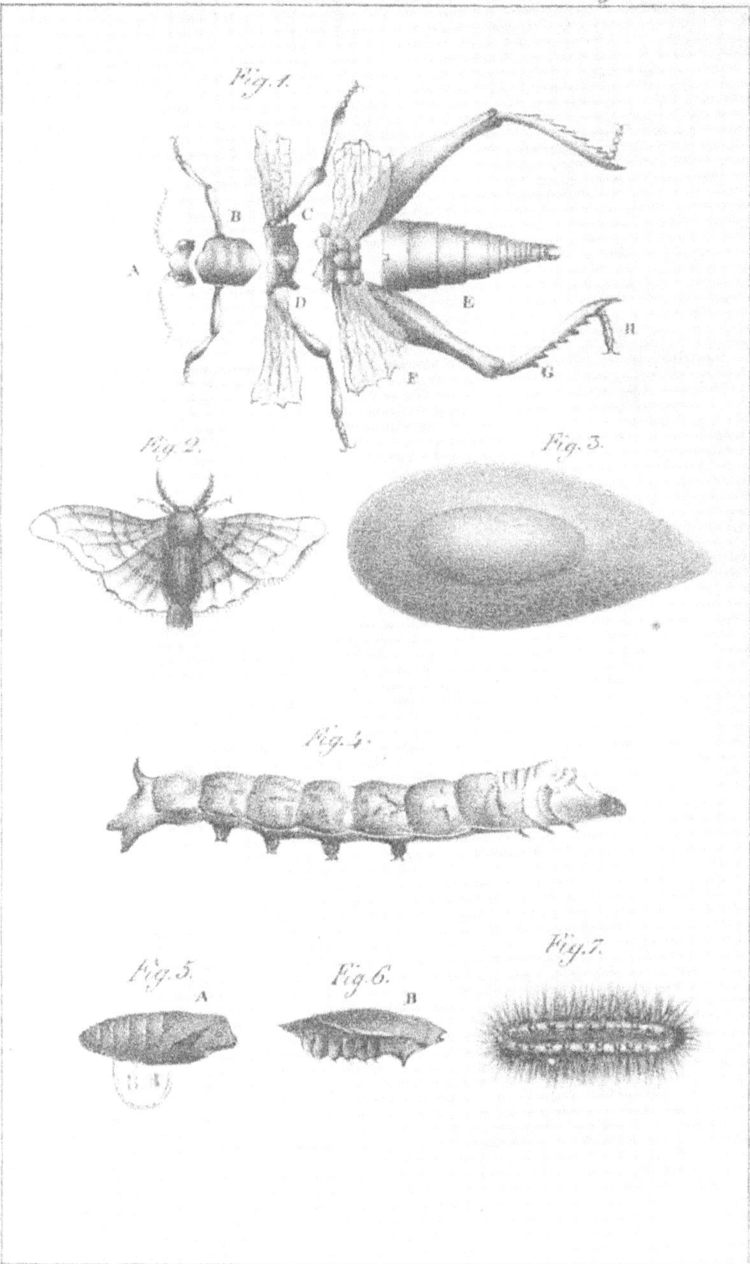

Fig. 1.
A B C D E F G H
Fig. 2.
Fig. 3.
Fig. 4.
Fig. 5.
A
Fig. 6.
B
Fig. 7.

Fig. 1
Fig. 2
Fig. 3
Fig. 4
Fig. 4 bis
Fig. 6
Fig. 7
Fig. 5
Fig. 8
Fig. 9

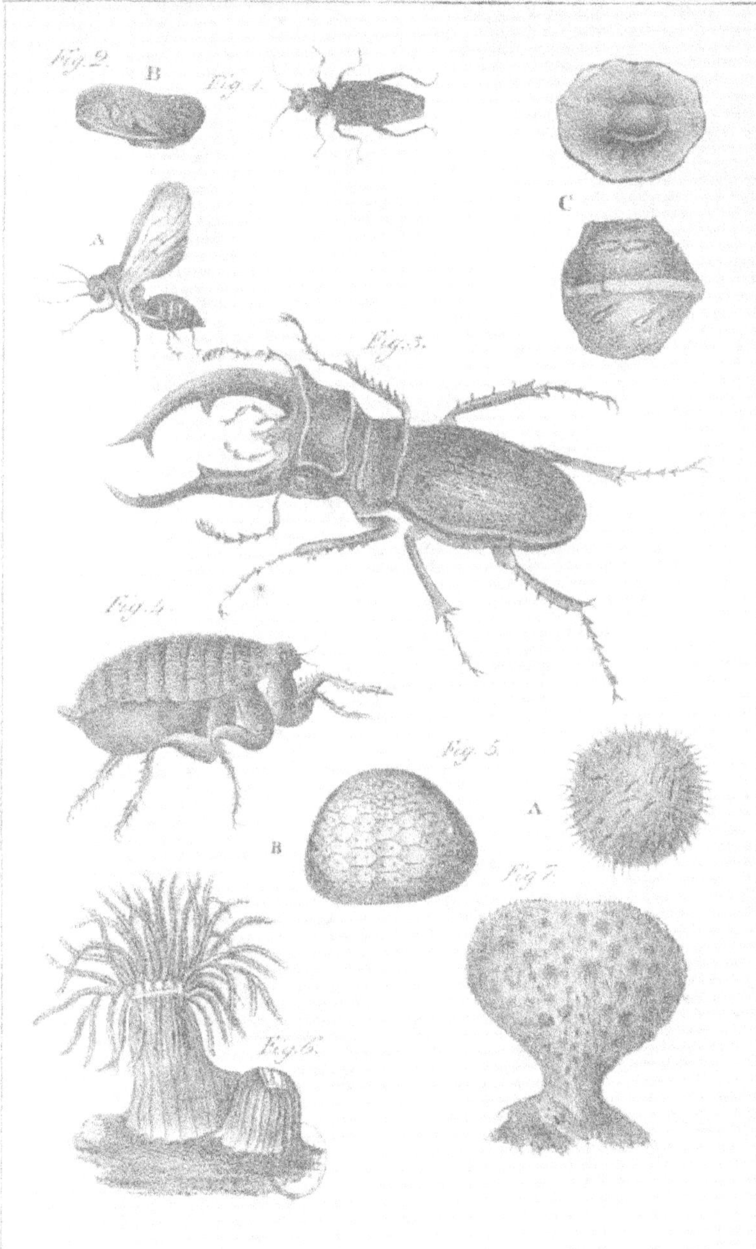

Fig. 2.
B
Fig. 1.
A
C
Fig. 3.
Fig. 4.
Fig. 5.
A
B
Fig. 7.
Fig. 6.

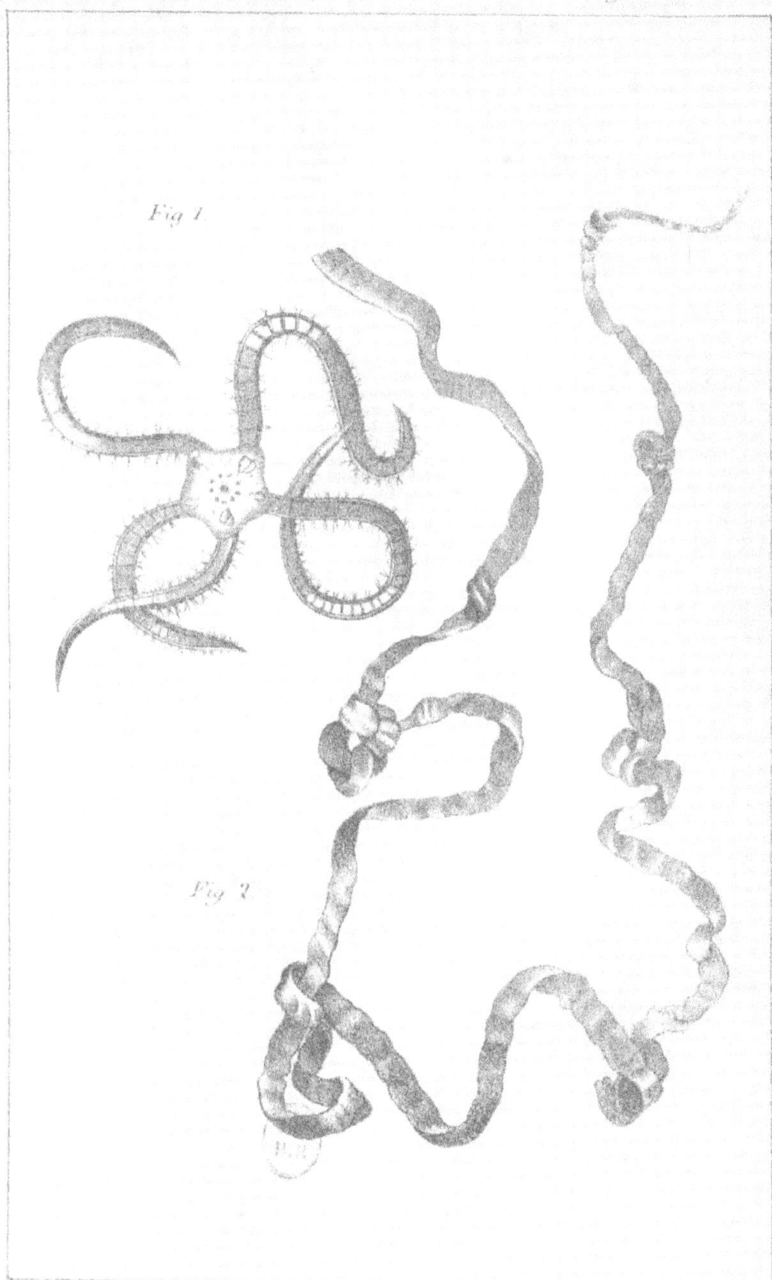
Fig 1.
Fig 2.

Fig. 1

Fig. 2

Fig. 3

Fig. 4

Metz, L. de Dupuy & Cie

CREUSAT Libraire-éditeur

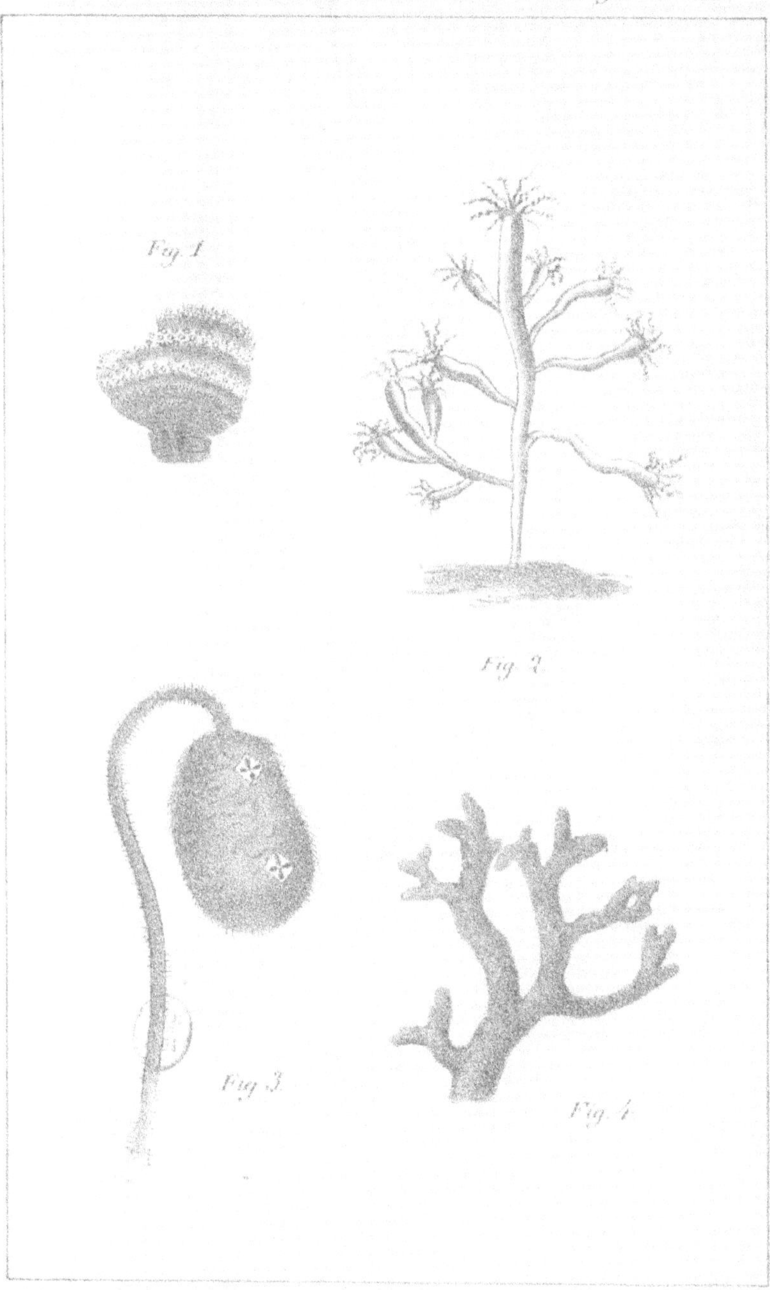

TABLE ÉTYMOLOGIQUE

DES PRINCIPAUX TERMES EMPLOYÉS EN HISTOIRE NATURELLE.

A.

ABDOMEN. Ce mot qui en latin veut dire *ventre*, a passé avec la même signification dans notre langue scientifique.

ACALÈPHES. Animaux qui forment la troisième classe des *zoophytes*. Ce nom leur a été donné à cause de la faculté qu'ont plusieurs d'entre eux d'occasionner une sensation de piqûre semblable à celle que produit l'ortie, qu'on nomme en grec ακαλήφη (*acaléphé*).

ACANTHOPTÉRIGIENS. Dernier ordre de la classe des poissons. — De deux mots grecs ακανθα (*acantha*) *épine*, et πτερυξ (*ptérux*) *nageoire*, parce que ces animaux ont des épines à la nageoire dorsale.

ACÉPHALES. Quatrième classe des animaux mollusques. — De deux mots grecs : α, qui indique la privation de, κεφαλή (*héfalé*) *tête*, parce qu'ils n'ont pas de tête distincte.

ACOTYLÉDONS. Voyez *Cotylédons*.

ADÉLOBRANCHES. Ordre des mollusques gastéropodes, dont les branchies ne sont pas visibles. Αδηλος en grec (*adélos*) signifie *caché*.

AMORPHE (*structure*) se dit en minéralogie des substances qui n'offrent qu'une structure confuse, indéterminée. Ce mot s'applique aussi, dans le même sens, aux autres branches. — De deux mots grecs : α privatif, μορφη (*morphé*) *forme*.

ANOPLOTHÉRIUM. Ce nom a été donné par G. Cuvier à un des animaux fossiles qu'il est parvenu à recomposer en rapprochant leurs os. Il est formé de α privatif οπλα (*opla*) *armes, défenses*, θηριον (*thérion*) *bête féroce*, parce que l'anoplothérium était dé-

pourvu de ces dents canines qui servent à plusieurs espèces d'armes défensives.

ANHYDRE. (*Gypse*) ou gypse privé d'eau. — De α privatif, et υδωρ (*udôr*) *eau*. D'où l'on a fait *anhydrite*.

ANGIOSPERMIE. Ordre de plantes appartenant à la quatorzième classe du système de Linnée. — De αγγειον (*anguéïon*) *enveloppe*, et σπερμα (*sperma*) *semence*, parce que les graines sont cachées dans une enveloppe.

APODES. Terme qui s'applique, dans plusieurs parties de la Zoologie, à des animaux dépourvus d'organes locomoteurs. (Poissons, larves apodes.) — De α privatif, et πους (*pous*) *pied*.

APTÈRES. (*Insectes*) ou dépourvus d'ailes. — De α privatif, et πτερον (*ptéron*) *aile*.

ARACHNIDES. Nom d'une classe d'animaux dont le type est l'araignée. — En grec αραχνης (*arachnés*.)

ARTHROCÉPHALES. Nom d'une famille dans la classe des animaux crustacés. — De αρθρον (*arthron*) *articulation*, et κεφαλή (*héfalé*) *tête*, parce qu'elle est caractérisée par une tête articulée sur le thorax.

B.

BACILLAIRE. (*Cristallisation*) ou en baguette, du latin *bacillus*.

BATRACIENS. Ordre de la classe des reptiles. — Du grec βατραχος (*batrachos*) *grenouille*, parce que cet animal est comme le type de la classe.

BOTANIQUE. De βοτανη (*botané*) *herbe, plante*.

BRACHIOPODES. Classe de mollusques qui ont, au lieu de pieds, deux bras charnus. — De βραχιων (*brakiôn*) *bras*, et πους (*pous*) *pied*.

BRANCHIOPODES. Ordre de la classe des crustacés. — De βραγχια (branchia) branchies, et πους (pous) pied, parce que ces animaux ont des branchies sur les pieds.

BRANCHIOSTÈGE. (Membrane) ou membrane des ouïes chez les poissons. — De βραγχια (branchia) branchies, et στεγειν (stégein) tenir caché.

BRÉVIPENNES. Famille d'oiseaux dans l'ordre des échassiers, caractérisés par la brièveté de leurs ailes. — De *brevis*, court, *penna*, plume.

C.

CÉPHALOPODES. Classe de mollusques. — De κεφαλη (*kéfalé*), tête, et πους (*pous*) pied, parce que les tentacules qui couronnent leur tête leur servent pour marcher.

CÉRATOPHYTES. Nom d'une tribu de polypes à polypiers, dont la tige ou l'axe intérieur est de substance cornée. — De κερατινος (*kératinos*) de corne, et φυτον (*phuton*) tige.

CÉTACÉS. Ordre de la classe des mammifères. De κητος (*kétos*) baleine.

CHÉLONIENS. Ordre de reptiles. — De χελωνη (*kélôné*) tortue.

CHIROPTÈRES. Ordre de reptiles. — De χειρ (*khéir*) main, et πτερον (*ptéron*) aile, parce que leurs mains donnent insertion à une membrane propre au vol; *exemple :* la chauve-souris.

CHRYSALIDE. Nymphe des papillons. — De χρυσος (*krusos*) or, à cause de l'éclat doré que présentent plusieurs d'entre elles.

CHYLE. De χυλος (*chulos*) suc.

CIRRHOPODES. Classe de mollusques qui ont le long du ventre des appendices tentaculaires ou *cirrhes* de nature cornée. — De κερας (*kéras*) corne, et πους (*pous*) pied.

COLÉOPTÈRES. Ordre de la classe des insectes à ailes en étui. — De κολεος (*koléos*) étui, et πτερον (*ptéron*) aile.

CONCHOÏDALE. (*Structure*) ou en forme de coquille. — De κογχυλια (*chonchylia*) coquilles.

CONCHIOLOGIE, ou traité des coquilles. — De κογχυλη (*chonkulé*) coquille, et λογος (*logos*) discours, traité.

COTYLÉDONS. Organes qui accompagnent la graine. — De κοτυληδων (*kotulédôn*) cavité ou emboîture des os, parce que la graine est comme emboîtée entre les cotylédons. — MONOCOTYLÉDONS μονος (*monos*) seul, quand il n'y en a qu'un. — DICOTYLÉDONS δις (*dis*) deux fois quand il y en a deux.

CULTIROSTRES. Famille de l'ordre des échassiers. — De *culter*, couteau, et *rostrum*, bec. (Bec en couteau.)

CYCLOSTOMES. Ordre de la division des poissons cartilagineux. — De κυκλος (*kuklos*) cercle, et στομα (*stoma*) bouche, à cause de la forme arrondie de leur bouche.

C'est aussi le nom d'un genre de *coquilles* dont l'ouverture est ronde.

CRYPTOGAMES. (Plantes) à fructification cachée. — κρυπτω (*kruptô*) je cache, et γαμος (*gamos*) union, mariage.

D.

DÉCAPODES. Ordre de crustacés. — δεκα (*déka*) dix, et πους (*pous*) pied.

DENDRITE (Cristallisation en), c'est-à-dire imitant les ramifications d'un végétal. — δενδρον (*dendron*) arbre.

DERMOBRANCHES. Famille de l'ordre des mollusques gastéropodes, dont les branchies sont extérieures. — δερμα (*derma*) peau, et βραγχια (*branchia*) branchies.

DEUTOXIDE. (Voyez *oxide*.)

DIADELPHES. (Étamines) réunies en deux faisceaux. — δις (*dis*) deux fois, et αδελφος (*adelphos*) frère.

DIADÈME. (Voyez *étamines*.)

DICHOTOME. (Rameaux), c'est-à-dire divisés par

deux.— δις (*dis*) *deux fois*, et τεμνω (*temnō*) *je sépare*.

DICOTYLÉDONS. (Voyez *cotylédons*.)

DIDYNAMES. (Étamines.) — De δις (*dis*) *deux fois*, et δυναμις (*dynamis*), *puissance*, *force*, deux plus longues et deux plus courtes.

DIGITIGRADES. Tribu de l'ordre des mammifères carnivores.—De *digitus*, doigt, *gradus*, pas, marche, parce qu'ils marchent sur l'extrémité des doigts.

DIOÏQUE. (Plante) portant des fleurs mâles sur un pied, femelles sur un autre. — Δις (*dis*) *deux fois*, et οικος (*oikos*) *maison, demeure*.

DIPTÈRES. Ordre d'insectes. — Δις (*dis*) *deux fois*, πτερον (*ptéron*) *aile*, parce qu'ils n'ont que deux ailes.

DODÉCAÈDRE. (Cristal.) — Δωδεκα (*dōdéka*) *douze*, έδρα (*hédra*) *base*.—Solide à douze faces.

E.

ÉCHINODERMES. Classe d'animaux *rayonnés*, dont la peau est armée de piquans.— Εχινος (*ékinos*) *épine*, et δερμα (*derma*) *peau*.

ENCÉPHALE. Ensemble des organes cérébraux.—Εν (*en*) *dans*, κεφαλη (*kéfolé*) *tête*.

ENSIFORME. (Feuille.) de *ensis*, *épée*.

ENDOCARPE. Partie intérieure du fruit. — Ενδον (*endon*) *dedans*, et καρπος (*karpos*) *fruit*.

ENTOMOSTRACES. Division de la classe des crustacés.—Εντομα (*entoma*) *insectes*, et οστρακον (*ostrakon*) *test, coquille*.

ÉPICARPE. Membrane extérieure du fruit.— Επι (*épi*) *sur*, καρπος (*karpos*) *fruit*.

ÉTAMINES. (*Stamina*.) Linnée établit les onze premières classes de son système sur le nombre des étamines qu'il désigna par le mot grec ανηρ, ανδρος (*andros*) *mâle*, précédé d'un nom de nombre; EXEMPLE: *Monandrie* μονος (*monos*) *seul*; *diandrie* δις (*dis*) *deux*, etc. Il ne s'agit donc que de décliner les noms de nombre en grec, en les faisant suivre de la désinence *andrie*. Τρις (*tris*) *trois fois*; τετρα (*tétra*) *quatre*; πεντε (*pente*) *cinq*; έξ (*hex*) *six*; έπτα (*hepta*) *sept*; οκτω (*octō*) *huit*; εννεα (*ennéa*) *neuf*; εικοσι (*eikosi*) *vingt*. *Poliandrie*, de πολυς (*polus*) *plusieurs*.

ERPÉTOLOGIE. De ερπετος (*erpétos*) *reptile*, et λογος (*logos*) *traité*.

ÉPIGÉNIE. (Minéralogie.) — De επι (*épi*) *sur*, γεινομαι (*geinomai*) *je nais*.

G.

GASTÉROPODES. Classes de mollusques qui rampent à l'aide d'un disque charnu placé sous le ventre. — De γαστηρ (*gaster*) *ventre*, et πους (*poûs*) *pied*.

GÉOGNOSIE. Connaissance de la terre.—De γαια (*gaia*) *terre*, et γινωσκω (*ginōskō*) *je connais*.

GÉOLOGIE. De γαια (*gaia*) *terre*, et λογος (*logos*) *traité*.

GONIOMÉTRIE. Mesure des angles des cristaux. — De γωνη (*goniē*) *angle*, et μετρον (*métron*) *mesure*.

GYMNOSPERMIE. De γυμνος (*gymnos*) *nu*, et σπερμα (*sperma*) *graine*, graines nues au fond du calice.

GYNANDRIE. De γυνη (*gunē*) *femelle*, et ανηρ (*anér*) *mâle*. — Étamines soudées avec le pistil.

H.

HASTÉE. (*Feuilles*.)— De *hasta*, pique.

HÉMIPTÈRES. De ημισυς (*émisus*) *demi*, et πτερον (*ptéron*) *aile*.— Ordre d'insectes.

HÉMITROPE. (Cristaux.) — De ημισυς (*émisus*) *demi*, et τρεπω (*trépō*) *je tourne*.

HYALIN (Quartz.)—De ύαλος (*hyalos*) *de cristal*.

HYDROGÈNE. De ύδωρ (*udōr*) *eau*, et γεινομαι (*geinomai*) *je produis*.

HYMÉNOPTÈRE. Ordre d'insectes à ailes membraneuses. — De ύμην (*hymen*) *peau, membrane*, et πτερον (*ptéron*) *aile*.

HYPOGYNE. (Corolle ou étamines.) — De ὑπο (hupo) dessous, et γυνη (guné) femelle.

I.

ICHTYOLOGIE. De ἰχθὺς (ichtus) poisson, et λογος (logos) traité.

IGNÉS. (Terrains.)—De ignis, feu.

L.

LAMELLIROSTRES. Famille de l'ordre des oiseaux palmipèdes.— De lamella, petite lame, et rostrum, bec.

LÉPIDOPTÈRES, ou papillons. — De λεπις (lépis) écaille, et πτερον (ptéron) aile, à cause des écailles farineuses qui recouvrent leurs ailes.

LITHOPHYTES. Polypes dont l'axe intérieur est pierreux. — De λιθος (lithos) pierre, et φυειν (phuein) produire.

LOPHOBRANCHES. Ordre de poissons osseux, dont les branchies sont en aigrette. — De λοφος (lophos) huppe, et βραγχια (branchia) branchies.

M.

MACRODACTYLES. Tribu de l'ordre des oiseaux échassiers, à doigts fort longs. — De μακρος (makros) long, et δακτυλος (dactylos) doigt.

MALACOLOGIE. De μαλακος (malakos) mou, et λογος (logos) traité. Nom proposé pour désigner la partie qui traite des mollusques.

MALACOPTÉRYGIENS. Famille de poissons osseux à nageoires molles. — De μαλακος (malakos) mou, et πτερυξ (ptérux) nageoire.

MAMMIFÈRES, ou porte-mamelles.—De mamma, mamelle, et ferre, porter.

MÉSOCARPE. Partie moyenne du fruit. — De μεσος (mésos) milieu, et καρπος (karpos) fruit.

MONADELPHES. (Étamines.) — De μονος (monos) seul, et αδελφος (adelphos) frère.

MONANDRIE. Voyez étamines.

MONOCLE. Mot hybride formé de μονος (monos) seul, et oculus œil.

MONOCLINE. (Fleur) ou hermaphrodite. — De μονος (monos) seul, et κλινη (kliné) lit.

MONOCOTYLÉDONS. Voyez cotylédons.

MONOÏQUES. (Plantes) portant sur le même pied, mais sur des fleurs différentes, les fleurs mâles et les fleurs femelles. — De μονος (monos) seul, et οικος (oîkos) demeure.

MONOPHYLLE. (Calice.)—De μονος (monos) seul, et φυλλον (phullon) feuille.

MONOSPERME. (Fruit), ou à une seule graine. — De μονος (monos) seul, et σπερμα (sperma) graine.

MONOTHALAME. (Coquille), à une seule cavité. —De μονος (monos) seul, et θαλαμος (thalamos) lit.

MUCRONÉES. (Feuilles), en pointe d'épée. — De mucro, épée.

MUSCHELKALK. Calcaire coquiller. — De deux mots allemands : muschel, coquille, kalk, chaux.

MYRIAPODES. Ordre d'insectes à un grand nombre de pieds. — Μυριος (murios) dix mille, πους (pous) pied.

N.

NÉVROPTÈRES. Ordre d'insectes. De νευρον (neuron) nervures, et πτερον (ptéron) aile.

O.

OCTAÈDRE. (Cristal.)— De οκτω (octô) huit, et ἑδρα (hédra) base, pan.

OLFACTIFS. (Nerfs.) — De olfacere, sentir.

OOLITIQUE. (Structure.) —De ῳον (œuf), et λιθος (lithos) pierre.

OPHIDIENS. Serpens.— De οφις (ophis).

ORNITHOLOGIE. De ορνις (ornis) oiseau, et λογος (logos) traité.

ORTHOPTÈRES. Ordre d'insectes à ailes plissées longitudinalement. — Ορθος (orthos) droit, et πτερον (ptéron) aile.

OXIDE. Voyez *oxigène*.

OXIGÈNE. De ὀξύς (*oxus*) *acide*, et γείνομαι (*geinomai*) *j'engendre*, parce qu'en s'unissant à la plupart des corps, il les fait passer à l'état d'acides.

P.

PACHYDERMES. Ordre de mammifères. — De παχύς (*pachus*) *épais*, et δέρμα (*derma*) *peau*.

PALMÉES. (Feuilles.) — De *palma*, paume de la main.

PALMIPÈDES. Ordre d'oiseaux dont les doigts sont réunis par une membrane. — De *palma*, main, et *pes*, pied.

PANDURIFORMES. (Feuilles.) — De *pandura*, sorte de violon.

PENNÉES. (Feuilles.) — De *penna*, plume.

PÉNÉEN. (Calcaire.) — De πένης (*pénès*) *pauvre*, parce que ce terrain est moins riche en minerais que les terrains avoisinans.

PÉRICARPE. Partie extérieure du fruit. — De περί (*péri*) *autour*, et καρπός (*karpos*) *fruit*.

PÉRIGYNE. (Étamines ou corolles.) — De περί (*péri*) *autour*, et γυνή (*guné*) *femelle*.

PÉRISPERME. Substance de nature variable, qui entoure l'embryon. — De περί (*péri*) *autour*, et σπέρμα (*sperma*) *graine*.

PHANÉROGAMES. (Plantes) à fructification apparente. — De φαίνω (*phaïnô*) *j'apparais*, et γάμη (*gamé*) *mariage, union*.

PHYSIOLOGIE. De φύσις (*phusis*) *nature*, et λόγος (*logos*) *traité*.

PHYTOGRAPHIE. De φυτόν (*phuton*) *plante*, et γράφω (*graphô*) *décrire*.

PISOLITHE. De *pisum*, pois, et λίθος (*lithos*) *pierre*.

PLANTIGRADES. Tribu de la famille des mammifères carnivores, composée d'animaux qui marchent sur leurs pieds. — De *planta*, plante des pieds, et *gradus*, marche.

PLASTIQUE. (Argile.) — De πλάσσω (*plassô*) je façonne.

PLECTOGNATHES. Ordre de poissons osseux, caractérisés par la soudure de la mâchoire avec le crâne. — De πλέκω (*plékô*) *je joins, j'unis*, et γνάθος (*gnathos*) *mâchoire*.

POLYÈDRES. Solide à plusieurs faces. — De πολύς (*polus*) *plusieurs*, et ἕδρα (*hédra*) *base, pan*.

POLYADELPHES. (Étamines) réunies en plusieurs faisceaux, de πολύς (*polus*) *plusieurs*, et ἀδελφός (*adelphos*) *frère*.

POLYGAMES. (Plantes) portant sur le même pied des fleurs hermaphrodites et des fleurs unisexuelles. — De πολύς (*polus*) *plusieurs*, et γάμος (*gamos*) *mariage, union*.

POLYSPERME. (Fruit) à plusieurs graines. — De πολύς (*polus*) *plusieurs*, et σπέρμα (*sperma*) *graine*.

POLYPHYLLE (Calice.) — De πολύς (*polus*) *plusieurs*, et φύλλον (*phullon*) *feuille*.

PRESSIROSTRES. Famille de l'ordre des oiseaux échassiers. — De *pressus*, déprimé, et *rostrum*, bec.

PROBOSCIDIENS. Famille de l'ordre des mammifères pachydermes. — De προβοσκίς (*proboskis*) trompe d'éléphant.

PTÉROPODES. Classe de mollusques qui se meuvent à l'aide de deux nageoires en forme d'ailes. — De πτερόν (*ptéron*) *aile*, et πούς (*pous*) *pied*.

S.

SAGITTÉE. (Feuille.) — De *sagitta*, flèche.

SAURIENS. Ordre de reptiles. — De σαῦρος (*sauros*) *lézard*.

SÉLACIENS. De σέλαχος (*sélachos*), nom donné à plusieurs poissons cartilagineux, sans écailles, comme la raie, etc.

SIPHONOBRANCHES. Ordre de mollusques gastéropodes. — De σίφων (*siphôn*) *tuyau*, et βράγχια (*branchia*) *branchies*.

SOLIPÈDES. Famille de l'ordre des mammifères pachydermes. — De *solus*, seul, et *pes*, pied.

SMECTIQUE. (Argile.) — De σμηχω (smékô) je nettoie.

SPATH. Nom allemand que l'on donne à plusieurs substances cristallisées, et particulièrement au carbonate de chaux (*spath calcaire*), et la baryte (*spath pesant*).

STALACTITES. De σταλαζω (stalatzô) *je distille*.

SUBULÉE. (Feuille.)—De *subula*, alêne.

SYNCARPE. (Fruit composé.) — De συν (sun) *avec*, et καρπος (karpos) *fruit*.

SYNGÉNÈSES. (Étamines) soudées.—De συν (sun) *avec*, et γεινομαι (geinomaï) *je produis*.

T.

TARDIGRADES. Tribu de l'ordre des édentés.— De *tardus*, lent, et *gradus*, marche.

TAXONOMIE. Classification des plantes. — De τασσω (tassô) *je range, j'ordonne*, et νομος (nomos) *règle, ordre*.

TÉTRAÈDRE. (Cristal.)—De τετρα (tétra) *quatre*, ἑδρα (hédra) *face, pan*.

TÉTRADYNAMES. (Étamines.) — De τετρα (tétra) *quatre*, et δυναμις (dynamis) *force, puissance*. Six étamines, dont quatre plus grandes.

THORAX, ou poitrine.—Du grec θωραξ (thorax).

TOMENTEUSES. (Tiges, feuilles.)—De *tomentum*, duvet.

V.

VOLUBILE. (Tige.)—De *volvere*, tourner autour, s'enrouler.

Z.

ZOOLOGIE. De ζωον (zôon) *animal*, et λογος (logos) *discours, traité*.

ZOOPHYTES. Classe d'êtres intermédiaires entre les animaux et les plantes.— De ζωον (zôon) *animal*, et φυτον (phuton) *plante*.

FIN DE LA TABLE ÉTYMOLOGIQUE.

TABLE DES MATIÈRES.

SUPPLÉMENT

AUX

ÉLÉMENS D'HISTOIRE NATURELLE

COMPRENANT

LES QUESTIONS DU NOUVEAU PROGRAMME

Qui n'avaient point été développées dans cet Ouvrage.

I.* CARACTÈRES GÉNÉRAUX DES ÊTRES ORGANISÉS.

Aux caractères généraux que nous avons attribués aux êtres organisés, et par lesquels nous avons distingué ces êtres des corps bruts, nous joindrons ceux que l'on tire de la *composition chimique*. Cette composition est caractéristique. Bien que le nombre des substances composantes soit ici très-considérable, et que ces substances diffèrent beaucoup entre elles, elles sont néanmoins formées, pour la plupart, des mêmes élémens réunis en proportions diverses. Ce sont en général des composés de carbone, d'hydrogène et d'oxigène, ou bien des substances résultant de l'union de ces trois élémens avec un quatrième principe l'*azote*. Ce dernier joue un des principaux rôles dans le corps des animaux, tandis que les plantes ont pour base le carbone. Cette simplicité et cette analogie de composition étaient nécessitées par le peu

---

de stabilité qu'offrent, dans leur composition, les tissus vivans soumis à des changemens continuels et destinés à se convertir incessamment en liquides et en gaz.

II. HISTOIRE DES PRINCIPALES FONCTIONS.

Nous devons prévenir ici, avant d'aller plus loin, que nous avons cru devoir, dans le cours de cet ouvrage, séparer, pour plus de méthode et de clarté, la description des appareils ou *l'anatomie*, de l'histoire des fonctions ou *physiologie* ; mais cela ne change en rien l'esprit du Programme, puisque les matières traitées restent les mêmes.

Nous avons quelques développemens à ajouter ici à ce que nous avons dit précédemment de l'*exhalation*, fonction sur laquelle nous n'avions pas assez insisté.

Le passage des fluides de l'intérieur des vaisseaux où ils sont primitivement contenus au dehors a lieu de deux manières, tantôt par les *sécrétions* (nous n'avons rien à ajouter à ce que nous en avons dit), tantôt par des *exhalations*, c'est-à-dire qu'une portion de la partie aqueuse du sang sort des vaisseaux par une véritable transsudation, en traversant leurs parois, perméables seulement à un liquide très-terne, d'où la différence que l'on observe entre le liquide des exhalations qui est toujours du *sérum*, et celui des sécrétions qui diffère toujours par sa composition chimique du sang lui-même. Le mécanisme de l'exhalation est le même que celui de l'*absorption*. (Voy. la *Zoologie*.) Les organes qui sont le siége de l'une sont aussi le siége de l'autre ; tout ce qui influe sur l'une influe sur l'autre ; en un mot, elles se balancent mutuellement. Plus la quantité des liquides contenus dans le corps est grande, plus l'exhalation est abondante.

Les exhalations sont externes (ex. l'exhalation pulmonaire, la transpiration insensible), ou internes, c'est-à-dire, ayant lieu à la surface de cavités qui n'ont point d'issue au dehors : telle est la sérosité qui baigne les membranes séreuses et les lamelles du tissu cellulaire.

VII. MOUVEMENS.

Nous compléterons le peu que nous avions dit dans cet ouvrage sur la *statique animale* par des considérations puisées dans l'*Anatomie comparée*.

Si nous étudions d'abord la *station*, nous verrons qu'elle est produite par l'action soutenue des muscles extenseurs de toutes les articulations. L'homme est le seul animal qui réunisse toutes les conditions nécessaires à la station *bipède* ; il surpasse tous les autres par la forme avantageuse de ses pieds, par la faculté qu'il a de les écarter l'un de l'autre, par la facilité avec laquelle il tient sa tête droite. Et ce qu'il y a de remarquable, c'est que ces circonstances nuiraient autant à sa marche sur quatre membres, qu'elles lui sont utiles pour se tenir sur deux seulement. L'homme marchant à quatre ne pourrait regarder devant lui, il aurait même de la peine à soulever sa tête, parce qu'elle est très-pesante, que le ligament cervical lui manque, que ses membres postérieurs sont trop longs en proportion des antérieurs. — Les oiseaux, dont les extrémités antérieures sont représentées par des ailes, ne pouvaient les employer à se soutenir comme organes de préhension. Il fallait donc qu'en se tenant sur leurs pieds de derrière, ils pussent cependant porter le bec à terre; il fallait aussi à cause du vol que le centre de gravité de leur corps fût à peu près sous les épaules, pour pouvoir être soutenu par les ailes. Ainsi leur corps devait être plus pesant par devant.

Nous avons expliqué précédemment comment certaines espèces peuvent passer des jours entiers, sans se fatiguer, sur un seul pied.

La *station sur quatre pieds* fournit à l'animal une base très-large de sustentation; mais vu la pesanteur du cou et de la tête, le centre da gravité est plus voisin des jambes de devant que de celles de derrière, en sorte que les extrémités antérieures supportent presque toute la charge.

La *marche* et un mouvement sur un sol fixe, dans lequel le centre de gravité est mû alternativement par une partie des extrémités et soutenue par l'autre partie, sans que le corps soit jamais suspendu.

Nous en avons donné la théorie chez l'homme; elle peut faire comprendre ce qu'elle est chez les animaux.

Pour *saisir* les objets, il faut des doigts flexibles, libres, d'une certaine longueur. L'homme et les singes ont seuls le pouce opposable et la faculté de tenir d'une seule main des objets mobiles.

Cette faculté de *préhension* est très-utile aux animaux dans l'espèce de mouvement progressif qu'on nomme *grimper*; mouvement qui consiste à se suspendre en serrant fortement un objet susceptible d'être saisi et à s'élever ainsi par des efforts successifs contre la direction de la pesanteur. Les quadrumanes sont les grimpeurs par excellence, parce qu'ils peuvent saisir également bien avec leurs quatre extrémités. Plusieurs ont d'ailleurs un cinquième membre qui les aide à grimper, c'est leur queue. — Les oiseaux grimpeurs se cramponnent à l'aide de leurs ongles aux inégalités de l'écorce.

La *natation* et le *vol* sont des *sauts* qui ont lieu dans des fluides et qui résultent de la résistance à recevoir le mouvement que les animaux qui nagent ou qui volent leur impriment par l'impulsion de certaines surfaces (ailes, nageoires), qu'ils meuvent avec une force et une rapidité d'autant plus grandes que le milieu qui résiste est plus rare.

IX. NOTIONS GÉNÉRALES SUR LE MODE D'ORGANISATION DES ANIMAUX.

La vie résultant dans tout corps animé de l'ensemble des fonctions des organes agissant les uns sur les autres, elle suppose nécessairement l'organisation, et de même que celle-ci se modifie et se développe dans le même être aux diverses époques de sa durée, elle doit aussi varier dans les différens termes de la série des êtres organisés. En effet, quand on parcourt la série animale en partant des êtres les plus simples pour s'élever progressivement jusqu'aux plus composés, on observe une complication graduelle dans l'organisation, et à mesure que celle-ci devient plus complexe, on voit aussi les grandes fonctions vitales se compliquer graduellement de fonctions d'un ordre secondaire et les facultés de l'animal devenir plus nombreuses, en même temps qu'elles perdent de leur étendue et de leur généralité.— C'est ce que nous rendrons évident en suivant cette gradation dans les fonctions de la nutrition observées parmi les différentes classes de la série animale.

Dans le degré le plus simple de l'organisation, vous ne trouvez aucun organe spécial de nutrition, aucun vestige d'estomac, mais une simple surface d'absorption et d'exhalation, fonctions qui s'exercent à la fois dans tous les points de la substance vivante.— A un degré supérieur, une portion de la surface du corps rentre à l'intérieur pour former une cavité alimentaire à une seule ouverture qui représente à la fois la bouche et l'anus. L'absorption extérieure concourt encore avec cette absorption intérieure à la nutrition de l'animal. Tels sont les polypes d'eau douce.

Mais en s'élevant davantage, on voit cette fonction s'isoler, en quelque sorte, dans un appareil spécial qui se distingue complétement de la surface extérieure de l'animal ; c'est un *canal intestinal* à deux ouvertures, lequel est seul chargé de l'assimilation des molécules nutritives.—Aux parties essentielles qui constituent cet appareil, se surajoutent des parties secondaires destinées à certaines fonctions préparatoires de préhension et de manducation (tentacules ou pièces dures en forme de mâchoires, de dents, etc.) ; exemple : les oursins. —Dans un degré au-dessus, l'animal, doué de nouvelles fonctions, doit posséder de nouveaux organes : organes de *locomotion* pour aller chercher sa nourriture (muscles, nerfs, membres articulés) ; organes de sensibilité pour la choisir (yeux, sens du goût, de l'odorat, etc.) ; de préhension et de mastication pour la saisir et la préparer à l'élaboration digestive ; exemple : les insectes.

Mais ce n'est pas là le dernier terme dans la division du travail : à un degré plus élevé, la surface interne d'absorption se sépare en deux surfaces secondaires, dont l'une continue à servir à l'absorption des matières solides et liquides (appareil digestif), tandis que l'autre n'absorbe que les gaz atmosphériques (appareil respiratoire). — Ce dédoublement des fonctions nutritives exige de nouveaux organes (branchies, poumons), et partant de nouvelles fonctions. Le fluide nourricier, absorbé par la surface digestive et qui par suite des modifications qu'il subit prend le nom de *sang*, a besoin d'un *cœur* qui lui donne son impulsion, et de vaisseaux (artères et veines) qui le lancent dans les poumons d'abord, où il se revivifie, puis dans les différentes parties du corps, d'où il revient au cœur pour recommencer le même circuit. Voilà ce que l'on trouve au degré le plus élevé du grand embranchement des *invertébrés*. — Dans celui des *vertébrés*, complexité plus grande de l'organisation, et par suite développement et multiplication des facultés. Un nouvel appareil de locomotion se développe : le *squelette articulé*. Les sens deviennent plus nombreux, le cerveau plus parfait. De nouveaux organes relatifs à la mastication, à l'insalivation (dents, glandes salivaires), à l'élaboration des substances alimentaires (foie, pancréas), à l'élimination des élémens inutiles à la nutrition, remplissent une foule d'opérations secondaires nécessaires au développement de plus en plus parfait du grand acte de la nutrition, lequel, réduit à sa plus simple expression, consistait simplement, comme nous l'avons vu, dans l'absorption immédiate des molécules nutritives fournies par l'air ou par l'eau. — La même gradation s'observe dans l'organisation animale, en ce qui concerne les fonctions de la reproduction. Commune chez les animaux les plus inférieurs à tous les points du corps, elle se localise ensuite, puis de plus en plus complexe, elle s'accompagne de fonctions préparatoires qui nécessitent à leur tour d'autres organes sensitifs et moteurs. Ainsi, le principe si fécond en matière d'industrie de la *division du travail* est aussi celui qui semble avoir guidé la nature dans le perfectionnement successif des êtres. D'abord chacune des parties du corps remplit les mêmes fonctions que les parties voisines, comme dans un atelier où chaque ouvrier serait employé à l'exécution de travaux semblables. Puis, à mesure que l'organisation se complique davantage et que la vie résulte du concours d'un nombre de plus en plus considérable d'instrumens doués de facultés différentes, ces facultés devenant exclusivement propres à certains organes, sont de plus en plus limitées. Il résulte de là que la destruction d'une partie quelconque du corps doit amener dans l'économie générale une perturbation d'autant plus grande que l'animal est doué de facultés plus complexes et plus parfaites, et qu'au contraire il y résistera d'autant mieux que son organisation sera plus simple. Voilà ce qui explique comment il est des animaux (les polypes d'eau douce, par exemple), dont on peut diviser le corps en une multitude de fragmens, sans y suspendre la vie, chacun des morceaux constituant bientôt un nouvel être aussi parfait que celui dont il provient. Si , en effet , chaque partie du corps de ces animaux remplit les mêmes fonctions que les parties voisines , on ne voit pas pourquoi elle ne pourrait isolée vivre de sa propre vie.

Mais la nature n'a pas toujours eu besoin de créer de nouveaux organes pour correspondre à de nouveaux besoins , à de nouvelles facultés , ce que l'immense multiplicité des êtres rendait impossible. Elle a atteint le même but , en faisant entrer les mêmes parties dans de nouvelles combinaisons , en les transformant en instrumens divers , appropriés à des usages différens. Ainsi le tégument externe , lorsqu'il doit servir uniquement d'organe de sensibilité , devient riche en papilles nerveuses et n'est plus recouvert que par un mince épiderme. Doit-il , au contraire , servir d'organe de protection , il s'endurcit : le tissu nerveux , presque nul , est remplacé par l'élément épidermique considérablement développé , et par des productions diverses qui prennent , selon leur forme , le nom de piquans , de soies , de laine, de crins , etc.—Ainsi , dans la classe des poissons , vous voyez les membres des mammifères se transformer en nageoires : en ailes , dans la classe des oiseaux.— Les organes des sens subissent des transformations non moins remarquables. C'est ainsi que la queue , chez les quadrumanes , devient un organe de tact et de préhension , que le nez se prolonge en forme de trompe chez l'éléphant , le tapir, etc. ; que certaines dents se transforment chez d'autres en défenses redoutables , etc.

La vie résultant , comme nous l'avons vu , de l'action des organes les uns sur les autres , les modifications de l'un d'eux doivent exercer nécessairement une influence quelconque sur celles de tous les autres , et parmi ces modifications , il en est qui doivent s'appeler , comme il en est qui doivent s'exclure mutuellement ; mais il n'est point de fonction qui ne réclame le concours de plusieurs autres. C'est même sur cette dépendance mutuelle des fonctions que sont fondées les lois qui déterminent les rapports des organes , rapports sur lesquels nous allons jeter un coup d'œil , en prenant pour guide l'illustre auteur des leçons d'*Anatomie comparée*.

Si nous prenons pour exemple la respiration , nous verrons qu'elle ne peut s'opérer qu'à l'aide des mouvemens du sang , puisqu'elle ne consiste que dans le contact de ce fluide avec l'élément environnant. — Mais la circulation elle-même a sa cause dans l'action musculaire du cœur et des artères , elle ne s'opère donc qu'à l'aide de l'irritabilité. Celle-ci, à son tour, tire son origine du fluide nerveux et suppose l'existence des fonctions de la sensibilité. Mais à quoi nous servirait notre faculté de sentir , si nous n'avions la faculté de nous transporter vers les objets que nous appellons , si nous n'étions doués de la vue pour les discerner , du toucher pour les saisir , etc.

L'appareil digestif entretient aussi des rapports immédiats avec les organes du mouvement et de la sensibilité. En effet, la disposition du canal alimentaire détermine d'une manière absolue l'espèce d'alimens dont l'animal peut se nourrir, et l'on sent que s'il ne trouvait pas dans ses sens et dans ses organes du mouvement les moyens de distinguer et de se procurer ces alimens, il ne pourrait subsister. — Ainsi, dit Cuvier, un animal qui ne peut digérer que de la chair doit, sous peine de destruction de son espèce, avoir la faculté d'apercevoir sa proie, de la poursuivre, de la saisir, de la vaincre, de la dépécer. Il lui faut donc une vue perçante, un odorat fin, une course rapide, de la force dans les pattes et dans les mâchoires. Ainsi, jamais une dent tranchante et propre à découper la chair, ne coexiste avec un pied enveloppé de corne, qui ne peut que soutenir l'animal et avec lequel il ne peut saisir. De là la loi : que tout animal à sabot est herbivore, et ces autres qui n'en sont que des corollaires : que des sabots aux pieds indiquent des dents molaires à couronne plate, un canal alimentaire très-long, un estomac ample ou multiple, etc. (*Leç. d'anat. comp. prolégom.*)— La même harmonie se montre entre toutes les parties de l'appareil locomoteur. Un seul os ne peut varier dans ses courbures, ses facettes, etc., sans que tout le squelette n'en soit modifié. Ces corrélations n'ont pas lieu seulement dans les organes qui sont entre eux dans un rapport immédiat, mais encore dans ceux qui paraissent au premier abord, les plus indépendans les uns des autres, et qui sont le plus éloignés. Ainsi, entre la digestion et la respiration, il y a des rapports intimes fondés sur ce que cette dernière fonction étant une de celles qui consomment et rejettent avec le plus d'activité les substances dont notre corps est composé, les forces digestives doivent être d'autant plus puissantes que la respiration est plus complète. C'est ce qu'on voit chez les oiseaux, tandis que l'inverse s'observe chez les reptiles qui nous étonnent par la longueur des jeûnes qu'ils peuvent soutenir et par le peu d'alimens qu'ils prennent. Même dépendance harmonique entre la respiration et la force musculaire. Nous voyons, en effet, que parmi les animaux qui respirent l'air immédiatement, ceux qui ont la respiration double ou complète se meuvent avec bien plus de force que les autres. Telle est la certitude de ces inductions que l'anatomiste qui a étudié quelques-uns des organes d'un animal, peut annoncer, sans crainte de se tromper, la structure des autres, conclure d'un os la forme du squelette entier, et partant des mœurs, des habitudes de l'animal recomposé dans son entier, comme si on l'avait sous les yeux.

En plaçant les uns après les autres celles de ces différentes combinaisons qui se rapprochent le plus, on peut en composer une espèce de suite qui paraît s'éloigner comme par degrés d'un type primitif. C'est sur cette vue que repose l'opinion émise par quelques naturalistes d'une échelle des êtres qui les ressemblerait tous en une série unique, et allant du plus parfait au plus simple par des degrés insensibles, à peu près comme dans le spectre solaire on passe graduellement d'une nuance à l'autre. Lorsqu'on observe un groupe formé sur un plan commun, quant aux appareils principaux de l'économie, cette dégradation insensible se voit en effet ; mais quand on passe à d'autres groupes où les combinaisons d'organes ne sont plus les mêmes, des intervalles se prononcent d'une manière marquée. Et même dans des animaux plus ou moins similaires, les différens appareils ne suivent pas toujours le même ordre de dégradation. S'il en est qui décroissent avec une uniformité régulière, depuis le plus haut point de composition jusqu'au degré le plus simple, il en est d'autres qui suivent une loi différente de décroissement, de telle sorte qu'il faudrait former autant de séries ou de groupes que l'on aurait pris d'organes régulateurs pour l'échelle générale des êtres. Nous avons fait suffisamment comprendre en exposant, dans le cours de cet ouvrage, les bases de la division la plus naturelle du règne animal et des grands embranchemens qu'on y reconnaît, ce qu'il y a de vrai à cet égard. Ce n'est pas par une échelle ou par une série continue que l'on peut figurer le règne animal, mais par des embranchemens sortant parallèlement d'une souche commune. Quoique des observateurs modernes aient saisi des analogies qui avaient échappé à leurs devanciers, le vide qui existe entre certaines classes d'animaux, entre les mollusques, les insectes et les poissons, par exemple, ce vide, dis-je, n'est pas comblé. Sans doute, on est parvenu à ramener avec bonheur à des appareils déjà connus des organes que leur grande dissemblance de formes et d'usages avait forcé de classer sous des noms totalement différens ; c'est ainsi que les animaux qui paraissaient le plus s'écarter du plan général, que les *monstres* eux-mêmes ont pu être ramenés aux principes communs de la méthode. Avouons néanmoins qu'on a parfois abusé de l'analogie dans le rapprochement forcé d'organes éloignés, et que les vues de quelques zoologistes sur l'*unité de plan et de composition* dans le règne organique sont encore à plusieurs égards bien hypothétiques.

XIV. DISTRIBUTION GÉOGRAPHIQUE DES ANIMAUX.

Il existe pour les animaux comme pour les plantes certaines circonscriptions géographiques, dans les limites desquelles on les trouve répartis ; c'est ce que l'on a nommé *régions zoologiques*. Parmi les circonstances extérieures qui influent sur la distribution des animaux à la surface du globe et sur les caractères généraux des espèces qui l'habitent, nous citerons en première ligne le *climat*. — Ainsi l'on a remarqué que les animaux les plus volumineux et les plus variés (éléphans, hippopotames, rhinocéros, girafes, autruches, etc.), sont propres aux contrées intertropicales, tandis que les espèces deviennent plus rares, d'un volume moins considérable, d'un coloris moins brillant, à mesure qu'on se rapproche des pôles. Dans les contrées à température variable, on voit beaucoup d'espèces revêtir à chaque saison, une robe nouvelle ; le poil des mammifères devient plus long et plus épais en hiver ; les oiseaux acquièrent un duvet propre à les préserver des intempéries de l'air. — Mais la température qui convient à telle espèce, ne convient pas toujours à telle autre, ce qui fait que chacune n'occupe souvent qu'une portion plus ou moins restreinte du globe. Cela est si vrai, dit un entomologiste de nos jours, que lorsque l'élévation de quelques points de la surface d'un pays chaud rend son climat semblable à celui des plaines situées plus près des pôles, on y retrouve souvent les mêmes productions, tant en végétaux qu'en animaux. C'est ainsi que dans les Alpes et dans les Pyrénées on rencontre des insectes qui sont propres à la Suède et aux autres contrées septentrionales de l'Europe.

Ces faits démontrent en même temps l'influence de la *configuration du sol* sur la distribution géographique des espèces. En effet, des grandes chaînes de montagnes, des mers posent souvent entre ces espèces une démarcation aussi tranchée que l'action du climat. Il y a plus : la taille des animaux paraît être en rapport avec l'étendue des régions qu'ils habitent. Ce n'est que dans les grands continens que l'on trouve les grands mammifères terrestres. L'ancien monde, qui surpasse le nouveau en surface, possède aussi les plus puissantes espèces, et plusieurs de celles qui habitent l'Amérique, nous représentent en petit les grands animaux de l'Asie et de l'Afrique. Tel est, par exemple, le lama qui a son analogue dans le chameau. On doit conclure de ce qui précède, que plus une île est petite et éloignée des grandes masses de terre, plus le nombre des animaux supérieurs qui l'habitent est restreint. C'est, en effet, ce qu'on observe ; s'il est de grandes îles mieux partagées sous ce rapport, c'est qu'elles ont été probablement réunies naguère aux continens dont elles sont voisines. On verra, dans ce cas, les mêmes espèces communes aux unes et aux autres.—Un fait remarquable et qui vient bien à l'appui de la loi zoologique dont nous venons de parler, c'est que les eaux de la mer, qui occupent la plus grande surface du globe, renferment aussi les colosses du règne animal (cachalots, baleines, etc.), et que ces grands animaux ne fréquentent eux-mêmes que les grandes mers.

Au nombre des causes qui influent puissamment sur la distribution des espèces animales sur le globe, nous devons compter encore la *végétation*. Là où elle expire finit aussi le domaine de la zoologie ; car non-seulement il y a impossibilité de subsister pour les animaux herbivores, mais même pour les carnassiers qui vivent en partie aux dépens des premiers. Par opposition , les contrées dont le sol est le plus fertile , la végétation la plus variée , seront aussi les plus favorables à la propagation des espèces du règne animal. On comprend aussi que la faune d'une contrée doit être en rapport avec les productions de son sol , chaque espèce animale ayant un genre de nourriture conforme à son organisation , à ses mœurs , etc.

Citons enfin, comme cause non moins influente dans la géographie zoologique, la *civilisation humaine*. D'un côté , les bêtes féroces , les animaux nuisibles ont été ou détruits ou acculés dans les déserts , tels le lion qui paraît avoir habité naguère l'Europe méridionale ; le loup dont l'espèce a entièrement disparu de l'Angleterre ; l'ours , autrefois si commun en Europe , etc. D'un autre côté, les animaux utiles se sont multipliés sous l'influence de la domestication à laquelle on doit le cosmopolitisme de plusieurs espèces (car très-peu ont été trouvées naturellement sous différentes latitudes , et c'est pour avoir confondu des espèces voisines que les anciens observateurs en admettaient un grand nombre). Telle est , au contraire , la puissance de la domestication , qu'elle peut non-seulement multiplier la race asservie , mais même la propager , à quelques exceptions près , partout où elle le veut.

Les classes supérieures comprennent en général moins d'espèces que les inférieures. On ne connaît guère plus de 1,200 mammifères , quelques milliers de reptiles et de poissons , tandis qu'on a décrit plus de 50,000 insectes , plus de 8,000 mollusques (qu'on connaît encore si peu) , un nombre considérable de zoophytes , d'infusoires , etc.

Privés des moyens de déplacement accordés par la nature à d'autres classes d'animaux , les différens genres de Mammifères ne se trouvent pas , comme ceux des oiseaux et des poissons , disséminés dans toutes les parties du globe. La plupart de leurs races sont demeurées dans le voisinage des bassins qui leur ont servi de berceau. Celles mêmes qui émigrent reviennent ordinairement aux lieux qui les ont vues naître. Mais , par compensation , c'est de toutes les espèces animales celles parmi lesquelles l'action civilisatrice de l'homme a jeté plus de perturbations , en ce qui concerne leur distribution géographique ; décimant ou refoulant les unes ; asservissant , dépaysant ou croisant les autres , au gré de ses besoins. — On a remarqué qu'aucun des mammifères terrestres de l'Amérique méridionale ne se retrouvait identiquement le même dans le sud de l'ancien monde , tandis que le nord des deux hémisphères possède plusieurs espèces communes à l'un et à l'autre. La circonscription de certains genres de mammifères est parfois si nettement limitée que les diverses parties d'un même continent offrent des espèces tout-à-fait différentes. L'ordre si remarquable des *didelphes* ne se trouve presque qu'en Australie. Les éléphans et les rhinocéros diffèrent spécifiquement en Afrique et en Asie. — La classe des mammifères fournit à l'homme ses principales espèces domestiques. C'est de l'ancien monde et particulièrement de l'Asie qu'ils sont originaires.

Une distribution géographique des Oiseaux a semblé jusqu'à présent un problème presqu'impossible à résoudre. Comment, en effet, assigner une demeure habituelle à des êtres qui peuvent franchir en quelques instans des distances énormes, se transporter d'un pôle à l'autre ! Lors même qu'il serait prouvé qu'un petit nombre de genres (troupiale, toucan, eurylaime, etc.) sont restreints dans des localités déterminées, combien d'autres, parmi ceux qui sont le plus sédentaires (nos faucons, nos chouettes, nos fringilles, nos merles, etc.), ont leurs représentans sur tous les points du globe ? Néanmoins beaucoup d'espèces à qui leur organisation permettrait de se répandre au loin, semblent attachées par leurs goûts et par leurs affections aux lieux qui les virent naître. Les variétés de leur plumage, relatives aux climats et aux températures, prouvent d'ailleurs qu'ils sont, comme les autres animaux, soumis à certaines lois géographiques. Ainsi, les espèces dont les couleurs sont les plus vives, semblent recevoir leur éclat du soleil de la zône torride, tandis qu'au contraire celles qui sont douées d'une voix mélodieuse ont un plumage terne et habitent les zônes tempérées. On a remarqué aussi que les plumes sont d'autant plus nombreuses, que l'oiseau vit davantage dans les climats froids ou dans les régions élevées de l'atmosphère.

Les Reptiles terrestres étant de tous les animaux ceux peut-être qui se meuvent le plus difficilement, leurs espèces ont dû demeurer circonscrites dans les régions dont elles étaient originaires. — Le nombre de ces animaux augmente d'autant plus qu'on approche davantage des tropiques. C'est que l'élévation de la température devait suppléer pour eux à la chaleur vitale dont ils manquent. En augmentant numériquement vers l'équateur, les reptiles y offrent aussi des proportions croissantes. C'est là que se voient les crocodiles, les boas, les géants de ces races, et ces énormes tortues dont la zône tempérée est dépourvue. On a même remarqué que ceux qui ont du venin l'y possèdent dans toute son énergie.

Il semble assez étonnant au premier abord, dit un observateur de nos jours, que les eaux puissent offrir assez de diversité pour que ses habitans affectionnent un lieu plutôt qu'un autre, et même ne puissent vivre que dans certains parages ; cependant si l'on fait attention à la différence des eaux saumâtres et des eaux douces, des fonds vaseux ou saxatiles, des flots limpides ou troublés par des substances en dissolution ; si l'on songe que la lumière et par suite la chaleur pénètrent différemment selon les pays et selon les profondeurs ; si l'on tient compte des vents dont l'influence doit se faire sentir au moins à celles des espèces ichthyologiques qui habitent près de la surface ;

enfin, si l'on se reporte à la nécessité fréquente, sans doute pour
les poissons de fuir ceux d'entre eux qui sont les plus redoutables,
on concevra la distribution des espèces sur le globe. (*Rés. d'ichthyologie.*) Cependant, nous savons bien peu de chose encore sur ce sujet.
Nous voyons certaines espèces séjourner également dans les rivières et
dans la mer ; d'autres ne se plaire que dans les eaux stagnantes ou
dans les eaux vives. La morue ne descend pas au-delà du 44° degré
de latitude ; le gymnote n'a encore été trouvé qu'en Amérique : les
archers, les chétodons aux couleurs brillantes, habitent les mers
d'Orient ; enfin il en est que l'on trouve dans toutes les parties du
globe. Il en est des poissons, nonobstant le milieu qu'ils habitent,
comme des autres animaux : les plus remarquables par l'éclat de leur
robe écailleuse viennent presque tous des régions équatoriales.

Si nous jetons nos regards sur le vaste embranchement des Mollusques, nous voyons que les espèces *terrestres* et *fluviatiles* réunies
paraissent beaucoup moins nombreuses que les *marines*. Parmi les
premières, un assez grand nombre ne s'éloigne jamais beaucoup des
côtes et préfère les bords de la mer ; d'autres se tiennent de préférence vers les embouchures des fleuves. Il en est qui n'habitent que
les lieux découverts et exposés à toute l'ardeur du soleil ; il en est
d'autres qui n'aiment que les lieux couverts et humides. — Parmi les
mollusques *marins*, les uns ne s'éloignent pas des côtes ; d'autres se
tiennent en pleine mer, comme les nautiles. Ces différentes conditions sont appropriées aux modifications que présente l'organisme de
ces invertébrés. — L'influence du climat n'est pas moins grande. Quoique les contrées polaires ne soient point entièrement dépourvues de
mollusques terrestres et fluviatiles, leur nombre devient d'autant plus
considérable qu'on approche plus du midi. Il en est de même des
espèces marines ; cependant les mers polaires nourrissent une très-
grande quantité de petits mollusques nus. — En somme, bien qu'un
grand nombre de genres appartiennent à toutes les mers ou aux
contrées les plus opposées, il en est cependant un certain nombre
qui sont tellement appropriés à certaines localités, qu'ils ne se retrouvent plus au-delà de certaines limites. — L'examen des espèces
fossiles, qui est d'un si haut intérêt en géologie, fournit des résultats analogues.

Quoiqu'un petit nombre d'Insectes se montrent dans des lieux
très-éloignés, on a constaté que les principaux groupes ou du moins
les espèces, sont particulières à une certaine étendue de pays. Les
insectes du nouveau monde diffèrent de ceux de l'ancien, du moins
en allant vers le sud. Ceux de l'Asie orientale diffèrent toujours
spécifiquement de ceux qui habitent l'Europe. Même différence entre les espèces de l'Afrique et celles de la Nouvelle-Hollande. — En
règle générale, les grandes modifications dans la végétation sont ac-

compagnées de changemens correspondans dans les animaux de cette
classe. — Lors même qu'ils sont répandus sur une portion assez grande
de territoire, ils semblent néanmoins avoir, pour ainsi dire, leur
berceau dans certains points où leurs espèces sont plus nombreuses
et atteignent une taille plus considérable. Enfin, il est des insectes
qui appartiennent d'une manière absolue à certaines régions limitées,
hors desquelles ils ne se montrent pas. — Ce que nous disons de cette
classe d'invertébrés peut s'appliquer en général aux CRUSTACÉS, aux
ANNELIDES, aux ARACHNIDES. Disons enfin, pour terminer cette esquisse,
que c'est vers les mers équatoriales que les ZOOPHYTES se multiplient
le plus et qu'ils prennent les plus grandes dimensions ; c'est là que
l'on voit ces superbes polypiers dont la superposition forme des écueils
au milieu des mers. Relativement aux MICROSCOPIQUES, il ne paraît
pas qu'il existe dans cette première tendance de la matière vers l'organisation de différences fondées sur la position géographique des
lieux.

XXIV. GÉOGRAPHIE BOTANIQUE.

Il n'est aucune contrée du globe, si l'on en excepte les sables brûlans des déserts et les rochers glacés des pôles, qui n'ait sa végétation.
Mais elle ne diffère pas moins sous les différentes latitudes par le
nombre des espèces, que par leur organisation et par leur aspect. Il
est, pour le règne végétal comme pour le règne animal, des rapports
certains qui lient les diverses familles des plantes aux différentes régions ; et telle est en particulier, sur leur distribution géographique,
l'influence des différens degrés de chaleur qu'ils reçoivent, que les
hautes montagnes présentent souvent, depuis leur base jusqu'à leur
sommet, sous la zone torride elle-même, les plantes que l'on rencontre depuis l'équateur jusqu'aux pôles. Nous voyons sous ce rapport
une progression tellement rapide, que tandis qu'au Spitzberg, vers
le 80ᵉ degré de latitude boréale, on ne connaît qu'une trentaine
d'espèces environ, on en compte plus de 1,300 en Suisse, près de 3,000
en Piémont, 5,000 à Madagascar, située sous le tropique du Capri-
corne. — La lumière, l'humidité du sol, sa composition chimique,
sont autant de circonstances qui déterminent la répartition des espèces. Il est des plantes qui ne peuvent vivre que sur le bord de la mer ;
il en est qui vivent sur les hauteurs et ne descendent jamais dans les
plaines.

Relativement aux grandes classes du règne végétal, les plantes *agames*
sont aux phanérogames de 4 à 5 dans les contrées équinoxiales ; de
2 à 5 dans les climats tempérés ; en proportion égale dans la Laponie, le Groëland, l'Islande, etc. — Les monocotylédones sont aux
dicotylédones dans la proportion de 2 à 9 ; de l'équateur jusqu'au

30° degré de latitude nord, comme 1 à 5. — A mesure qu'on s'éloigne de l'équateur, le nombre des dicotylédones diminue, en sorte qu'il est moitié moindre par 60° de latitude nord et 50° de latitude sud. — Ces observations ont été formulées par les botanistes en lois, dont voici les principales :

1° Le nombre des espèces de plantes cryptogames augmente relativement à celui des phanérogames, à mesure que l'on s'éloigne de l'équateur.

2° La proportion des dicotylédones augmente relativement aux monocotylédones, à mesure qu'on se rapproche de l'équateur.

3° Le nombre absolu et la proportion des espèces ligneuses augmentent à mesure que l'on s'approche de l'équateur.

4° Le nombre des espèces annuelles ou bisannuelles est au maximum dans les régions tempérées et va en diminuant vers les pôles et l'équateur.

On entend par le mot *station* la nature physique des lieux dans lesquels végètent les plantes ; par *habitation* la patrie de la plante. — Considérées sous le premier rapport, les plantes ont été divisées par Decandolle en seize classes, de la manière suivante : 1° *plantes maritimes ou salines*, vivant sur les bords de la mer ou près des sources salées ; 2° *plantes marines*, plongées dans la mer ou flottant à sa surface ; 3° *plantes aquatiques* vivant dans les eaux douces ; 4° plantes des marais ; 5° plantes des prairies et des pâturages secs ; 6° plantes des terrains cultivés ; 7° plantes des rochers ou des murailles ; 8° et 9° plantes des sables et des lieux stériles ; 10° plantes des décombres ; 11° plantes des forêts ; 12° plantes des buissons ou des haies ; 13° plantes souterraines et des cavernes, pouvant se passer de lumière ; 14° plantes des montagnes ; 15° et 16° plantes *parasites*, pompant leur nourriture sur d'autres végétaux, et *pseudo-parasites*, vivant sur des végétaux morts. A ces seize classes, on a ajouté une dix-septième qui comprend les plantes végétant dans les eaux thermales, et une dix-huitième celles qui ne se développent que dans les infusions ou dans les liqueurs artificielles. — On comprend qu'on ne peut assigner à aucune station, comme à aucune région, les *plantes cultivées* ; on sait que, grâces à nos procédés d'*acclimatation*, les contrées civilisées ont vu décupler leurs richesses végétales.

Il paraît prouvé aujourd'hui que les végétaux qui croissent sur notre planète, tendent presque tous à y occuper un espace déterminé. Ils sont la plupart arrêtés ou par des mers, ou par des déserts, ou par des changemens de température, ou seulement parce qu'ils viennent à rencontrer des espaces déjà occupés par les plantes d'une autre région. — Les mers elles-mêmes ont, comme les continens, de grandes régions qui présentent un système particulier de végétation. — Quand une espèce se trouve dans les circonstances les

plus favorables à sa structure, sous le rapport de la composition des
terrains, des doses de chaleur, de lumière et d'humidité qui leur
conviennent, elle abonde dans cette station et finit par en chasser
toutes les plantes étrangères qui tenteraient de s'y établir. C'est ce
qui arrive notamment à certaines plantes robustes, lorsqu'elles rencontrent un sol aride dont elles s'accommodent très-bien, tandis que
tous les autres végétaux y périssent. Si dans cette occurrence, deux
espèces différentes se rencontrent dans le même sol, celle qui a le
plus de vigueur finit par étouffer l'autre. On remarque assez généralement que plusieurs espèces en accompagnent toujours d'autres, en
sorte que la présence des unes accompagne constamment celle des autres,
— Passant sous silence les chiffres relatifs à la distribution arithmétique
des végétaux sur le globe, parce qu'un trop grand nombre de contrées
ont été inexplorées, pour que les 70,000 espèces connues représentent
tout le règne végétal, nous présenterons, d'après les observateurs les
plus renommés, un tableau de l'aspect général de la végétation dans
les différentes contrées du globe.

« C'est, dit Humboldt, sous les rayons ardens du soleil de la zône
torride que se déploient les formes les plus majestueuses des végétaux.
Au lieu de ces lichens et de ces mousses épaisses qui, dans les climats du nord, revêtent l'écorce des arbres, on voit sous les tropiques
la vanille odorante et les *cymbidium* animer le tronc de l'acajou et
du figuier gigantesque; les grenadilles grimpantes et les *banisteria* aux
fleurs d'un jaune doré, enlacent le tronc des arbres des forêts; des
fleurs délicates naissent des racines du cocotier, ainsi que de l'écorce
épaisse et rude du calebassier. Au milieu de cette abondance de fleurs
et de fruits, au milieu de cette végétation si riche, le naturaliste a
souvent de la peine à reconnaître à quelle tige appartiennent les
fleurs. — Dans la zône torride, les plantes sont plus abondantes en
suc, d'une verdure plus fraîche et parées de feuilles plus grandes et
plus brillantes que dans les climats du nord.... Des arbres deux fois
aussi élevés que nos chênes s'y parent de fleurs aussi grandes et aussi
belles que nos lis. Sur les bords ombragés de la Madeleine, on voit
une aristoloche grimpante dont les fleurs ont quatre pieds de circonférence. —C'est en Amérique que se montrent principalement les cactiers dont les tiges, quelquefois articulées, s'élèvent en colonnes
cannelées; les palmiers, auxquels les peuples ont adjugé le prix de la
beauté et dont la grandeur diminue à mesure qu'ils s'éloignent de
l'équateur pour se rapprocher des zônes tempérées; les aloès et les
graminées arborescentes y surpassent souvent la hauteur de nos chênes;
les fougères y offrent 10 à 12 mètres de haut. — Si nous passons de
l'Amérique équatoriale à la Nouvelle-Hollande, nous trouvons un aspect différent à la végétation. « C'est un spectacle singulier, dit le

voyageur Péron, en parlant de la terre de Van-Diémen, que celui de ces forêts profondes, filles antiques de la nature et du temps, où le bruit de la hache ne retentit jamais, où la végétation plus riche tous les jours de ses propres produits, peut se développer partout sans obstacles : là règnent une grande fraîcheur, une ombre mystérieuse, une humidité pénétrante ; là croulent de vétusté ces arbres puissans d'où naquirent tant de rejetons vigoureux. Leur intérieur recèle de froids reptiles, de nombreuses légions d'insectes. Quelquefois ils forment par leur entassement des digues naturelles de 8 à 10 mètres d'élévation ; ailleurs, ils sont renversés sur le lit des torrens, sur la profondeur des vallées, formant alors autant de ponts naturels dont il ne faut se servir qu'avec défiance. A ce tableau de désordre et de destruction, la nature oppose, pour ainsi dire, avec complaisance, tout ce que son pouvoir créateur peut offrir de plus imposant. De toutes parts, on voit se presser à la surface du sol ces beaux *mimosa*, ces superbes *métrosideros*, inconnus naguère à notre patrie, et dont s'énorgueillissent déjà nos bosquets. Des rives de l'Océan jusqu'au sommet des plus hautes montagnes de l'intérieur, on observe les puissans *eucalyptus*, ces arbres géants des forêts australes, dont plusieurs n'ont pas moins de 160 à 180 pieds de hauteur sur une circonférence de 25 à 30 et 36 pieds. » — L'Inde est la patrie des précieux aromates, des superbes liliacées et d'une foule de plantes qui réunissent aux couleurs les plus vives les formes les plus élégantes. — Enfin, notre Europe elle-même offre certaines régions botaniques que caractérisent la présence ou l'absence de certains végétaux. C'est ainsi que la France a été partagée sous ce rapport en trois régions principales : celle de l'*olivier*, qui est une portion du bassin méditerranéen ; celle de la vigne, qui s'étend jusqu'au 50ᵉ degré de latitude, en faisant quelques sinuosités ; enfin celle du *pommier*, qui dépasse le sol français vers le nord. — Nous dirons en somme, que sous les tropiques, les plantes de l'Amérique, de l'Afrique et de l'Asie appartiennent le plus souvent aux mêmes genres, mais rarement aux mêmes espèces ; qu'entre les plantes des climats tempérés, les différences sont moins grandes encore ; enfin qu'il y a de singuliers rapports entre celles qui habitent les climats froids des deux hémisphères opposés, analogie qui a été observée aussi pour le règne animal. Enfin, on peut dire d'une manière très-générale, selon Decandolle : *Que les formes sont d'autant plus analogues que le climat et les caractères physiques des régions se ressemblent davantage.*

XXXII. SOURCES ET PUITS ARTÉSIENS.

Les sources proviennent de petits réservoirs souterrains qui reçoivent les eaux des terrains environnans par de petits canaux. Leur origine peut être attribuée à diverses causes, notamment à la précipitation des vapeurs atmosphériques qui s'élèvent sans cesse de la surface des eaux à la fonte des neiges et des glaces, et à leur infiltration à travers les fissures du sol. Sur les hautes montagnes, les glaciers éprouvent une fonte journalière, que l'action solaire rend plus considérable au retour des beaux jours. Celles qui n'ont point de glaciers n'en sont pas moins entourées de brouillards ou de nuages qui se condensent et se résolvent en eau; cette eau pénètre entre les roches meubles ou perméables, jusqu'à ce que rencontrant une couche imperméable, elle s'amasse, puis finit, en suivant ses fissures, par trouver une issue qui conduit au jour le trop plein du réservoir. Ce sont d'abord de minces filets d'eau qui, en se réunissant, forment des ruisseaux, puis les rivières, puis des fleuves. Quelquefois les sources ne sont qu'un produit indirect de la filtration des eaux pluviales, jaillissant au milieu d'un terrain entièrement plat. Telles sont les eaux du Loiret, qui proviennent de la filtration de celles de la Loire qui est à une lieue de distance. Cependant, les sources sont, toutes choses égales d'ailleurs, plus abondantes dans les montagnes que dans les plaines, parce qu'il y pleut davantage, et que les neiges qui les couronnent leur fournissent, comme nous l'avons dit, un aliment perpétuel. Quant à l'existence des véritables courans souterrains, elle est incontestable. Or, ces courans ont parfois la faculté de remonter et de prendre un niveau plus élevé que celui de leur réservoir intérieur, lorsqu'on vient à les atteindre en creusant un puits ou par un trou de sonde. Cette force d'ascension peut être même assez considérable pour qu'ils jaillissent à la surface du sol, à la manière des jets d'eau que l'on voit dans les jardins. L'ancienne province d'Artois, dans laquelle ces sources sont communes, leur a fait donner le nom de *puits artésiens*. Dans la plupart des cas, les puits que l'on creuse, nous représentent la branche verticale d'un siphon, dont l'autre branche, plus ou moins inclinée, a quelquefois son ouverture à des distances considérables. L'eau monte dans le puits foré en raison de l'élévation de la branche naturelle. Si celle-ci est moins élevée que la surface où l'on a pratiqué le trou de sonde, l'eau ne jaillit pas, mais reste dans le trou à une hauteur correspondant à celle de la branche naturelle. Un milieu perméable entre deux couches imperméables est une des conditions de réussite pour l'établissement d'un puits artésien. Aussi le plus grand nombre se trouve-t-il dans les alternances de sables et d'argiles, et les terrains supercrétacés sont-ils les plus favorables à leur établissement. Les groupes crétacé et oolitique présentent encore des circonstances favorables. Quant aux terrains primitifs, ils y sont complétement impropres. Le sondage s'exécute au moyen d'une sonde rigide en fer, ou d'une sonde à chaîne ou à corde, et que l'on fait manœuvrer à l'aide d'un levier, d'une chèvre, etc. On emploie l'eau des puits artésiens aux différens usages de l'économie domestique.

FIN.

PROGRAMME

DE

L'ENSEIGNEMENT DE L'HISTOIRE NATURELLE

DANS LES COLLÉGES,

Du 4 Septembre 1840,

Avec des renvois aux différentes parties de cet Ouvrage, où chaque question est traitée.

NOTIONS PRÉLIMINAIRES.

(1) *Considérations générales sur les corps et sur la distinction à établir entre les corps bruts et les êtres organisés.*

Caractères généraux de ces derniers, tirés 1° de la composition chimique ; 2° de la structure ; 3° de la forme ; 4° de l'origine ; 5° du mode d'existence (nutrition et accroissement) ; 6° du mode de destruction.

Voy. *Considérations générales*, p. vij ; *Notions prélimin.*, p. 5, et le *Supplément*, p. 4.

Considérations sur la manière d'étudier les corps organisés.
Anatomie. — Physiologie. — Classification. — Mœurs. — Distribution géographique. — Usages.

Division des êtres organisés en deux groupes : le règne animal et le règne végétal. — Base de cette division. — Zoologie ; botanique.

Voy. *Consider. génér.*, p. viij ; *Zoologie*, p. j. ; *Botanique*, p. j.

RÈGNE ANIMAL.

Caractères généraux des animaux.
Notions préliminaires sur les tissus dont se compose le corps des animaux. — Définition des mots : organe, appareil, fonction.

Coup d'œil sur l'ensemble des phénomènes qui se manifestent chez les animaux vivans. — Classification des fonctions.

Voy. *considérat. génér.* et la *Zoologie*, p. 1-3, 26.

II. *Histoire des principales fonctions, considérées d'une manière comparative dans toute la série animale.*
Fonctions de nutrition ;

---

(1) Les chiffres romains indiquent la répartition du Programme en leçons.

Absorption et exhalation. Digestion.

Voy. p. 4 – 7; 26 – 28 – 27 – 32 de la *Zoologie* , et le *Supplém.*, p. 2.

III. Sang et circulation.

Voy. p. 9 – 12 ; 29 – 31 de la *Zoologie*.

IV. Respiration.

Voy. p. 7 – 9 ; 28 – 29 *ibid*.

V. Assimilation.
Sécrétions , excrétions.
Chaleur animale.

Voy. p. 28 – 32 *ibid*.

VI. Fonctions de relation.
Système nerveux.
Sensibilité , — sens du toucher, — du goût , — de l'odorat , — de l'ouïe , — de la vue.

Voy. p. 17 – 24 ; 34 – 40 *ibid*.

VII. Mouvemens ; — organes moteurs (muscles) ; — organes passifs, 1° chez les animaux dépourvus de parties dures servant de levier ; 2° chez les animaux renfermés dans un squelette tégumentaire ; 3° chez les animaux pourvus d'un squelette intérieur. — Notions sur le squelette ; — os ; leur structure ; leur forme et leur mode d'articulation ; — description du squelette (exemple : l'homme).

Voy. p. 13 – 17, *ibid*.

Mécanisme de la locomotion. — Conformation des organes du mouvement , 1° chez les animaux destinés à marcher sur la terre ; 2° chez les animaux grimpeurs ; 3° chez les animaux destinés à nager ; 4° chez les animaux destinés à voler.

Voy. p. 33 ; 57 ; 71 , *ibid*, et le *Supplément* , p. 2.

VIII. Facultés instinctives de l'homme et des animaux. Exemples. Notions sur la voix , la parole , etc.

Voy. p. 38 – 40 , *ibid*.

IX. *Notions générales sur le mode d'organisation des animaux.*
1° Rapport entre la complication plus ou moins grande de l'organisation et la perfection des facultés.

2° Transformation des mêmes parties en instrumens divers appropriés à des usages différens.

3° Coordination des organes divers réunis dans un même organisme. — Principe des harmonies organiques et de la subordination des caractères.

4° Tendance de la nature à ne modifier la structure des animaux que graduellement. — Série zoologique ou échelle animale. — Affinités naturelles des animaux.

Voy. le *Supplément* , p. 4.

X. *Classifications zoologiques.*

Application des notions précédentes à la distinction des animaux et à leur distribution méthodique.

Base de la classification naturelle des animaux : individus , espèces , genres . familles , ordres , classes , embranchemens ; — importance de la classification naturelle , comparée aux classifications artificielles.

Coup d'œil sur les grandes modifications introduites par la nature dans la conformation des animaux , et représentées dans la classification méthodique par les divisions du règne animal en embranchemens et en classes.

Voy. *Considér. génér.* et *Zoologie* , p. 42 – 44.

XI. Notions sur l'organisation des animaux appartenant à chacune de ces classes , et sur les principales différences qu'ils présentent dans leur structure, dans leurs fonctions et dans leurs mœurs.

Mammifères.

Oiseaux.

Voy. p. 44 et 57 de la *Zoologie*.

XII. Reptiles.

Poissons.

Voy. p. 66 et 71 , *ibid.*

XIII. Insectes.

Arachnides.

Crustacés et vers.

Mollusques.

Zoophytes.

Voy. p. 86 – 101 ; 78 – 85 ; 102 – 105 , *ibid.*

XIV. *Coup d'œil sur la distribution géographique des animaux.*

Régions zoologiques.—Influence des circonstances extérieures sur la distribution des animaux à la surface du globe (température , végétation, configuration du sol , etc.).— Tendance de la nature à représenter, par des espèces distinctes , les mêmes types organiques dans des régions zoologiques éloignées , mais ayant entre elles certains points de res-semblance.

Exemples : mode de distribution géographique de quelques-uns des groupes précédemment étudiés et de quelques-uns des animaux les plus utiles à l'homme.

Voy. le *Supplément* , p. 8.

RÈGNE VÉGÉTAL.

XV. Caractères généraux des plantes.
Structure et fonctions des végétaux.
Structure des tissus végétaux ou organes élémentaires.

Organes fondamentaux considérés dans les différentes périodes de la vie du végétal.

Classification des fonctions et des organes.

Des fonctions de nutrition ou des phénomènes de la végétation.

Voy. p. 1, 21, 23 de la *Botanique.*

XVI. 1° Organes de nutrition.

Tiges ; leur structure ; leur mode d'accroissement.

Racines ; leur structure et leur développement.

Feuilles ; origine , structure, forme, disposition , développement et durée ; — bourgeons et branches.

Voy. p. 2-8 ; 16 ; 25-30 , *ibid.*

XVII. 2° Fonctions de nutrition.

Absorption ;

Respiration ;

Mouvemens de la sève , etc.

Voy. p. 25-28 de la *Botanique.*

XVIII. *Des fonctions de reproduction.*

Comparaison des organes de la reproduction avec les organes de la nutrition.

Description de ces organes et de leurs usages.

1° Fleurs : — leurs dispositions ; — lois de l'inflorescence ; —composition d'une fleur complète ; fonctions de ses parties.

Voy. p. 9-16 ; 31-34 , *ibid.*

XIX. 2° Fruits ; leur structure, leur accroissement , leurs diverses modifications.

3° Graine considérée à ses différentes périodes d'existence et de germination.

Voy. p. 17-20 ; 31-34 , *ibid.*

XX. *Classification des végétaux.*

Emploi des notions précédentes à la distinction des végétaux.

Notions générales sur les classifications. — Système artificiel et naturel : espèce , genre , famille , etc.— Méthode de Jussieu.

Voy. p. 37, *ibid.*

XXI, XXII et XXIII. Notions sur quelques-unes des principales familles du règne végétal , considérées comme exemples de la méthode précédente.

Voy. p. 42, *ibid.*

XXIV. *Notions sur la géographie botanique.*

Influence comparative des latitudes et des hauteurs ; — différence des continens et des îles ; — distribution sur la surface du globe de quelques-unes des familles précédemment exposées , et de quelques-uns des végétaux les plus utiles à l'homme.

Voy. le *Supplément*, p. 13.

RÈGNE MINÉRAL.

1° MINÉRALOGIE.

XXV. Notions générales sur les corps bruts ou organiques. Considérations sur la manière de les étudier.

Caractères physiques des minéraux.

Forme et structure essentielles et accidentelles ; — changement dont elles sont susceptibles ; causes de ces changemens.

Voy. p. 1-8 de la *Minéralogie.*

XXVI. Propriétés optiques. — Réfraction simple et double ; — Rapports avec la forme ; — éclat et couleurs, etc. ; — élasticité, dureté, ténacité, poids spécifique et caractères divers.

Voy. p. 8-11, *ibid.*

XXVII. *Caractères chimiques des minéraux.*

Composition des minéraux ; — ses lois ; manière de les exprimer ; — caractères que l'on en tire.

Classification des minéraux.

Application des notions précédentes à la classification des minéraux ; — espèces, genres, familles, etc.

Voy. p. 12 de la *Minéralogie.*

XXVIII. Notions sur les principales matières minérales et sur leur manière d'être dans la nature.

Voy. p. 22, *ibid.*

2° GÉOLOGIE.

XXIX. Notions sur la forme générale de la terre et sur la composition de son écorce solide.

Phénomènes géologiques de l'époque actuelle. Tremblemens de terre, — soulèvemens, — volcans, — alluvions, — formations madréporiques, etc.

Voy. p. 84-85 ; 86-92 de la *Géologie.*

XXX. *Application de ces notions à l'étude du mode de fermentation de la croûte solide du globe ;* terrains de sédiment et terrains de cristallisation ; — leurs caractères.

Superposition des couches.

Notions sur les fossiles.

Ages ralatifs des divers dépôts de sédimens indiqués par la nature des fossiles, les rapports de superposition, les différences d'inclinaison, etc.

Voy. p. 67, *ibid.*

XXXI. Notions sur les principaux dépôts de sédimens ; notions sur les terrains de cristallisation ; — principales roches de cristallisation ; leur mode de formation et leur apparition à diverses époques ; — influence de ces roches sur les dépôts de sédiment.

Voy. p. 71 de la *Géologie*.

XXXII. Notions sur les grands dépôts de combustibles, de matières salines et de minerais ; — gisement de pierres précieuses.

Sources et puits artésiens.

Voy. p. 22, 47, *ibid*, et le *Supplément*, p. 17.

XXXIII. Résumé sur les révolutions du globe et coup d'œil sur les animaux et les végétaux qui en peuplaient la surface aux diverses époques géologiques.

Voy. p. 85–86, *ibid*.